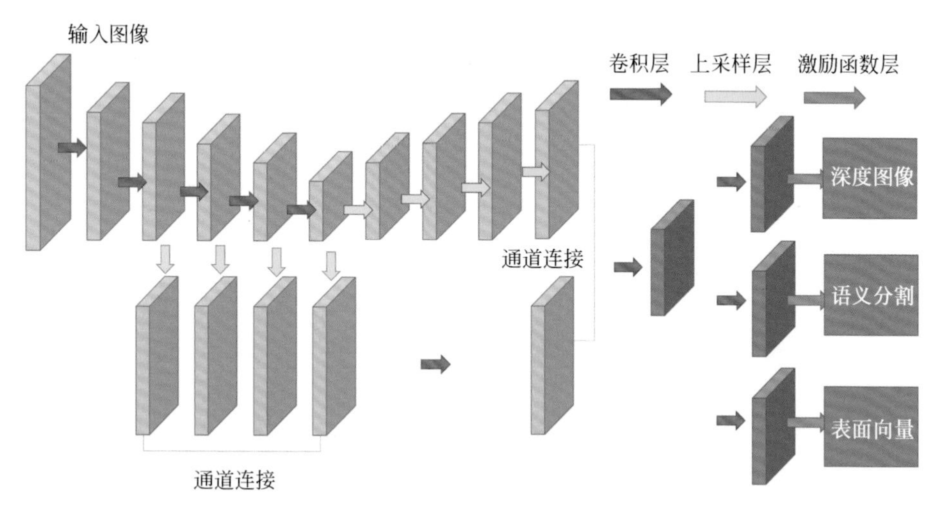

图 1.3.2　共有特征提取模块结构

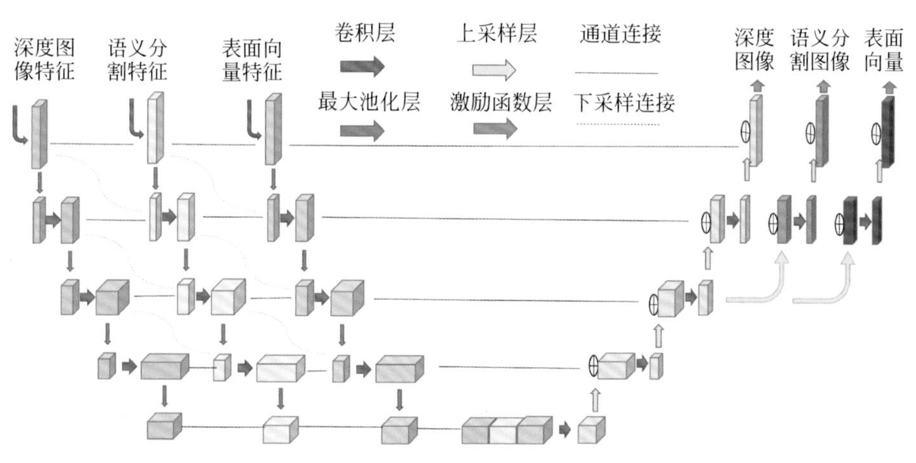

图 1.3.3　多任务特征融合模块结构

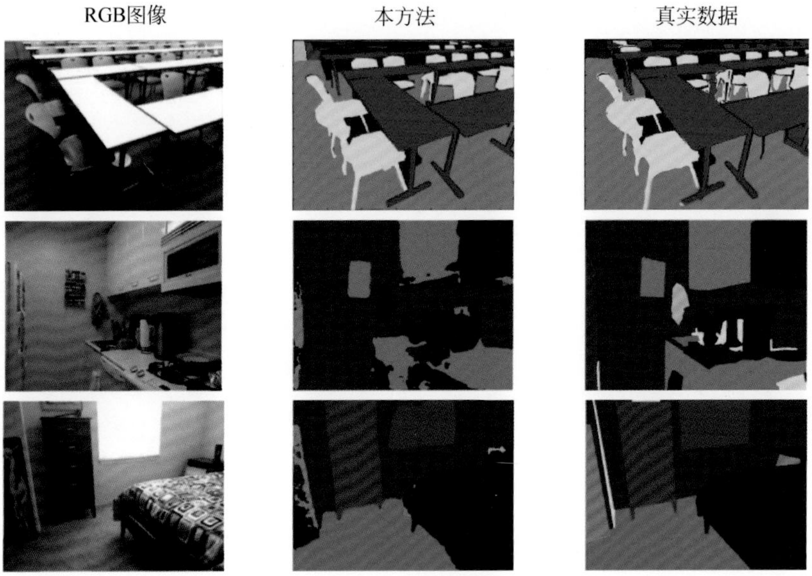

RGB图像　　本方法　　真实数据

图 1.3.5 语义分割可视化结果

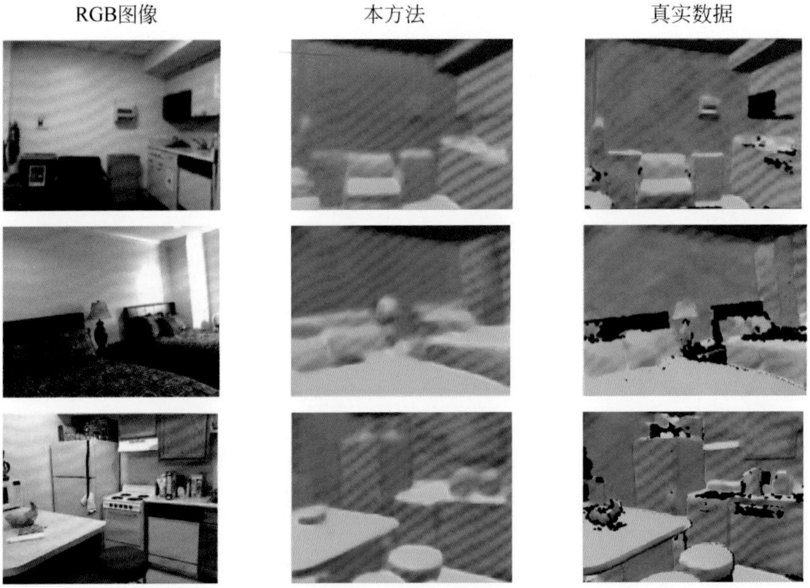

RGB图像　　本方法　　真实数据

图 1.3.6 表面向量预测可视化结果

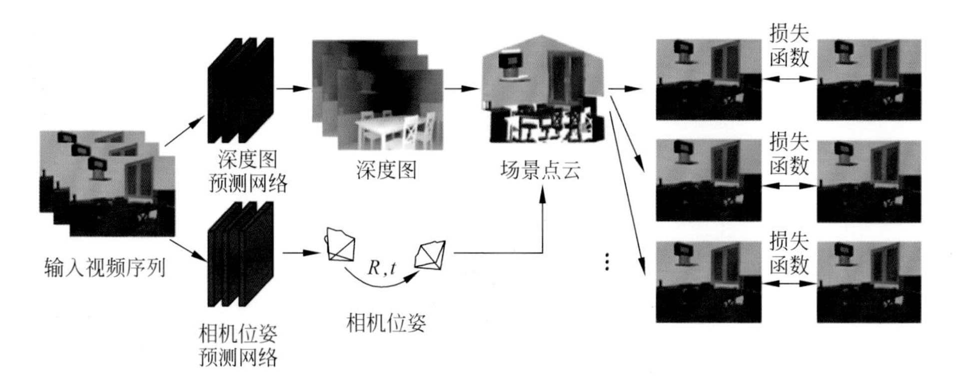

图 1.3.15　基于无监督学习的场景重建

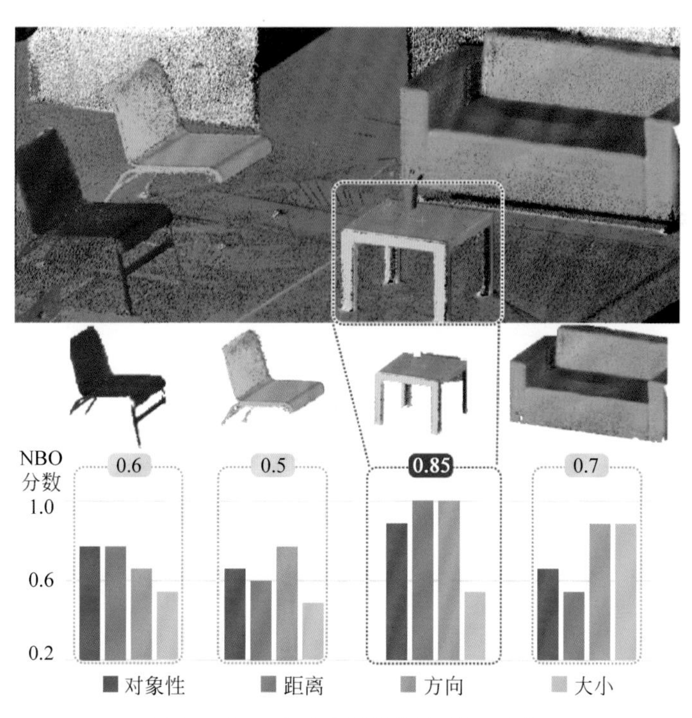

图 2.3.6　4 个后分割对象的 NBO 分数

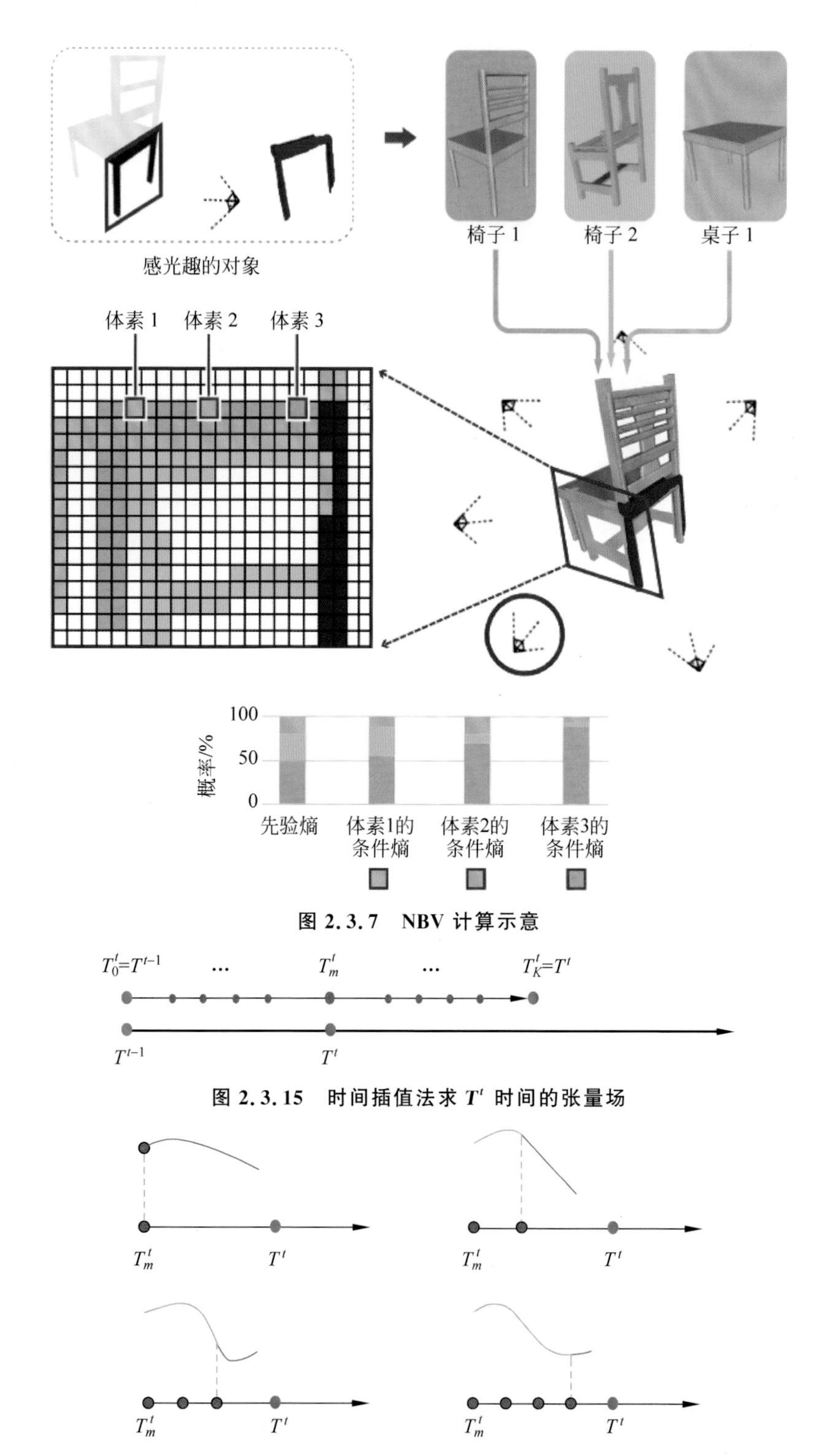

图 2.3.7 NBV 计算示意

图 2.3.15 时间插值法求 T^t 时间的张量场

图 2.3.16 平滑路径的生成

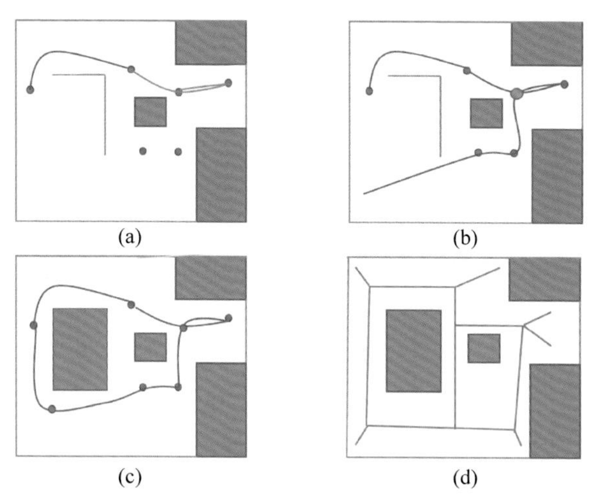

图 2.3.19 基于拓扑结构导航

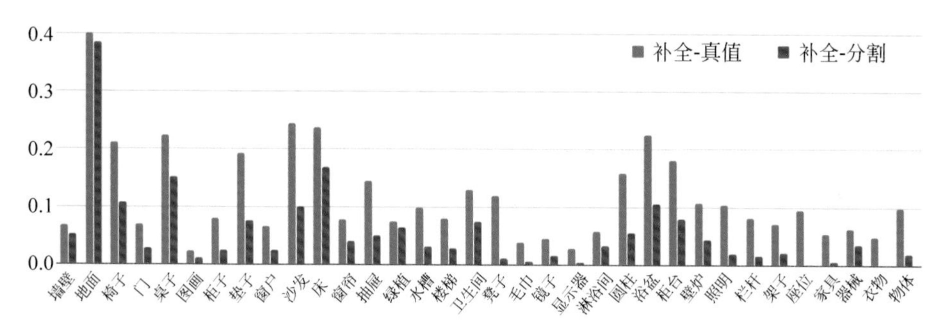

图 2.3.33 语义场景完成结果

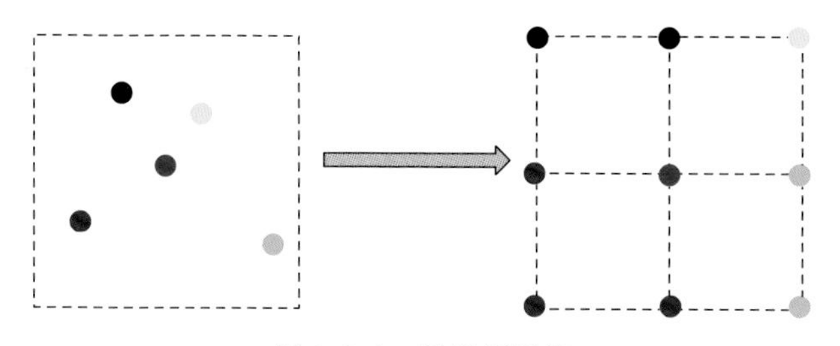

图 3.3.2 最近邻插值

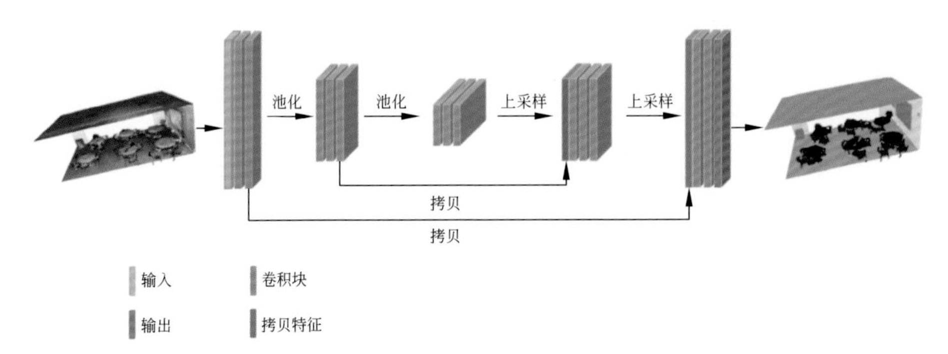

图 3.3.3　点云语义分割网络结构

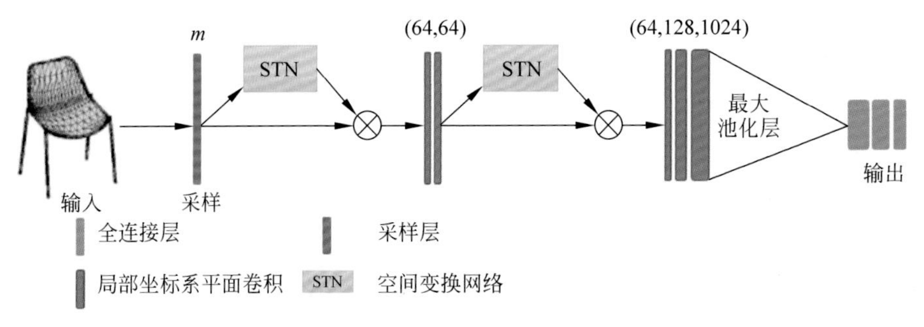

图 3.3.6　三维物体分类网络结构

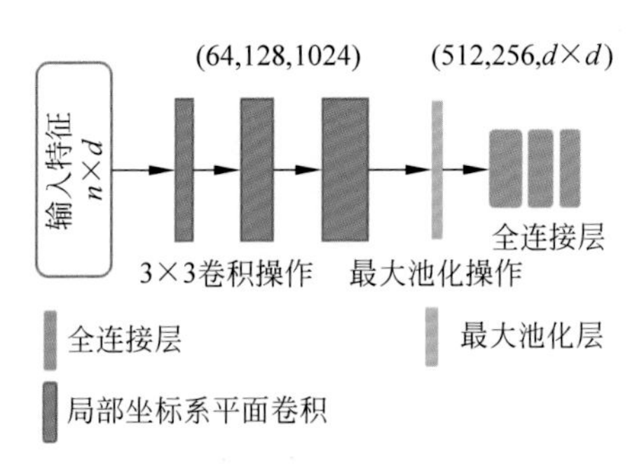

图 3.3.7　STN 网络结构

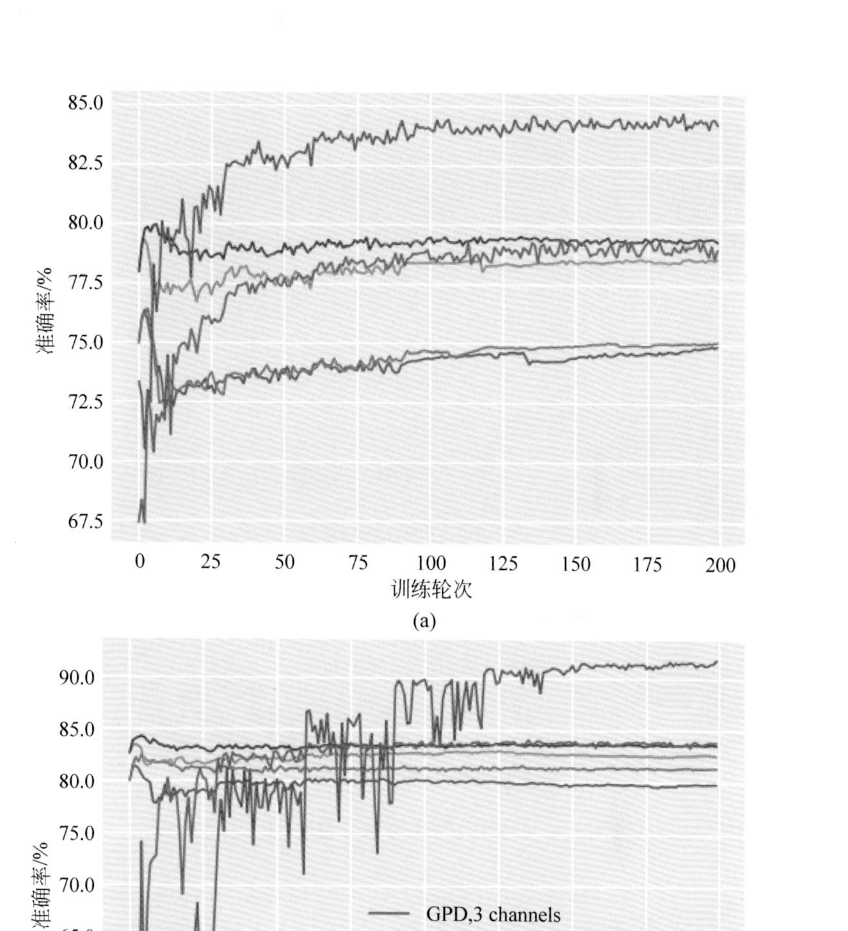

图 5.3.5 不同模型和配置下的识别精度

(a) 测试准确率(单视角点云输入)；(b) 测试准确率(全视角点云输入)

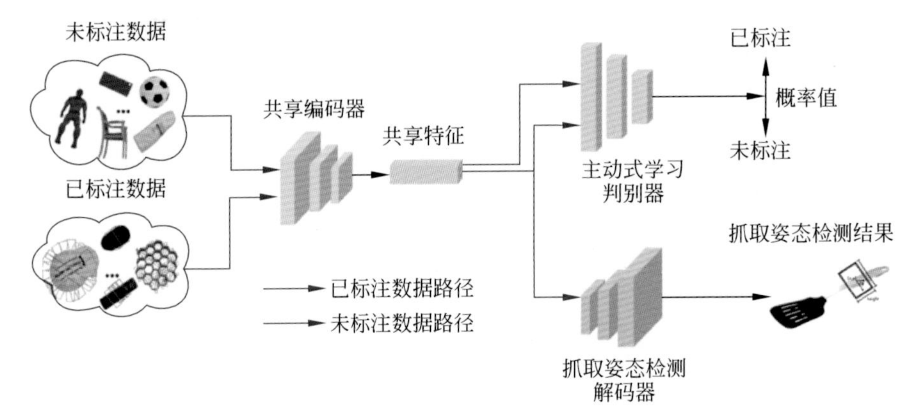

图 5.3.7　判别式主动式学习网络结构

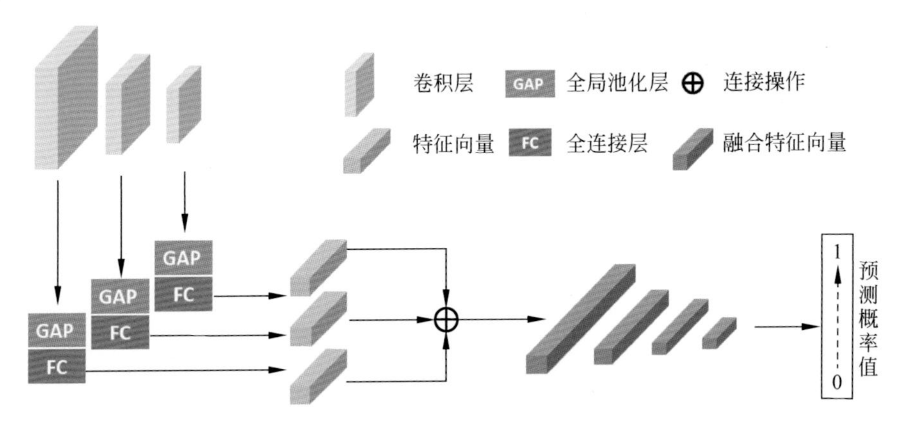

图 5.3.8　判别式主动式学习策略特征融合过程

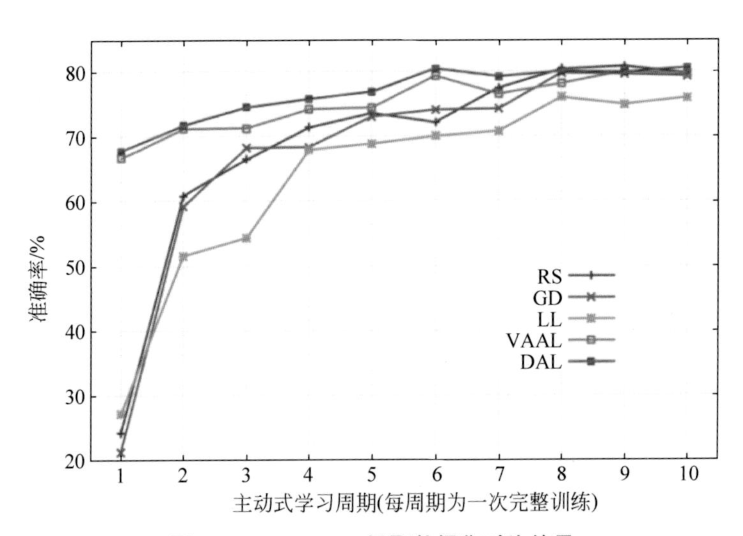

图 5.3.10　Cornell 抓取数据集对比结果

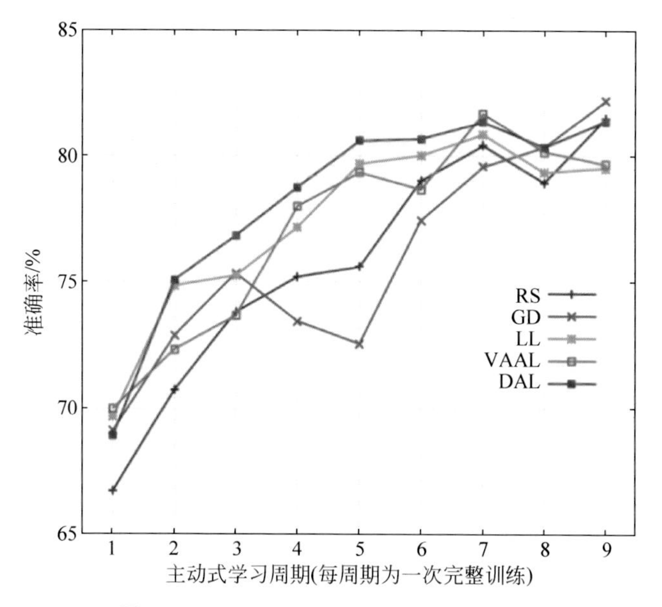

图 5.3.12 Jacquard 抓取数据集对比结果

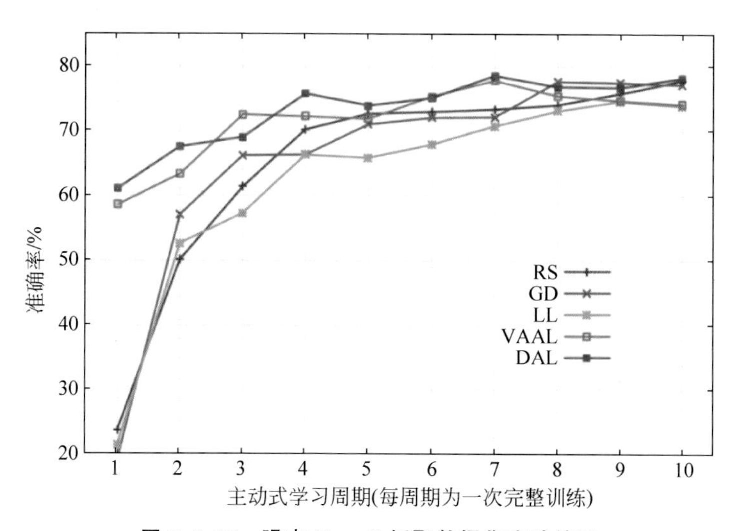

图 5.3.13 噪声 Cornell 抓取数据集实验结果

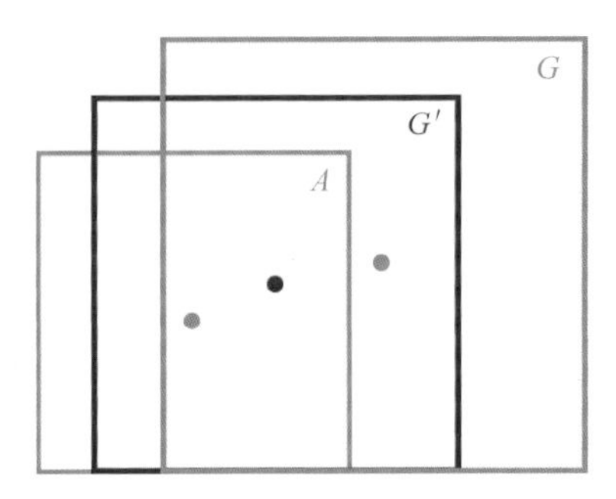

图 5.3.15　第一次边界回归的窗口示意图

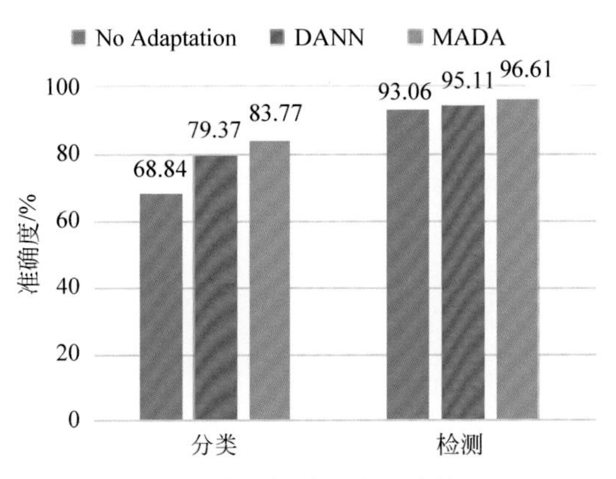

图 5.3.31　领域适应实验结果

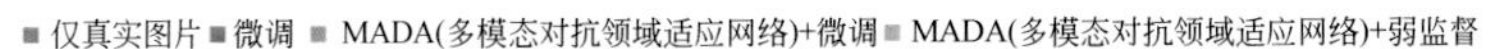

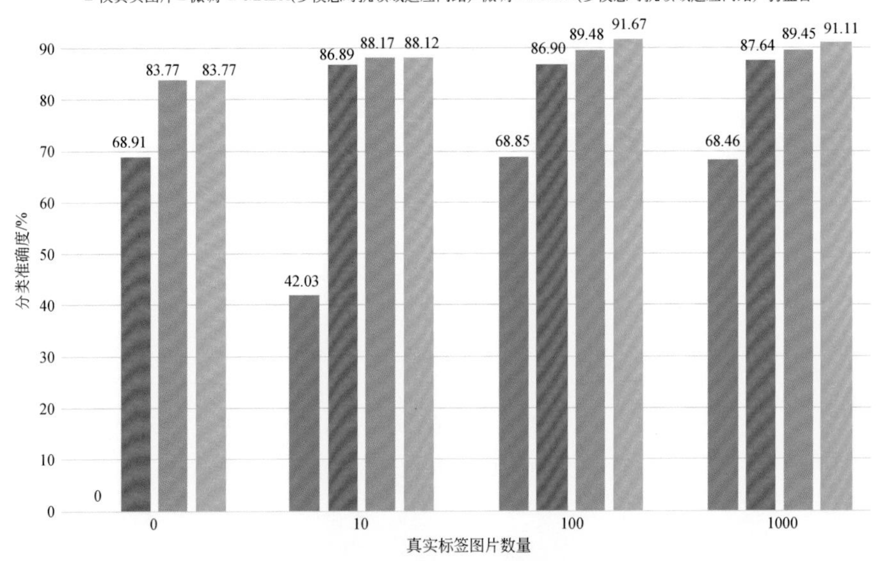

图 5.3.32　弱监督网络实验结果

“十四五”国家重点图书出版规划项目
图像图形智能处理理论与技术前沿

SCENE MODELING AND ROBOT PERCEPTION

场景建模与机器人感知

杨鑫　尹宝才　魏小鹏　著

清華大學出版社
北　京

图书在版编目(CIP)数据

场景建模与机器人感知/杨鑫，尹宝才，魏小鹏著. —北京：清华大学出版社，2023.11
(2024.6 重印)
(图像图形智能处理理论与技术前沿)
ISBN 978-7-302-64884-0

Ⅰ. ①场… Ⅱ. ①杨… ②尹… ③魏… Ⅲ. ①智能机器人 Ⅳ. ①TP242.6

中国国家版本馆 CIP 数据核字(2023)第 219571 号

责任编辑：刘 杨
封面设计：钟 达
责任校对：欧 洋
责任印制：宋 林

出版发行：清华大学出版社
网 址：https://www.tup.com.cn，https://www.wqxuetang.com
地 址：北京清华大学学研大厦 A 座 邮 编：100084
社 总 机：010-83470000 邮 购：010-62786544
投稿与读者服务：010-62776969，c-service@tup.tsinghua.edu.cn
质量反馈：010-62772015，zhiliang@tup.tsinghua.edu.cn
印 装 者：涿州市般润文化传播有限公司
经 销：全国新华书店
开 本：170mm×240mm 印 张：18.5 插 页：5 字 数：397 千字
版 次：2023 年 11 月第 1 版 印 次：2024 年 6 月第 2 次印刷
定 价：79.00 元

产品编号：099836-01

丛书编委会名单

丛书序

“人工智能是我们人类正在从事的、最为深刻的研究方向之一，甚至要比火与电还更加深刻。”正如谷歌CEO桑达尔·皮查伊所说，“智能”已经成为当今科技发展的关键词。而在智能技术的高速发展中，计算机图像图形处理技术与计算机图形学犹如一对默契的舞伴，相辅相成，为社会进步做出了巨大的贡献。

图像图形智能处理技术是人工智能研究与图像图形处理技术的深度融合，是一种数字化、网络化、智能化的技术。随着新一轮科技革命的到来，图像图形智能处理技术已经进入了一个高速发展的阶段。在计算机、人工智能、计算机图形学、计算机视觉等技术不断进步的同时，图像图形智能处理技术已经实现了从单一领域到多领域的拓展，从单一任务到多任务的转变，从传统算法到深度学习的升级。

图像图形智能处理技术被广泛应用于各个行业，改变了公众的生活方式，提高了工作效率。如今，图像图形智能处理技术已经成为医学、自动驾驶、智慧安防、生产制造、游戏娱乐、信息安全等领域的重要技术支撑，对推动产业技术变革和优化升级具有重要意义。

在《新一代人工智能发展规划》的引领下，人工智能技术不断推陈出新，人工智能与实体经济深度融合成为重要的战略目标。智慧城市、智能制造、智慧医疗等领域的快速发展为图像图形智能处理技术的研究与应用提供了广阔的发展和应用空间。在这个背景下，为国家人工智能的发展培养与图像图形智能处理技术相关的专业人才已成为时代的需求。

当前在新一轮科技革命和产业变革的历史性交汇中，图像图形智能处理技术正处于一个关键时期。虽然图像图形智能处理技术已经在很多领域得到了广泛应用，但仍存在一些问题，如算法复杂度、数据安全性、模型可解释性等，这也对图像图形智能处理技术的进一步研究和发展提出了新的要求和挑战。这些挑战既来自于技术的不断更新和迭代，也来自于人们对于图像图形智能处理技术的不断追求和探索。如何更好地提高图像的视觉感知质量，如何更准确地提取图像中的特征信息，如何更科学地对图像数据进行变换、编码和压缩，成为国内外科技工作者和创新企业竞相探索的新方向。

为此，中国图象图形学学会和清华大学出版社共同策划了“图像图形智能处理理论与技术前沿”系列丛书。丛书包括21个分册，以图像图形智能处理技术为主线，涵盖了多个领域和方向，从智能成像与感知、智能图像图形处理技术、智能视频分析技术、三维视觉与虚拟现实技术、视觉智能应用平台等多个维度，全面介绍该领域的最新研究成果、技术进展和应用实践。编写本丛书旨在为从事图像图形智能处理研究、开发与应用的人员提供技术参考，促进技术交流和创新，推动我国图像图形智能处理技术的发展与应用。本丛书将采用传统出版与数字出版相融合的形式，通过二维码融入文档、音频、视频、案例、课件等多种类型的资源，帮助读者进行立体化学习，加深理解。

图像图形智能处理技术作为人工智能的重要分支，不仅需要不断推陈出新的核心技术，更需要在各个领域中不断拓展应用场景，实现技术与产业的深度融合。因此，在急需人才的关键时刻，出版这样一套系列丛书具有重要意义。

在编写本丛书的过程中，我们得到了各位作者、审读专家和清华大学出版社的大力支持和帮助，在此表示由衷的感谢。希望本丛书的出版能为广大读者提供有益的帮助和指导，促进图像图形智能处理技术的发展与应用，推动我国图像图形智能处理技术走向更高的水平！

中国图象图形学学会理事长

前言

习近平总书记在党的二十大报告中指出:教育、科技、人才是全面建设社会主义现代化国家的基础性、战略性支撑。必须坚持科技是第一生产力、人才是第一资源、创新是第一动力,深入实施科教兴国战略、人才强国战略、创新驱动发展战略,开辟发展新领域新赛道,不断塑造发展新动能新优势。报告中同时强调:推动战略性新兴产业融合集群发展,构建新一代信息技术、人工智能、生物技术、新能源、新材料、高端装备、绿色环保等一批新的增长引擎。当前,新一代人工智能相关学科发展、理论建模、技术创新、软硬件升级等整体推进,正在引发链式突破,推动经济社会各领域从数字化、网络化向智能化加速跃升。

习近平总书记在两院院士大会上指出,机器人是“制造业皇冠顶端的明珠”。具身智能机器人作为人工智能领域核心技术的载体,具备像人一样的与环境交互感知,自主规划、决策、行动、执行的能力,在服务国家重大需求、引领国民经济发展和保障国防安全中起到重要作用。感知三维环境并理解其中包含的信息是人类智能的重要体现,也是人类与环境自由交互的前提。类似的,智能机器人也需要首先对所处环境进行充分的感知,实际上就是对周围场景进行三维数字化建模与理解。国家《“十四五”机器人产业发展规划》中明确要加强机器人科技人才培养,目前,虽有部分书籍涉及其中的某种技术,但并没有系统全面地介绍以上领域,并能将之连成“一条线”的参考书。本书重点聚焦在智能机器人系统中的智能感知与交互模块,建立一个多学科交叉融合的知识体系,从场景建模与理解的角度出发,尽可能全面地探讨相关的技术前沿和研究前沿,并对机器人导航、避障及抓取等实际应用任务展开实践论述。

本书将理论与实践相结合,既包含基础的算法,又涉及最新的技术,并附以详细的代码或伪代码资源。

本书共 6 章。第 1～3 章全面介绍场景建模与理解技术的发展和应用,包括三维重建、场景探索和场景理解等。第 1 章介绍基于传统多视图几何和深度学习的三维重建算法,讨论如何从图像中恢复三维结构;第 2 章介绍三维重建和视觉语义导航中的场景探索算法,讨论探索未知场景的不同方式;第 3 章介绍室内场景理解的基于物体检测与分类和基于场景图的两类算法,从非结构化和结构化场景知识两个层面讨论场景理解的不同方式。第 4～5 章全面介绍机器人感知技术的发展和应用,包括视觉重定位和机器人导航、避障、抓取等。第 4 章介绍视觉重定位、导航与避障相关经典和基于深度学习的算法，讨论机器人获取自身位姿状态并完成导航和避障任务的方式；第 5 章介绍机器人抓取的分析法、经验法，以及基于深度学习的算法，讨论不同的抓取姿态检测和机器人抓取方法。第 6 章以面向机器人任务的三维场景建模与理解为例介绍综合项目实践，便于读者对理论与实践进行综合性的理解和掌握。本书的内容，除第 6 章外，每一章都对应一个固定的主题，其中会穿插讲述理论和实践两部分内容。在每一章中，首先概述主题，围绕该主题探讨其国内外主要研究工作，并按照不同的方法分类讲解不同的技术。技术的讲解以实践为主，在实践中结合理论知识，并设计了“章节知识点”等特色内容，便于读者加深理解；每种技术都包含任务描述、相关工作、技术方法、结果展示和小结等内容。本书相关的内容资料(算法代码、相关论文等)均在各个章节以二维码链接的形式附上。

大连理工大学社会计算与认知智能教育部重点实验室李童、殷雪峰、王元博、刘圆圆、邱佳劲、林虎、张肇轩、魏博言、徐子健、程祥吉、周运铎、包骐瑞、商笑尘、曲尚来、丁建川、王诚斌、姚翰、满婧琦、王雅茹、张广羚、李坤、朱佳文、王予亮、高令平、叶贤丰、杨超然、王中杰等参与了本书稿的部分整理工作。本书的部分研究成果来自于国家“863”项目“作为网络化和云计算终端的机器人技术”、国家自然科学基金重点项目“基于视觉和语义的室内场景理解和实时建模”、科技部“脑科学与类脑研究”重大项目“多模态多尺度协同的神经可塑性类脑强化学习网络模型设计与应用研究”、国家自然科学基金重大研究计划培育项目“面向动态非结构环境的共融机器人自然交互方法研究”、国家自然科学基金面上项目“高速且复杂光照环境下建筑物内部场景视觉快速重定位方法研究”，以及大连市杰青项目“仿生机器人智能感知与决策系统”。

本书可作为高等院校信息与智能相关专业、计算机图形学、计算机视觉和智能机器人等相关领域的教学参考书，也可供从事相关领域的技术人员参考使用。

在人工智能领域，场景建模与机器人感知技术发展非常迅速，本书虽力求全面并紧跟其发展趋势，但由于作者水平和时间有限，书中难免存在疏漏之处，恳请读者不吝批评指正。

作　者
2023 年 6 月

目录

第1章　三维重建 ………… 1

1.1　概述 ………… 1

1.2　国内外主要研究工作 ………… 2

1.2.1　基于多视图几何的三维重建 ………… 2

1.2.2　基于深度学习的三维重建 ………… 7

1.2.3　小结 ………… 15

1.3　技术实践 ………… 15

1.3.1　技术案例一：基于多任务的深度图预测 ………… 15

1.3.2　技术案例二：主动式目标三维重建与补全优化 ………… 24

1.3.3　技术案例三：基于模型替换的场景建模 ………… 33

1.3.4　技术案例四：基于无监督学习的场景重建 ………… 37

1.3.5　技术案例五：基于单视角图像的场景重建 ………… 42

1.4　本章小结 ………… 47

1.5　思考题 ………… 47

参考文献 ………… 48

第2章　场景探索 ………… 54

2.1　概述 ………… 54

2.2　国内外主要研究工作 ………… 54

2.2.1　三维重建中的场景探索 ………… 54

2.2.2　视觉语义导航中的场景探索 ………… 56

2.2.3　小结 ………… 58

2.3　技术实践 ………… 58

2.3.1　技术案例一：对象感知引导的自主场景三维重建 ………… 58

2.3.2　技术案例二：面向未知三维场景重建系统的设计与实现 ………… 71

2.3.3　技术案例三：视觉语义导航中基于语义场景补全的场景探索 ………… 86

2.4　本章小结 ………… 97

2.5　思考题 ………… 97

参考文献 …… 98

第3章 场景理解 …… 102

3.1 概述 …… 102
3.2 国内外主要研究工作 …… 103
3.2.1 基于物体检测与分类的室内场景理解 …… 103
3.2.2 基于场景图发掘物体关联的室内场景理解 …… 104
3.2.3 小结 …… 105
3.3 技术实践 …… 105
3.3.1 技术案例一：基于卷积神经网络的点云语义分割与分类 …… 105
3.3.2 技术案例二：基于三维场景点云的场景图生成 …… 118
3.4 本章小结 …… 123
3.5 思考题 …… 123
参考文献 …… 123

第4章 机器人导航与避障 …… 126

4.1 概述 …… 126
4.2 国内外主要研究工作 …… 127
4.2.1 经典重定位算法 …… 127
4.2.2 基于深度学习的重定位算法 …… 134
4.2.3 经典导航与避障算法 …… 136
4.2.4 基于深度学习的导航与避障算法 …… 137
4.2.5 小结 …… 139
4.3 技术实践 …… 140
4.3.1 技术案例一：基于特征数据库匹配的相机重定位 …… 140
4.3.2 技术案例二：基于深度学习的相机重定位 …… 145
4.3.3 技术案例三：基于相机重定位的机器人导航 …… 153
4.3.4 技术案例四：基于已知栅格地图的机器人避障 …… 157
4.3.5 技术案例五：基于深度强化学习的多智能体避障 …… 162
4.3.6 技术案例六：基于单目相机的复杂场景自主避障 …… 169
4.4 本章小结 …… 178
4.5 思考题 …… 179
参考文献 …… 179

第5章 机器人抓取 …… 185

5.1 概述 …… 185

5.2 国内外主要研究工作 …… 186
5.2.1 基于分析法和经验法的抓取方式检测 …… 186
5.2.2 基于深度学习的抓取方式检测 …… 187
5.2.3 小结 …… 188
5.3 技术实践 …… 189
5.3.1 技术案例一：基于物体交互动力学的抓取姿态检测 …… 189
5.3.2 技术案例二：基于主动学习的机器人抓取 …… 196
5.3.3 技术案例三：基于 Faster R-CNN 的机器人抓取 …… 211
5.3.4 技术案例四：基于弱监督语义分割网络的机器人抓取 …… 222
5.3.5 技术案例五：基于生成式的抓取姿态检测 …… 235
5.4 本章小结 …… 242
5.5 思考题 …… 242
参考文献 …… 242

第 6 章 综合项目实践：面向机器人任务的三维场景建模与理解 …… 247

6.1 项目实践背景 …… 247
6.2 项目实践概述 …… 249
6.3 项目实践结构 …… 249
6.4 主要模块设计与实现 …… 250
6.4.1 多个 RGB-D 相机的驱动与信息采集 …… 250
6.4.2 基于多 RGB-D 相机融合的室内场景三维重建 …… 257
6.4.3 基于 RGB-D 序列的场景标记技术方法 …… 271
6.4.4 平台设计 …… 275
6.5 本章小结 …… 283
6.6 思考题 …… 283
参考文献 …… 283

第1章

三维重建

1.1 概述

在计算机图形学、计算机视觉领域中，人们习惯于用图像来表示一个对象或是一个场景，然而在结构表示中，三维模型相比二维图片，对于局部细节与结构的描述更为精细。完整的三维模型，可以避免二维图片中对象的自遮挡、结构缺失等问题，进而提高其他视觉任务（如对象识别、分割）的精度。可见，相比于图像，三维模型拥有更强大的表达能力，在机器人导航与交互、数据可视化等领域中拥有图像所不可替代的作用。

三维重建正是为场景或对象建立一个这样的三维模型。其中最常见的方法就是使用相对容易获取的图片，通过将不同视角下拍摄的图片整合到全局的三维坐标系中，从而重建其三维形状。本章主要讨论的就是如何从图像中恢复三维的结构，包括深度信息的估计、单目标的三维重建以及场景的三维重建，并针对这些问题介绍基本原理，展示相关的实践结果。

传统的图像三维重建方法通常使用大量已知拍摄位置的图像（或是通过算法估算拍摄位置），来生成场景的三维几何表示，这种几何表示可以是视差图（或深度图）、以体素构成的三维体、距离场或三维点云等。三维重建的基本原则很简单，需要满足输出的三维点在投影回二维图像时，与对应视角的输入图像保持一致。这其中体现了三维重建的两个至关重要的因素，即图像观察点的位置以及观察点与重建模型之间的对应关系，或者进一步称为定位和建图。在没有相机位置标定的拍摄场景中，需要在拍摄过程中对相机定位，以判断像素点与三维模型的转换关系，最终在全局坐标系下构建三维地图。

基于上述基本原则，三维重建可以利用视觉信息和几何特征的对应关系进行匹配，从而完成位姿的优化和三维信息的恢复，本章中称其为基于多视图几何的三维重建；也可以使用最近流行的基于深度学习的三维重建方法，将三维重建问题变成一种数据驱动的网络训练模式，并可在端到端的网络中加入一些投影几何关系，提高重建网络对几何关系的约束。

然而，三维模型相比于二维图片，要占用更多的存储空间，耗费更大的计算量，再加上三维模型本身的结构复杂性，导致三维结构的重建与分析更具有挑战性，上述的两种方法在某些方面具有局限性。本章会从基于传统多视图几何的三维重建和基于深度学习的三维重建这两个方向讲解每种方法的基本原理、国内外研究现状，分析其优缺点和适用情景，并介绍一些与三维重建相关的技术案例（包含深度信息的估计、单目标的三维建模以及场景的三维重建），最后对本章内容进行总结。

第1章资源

本章中所涉及的基础算法与技术案例可以参考左侧二维码中所给出的链接，这些资源都是在 Github 上公开的资源，读者可以通过研读相关的论文和代码来加深理解。

1.2 国内外主要研究工作

1.2.1 基于多视图几何的三维重建

基于多视图几何的三维重建是一种比较传统的方法，然而传统并不代表其不会再有新意，时至今日，每年的顶级会议和期刊上依旧有不少相关工作和问题出现。这类方法通常使用大量已知拍摄位置的图像（或是通过算法估算拍摄位置），来生成场景的三维几何表示，这种几何表示可以是视差图（或深度图）、以体素构成的三维体、距离场或三维点云等。其基本原则是需要满足输出的三维点在投影回二维图像时，与对应视角的输入图像保持一致，也就是根据图像与三维全局结构之间的投影关联，从一个图像集合中恢复出其三维的几何结构。比如实时地从一个单目相机视频中重建表面的立体视觉方法[1-2]，这种方法假定表面都是理想散射，场景中点的深度由能量函数最小化来确定，因此重建结果鲁棒性较差。随着消费级深度相机的面世[3]，融合 RGB-D 信息（RGB 表示彩色图，D 表示深度图）的三维重建法越来越受欢迎，相比于单目重建，深度信息可以帮助确定图像点在相机坐标系中的 z 坐标，在一些环境下增强了重建鲁棒性。比如使用 RGB-D 图片的 RGB-D SLAM[4-5]，它通过提取图片 SURF（加速鲁棒特征）特征点，并匹配帧间的特征点用于估算 RGB-D 帧的相机位姿，最后使用图优化方法优化位姿轨迹，实现一个全局上最优的重建结果。

KinectFusion 算法[6-7]则仅使用深度信息，迭代更新截断符号距离函数（truncated signed distance function，TSDF）最终通过 3D 渲染反馈给用户。KinectFusion 算法相对于前述方法，大幅降低了场景创建过程的计算量，基本满足用户交互的实时性，但由于显存限制，只能在一个小范围的场景进行重建。基于这一局限，有团队使用空间分层[8]和哈希体素[9]来进行改善，或是利用点云[10-11]这一更一般化的数据形式来提高分辨率。

近几年比较有代表性的三维重建工作还有 DynamicFusion 算法[12]，该算法在 KinectFusion 算法的基础上，解决了如何在被测物体运动的情况下进行实时的表面重建；BundleFusion 算法[13]是目前该领域效果最好的方法，不需要任何显式的回环检测，支持在图形处理单元（graphics processing unit，GPU）上的实时鲁棒跟踪；来自我国国防科技大学的 ROSEFusion 算法[14]，适用于快速移动相机拍摄的场景重建。

本章接下来只简述比较经典的视觉即时定位与地图构建（simultaneous localization and mapping，SLAM），和 KinectFusion 算法的原理，相信读者对这些有了了解后，对其他更先进的算法也能通过阅读相关文献而理解和掌握。

1. 视觉 SLAM 算法

视觉 SLAM 算法

SLAM 指在没有环境的先验知识的条件下，驱动机器或人手持传感器，在环境中运动并感知信息，并在对自身运动进行定位估计的同时，建立这一未知环境的地图模型。接下来从 SLAM 的数学表述与经典视觉 SLAM 框架来介绍基本的视觉 SLAM 算法流程。

在定位方面，如果将传感器的轨迹按照离散的时间步 $t=1,\cdots,K$ 分离成对应的位置序列，用 x 表示机器人或其他代理的位置，那么这个位置序列可表示为 $x_1,\cdots,x_K$；在建图方面，如果假设地图是由 N 个路标组成（用 $y_1,\cdots,y_N$ 来表示），路标在平面地图中可以看作一些具有标志性的建筑点，在三维场景中可以看作一些三维点。

在传感器沿着轨迹移动时，在每个时刻对应的位置上会测量到一部分的路标点，并得到其观测数据。SLAM 问题就变成了研究传感器在轨迹上位置的变化和对路标的测量问题，前者称为运动，后者称为观测。SLAM 模型正是将运动和观测两部分用数学形式表述并估计其中状态的算法。

假设在 $t=k$ 时，运动传感器在位置 x_k 上观测得到的数值为 u_k，传感器噪声为 w_k，则定义运动方程：

$$x_k = f(x_{k-1}, u_k, w_k) \tag{1.2.1}$$

运动方程表示了当前时刻与上一时刻相比位置的变化。假设在 x_k 位置上观测到某个路标点 y_j，得到观测数据 $z_{k,j}$，则定义观测方程：

$$z_{k,j} = f(y_j, x_k, v_{k,j}) \tag{1.2.2}$$

其中，$v_{k,j}$ 为观测的噪声。运动方程和观测方程以数学形式描述了 SLAM 的过程，而定位与建图正是求解这两个方程中的位置 x 和路标点 y，那么 SLAM 问题的本质变为求解两个方程的状态估计问题，即通过有噪声的观测数据来估计方程内部的位置与路标点变量。

关于这一状态估计问题的求解有多种方法，包括线性高斯系统、卡尔曼滤波器、粒子滤波器以及在视觉 SLAM 中常用的图优化方法等。由于本章的主要目的是应用三维重建方法，因此接下来主要阐述使用视觉信息的视觉 SLAM 技术。

视觉 SLAM 主要用视觉传感器(比如单目相机、双目相机、深度相机等)采集数据并对自身定位,同时构建出场景的地图。由于其采集的数据大多是图像的形式,因此可以利用一些计算机视觉的方法辅助定位方程与观测方程的状态估计。

经典的视觉 SLAM 中可以拆分成 5 个模块,分别是信息读取、视觉里程计、回环检测、后端优化和建图。5 个模块的关系如图 1.2.1 所示。

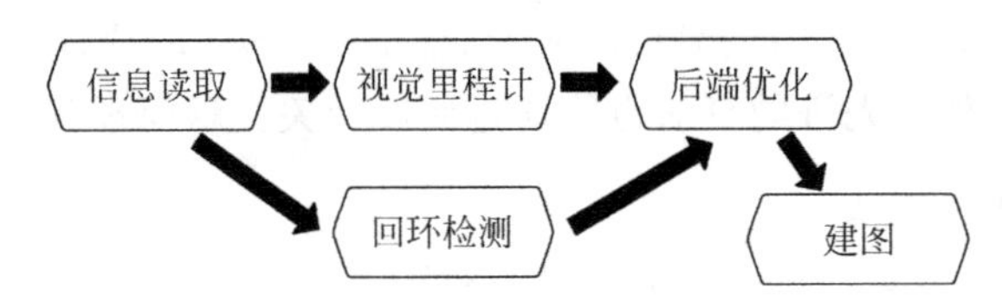

图 1.2.1　SLAM 5 个模块的关系

(1) 信息读取：这一模块主要对传感器拍摄得到的图像信息做读取和相应的处理操作,其作用在于为建立一个视觉里程计提供必要的视觉信息。实际在机器人上操作时,可能不局限于视觉信息的读取,可能还包含惯性传感器信息的读取与同步等。

(2) 视觉里程计：这一模块的主要作用是针对读取到的视觉信息,估计相机的运动并根据相机的运动建立地图,虽然建立的地图存在误差,但会在后端进行优化。完成一个视觉里程计,可以使用特征点法或直接法。以特征点法举例,首先对图像的特征进行提取并对相邻帧间进行特征的匹配,然后基于匹配的特征使用对极几何法或是最近点迭代等方法求解相机的位姿变化,最后根据世界坐标系下的齐次坐标与像素坐标系之间的变换公式来将二维特征点转化为三维地图上的路标点。转化关系如式(1.2.3)：

$$P_{uv} = \boldsymbol{KT}P_{w} \tag{1.2.3}$$

其中,$\boldsymbol{K}$ 为相机的内参矩阵,在相机出厂后固定不变；$\boldsymbol{T}$ 为相机的外参矩阵,表示了相机的旋转与平移,随着相机位置的变化而变化。

在得到相邻帧的位置变化后,累计计算整个序列中每个图片的位置并将二维特征点转化到三维路标点后,即可得到一个里程的地图。

(3) 回环检测：一个视觉里程计能够建立一个地图,然而由于噪声的存在,相邻帧之间的位姿估计存在误差,一个里程下来,误差不断累积,导致相机在回到之前去过的位置时,重建的地图与原先不同。因此,检测先前去过的位置,形成一个回环,这样就能在相邻帧间特征匹配基础上又增加回环上的约束,约束相机的定位与地图的构建应该满足全局上的一致。关于回环检测,一个常用的方法是对图像建立一个词袋模型(BoW),这一模型描述了图像上有哪几种特征,比如图像上有桌子、椅子和书,那么这些物体就构成了 BoW 中的“单词”,许多个单词组成在一起通过聚类就形成了一个字典,如果某个单词存在于图像中则用 1 来表示,不存在则用 0 来表示,那么如果字典中有 N 个单词,一个图像就可通过

一个 N 维的由 0 和 1 组成的向量来表示。计算向量之间的距离就可以判断两幅图像之间的相似性，当相似性足够高时就可以认为检测到了回环从而为后端优化提供更多的约束。

(4) 后端优化：后端优化接收视觉里程计计算得到的相机位置与回环检测提供的约束，通过优化最终得到在全局上一致的轨迹和地图。后端优化有多种方法，包括线性高斯系统、卡尔曼滤波器、粒子滤波器以及图优化等方法。以现在比较常用的图优化方法为例，首先将世界坐标系中的点根据式(1.2.3)投影到像素坐标下，得到视觉 SLAM 的观测方程，将其抽象为

$$z=h(x,y) \tag{1.2.4}$$

其中，位置 x 指代相机位姿，即旋转矩阵与平移向量，假设其对应的李代数为 ξ。当待重建的地图是三维点云时，路标 y 指代的是三维点 p，z 指代观测方程得到的值。那么观测的误差可定义为传感器观测值与观测方程预估值的差：

$$e=z-h(\xi,p) \tag{1.2.5}$$

假设一共有 m 个位姿，n 个路标点，那么整体的代价函数可按最小二乘法来定义：

$$L=\frac{1}{2}\sum_{i=1}^{m}\sum_{i=1}^{n}\mid z_{ij}-h(\xi_{ij},p_{ij})\mid^{2} \tag{1.2.6}$$

其中，下标 ij 表示在第 i 个位置，第 j 个路标的数据。接下来需要对这一误差进行优化，通过最小二乘法的求解，也就相当于对方程中的隐藏状态(位姿和路标)进行调整，最终得到在全局上一致的位姿轨迹和地图。

(5) 建图：地图的表现形式有多种，包括二维栅格地图、拓扑地图、点云地图、网格地图、八叉树地图等。以三维点云地图为例，它用三维坐标的点集来表示，数据无序，精确地表示了地图中物体的具体空间位置，同时分为稀疏地图和稠密地图。稀疏地图只选择了一些具有代表性的部分来组成地图，相当于路标，其他则忽略；稠密地图则对所有该传感器能够看到的东西都进行了建模，而用于导航的地图通常按照某个分辨率将其转化为许多个小方块，也就是体素。体素表示了其中是否有三维结构占据。

经过这 5 个模块，系统能够通过视觉传感器获得图像信息，即时地进行定位与地图构建，然而实际应用中可能远远比这要复杂，所使用的信息可能也不仅局限于视觉信息，对此本章不做考虑。

2. KinectFusion 算法

KinectFusion算法

KinectFusion[6-7]算法是一种使用深度传感器拍摄的深度信息来对相机轨迹进行跟踪并实时重建场景的三维建模算法。相比于视觉 SLAM 方法，KinectFusion 算法可以划分为 4 个阶段：第一阶段是深度图的转换，深度信息将二维像素转化到三维坐标上；第二阶段使用最近点迭代法计算相机位姿的变化；第三阶段相当于 SLAM 中的建图，不过在三维数据形式上，KinectFusion 算法使用

的也不再是点云而是距离场；第四阶段则是面向用户所做的实时三维渲染。接下来对这4个阶段做介绍。

(1) 深度图转换：深度相机在获得深度图后，通过校准的相机内参矩阵 $\boldsymbol{K}$ 可以将像素点转换为相机坐标系下的一个三维点，其转换公式为

$$V_{x,y}=D_{x,y}\boldsymbol{K}^{-1}[x,y,1]^{\mathrm{T}} \tag{1.2.7}$$

其中，$D_{x,y}$ 为深度图在图像坐标 (x,y) 处的深度值，$V_{x,y}$ 为对应的相机坐标系下的三维点。考虑临近的投影点，还可计算出三维点的向量：

$$n_{x,y}=(V_{x+1,y}-V_{x,y})\times(-V_{x,y}) \tag{1.2.8}$$

不同相机坐标系下的点需要统一转化到一个全局的世界坐标系下，这就需要计算图像对应相机的旋转和平移，也就是相机的外参矩阵 $\boldsymbol{T}$，关于外参矩阵的计算在下一阶段的相机跟踪中进行。

(2) 相机跟踪：KinectFusion算法使用最近点迭代法进行相机位姿的实时计算。算法首先利用投影关联将当前相机坐标系下的顶点 V 按照上一时刻计算的相机位姿投影到它的相机坐标系下，并透视投影到图像坐标中，按照顶点和法线去查找图像中对应点的位置；其次经过剔除异常值、判断顶点和对应点在全局坐标系下的距离角度是否在一定阈值内，得到对应点的集合；最后，为了得到全局上最优的外参矩阵 $\boldsymbol{T}$，计算当前帧上每个点与先前帧上对应点切平面的距离，通过迭代最小化这个距离来求得最优的外参矩阵 $\boldsymbol{T}$。KinectFusion算法通过假定帧间仅有一个增量变换来线性近似这个系统，并通过树规约在GPU上求解。整个过程中，KinectFusion算法在GPU上求解，既没有提取特征，也没有对点稀疏采样，实时性较好。但是其前提是需要密集的相机跟踪，也就是需要密集的深度图序列来假设帧间仅有一个增量变换。

(3) 体表示：对于跟踪计算的相机位姿轨迹，KinectFusion算法[6-7]用体表示(volumetric representation)来整合轨迹上的深度信息，将其统一到一个全局坐标系上。这一体表示实际上是一个距离场，表示其到实际表面的距离，在表面前时，值为正，在表面后则为负，在表面上则为0。如果只对表面附近做考虑，则可定义一个截断区域，在截断区域下的距离函数，称为截断符号距离函数(truncated signed distance function，TSDF)。如果用 512^3 的体素来表示一个场景，每个体素中保存着TSDF值，KinectFusion算法需要实时地对TSDF值进行更新，更新后的距离场可以进一步做三维渲染呈现给用户。

(4) 三维渲染：在得到更新的距离场后，KinectFusion算法使用光线跟踪法进行渲染和跟踪三维体表示中的隐式表面，直观地呈现给用户。对于渲染图像中的像素，GPU首先并行地沿着射线进行渲染，射线会穿过三维体中的体素；其次，在射线上TSDF值为0的两侧体素上，用三线采样点的线性插值法计算隐式表面交界点，并通过对零点交界处求导计算曲面法线；最后，使用计算得到的信息做像素的光照计算，从而完成渲染。

经过这 4 个阶段，系统能够通过深度相机获得的深度信息，在 GPU 下即时地跟踪相机的轨迹，并建立一个全局上的体表示，这个体表示相当于一个三维的建图，最后可以面向用户进行渲染。

这些基于多视图几何的三维重建算法经过多年的研究，已日趋成熟，然而这些算法最开始一般都是提取特征点和匹配帧间的特征点，并进行位姿的优化，这就不可避免地面临以下几个问题：

第一，算法需要传感器感知的信息稳定而不受到环境的影响。无论是使用彩色相机还是深度相机，采集的数据都会受到环境的干扰。对彩色图来说，由于需要对其进行特征的提取，因此要求图像有足够的纹理，而场景中像墙面等照片的纹理并不丰富，导致特征的匹配变得困难；同时对强反射物体、透明物体的彩色图和深度图质量均会有影响。此外，移动过程中的不稳定与扰动都可能促使扫描过程中丢帧或是使拍摄的图片变模糊，这些都会影响匹配的准确性，从而影响定位与建图。

第二，算法需要稠密的视角。SLAM 算法对临近帧的匹配与 KinectFusion 算法中的最近点迭代法都要求拍摄视角密集，这样才能够有足够的重叠区域，进行匹配与位姿估算。这一点与人类智能不同，人类往往能通过几个视角的观察就确定其三维的结构，使用如此稠密的视角扫描一个对象在这个人工智能的时代着实有些“浪费”。特别是在一些场景中，由于遮挡或是不便到达等原因，对象的一些视角无法获得，这个时候对其重建可能会丢失关键结构。

第三，算法需要人为地规划路径。这两种方法都是对场景或对象进行稠密视角的扫描，需要获得涵盖场景或对象的稠密图像信息，并没有算法上的扫描轨迹规划，这就需要人手持相机进行扫描，来确保覆盖足够多的信息。

尽管这些方法拥有诸多局限，但由于其算法相对成熟，实时性较好，在一般环境下鲁棒性和精度都满足需求，因此它们依然是目前最流行的三维重建算法，并将随着硬件和算法的更新，拥有更强的适用性。

1.2.2 基于深度学习的三维重建

如前所述，基于多视图几何的三维重建方法存在多方面的局限性，包括算法需要稠密的视角，需要假定场景中对象没有镜面反射，需要拥有丰富的纹理，以及需要优化相机配准误差等。这些局限性导致在光照条件不好、拍摄视角存在遮挡、噪声较强的环境下，重建的结果可能存在关键结构缺失的问题。相比之下，深度学习在大量数据的支持下，能够通过先验知识对对象的全局结构进行预测，以及对局部细节进行补全。深度学习的引入为三维建模的研究带来新思路，为稀疏信息的三维建模提供新可能，因此是学术界和工业界的研究热门。

单视角重建算法

多视角重建算法

如果将三维重建问题看作一个基于图片特征的预测和生成问题，则可以使用卷积神经网络搭建二维编码网络和三维解码网络，从而将二维像素编码成特征向量并解码成三维体素。比如,Wu 等[15]使用自编码的三维对抗生成网络,Rohit 等[16]使用的 T-L 网络,能够将输入的单张图片生成对应的三维模型;Dai 等[17]则将自编码网络结构与分类网络相结合,并通过图形合成技术的后处理,输入单一视角的图片,输出预测和合成的三维模型;普林斯顿团队使用扩张卷积网络通过单一视角下的深度图,实现场景的补全和语义分割[18]。

除了用三维体素来表示一个对象的重建形状,还可以通过生成八叉树体素、点云、三维网格和隐式来重建对象。比如,八叉树生成网络[19]使用更高效的八叉树来减少显存占用和计算量,生成更高分辨率的三维体素;点云生成网络[20]则第一个将无序点云这一更方便的数据形式引入深度学习中,通过单张彩色图预测出其三维点的分布;AtalsNet 算法则在生成点云的基础上,判断点所在的面片,重建出具有表面的三维网格[21];DeepSDF 算法和 OccNet 算法使用隐式来表示三维形状,在连续的三维空间上输出距离函数或是决策边界,并通过采样和等值面提取来生成三维网格[22-23]。

上述方法有一个共同点,是通过输入单张彩色图片或深度图片,基于大型的三维模型数据库(比如 ShapeNet[24],SUN3D[25],ScanNet[26]等)训练神经网络,并通过“二维编码-三维解码”的思想预测三维信息。然而,即便训练出强大的深度学习模型,也无法弥补视角的缺失问题,特别是对于结构复杂的三维模型,只获得其中一个视角,难以表达全部的几何结构信息,使得最终重建的结果可能存在较大的误差。基于这一问题,Choy 等[27]提出了三维的循环神经网络,通过搭建三维的循环神经网络,接收多个视角下拍摄的图片,同时利用网络隐藏层,隐性表示当前重建的几何结构,从而建立了单视角与多视角联合的深度学习三维重建框架。Kar 等[28]又在这一网络模型的基础上,将不同视角下的语义特征投影到对应的三维空间中,来实现图片几何特征的提取,进一步提高体素重建质量;大连理工大学团队将多视角的三维重建和视角规划相结合,利用三维注意力机制动态选择视角,并通过深度学习恢复三维信息[29]。

还有很多使用到深度学习技术的三维重建算法,比如通过匹配数据库中的部件并进行组装实现高质量重建的模板匹配方法[30-31],通过基元拟合实现带有基元表示的三维重建[32-33]等。笔者恐怕无法对所有相关方法进行细致介绍,只是在接下来从基于深度学习方法的三维重建中最基本的算法出发,阐述其流程和优缺点,帮助读者对其有基本的了解,相信通过这些了解,读者能够更轻松地阅读最新的相关文献。

1. 深度学习方法简述

深度学习是近 10 年来非常热门的研究领域。2013 年 4 月,《麻省理工学院技术评论》(*MIT Technology Review*)杂志将深度学习列为 2013 年十大突破性技术之首,在 AlphaGo 战胜围棋世界冠军后,深度学习再次掀起狂潮,并应用于医疗、娱乐、交通等多个方面。深度学习仿造人脑的工作过程,接收信号并处理,并不断抽象这一信号,最后完成任务。人的感知过程是由浅入深的,深度学习也是利用这一特点，由浅入深地将底层特征抽象为高层特征(比如一个物体的类别)，在形式上像一个神经网络，通过神经元处理输入的信号，随着网络的加深不断抽象特征进行更深层的认知。

而在计算机视觉中，卷积神经网络和循环神经网络是两个最受欢迎的深度学习模型。前者用于识别位移、缩放及其他形式扭曲不变性的二维像素或三维体素，后者处理当前输出与先前输出有关的时间序列问题。

(1) 卷积神经网络：一般的卷积神经网络主要由输入层、卷积层、激活函数、池化层和全连接层组成。卷积层的计算有两个关键的操作：建立滤波器和窗口滑动。

如图1.2.2所示，以图像的二维卷积为例，输入层处理输入的图像，并送入卷积层中。卷积层的作用在于对输入进行更深层的特征提取。在卷积计算中，首先要设定卷积核，也就是滤波器。二维卷积的滤波器大小为 fH×fW×inCh×outCh，其中 fH 和 fW 分别表示卷积核的高和宽，inCh 和 outCh 表示输入特征的深度(通道数)和输出特征的深度。在输入和输出的每个通道上，相当于有一个 fH×fW 的像素窗口，窗口下有输入特征的像素值，计算窗口下的权重与像素值加权和即为输出特征对应通道上窗口中心位置的特征值。通过滑动窗口与计算窗口下的加权和，就可以获得这个输出特征的所有像素值，当然这么说并不准确，在特征边缘会没有窗口中心覆盖，但可通过填充数值来实现整个完整特征的输出。

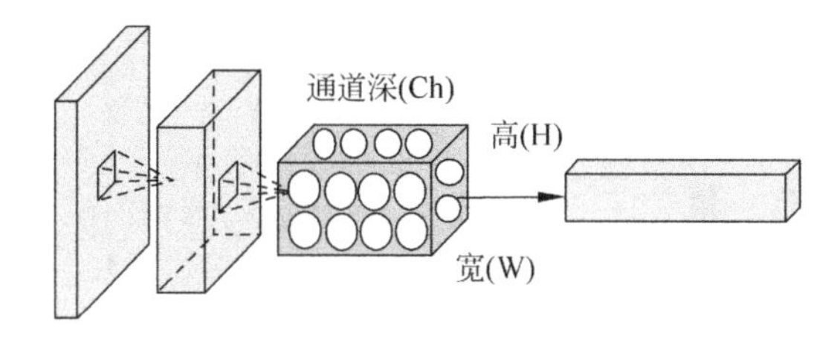

图1.2.2　卷积神经网络逻辑结构

激活函数根据需求不同有多种形式，比如 Sigmoid 激活函数、Relu 激活函数、Tanh 激活函数等，关于不同函数的特点与用法这里不再赘述。

卷积操作的作用是使特征变深，池化层的作用则是对特征图进行压缩。与卷积类似，池化操作也有一个滑动的窗口，不过池化操作没有权重，而是对窗口内的像素进行下采样，比如取均值或是最大值，将窗口内的特征图下采样为一个像素。卷积神经网络随着网络层数加深，特征图的长、宽逐渐变小，深度逐渐加深。

全连接层的本质是向量乘积，设 $\boldsymbol{x}$ 为全连接层的输入特征向量，$\boldsymbol{W}$ 和 b 分别表示全连接层的权重和偏移量，则输出的特征向量 $\boldsymbol{y}$ 为

$$\boldsymbol{y}=\boldsymbol{W}\boldsymbol{x}+\boldsymbol{b} \tag{1.2.9}$$

全连接层在卷积神经网络中起到“分类器”的作用，“压缩”地表示了原输入特征的语义信息，这一特征可用于分类回归等不同的任务。

综上可以看出，卷积神经网络使用深层的网络结构，对特征图进行局部感知，随

后在更高层去综合局部信息，最终得到全局信息，符合人类视觉皮层神经元局部接受信息的特点，而卷积核的权重共享特点使得其相对于全连接参数更少，运算量更小。

(2) 循环神经网络：卷积神经网络的输出都只考虑当前的输入，而很多时候要解决的问题的输入是一个序列，比如视频流和文本。而序列中每个时刻的结果可能不止受当前时刻输入的影响，还受先前时刻输入的影响，这个时候只受当前时刻输入影响的卷积神经网络便不再胜任，可选用专门处理时间序列问题的循环神经网络(recurrent neural network，RNN)。

循环神经网络是一个具有“记忆功能”的神经网络，它在每一个时间步都会通过隐藏层保存前面的信息并用于当前时刻的计算。在结构上隐藏层之间的节点是有连接的，而隐藏层输入也不再是当前输入，还包括上一时刻的输出。

图 1.2.3 中直观地展示了 RNN 的逻辑结构，网络由输入层、隐藏层和输出层组成，从图中可以看出，隐藏层保留上一时刻的输出，并与当前输入共同输入到隐藏层中，最后得到网络的输出。其数学表达可见式(1.2.10)：

$$
\begin{aligned}
S_t &= f(WS_{t-1} + UX_t) \\
O_t &= g(VS_t)
\end{aligned}
\tag{1.2.10}
$$

其中，S_t 为 t 时刻的隐藏层状态，X_t 和 O_t 分别为 t 时刻的输入和输出，f 和 g 为激活函数，W、U、V 为网络中的权重。循环神经网络的权重在每个时刻共享参数。

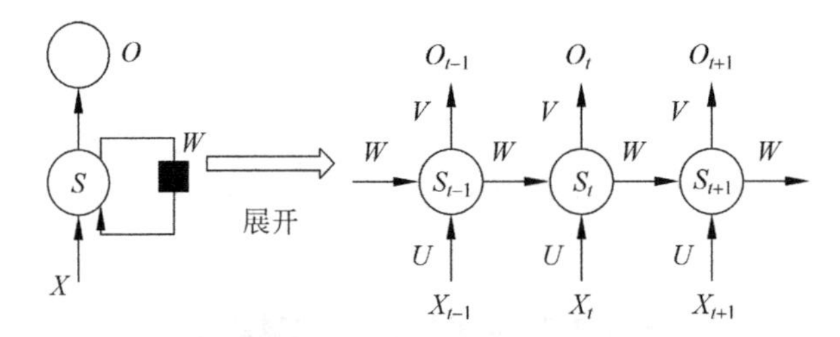

图 1.2.3 RNN 逻辑结构

然而这样的结构存在一些问题，当时间序列较长时，反向传播求梯度时可能会发生梯度消失或梯度爆炸。长短期记忆(LSTM)网络和门控循环单元(GRU)可以很好地解决这一问题。

LSTM(逻辑结构见图 1.2.4(a))在普通 RNN 基础上，加入 4 个门来控制去除或者增加信息到网络隐藏层中。这 4 个门分别是决定丢弃什么信息的遗忘门、决定存放什么信息的输入门和细胞门，以及更新隐藏层中旧细胞状态的输出门，4 个门的数学表示为

$$
\begin{aligned}
g_f &= \text{sigmoid}(W_{i,f}x_t + W_{h,f}h_{t-1} + b_f) \\
g_{in} &= \text{sigmoid}(W_{i,in}x_t + W_{h,in}h_{t-1} + b_{in}) \\
g_c &= \tanh(W_{i,c}x_t + W_{h,c}h_{t-1} + b_c) \\
g_o &= \text{sigmoid}(W_{i,o}x_t + W_{h,o}h_{t-1} + b_o)
\end{aligned}
\tag{1.2.11}
$$

其中，下标 f、in、c 和 o 分别表示遗忘门、输入门、细胞门和输出门，W_i 和 W_h 分别表示输入到门的权重和隐藏层到门的权重，b 表示偏移量。有了 4 个门对信息的控制可以得到能够选择性记忆和遗忘的隐藏层状态和输出：

$$
\begin{aligned}
c_t &= g_f * c_{t-1} + g_{in} * g_c \\
h_t &= g_o * \tan(c_t)
\end{aligned}
\tag{1.2.12}
$$

其中，c_t 是 t 时刻细胞状态；h_t 为 t 时刻的隐藏层状态，也是最终的输出。从 LSTM 中可以看出，它能选择性地保留和遗忘信息来决定隐藏层的更新和输出，然而它的参数较多、模型较为复杂。GRU 作为 LSTM 的一种变体，它所含的参数更少，结构更简单，也是一个广受欢迎的循环神经网络。

GRU 将忘记门和输入门合成了一个更新门，还合并了细胞状态和隐藏状态，其结构如图 1.2.4(b)，数学表达式如式(1.2.13)：

$$
\begin{aligned}
g_r &= \mathrm{sigmoid}(W_{i,r}x_t + W_{h,r}h_{t-1} + b_r) \\
g_u &= \mathrm{sigmoid}(W_{i,u}x_t + W_{h,u}h_{t-1} + b_u) \\
h_t &= (1 - g_u) * \tanh(W_{c,i}x_t + W_{h,c}h_{t-1} + b_n) + g_c * h_{t-1}
\end{aligned}
\tag{1.2.13}
$$

其中，下标 r、u 和 n 分别表示重置门、更新门和输出层。有相关测试表明，GRU 和 LSTM 都能保证信息在长期传播中不丢失重要特征，也有效解决了反向传播时的梯度爆炸和梯度消失问题。在数值比较下，二者相差不大，都比普通的 RNN 要更好。但 GRU 比 LSTM 参数更少，运算量更小，因此能够节约显存和节省时间。

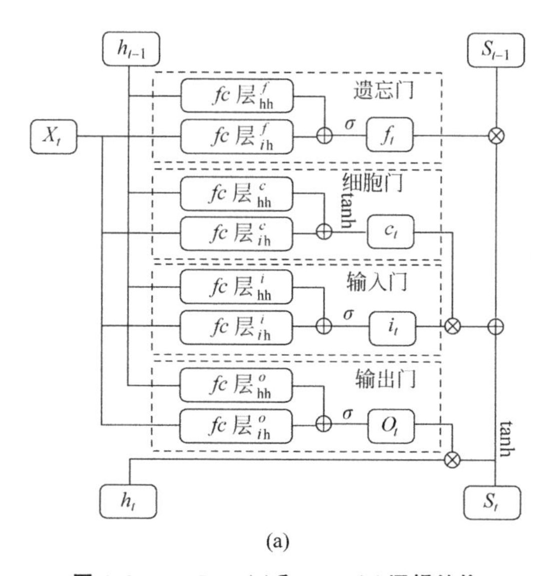

(a)

图 1.2.4 LSTM(a)和 GRU(b)逻辑结构

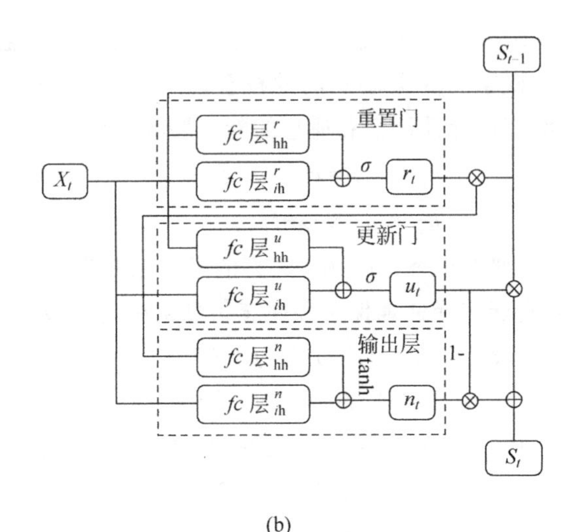

(b)

图 1.2.4 （续）

2. 基于三维神经网络的重建

通过图片来理解三维世界是计算机视觉领域里非常热门的研究问题，人们通过相机拍摄下三维世界的照片，也同样能够根据物体的二维图像去想象出它三维的形状。同样的，给定某一对象在单个视角下的二维图像，能否输出它三维的形状？这对于传统的图像三维重建方法是根本无法想象的，因为单张图片既无法计算相机的位置，也无法计算像素的深度值，而且即便给定了这些信息，也会因为单视角的信息不足而缺失遮挡部分的结构。

一个可行的办法是提供三维物体在形状上的先验知识，利用这种先验知识去预测单一视角没有观察到的部分。深度学习的方法就是基于这一思想，通过搭建神经网络建立从二维图像到三维形状的一个映射，并利用庞大的图片与三维形状的数据集来训练，最终实现一个端到端的网络，输入单视角图片而输出对应的三维形状。卷积神经网络作为一个提取二维和三维特征常用的网络，常被用在单视角重建中。

一个简单的单视角重建网络结构如图 1.2.5 所示，它采用二维编码-三维解码的结构，二维编码由多个二维卷积层和全连接层组成，其作用在于提取输入图像的二维特征图。随着网络层数的加深，其特征图的深度也越来越深，最终在全连接层

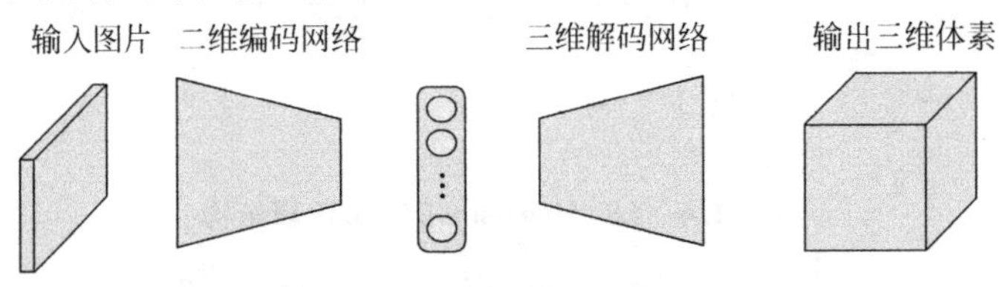

图 1.2.5 单视角重建网络结构

下得到一维的特征向量。这一特征向量“压缩”地表达了输入图像的语义特征，相当于对输入做了特征上的编码。用 $h(\cdot)$ 来表示二维编码网络，I 表示输入的图片，可得到编码特征 $h(I)$。

三维解码由多个三维反卷积层组成，反卷积是卷积的反向传播，与卷积操作相比是一个反向操作，而卷积中的下采样在反卷积中也改用了上采样。因此，反卷积网络将特征不断放大，深度不断变浅，越来越接近输入或者输出数据的形状，相当于将编码特征 $h(I)$ 进行了解码。在卷积操作方面，三维卷积与二维卷积类似，只不过卷积核变成了三维，而处理的特征也从二维像素变成了三维体素。

三维体素是指以立方的体素网格组成的栅格，在每一个体素中储存的数值表示在这一小网格中是否有三维的形状占据，体素占据概率在 0～1，体素占据概率越大，表示越可能是形状中的某一部分。用 $g(\cdot)$ 表示三维解码网络，则最终预测得到的三维形状为

$$V^{\text{pred}} = g(h(I)) \tag{1.2.14}$$

这个三维形状是由三维体素的形式来表示的，体素值表示三维形状在这一体素位置占有的概率，一般选取某一阈值（比如 0.5 或 0.4），高于阈值的所有体素构成了对象的三维结构。

在训练中，可以建立预测的体素与数据库中真值之间的均方差距离，并通过反向传播与梯度下降法来优化这一距离。通过优化这一距离函数，可以使得预测的三维体素在三维结构上与数据库真值之间的误差变小。

使用卷积神经网络能够通过二维编码-三维解码的网络将输入图片编码成语义特征并解码成三维体素。然而很多时候单个视角并不能准确地表达一个物体的形状信息，比如一个有柄杯子和一个无柄杯子在没有柄的那一面它们的照片没有区别，但在三维形状上却不同。可见，从单个视角去预测一个物体的形状是不够的，实现深度学习方法的多视角重建至关重要。注意：这里的多视角与传统重建方法中的多视角不同，传统方法需要非常密集的视角来保证相邻帧间有足够的重叠区域来进行匹配，而这里的多视角只是相对于单个视角来说，依然是极少量的视角。深度学习方法只需保证不同视角能够观察到物体必要的结构即可，不必保证视角之间能够匹配，对物体空间位置和几何结构的理解都隐性地表示在神经网络的深层结构中。

前文提到，对于处理图片序列的输入，循环神经网络是一个合适的网络模型。在多视角重建中，习惯使用二维卷积神经网络进行特征编码，并将编码的特征送入到循环层中；循环层结合当前编码特征与先前时刻的隐藏层状态来进行更新并输出特征；最终特征经过三维反卷积神经网络解码为三维体素。

一个简单的多视角重建网络结构如图 1.2.6 所示，网络输入 n 个视角的图片 $I_{1:n}$，这 n 个图片经过共享权重的二维卷积神经网络（记为 $h(\cdot)$），可以得到 n 个

编码特征 $h(I_{1:n})$；随后按照序列顺序将这 n 个特征输入到循环层中(记为 $f(\cdot)$)；在第 n 个特征输入到循环层后，可以得到的隐藏层状态为

$$S_n = f(h(I_n), S_{n-1}) \tag{1.2.15}$$

将最终的隐藏层状态 S_n 输入到三维反卷积神经网络中，即可得到解码的三维体素。在训练过程中，其过程与单视角重建网络的卷积神经网络方法一样，只要输入图片序列并得到网络预测的三维体素，就可以建立损失函数进行训练。使用反向传播与梯度下降法来最小化这一距离，即可完成网络的训练。

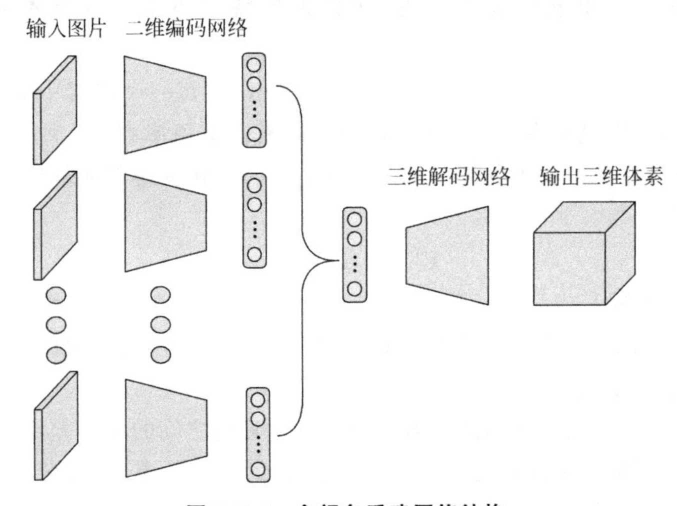

图 1.2.6　多视角重建网络结构

3. 局限性

深度学习技术的应用为三维重建开启了新思路，相比传统方法，其使用更少的视觉输入，并能够利用强大的预测能力处理复杂的环境问题，然而依然存在以下几点局限性：

第一，面向三维图形的深度学习技术大多需要使用三维的卷积层，相比于二维像素的卷积，体素立方级的显存占用在硬件的限制下需要采用较低的分辨率，导致对模型的细节表达能力不足。虽然可以采用八叉树或是点云这些占用空间较小的数据类型，然而这两种数据类型的处理方式相比于空间上相邻的体素要更为复杂，为设计更深的网络模型带来挑战。

第二，随着视角的增加，深度学习技术的重建效果逐渐进入"瓶颈"，当视角数量足够多时，传统的重建方法要优于深度学习技术。

第三，深度学习技术强大的学习能力赋予了计算机对缺失结构和遮挡部位的预测能力，却也忽略了真实场景中每个视角下视觉信息的意义，导致其一般只在跟训练数据相似的数据集上表现优异，对于更多的真实场景，其泛化性较差。

深度学习技术虽然没有传统方法成熟，也没有传统方法适用性强，但由于其本身对于突破传统方法瓶颈的研究价值，还有高速发展的硬件技术和相关算法，注定了深度学习方法将逐渐渗透到传统方法中，并很可能在未来与传统方法相互融合、相互促进。

1.2.3 小结

本节阐述了三维重建涉及的理论知识，从传统图像三维重建与基于深度学习的重建方法两个方面介绍代表性算法并分析其局限性。总结来看，传统方法受环境条件和拍摄视角数量的影响，当环境理想且视觉信息足够多时，它的效果要好于深度学习方法；深度学习方法则由于它强大的预测能力，可以适用于信息不全、视角数量受限时的三维重建，但由于缺乏对几何信息的利用、三维数据占用显存过多等问题，其重建结果并不理想，泛化性差。

从以上对传统方法与深度学习方法的对比可以看出，二者各有所长，又面临着多方面的挑战，在未来的研究中，两种方法同样会受到学术界和工业界的关注，并可能会相互结合，完成符合需求的三维重建系统。本章会在接下来的几节根据具体技术案例，进一步带着读者了解三维重建算法和其实际应用中所会面临的挑战和解决方式。

1.3 技术实践

1.3.1 技术案例一：基于多任务的深度图预测

深度预测网络 FCRN

多任务学习框架

1. 任务描述

图像的深度值预测是计算机视觉和机器人领域中的一个热门的研究课题。深度图的构建是三维重建的重要前提，获取场景的深度信息等同于获得了像素点的空间距离，在经过相机模型的投影变换后，可以计算像素三维空间位置。传统方法主要依靠确定固定点深度进行人工标注，或根据相机的位置变化来进行双目定位预测深度，但这类方法费时费力，且受到相机位置、定位方式、分布概率性等因素的限制，准确率很难得到保证，导致预测的深度图难以完成后续三维重建等工作。为了解决这一问题，本技术案例引入基于多任务模块的深度学习方法，针对场景图像搭建一种基于多任务模型的单目图像深度预测网络，该网络能同时训练学习深度预测、语义分割和表面向量估计 3 个任务。网络模型包括共有特征提取模块和多任务特征融合模块，能在提取共有特征的同时保证各个特征的独立性，提升各个任务的结构性的同时保证深度预测的准确性。

章节知识点

深度图(depth map)：在3D计算机图形中，深度图是包含与视点的场景对象的表面的距离有关的信息的图像或图像通道。其中，深度图类似于灰度图像，只是它的每个像素值是传感器距离物体的实际距离。通常RGB图像和深度图是配准的，因而像素点之间具有一对一的对应关系。

语义分割(semantic segmentation)：在计算机视觉中，语义分割的任务是分割图像或者点云，区分出不同的分割物。当使用语义分割时，它将图像或点云划分为语义上有意义的部分，然后在语义上将每个部分标记为预定义的类之一。

法向量(normal vector)：法向量是空间解析几何的一个概念，垂直于平面的直线所表示的向量为该平面的法向量。三维平面的法线是垂直于该平面的三维向量。曲面在某点 P 处的法线为垂直于该点切平面(tangent plane)的向量。法向量适用于解析几何。由于空间内有无数个直线垂直于已知平面，因此一个平面都存在无数个法向量(包括两个单位法向量)。

双目定位(binocular positioning)：用两部相机来定位。对物体上一个特征点，用两部固定于不同位置的相机摄得物体的像，分别获得该点在两部相机像平面上的坐标。只要知道两部相机精确的相对位置，就可用几何的方法得到该特征点在固定一部相机的坐标系中的坐标，即确定了特征点的位置。

2. 相关工作

1) 单目图像深度预测

在机器学习出现之前，主要使用两种方法进行单目图像深度预测：一种是传统方法，即使用人工的手工标注方法，通过对类似图片的手工标注深度定位，再对场景提出合理的几何假设，在概率模型的基础上分析各部分的深度值；另一种方法则是Saxena等[34-35]使用马尔可夫随机场(Markov random field，MRF)，将深度图正则化，再将平面上像素通过平面系数和随机场来预测对应的深度值，由于在公式中添加了约束相邻像素的部分，使得该方法可以通过分析图像中的局部特征和全局特征来推测其深度信息。

随着深度学习方法在计算机图形学领域的广泛使用，Laina等[36]基于全卷积神经网络(fully convolutional networks，FCN)来进行单目深度估计，并通过加深网络结构来促进效果的提升，且FCN不限制分辨率大小，所以不需要进行图像后处理。Cao等[37]将深度预测问题作为精细的语义分割处理。首先离散化图像中的深度值，之后训练一个残差网络来估计各个像素对应的分类。通过其相应的概率分布来使用条件随机场(conditional random field，CRF)进行处理优化。Garg等[38]首次实现无监督的单目深度预测，使用立体图像但不需要深度值数据。利用左目图像、右目图像和深度图像的关系，先输入左目RGB图像来预测一个模糊的深度图像，再通过深度图像和原图像恢复出右目图像，计算右目图像与真值之间的损失来优化网络。Zoran 等[39]则对图像中的相对深度关系更感兴趣，利用双目系统中的点匹配关系来估计深度值，以达到无监督或弱监督的目的。该算法首先利用双目图像中点与点的对应关系，将 2 个预测的深度图像进行插值优化，以获得更准确的深度。Casser 等[40]提出一种更有效的方法，即通过对移动目标进行建模，产生更高质量的深度估计效果，另外利用一种无缝的在线优化方法，使训练效果更好，提升预测的鲁棒性，并且可在不同数据集中进行转移。

虽然卷积神经网络在深度预测任务中能达到良好的效果，但还是存在一些问题。首先深度预测使用的网络结构多是用来解决语义分割问题的，虽然能达到较高的准确率，但很难表达深度图像所具有的结构性；其次，深度图像数据集的数量较少且具有的噪点等问题也会影响预测的鲁棒性。

2）深度预测与多任务

纵观深度预测的工作，会发现其离不开语义分割的方法，相似的特征提取方式使得深度预测可以与语义分割等其他任务一同训练，这样既能提取出各个任务的相同特征，又能利用各任务的相互关系来进行彼此促进。最近，针对此类任务的几种联合任务学习方法展示出令人满意的结果，通过结合与任务相关的信息而形成多任务驱动，用来提高预测的准确度。Eigen 等[41]提出了深度预测可以和语义分割与表面向量预测等任务一同使用一个网络来进行训练。Mousavian 等[42]提出的模型将深度值预测和语义分割两个任务一同训练，先将两个任务在第一阶段一起训练，在第二阶段再使用损失函数分别收敛训练以调整整个网络形成优化，之后将 CNN 与 CRF 结合进来，利用语义标签和深度值的信息来优化结果。Wang 等[43]同样结合 CRF 与 CNN 构建模型，提出一种框架可以将深度与多种其他视觉信息结合起来，通过推导设计好的能量函数，使得整个框架可以通过反向传播进行训练。Godard 等[44]将单一视角的深度预测、相机位姿预测、光流信息、静态场景和移动区域的语义分割 4 个基本的视觉问题通过几何关系进行约束，耦合在一起进行训练。Zhang 等[45]将 RGB 图像处理成了不同尺度的特征图，在通过解码器处理得到不同的深度信息和语义信息，经过交替的特征融合来提升精度。Zhang 等[46]提出了一种"角度模式-主动传播"(pattern-affinitive propagation，PAP)的框架，以实现同时预测深度、表面法线和语义分割任务，通过两种类型的传播，能更好地使网络适应不同任务之间的区别，而每个任务的学习可以通过补充任务级别的能力来进行规范和增强。

目前多任务模型存在的问题主要是特征融合的方式仅是使用参数共享，并未将共有特征对任务的帮助和各任务之间的特点表现出来。

3. 技术方法

通过与深度预测有关的任务共同预测，可以利用两者间相关的信息相互促进以提高效果，其根本原因是对相同的语义信息，网络会提供相同的参数，而共享这些参数则会使某些共有的信息更突出化，避免某一任务由于数据原因，忽略了一部分特征的提取。其中，语义分割和表面向量预测是与深度预测密切相关的两个任务。一方面,语义分割能有效地提取特征以区别不同物体,通过物体间梯度变换的特性,可以与深度预测中的物体关联;另一方面,语义分割能对不同物体进行分类,使得深度值的预测更能依赖于物体独有的梯度变化,也更能分辨与背景相似的物体间的联系。而表面向量对深度预测的影响更为直接,两者之间存在着几何关系可以互相转换,其数学关系为

$$\boldsymbol{n}_{ix}(x-x_i)+\boldsymbol{n}_{iy}(y-y_i)+\boldsymbol{n}_{iz}(z-z_i)=\boldsymbol{0} \tag{1.3.1}$$

对于每一个像素 i,给出其法向量($\boldsymbol{n}_{ix}$,$\boldsymbol{n}_{iy}$,$\boldsymbol{n}_{iz}$)和对应的深度 z_i,就可以确定一个切平面,而相邻的像素大概率处于同一切平面中。表面向量为深度梯度的另一种表示形式,能与其相辅相成,一同训练能更好地提取特征完成深度预测的恢复。

为了完成这一目的,本技术案例将通过两个模块进行网络训练,一个模块是共有特征提取模块,负责提取各任务的特征,并可以恢复粗糙的深度图像、语义分割图像、表面向量图像;另一个模块是多任务特征融合模块,该模块负责将第一个模块提取到的特征进行多任务的融合,网络模型将会区分各任务共有语义特征和各任务独有的语义特征,使得最后恢复的图像更具有结构性。

图 1.3.1 为整个算法的流程和两个模块的信息,整体网络的输入为单张的 RGB 图像,输出为该图像所对应的深度图像、语义分割图像、表面向量图像。网络中将共有特征提取模块和多任务特征融合模块整合成统一的结构,并在统一的训练中完成端到端的生成。

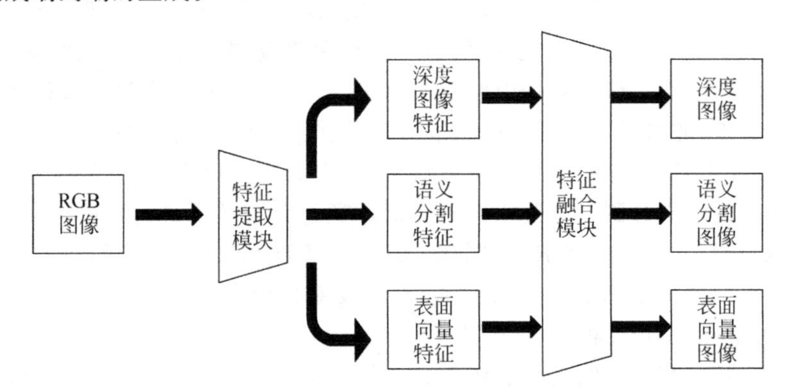

图 1.3.1 基于多任务的深度预测算法流程

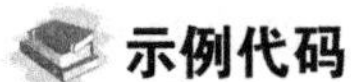

示例代码

Input:RGB 图像

Output:深度预测,语义分割,表面向量预测

1. 使用多任务特征提取模块,从 RGB 图像中分别提取特征 d,s,n;

2. 多任务特征融合模块输入 d,s,n,分别得出深度预测、语义分割和表面向量。

图 1.3.1 和示例代码概述了整个算法过程。下面将分特征提取模块(包含单编码多解码器)和跨任务特征融合模块(包含多编码多解码器)来阐述网络结构和训练流程,并在最后通过实验的对比来评估模型。

1）共有特征提取模块

共有特征提取模块的目的是实现深度预测、语义分割和表面向量预测 3 个任务的共同特征提取以及第一阶段的任务分化。该模块首先通过编码器将输入的图片进行编码形成一维特征,再通过 3 个解码器分别解码成 3 个任务所需的尺寸和通道,然后通过特征连接的方式结合各尺度的特征,最后可以基于本模块输出的图像与数据集中的真值图像构建损失函数,更新网络参数,以保证编码器提取的是 3 个任务共有的特征。

本模块包含 4 个部分：编码器、多维解码器、多尺度特征融合模块和细化模块(网络模型如图 1.3.2 所示)。其中,编码器由 4 个卷积层组成,负责提取 1/4、1/8、1/16 和 1/32 多种尺度的特征。解码器采用 4 个上采样模块,逐步扩大编码器的最终特征,同时减少通道数量。多尺度特征融合模块使用向上采样和通道连接来集成来自编码器的 4 种不同比例特征。与编码器相对应,将编码器的 4 层输出(每个具有 16 个通道)分别以×2、×4、×8 和×16 的形式上采样,以便具有与最终输出相同的大小。这种上采样以通道连接方式完成,然后通过卷积层进一步变换以获得具有 64 个通道的输出。多尺度特征融合模块的主要目的是将多个尺度的不同信息合并为一个,从而使编码器的下层输出保留了具有更精细空间分辨率的信息,有助于恢复由于多次下采样而丢失的细节信息。最后,细化模型用于调整图像的输出大小以及通道数,分别对应 3 个任务采用 3 个卷积层,使得输出的通道数恢复为深度图像的 1 通道、语义分割图像的 1 通道和表面向量的 3 通道,便于进行损失的计算和反向传播。

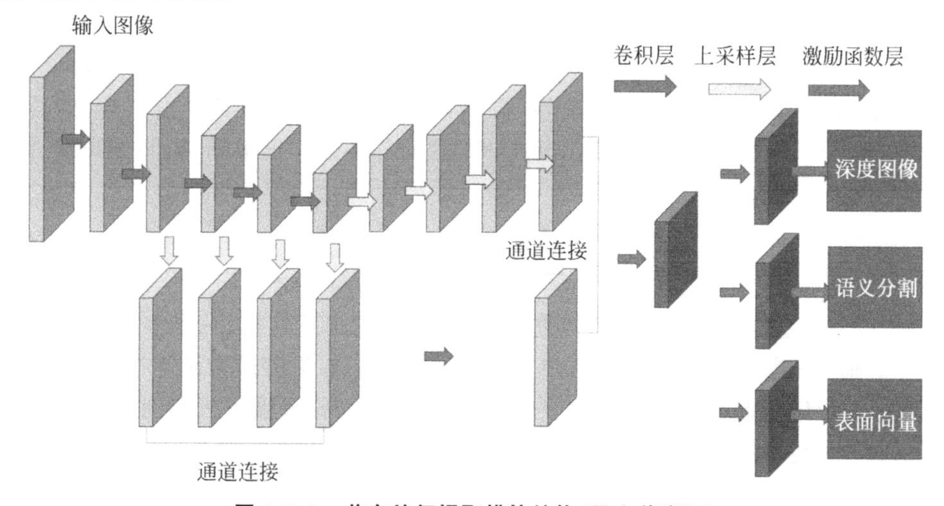

图 1.3.2　共有特征提取模块结构(见文前彩图)

训练过程：本模块属于单输入多输出型网络，在训练的过程中，需要网络基于数据集中RGB图像与深度图像、语义分割图、表面向量图与网络预测的对应图像建立损失函数，进行网络参数的更新、迭代直至损失函数收敛时，能够得到训练好的网络。

由于需要同时处理3个任务，且保证各任务之间的相关性，所以损失函数分为3个部分。特征提取损失函数为

$$L_{\text{task}}=L_{\text{depth}}+L_{\text{seg}}+L_{\text{normal}} \tag{1.3.2}$$

各部分损失函数的作用和目的如下：

(1) 深度图像损失函数：如式(1.3.3)所示，该函数为L_1损失函数与梯度损失函数之和，其中对于每个像素点i，对应的预测深度与真实深度分别为d_i和D_i，L_1损失函数可以约束d_i与D_i间的不同，为该损失函数的主要部分，提供了准确率的保证。

$$\begin{aligned}L_{\text{depth}}&=L_1+L_{\text{grad}}\\ L_1&=\frac{1}{n}\sum_{i=1}^{n}\mid D_i-d_i\mid\end{aligned} \tag{1.3.3}$$

(2) 语义分割损失函数：形式上为交叉熵函数，是语义分割问题中常用的损失函数，常用于描述两个概率之间的距离，在本技术案例中约束图像中物体的预测语义类别的概率，其表达式为

$$L_{\text{seg}}(S,\hat{S})=-\sum_{j=1}^{\text{classes}}s_j\ln\hat{s}_j \tag{1.3.4}$$

其中，对于预测的语义分割图像S和真值图像$\hat{S}$中的每个像素s和$\hat{s}$，在classes个分类上都是非0即1的元素，且仅有一个s_j的值为1，所以交叉熵损失只关心对正确类别的预测概率，只要其值足够大，就可以确保分类结果正确。

(3) 表面向量损失函数：即测量估计深度图表面法线(n_i^d)相对于其真实数据表面法线(n_i^g)的准确性。表面向量损失同样是根据深度梯度计算得到的，但其测量的是两个表面法线之间的角度，因此该损失对深度结构很敏感，能够提升预测结构的一致性，表达式为

$$L_{\text{normal}}=\frac{1}{n}\sum_{i=1}^{n}\left(1-\frac{\langle n_i^d,n_i^g\rangle}{\sqrt{n_i^d,n_i^d}\sqrt{n_i^g,n_i^g}}\right) \tag{1.3.5}$$

(4) 梯度损失函数：能约束点在x轴、y轴上的梯度变化($g_x(e_i)$和$g_y(e_i)$分别为x轴和y轴上的梯度损失)，由于在物体的边界处深度通常是不连续的，所以计算梯度变化敏感地检测出边缘信息。需要注意的是，梯度损失与前面的深度损失等是不同类型的误差，所以需要加权来训练网络，其表达式为

$$L_{\text{grad}}=\frac{1}{n}\sum_{i=1}^{n}\mid g_x(e_i)\mid+\mid g_y(e_i)\mid \tag{1.3.6}$$

2）多任务特征融合模块

本模块负责处理共有特征提取模块的数据，通过本模块将共有特征更精细地进行特征融合和分化，从而提取出各任务的具体共同特征和分化特征，提高各任务的精度，增强各任务的结构一致性。由于共有特征提取模块仅仅是通过参数共享实现的共有特征的提取，其并不能准确地代表本文中 3 个任务的共通性，所以设计该模块可以保证多任务特征提取的普遍性。

多任务特征融合模块由两个部分组成：第一部分是多输入特征融合模块，负责将上一模块输出的多任务特征进行融合，所使用的网络为密集连接的 U-net；第二部分为特征解码部分，与上一部分的解码器部分类似，为多输出解码器，故不详细介绍，本模块的整体网络结构如图 1.3.3 所示。

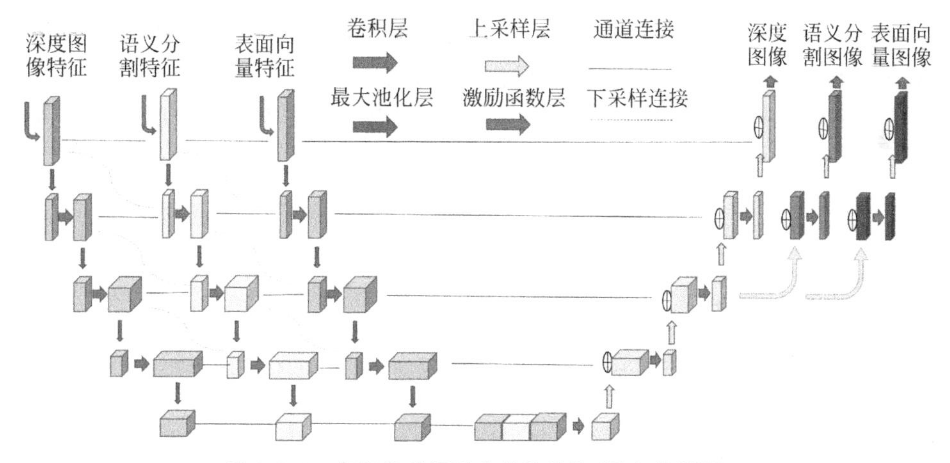

图 1.3.3 多任务特征融合模块结构(见文前彩图)

本技术案例在原 U-net 网络的基础上添加了密集连接的方法，能有效地增强多输入模式的特征提取能力，为了实现这种密集的连接模式，首先创建一个由多个流组成的编码路径，每个流都处理上一模块不同的任务的图像形式。对不同的图像形式采用单独的流的主要目的是分散原本会在早期融合的信息，从而限制了网络捕获模式之间复杂关系的学习能力。从网络结构中可以看出，3 个任务先分别通过 U-net 的编码器进行编码，但不同点在于，在不同的卷积层传递时会产生交互，比如，任务 1 的图像在经过一次卷积池化操作之后，得到的池化特征会与任务 2 的二次池化特征进行结合，通过卷积层后又与任务 3 的池化特征结合。这样可以使特征在任务之间流动，保证特征的共用性。在解码器部分，将得到的共用特征先通过一个上采样操作得到一个共有上采样特征，再将此上采样特征结合之前的池化特征一起进行解码，分别将其与 3 种任务不同尺度的池化特征送入解码器，并与之前的各任务提取的特征进行连接并通过上采样层，恢复各任务原来的形状，最后将恢复的深度图像、语义分割图像和表面向量图像与数据集中的真值进行损失比较，计算梯度以更新网络中参数。

在训练网络时,可以将本模块与共有特征提取模块统一训练,以便形成一个端到端的神经网络,即输入为单张 RGB 图像,输出为与其对应的深度图像、语义分割图像和表面向量图像。由于 3 个任务与共有特征提取模块相同,故采用相同的损失函数进行约束,故不详细说明。

4. 结果展示

本技术案例使用的数据集,是基于 NYU Depth V2 数据集[47]建立的。使用 1449 组包含 RGB 图像、语义分割图像、深度图像来完成训练和测试,表面向量图像是由 Chen[8]提出的方法将深度图像转换而成,并统一将图像的分辨率转换为 320×240,与网络的输入一致。其中,795 组用于训练、654 组用于测试。每组训练图像通过 10 像素的上下左右平移再获得 4 组训练集增强训练的鲁棒性。

图 1.3.4、图 1.3.5 和图 1.3.6 分别为深度预测、语义分割和表面向量预测 3 个任务在本技术案例中的部分可视化结果,其中图 1.3.4 包含了 FRCN[36]方法,从可视化结果可以看出,本技术案例的结果基本能在各任务输出一个不错的结果。

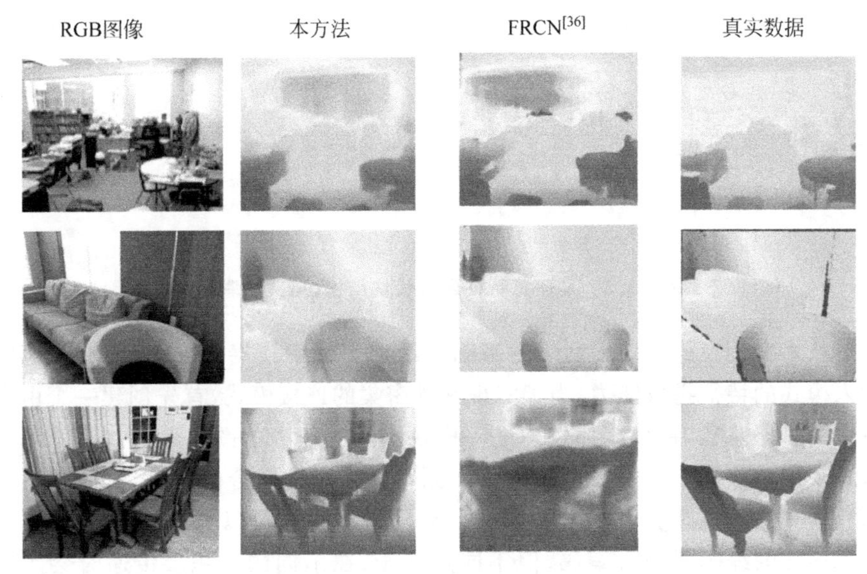

图 1.3.4 深度预测可视化结果

图 1.3.5 语义分割可视化结果(见文前彩图)

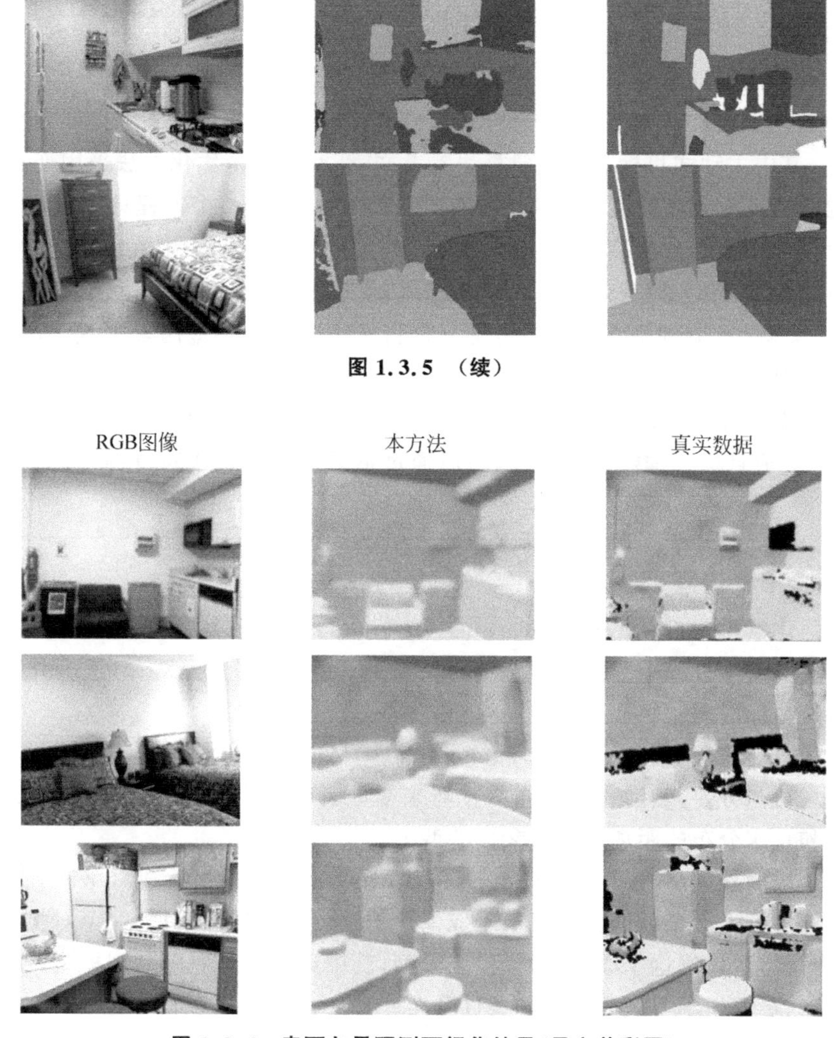

图 1.3.5 （续）

图 1.3.6 表面向量预测可视化结果(见文前彩图)

5. 小结

在本技术案例中提出了一种基于多任务模型的单目深度预测网络,通过与语义分割、表面向量预测两个任务一起训练,来建立深度预测、语义分割和表面向量预测 3 个任务之间的相互联系,从而提升网络的训练效果。该算法通过共有特征提取模块来提升深度预测结构性,再通过多任务特征融合模块来进一步区分各任务之间的特征独特性和联系性,使得各个任务的预测效果能够得到进一步提升。实验证明,本技术案例在各个模块的效果上均有提升,多任务特征提取和跨任务特征融合对网络深度值的预测起到了促进作用,通过对比实验也说明了该算法具有优越性。

多视角重建算法

强化学习算法 actor-critic

使用深度学习做体素补全的相关工作

使用 GAN 网络做三维补全的相关工作

1.3.2 技术案例二：主动式目标三维重建与补全优化

1. 任务描述

本技术案例的目标是实现一种面向目标对象的主动式目标三维重建与补全优化方法，其中主动式目标三维重建算法参考文献[29]，补全优化方法采用变分自编码网络 VAE[48] 和生成判别网络 GAN 网络[49] 的结合。整个流程具体包括以下 3 个模块：视角动态预测模块、目标自主重建模块和重建补全优化模块；3 个模块分别用于自主规划扫描目标的视角、对目标进行三维重建以及对重建结果进行补全和优化。本技术案例是为了解决传统三维目标重建易受环境因素干扰、效率低下以及难以实现自主性的技术难题，设计一个基于深度学习技术的三维目标自主重建框架及软件平台，能够对给定的目标动态规划扫描视角，并同时结合不同视角下的图片，完成目标三维模型的构建，最后通过最近流行的生成对抗网络，对重建的三维模型进行补全优化。

章节知识点

强化学习(reinforcement learning, RL)：用于描述和解决智能体(agent)在与环境的交互过程中通过学习策略(policy)，以达成回报(reward)最大化或实现特定目标的问题。

变分自编码器(variational auto-encoder, VAE)：通过编码过程生成目标分布的均值与方差，然后通过采样的技巧来复原目标样本分布，最终使用复原的分布和真实分布的距离来进行参数的调节。

生成对抗网络(generative adversarial nets, GAN)：通过生成网络和判别网络之间的最大最小的博弈游戏来生成模型。GAN 的名字中包含一个对抗的概念，为了体现对抗这个概念，除了生成模型，其中还有另外一个判别模型帮助生成模型，更好地学习观测数据的条件分布。

三维模型补全(3D model completion)：在物体的建模过程中，不可避免地存在遮挡、抖动等情况，这造成了三维数据模型信息丢失、模型结构残缺不全的现象，需要对模型的缺失部分进行预测填充。三维模型补全就是通过已知的三维结构去计算和预测缺失部分的几何，来获得一个相对完整的三维重建。

2. 相关工作

随着 SLAM 技术的发展，室内场景的三维重建方法日趋成熟。三维重建一般包含 3 个部分，首先使用手持相机对重建目标进行多个视角的扫描，其次对扫描到的多帧图片进行特征的提取、匹配、与相机位姿估算，最后通过立体视觉技术完成二维像素到三维坐标点的映射，得到最终重建的模型。然而，在以往的工作中，对目标的扫描往往采用的是一种“无死角”的扫描，即扫描要覆盖目标的每一个局部结构,效率低下的同时也导致了对某一目标的扫描路径规划无法适用于其他类型,为扫描的自主性带来挑战。因此,一种能够在重建过程中自主规划扫描视角的高效重建方法是当前待攻克的技术难关,也是本技术案例的动机。接下来简要介绍这一领域中相关的背景技术。

1）三维重建技术

华盛顿大学与微软实验室[10]开发了基于 SIFT(尺度不变特征变换)特征匹配定位的实时视觉 SLAM 系统,通过这一实时系统,能够建立出场景的三维地图。随后有诸多工作在实时性、位姿估计上做了改进,包括 RGB D-SLAM 算法[50]、KinectFusion[6-7]、BundleFusion[13]等,基本满足了场景重建与用户交互的实时性。

然而这些算法都要不可避免地面临以下几个问题：第一,算法需要稠密的视角,而实际计算中却跳过大部分视角,使得信息的获取效率低下,且无法应用在有较多遮挡的场景中；第二,算法需要假定场景中目标没有镜面反射,同时拥有丰富的纹理,来满足对图片的特征提取；第三,尽管使用了多种优化策略,相机配准误差的累积问题依然存在。

为了解决上述问题,Choy 等[27]将深度学习引入了目标的三维重建工作,提出了三维的循环神经网络,通过搭建三维的隐藏层状态,来接收多个视角下拍摄的图片,同时隐性表示当前重建的几何结构,从而建立了单视角与多视角联合的三维重建框架,在单视角和多视角(小于 20 视角)都能表现出超越传统方法的效果。

深度学习技术的应用为三维重建开启了新思路,相比传统方法,使用更少的视觉输入,能够处理复杂的环境因素,传统方法与深度学习思想的结合可能是未来三维重建领域的一个新导向。

2）三维信息的自主采集

机器人在一个随意的视角下面对未知的目标,基于当前的观察来主动预测下一个观察视角,并基于下一个视角的观察来估计视角,这样一个连续的视角预测可以帮助机器人主动感知感兴趣的信息,完成相应的视觉任务。通过消费级相机对周围环境进行主动感知,并将获取的环境信息数字化是机器人领域待攻克的技术难关。在以往的工作中,往往通过一些规则的约束来使接收信息最大化。常用方法包括不确定性减少[51]、蒙特卡罗采样[52]、高斯过程回归[53]等。

近年来也有利用深度学习的方法来预测视角的选择,比如使用深度置信网络[24]估计视角的信息增益、基于增强学习的视觉注意力模型[54]等。其中与本技术案例最相关的工作是 Xu 等的三维目标自主识别工作[55]。该工作结合多视角卷积神经网络[56]和循环注意力模型[54],实现了目标识别过程中对深度数据的主动获取,并在随后的工作中引入空间迁移网络,实现了端到端的学习。该方案的主动感知体现在对于当前视角获得的视觉观察,能够预测出下一个最佳的视角,实现了基于视觉反馈的视角预测,使机器人能够自主完成目标的识别。

3）三维模型的补全优化

在很长一段时间里，专家们尝试用几何原理来对结构被破坏的三维模型进行补全，包括拉普拉斯平滑[57]、泊松表面重建[58]以及利用对称性对局部被遮挡部分的预测[59]。虽然上述方法能够取得很好的结果，但是这些方法所使用的预定义规则从根本上限制了形状空间，学习和检测用的模型基本都需要手工制作或通过真实环境下多次的扫描加工。通过将数据先验知识与对称性的检测结合起来，有不少工作[60-62]基于给定的部分信息缺失的残缺数据在数据库中找到相应的三维模型并进行非刚性变换和对齐完成补全。然而，这些方法过于依赖数据库，要求数据库足够大、数据类型足够多，导致泛化性较差，待优化模型的细节容易丢失。

最近生成网络模型也有了较为迅猛的发展，例如近期受到广泛关注的生成对抗网络[49]将对抗性的判别器加入到生成模型的过程中，使得输入的随机矢量能够得到更好的生成对象。常用的方法[48]是将输入转化成潜在矢量作为生成对抗网络的输入，并通过生成网络和对抗网络的对抗来使生成模型更具真实感。本技术案例利用深度学习搭建的网络模型来学习三维模型的潜在信息和内部关联，并将生成对抗思想融入到三维模型的补全优化过程中，利用它们的关联能力来学习三维体素的对象表征方法。这种方法既不需要对模型进行手动特征提取，也不需要对数据库进行检索，而是通过网络的生成能力来得到三维模型的全局结构和局部细节。

3. 技术方法

本技术案例包括视角动态预测模块、目标自主重建模块和重建补全优化模块。具体如下：

1）视角动态预测模块

(1) 模块输入：使用 RGB-D 相机来采集室内目标信息，在目标周围的任一随机视角 v_0，用 RGB-D 相机拍摄得到彩色照片，使用其中 RGB 3 个通道并将分辨率压缩至 64×64，得到 $64\times64\times3$ 的张量 I_0、随机视角 v_0 和图片张量 I_0 共同构成模块的输入。

(2) 模块架构：视角动态预测模块是一个两分支的神经网络，在不同的时间步下有不同的状态、输入和输出。在某一时间 t 中，第一分支网络是一个全连接层 f_{view}，以随机视角 v_t 作为输入，计算出对应的视角特征 $f_{\text{view}}(v_0)$；第二分支网络是一个多层卷积循环神经网络 f_{enc}，成为编码网络，负责将输入图片张量 I_t 编码为低维的特征 $F_t=f_{\text{enc}}(I_t,S_{t-1}^{\text{enc}})$，其中 S_{t-1}^{enc} 是循环层在上一时间步的存储状态，在 $t=1$ 时取值为单位矩阵。

随后将两个分支网络提取的特征进行元素级的相乘，并在另一个循环层 f_{gru} 和全连接层 f_{fc} 的处理下，得到最终的特征向量如式(1.3.7)：

$$\boldsymbol{F}=f_{\mathrm{fc}}(f_{\mathrm{gru}}(f_{\mathrm{view}}(v_0)*f_{\mathrm{enc}}(I_t,S_{t-1}^{\mathrm{enc}}),h_{t-1}^{\mathrm{gru}}))\tag{1.3.7}$$

其中，h_{t-1}^{gru} 是循环层在上一时间步的存储状态，在 $t=1$ 时取值为单位矩阵。

最后，将特征向量 $\boldsymbol{F}$ 经过 S 函数(sigmoid)的处理，得到最终预测的视角，作为下一时间步的输入视角 v_{t+1}，同时使用 RGB-D 相机获取该视角下的图片，得到下一时间步的输入张量 I_{t+1}。

(3) 训练方法：视角动态预测模块中神经网络的训练采用强化学习方法，在每一个时间步中，按照式(1.3.8)计算奖励：

$$r_{\mathrm{cons}}^{t}=\mathrm{IoU}(\hat{V}_t,V)-\mathrm{IoU}(\hat{V}_{t-1},V)\tag{1.3.8}$$

其中，$\hat{V}_t$ 为 t 时刻下的三维重建模型；V 为数据库中的真实模型；IoU 为两个模型重叠元素个数占全部元素的比重。

在累加每个时间步的奖励后，使用基于策略估计的优化方法训练网络；具体使用梯度下降的方法计算式(1.3.9)的梯度，然后在梯度下降的方向迭代更新网络参数，得到预测最优视角的神经网络

$$L_{rl}=\sum_{t=1}^{T}-\log(p(v_t^p\mid I_t))*R\tag{1.3.9}$$

其中，R 为所有时间步的累计奖励，$p(v_t^p|I_t)$为预测得到该视角的概率。

2）目标自主重建模块

(1) 模块输入：使用 RGB-D 相机在视角动态预测模块中预测的视角下拍摄图片，按照时间步顺序将每帧图片用于视角动态预测模块中相同的处理方法，获得有序的图片张量序列$\{I_0,I_1,\cdots,I_n\}$，作为模块的输入。

(2) 模块架构：目标自主重建模块是一个循环神经网络，包含编码网络和解码网络两个部分。编码网络 f_{enc} 采用视角动态预测模块的编码网络(第二分支网络)，即一个多层卷积循环神经网络，负责编码 t 时间步下输入的图片张量 I_t 的低维特征 F_t；解码网络 f_{dec} 由多层的三维反卷积循环层组成，将低维的图片特征 F_t 升维得到三维的体素 $V_t=f_{\mathrm{dec}}(F_t,S_{t-1}^{\mathrm{dec}})$，其中 S_{t-1}^{dec} 是循环层在上一时间步的存储状态，在 $t=1$ 时取值为单位矩阵。

对于一个由 t 个时间步组成的图片序列，按照时间步顺序输入到视角动态预测模块中，在最后一个(即第 t 个)时间步下预测得到的三维体素即是目标的三维重建结果。

(3) 训练方法：目标自主重建模块采用反向传播与随机梯度下降的方法训练，对于一个批样本，按照式(1.3.10)来计算网络的预测结果与数据库真值结果之间的误差，并计算误差的梯度，按照神经网络的反向传播，逐渐沿着梯度下降的方向更新网络参数，迭代直至收敛。

$$L_{vox}=||V_{\mathrm{pre}}-V||^2\tag{1.3.10}$$

其中，V_{pre} 和 V 分别表示目标自主重建模块网络预测的体素模型和数据库中

对应的体素模型。

3）重建补全优化模块

(1) 模块输入：使用自主重建模块输出的重建结果 V_{pre} 作为输入，输入的表现形式为三维体，其中每个体素值表示三维形状在空间中该位置占据的概率。

(2) 模块架构：重建补全优化模块包含编码网络 g_{enc}、生成网络 g_{dec} 和判别网络 g_{dis} 3 个部分。编码网络对应变分自编码器[48]的编码部分，由 5 个步长为 2 的三维卷积层组成，并使用激活函数 LeakyReLU，网络的输出是输入模型潜在特征分布的均值向量 $\boldsymbol{m}$ 和方差向量 $\boldsymbol{var}$；生成网络对应变分自编码器的解码部分，由 5 层步长为 2 的三维反卷积层组成，并使用激活函数 ReLU，最后通过 sigmoid 激活函数来输出三维形状占据网格的概率 V_{gen}；判别网络与编码网络结构类似，只是在网络的最后连接全连接层和 sigmoid 激活函数，用来判别生成模型的真实性。

(3) 训练方法：重建补全优化模块向传播与随机梯度下降的方法训练，对于一个批样本，包含残缺数据 V_{inc} 和完整数据 V_{com} 的数据对，将其输送到编码网络 g_{enc}、生成网络 g_{dec} 和判别网络 g_{dis} 中，计算用来约束生成质量的生成损失函数(式(1.3.11))、约束输入特征与输出分布差异的 KL 散度(式(1.3.12))以及判别损失函数(式(1.3.13))，并通过加权求和即可得到最终的损失函数 L_{total}，通过反向传播和求梯度，根据每个网络相应的学习率进行参数更新，迭代直至收敛。

$$L_{gen}=\frac{1}{n}\sum_{n}(g_{dis}(g_{dec}(g_{enc}(V_{inc})))-1)^2 \tag{1.3.11}$$

$$L_{KL}=-\frac{1}{2n}\sum_{n}m^2+var-\log(var)-1 \tag{1.3.12}$$

$$L_{dis}=-\frac{1}{n}\sum_{n}(g_{dis}(V_{com})-1)^2+g_{dis}(g_{dec}(g_{enc}(V_{inc})))^2 \tag{1.3.13}$$

$$L_{total}=\lambda_{gen}L_{gen}+\lambda_{KL}L_{KL}+\lambda_{dis}L_{dis} \tag{1.3.14}$$

其中，λ_{gen}、λ_{KL} 和 λ_{dis} 分别表示 3 个损失函数所对应的权重，是需要手动调整的超参数。

下面结合具体实施方式对本技术案例做进一步详细说明，包括训练网络模型和自主重建流程以及重建补全优化流程 3 个部分。

(1) 训练网络模型：首先构建两个大型的数据库，其中一个数据库 X 要包含目标的三维体素模型和多视角图片，用于训练视角动态预测模块和目标自主重建模块的网络模型，另一个数据库 Y 要包含残缺形状的体素模型和对应的完整形状的体素模型；其次按照图 1.3.7 和图 1.3.8 来搭建网络模型(分别记为网络 A 和网络 B)；再次，将数据库 X 中的训练数据多线程分批输送到待训练的网络 A 中，并按照式(1.3.9)和式(1.3.10)来计算视角动态预测模块和目标自主重建模块中的误差，依照反向传播的方法用梯度下降优化器迭代更新网络参数，直到迭代次数满足要求，完成视角动态预测模块和目标自主重建模块网络的训练；最后，将数据库 Y 中的训练数据多线程分批输送到待训练的网络 B 中按照式(1.3.11)～式(1.3.14)来计算重建补全优化模块中的误差，依照反向传播的方法用梯度下降优化器迭代更新网络参数，直到迭代次数满足要求，完成重建补全优化模块网络的训练。

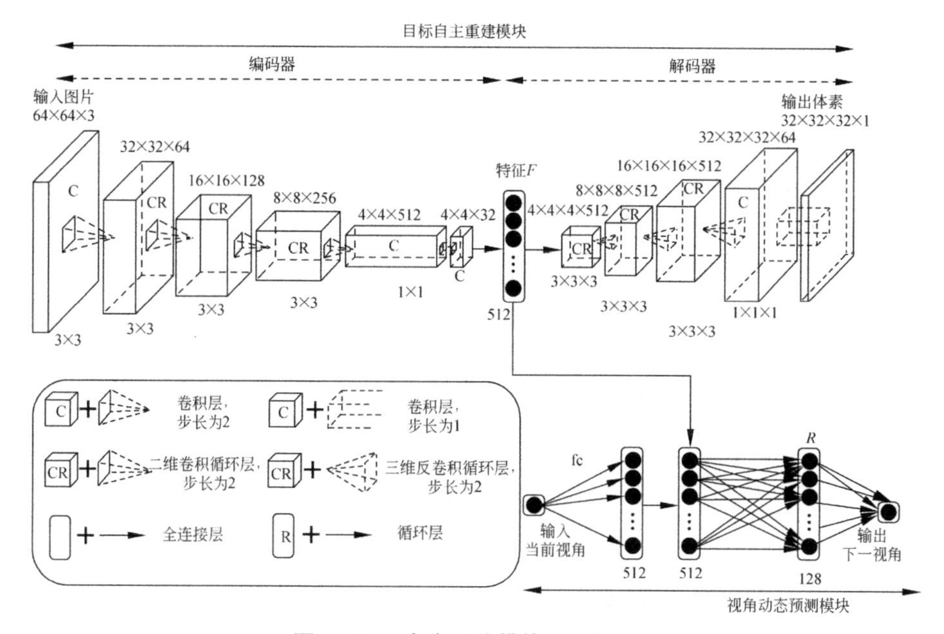

图 1.3.7　自主重建模块网络架构图

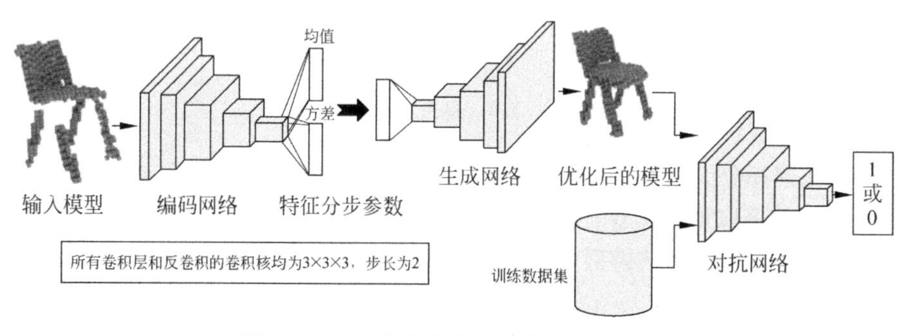

图 1.3.8　重建补全优化模块网络架构图

图 1.3.7 中只画了一个时间步的数据流动情况，网络包括目标自主重建模块和视角动态预测模块，分别用于接收重建模型和预测下一视角。

图 1.3.8 中的网络包括编码网络、生成网络和对抗网络，在推测阶段只需要运行编码网络和生成网络，对抗网络只有在训练时使用。

(2) 自主重建流程：对于一个待重建的目标，操纵机器人或人手持 RGB-D 相机来到目标周围的某一随机位置，并保证该视角下的相机视野中存在目标。用相机拍摄获得照片，使用其中 RGB 3 个通道并进行分辨率的压缩输入到已经训练的网络中，这时目标自主重建模块会输出当前重建好的模型，而视角动态预测模块会输出下一个最佳视角。机器人或人手持 RGB-D 相机来到下一个最佳视角，继续拍摄图片，输送到已经训练的网络中，而获得重建好的模型和下一个视角。这一过程重复进行，直到重建好的模型满足要求或者视角数量已达到预设的阈值时终止，此时输出的即目标重建模型，如图 1.3.9 所示。重建起始于一个随机视角，拍摄该视角下的图片，分别通过预先训练好的视角动态预测模块和目标自主重建模块。前者负责接收图片和当前视角，判断出一个最佳视角；后者用于重建当前的三维模型。这是一个重复的过程，视角动态预测模块重复地判断下一视角以获得下一个图片输入，目标自主重建模块则不断地重建模型，直到迭代终止。最后将重建得到的模型输入到重建补全优化模块的生成网络中，即可获得最终优化后的重建模型。

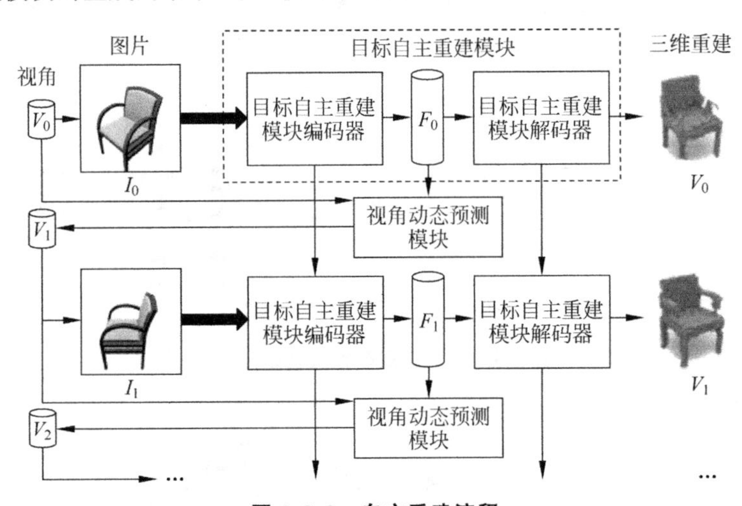

图 1.3.9 自主重建流程

(3) 重建补全优化流程：对于自主重建流程中获取的重建结果，输入到图 1.3.8 中的编码网络获取重建模型的特征分布，然后输入图 1.3.8 中的生成网络即可获得经过网络补全和优化后的模型，而判别网络只在训练网络模型时使用，在这一阶段并不使用。

4. 结果展示

1）数据集建立

在训练主动式重建过程(包括视角动态预测模块和目标自主重建模块)的数据集的建立上，由于网络输入为不同视角下的图片序列，输出为对象的三维体素，需要建立图片序列和三维体素真值的数据对。以 PTN[27] 发布的数据集为基础来构建数据集，并使用 ShapeNet[24] 中 13 个类别的 CAD 模型作为待重建对象建立图片序列和三维体素真值的数据对。对于每个对象的三维 CAD 模型，使用 32×

32×32 个体素的三维体(三维体朝向与标准方向一致,每个体素占据该空间位置,0 表示不占据,1 表示占据)作为其三维形状的真值;在对象周围以 30°的仰角选取 24 个视角,相邻视角在方位角上间距为 15°,24 个视角恰好覆盖对象一周;在相同设定的相机光照条件下,渲染三维模型在选定的 24 个视角上的彩色图,彩色图包含 RGB 3 个通道,图片通过中心剪裁和形状缩减最终得到高宽为 64×64 个像素的 RGB 图像。最终生成的数据集由对象类别、对象索引、三维体真值、视角序列与图片序列组成。

在训练重建补全优化模块的数据集的建立上,通过虚拟扫描 ShapeNet[24] 数据库模型来得到三维模型的单视角深度图,通过融合单张或少量深度图生成残缺点云,进而转换成残缺的三维体素数据,这种合成数据集的方法能够提供大量残缺的数据;同时体素化 ShapeNet 中的完整三维模型,得到残缺三维形状(三维形状用三维体表示,三维体内的体素表示网格占据概率)与完整三维形状的数据对。

由于本技术案例中的自主重建模块参考了 2018 年的文献[29],因此在评估中与该文献时间接近的多视角体素重建方法 3D-R2N2[27] 进行对比实验。3D-R2N2 使用二维编码-三维循环层-三维解码器的结构,由于循环层的存在,该网络既可以实现单视角图片的三维重建,也可以实现多视角图片的三维重建,还可以验证本技术案例的系统在多视角图片三维重建方面的重建效果。

图 1.3.10 展示了在不同视角数量下的重建结果。图中的图(a)、(b)、(c)分别表示椅子对象的不同视角输入图片(从上往下表示视角输入的数量从 1 增至 5)、3D-R2N2 体素重建结果以及本技术案例的体素重建结果;图(d)、(e)、(f)分别表示台灯对象的不同视角输入图片、3D-R2N2 体素重建结果以及本技术案例的体素重建结果。从图片中可以直观地看出系统甚至能够在只有一个视角时预测出全局的结构,并随着视角数量的增多,逐步补全和优化重建结果的局部细节。关于局部细节的优化可以从图中圈出的部分看出,本技术案例的系统相比于 3D-R2N2,能够更好地利用不同视角信息来补全先前重建忽视的局部结构。

2)补全优化质量评估

图 1.3.11 展示了不同类型模型的补全效果,每一行表示一种类型的物体模型,并通过不同列展示了输入和对应的输出效果,可以看到本技术案例对不同类型的模型都能恢复其完整的结构。虽然生成对抗网络的优化使其具有更强的生成能力和更细致的结果输出。但不可否认的是,这种方法仍存在一定的问题,比如难以进行重建质量和真实性的权衡以及网络的收敛速度较慢等。另外,本技术案例中的生成方法不可避免地存在一些噪声和缺失细节的问题,主要体现在无法很好地预测物体较细的部件,其原因之一可能是卷积和反卷积过程中丢失了较细部件的结构信息;原因之二可能是所采用的的分辨率较低,可以使用八叉树、点云或是其他节省显存的表示方法来提高分辨率或是在细节方面的表示能力。效果较差的地方如图 1.3.11 中圆圈所示。

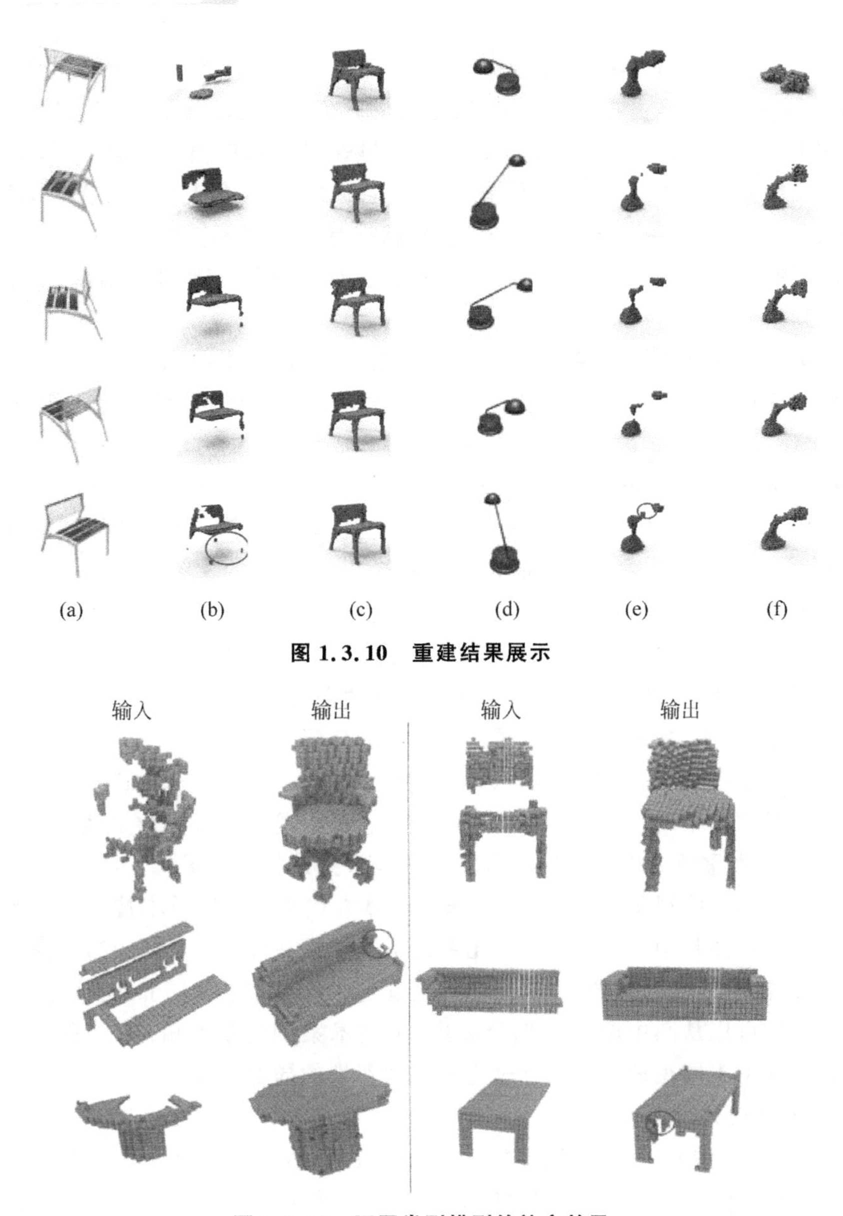

图 1.3.10 重建结果展示

图 1.3.11 不同类型模型的补全效果

5. 小结

本技术案例以基于深度学习的目标重建实践出发，介绍了基于动态视角规划的三维对象体素建模方法和基于变分自编码网络和生成对抗网络结合的三维形状补全优化方法。通过搭建视角动态预测模块、目标自主重建模块和重建补全优化模块并进行网络的训练，能够对给定的目标进行动态规划扫描视角，并同时结合不同视角下的图片完成目标三维模型的构建，最后针对残缺的部位进行补全优化。结果表明：网络既能在单个视角时进行合理的结构预测，还能随着预测的新视角到来，不断完善重建结构的局部细节，提升重建质量；而在模型的优化补全任务上，也能针对残缺模型，进行合理的生成预测。

然而，本技术案例提供的方法只提取了语义特征，忽略了不同视角图片与三维结构在几何上的关系。此外，体素的表示方法太占显存，导致输出分辨率过低（32×32×32），难以表达更细小的局部结构，比如图1.3.10中台灯与灯座之间连接的部分由于太细，重建的质量并不理想。这一问题可以通过改用八叉树、点云等数据表示，以及更强大的网络设计和训练策略来缓减，而这一技术案例的目的是带大家了解如何用深度学习方法来对目标进行重建和优化，更好的模型设计和更多问题的解决还有待读者进一步的探索。

1.3.3　技术案例三：基于模型替换的场景建模

1. 任务描述

技术案例三相关代码

场景的三维重建相对于目标的三维重建，是对整个场景的所有视觉信息进行三维的建模。场景三维模型质量的优劣对机器人交互、场景理解、无人驾驶等领域的研究有重要的影响。近些年，随着三维采集设备的更新及建模算法性能的提高，建模质量有较大提高。但是，由于采集过程中一些客观条件的限制，模型存在缺失、噪声的情况时有发生，模型的精度还不能达到要求。为解决这一问题，需要对扫描得到的模型进行优化。目前，解决该问题的方法主要有两种：第一种方法是模型补全，即利用缺失区域周围的点云信息将残缺部分拟合；第二种方法是模型替换，即在数据库中寻找与扫描模型最为相似的模型，再将检索出的数据库模型与原扫描场景进行配准。本技术案例采用后一种模型替换的方法，其输入为传感器直接采集到的含有缺失区域的点云场景模型，通过将其中的不完整物体用数据库中相似的模型进行替换，最终输出完整的场景模型。

章节知识点

点云（point cloud）：空间中点的数据集，可以表示三维形状或对象。点云中每个点的位置都由一组笛卡儿坐标（X,Y,Z）描述，有些可能含有色彩信息（R,G,B）或物体反射面强度（intensity）信息。强度信息的获取是激光扫描仪接收装置采集到的回波强度，此强度信息与目标的表面材质、粗糙度、入射角方向，以及仪器的发射能量、激光波长有关。点云也是逆向工程中通过仪器测量外表的点数据集合。

体素（voxel）：体积像素（volume pixel）的简称。概念上类似二维空间的最小单位——像素，像素用在二维电脑图像的影像资料上。体积像素一如其名，是数字资料于三维空间分割上的最小单位，应用于三维成像、科学资料与医学影像等领域。有些真正的三维显示器运用体素来描述它们的分辨率，举例来说：可以显示512×512×512体素的显示器。

多边形网格(polygon mesh)：在3D计算机图形学和实体建模中，多边形网格是一组顶点、边和面定义了多面体对象的形状。面的形状通常表现为三角形、四边形或其他简单凸多边形。其数据结构简单且能保留模型的纹理、几何等信息，可以较好地表达各种不规则物体。在计算机世界中，由于只能用离散的结构去模拟现实中连续的事物，所以现实世界中的曲面实际上在计算机里是由无数个小的多边形面片组成的。

迭代最近点(iterative closest point，ICP)算法：一种用于将不同参考坐标下两组或多组点云依据物体几何信息一致性进行点云配准的算法。其基本想法是分别在待匹配的目标点云和源点云中，按照一定的约束条件，找到相邻的最近点，从而计算出最优匹配矩阵，达到误差函数最小的目的。

2. 相关工作

近年来，网络上出现了越来越多共享室内场景三维模型库，现有数据驱动的室内场景研究大致可分为两类：场景中物体的识别、重建和场景物体布局优化。在对室内场景的扫描点云进行物体识别和建模上，我国学者做了很多优秀工作。清华大学的胡事民等[63]提出一种交互重建算法，首先对用户采集的RGB-D图像进行自动分割，用户可以交互修改分割结果，然后通过分割的物体点云与数据库模型匹配，从而完成三维建模。南亮亮等[60]提出利用模型数据库来辅助不完整点云数据，通过搜索-分类的方式将场景中的点云进行分割和标识，通过模板拟合来补全点云，从而获得室内家居的三维模型。二者都充分利用大数据的优点，很好地解决了扫描点云噪声大、不完整的问题。若只有单幅二维图像，也可以充分利用带有语义标定的三维家居模型库，通过匹配模型及图像内容，实现对场景图像的几何估计及家具识别，如Fouhey等[64]提出的建模算法。然而，由于图像本身的局限性，该算法依赖于摄像机参数估计的准确性，当摄像机参数估计不准时，无法仅仅用数据库来获得准确的场景重建结果。

3. 技术方法

技术流程包括预处理、三维模型体素化、特性和特征提取、场景配准4个部分，如图1.3.12所示，具体如下。

1) 预处理：采用DAI等[13]提出的单视角建模框架，对室内场景进行初次建模，该算法提出一种新颖的、实时的、端到端重建框架来完成建模任务，对原有的姿态估计与帧优化策略进行改进，采用基于彩色图与深度图作为输入的高效分层方法；由于本技术案例提出的建模框架针对单个目标对象进行数据库中模型检索、替换与配准，故需对原始场景进行分割以得到信息缺失的目标对象，因此拟利用Qi等[65]提出的点云语义分割算法对场景模型进行分割，将不完整物体点云分割出来。该方法使用点对称函数与目标对称网络解决点云顺序不固定与点云旋转的难题，通过引入新的损失项来约束由于参数量大而导致的矩阵正交情况。最终，网

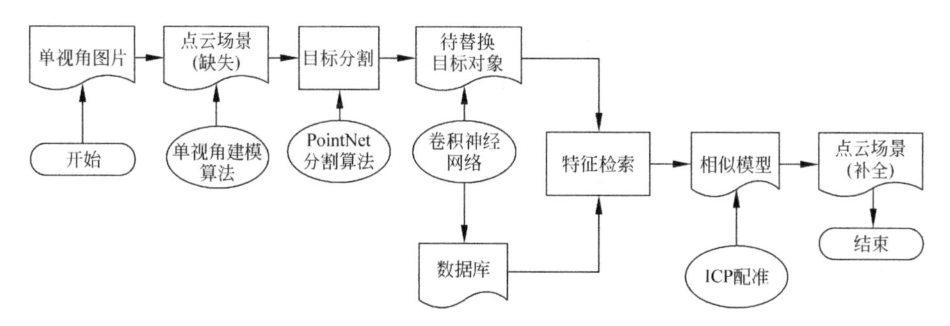

图 1.3.12 基于模板替换的场景建模流程

络使用多层感知机为每个点生成高维度特征向量，经由非线性分类器处理，输出每个点的分类向量，以完成对场景的分割。

2）三维模型体素化：为满足 CNN 输入的要求，需对分割完成后的目标对象与数据库中的模型进行预处理以达到规则化的数据要求。具体包括物体表面法向量提取及物体点云八叉树网格化等操作。首先是法向量的提取，拟采用虚拟扫描技术对点云密集区域进行采样，选择法向量方向变化最大的点作为采样点的特征点，将该点的法向量与曲率信息作为点云区域的底层特征。同时将 14 个虚拟相机放置在点云截断球体中心位置，朝向不同的方向，并在每个方向发射出 16000 束平行光线，当光线与点云的表面相交时，即可将相交点视为对表面点的采样。在采样点周围区域选取法向量变化最大的点作为该区域的特征点，并计算某点与其临近点之间法向量夹角的算术平均值作为算法所需的物体表面法向量；其次是八叉树结构的构建，八叉树具有自适应尺寸的三维网格结构，是二维的四叉树结构在三维空间的拓展，与传统的体素网格相比，可以在相同分辨率下显著减少对存储的消耗。传统的八叉树结构中每个节点均含有指向子节点的指针，从而使访问某节点的时间与树的深度呈线性比例关系，最终导致处理结点间的运算需要大量的时间，尤其是在处理高分辨率对象的情况下。本技术案例在建模框架中，将场景中目标对象与数据库对象分别以八叉树的形式进行表达。首先将点云模型置于单位长度的正方体包围盒中，并对其进行广度优先递归操作。递归过程如下：当遍历至八叉树的第 i 层时，递归访问所有包含模型边界的节点，并将包含模型边界的包围盒进行 8 等分作为该节点的 $i+1$ 层子节点，若某节点中不包含模型的任一部分时，停止对该节点的划分操作。

3）特性和特征提取：为了抽象出三维物体更加一般化的特征，本技术案例包含有法向量与曲率信息的八叉树网格作为输入，输出的高维特征向量作为数据库检索的依据。特征提取网络的目标在于将输入点云模型映射为高维空间中的一个向量，为可分别输入存储曲率信息与法向量信息的八叉树网格，首先对上述 2 个网格进行 4 次卷积与下采样操作，从而得到 2 个 64 维特征向量；其次，对 2 个特征进行融合，并将其输入至后续的特征提取网络，经过 2 次卷积与下采样操作后，得到

256 维向量；最后，将 256 维特征向量输入至全连接层，经归一化指数函数操作后得到 55 维向量，此向量即为特征提取网络的输出结果。本技术案例在卷积操作之后对数据进行批标准化，从而可以消除数据分布对网络训练的影响，同时在下采样操作之前加入了非线性激活函数即为修正线性单元激活函数，从而提高了模型的表达能力。为防止过拟合的情况发生，本技术案例在全连接层之后加入 Dropout 层。

4）场景配准：使用迭代最近点[66]算法将检索到的数据库对象与初始场景进行配准，以完成最终的建模过程。其算法以达到最小二乘法的最优为目的的配准算法，是对齐点云的常用方法。该算法通过重复选择相邻关系对应点对的方式，不断地计算相应的旋转与平移矩阵，最后不断重复该过程，以缩小 2 个点云之间的差距，最终完成配准过程。上述过程可描述为输入 2 个不同坐标系下的点云场景，寻找 2 个场景之间的空间变换矩阵，完成配准过程，该方法关键是如何寻找场景中的对应点对和如何根据相应的点对计算变换矩阵以使得点云间距离最小。为了克服其对于点云场景初始位置比较敏感的限制，特别是当点云的初始变换矩阵选取得极不合理而导致陷入局部最优点的问题。本技术案例在预处理阶段将扫描模型与数据库模型正方向朝向一致，并通过将目标对象与数据库对象进行配准以获取相应的位姿参数，最终通过融合的方式完成场景建模的过程。

 **示例代码**

Input：单视角图像

Output：模板替换后的场景模型

1. 使用 BundleFusion 方法对输入图像进行初始建模；
2. 使用 PointNet 方法对模型进行语义分割；
3. FOR 物体模型 in [分割后物体集合]；
4. 将物体模型体素化；
5. 将物体体素输入卷积神经网络进行特征提取；
6. 在数据库中根据特征向量检索出最相似的物体模型；
7. 使用 ICP 算法对数据库中的模型进行配准；
8. 将配准后的模型还原至初始场景模型中；
9. END。

4. 结果展示

在经过特征提取网络得到相应的特征之后，待替换对象通过与数据库模型进行特征的匹配与检索，得到最相似的模型集合。如图 1.3.13 所示，对于原始残缺的椅子(图中最左边)，在数据库中检索出最相似的 5 把椅子，从左往右相似度递减。

模型配准的具体步骤为：首先将两个模型的正方向保持一致，然后通过最近点匹配算法不断地进行两个点集的匹配以完成场景配准任务，配准结果如图 1.3.14 所示，场景内的椅子与桌子均被数据库中最相似模型替换。

图 1.3.13　数据库椅子检索示例

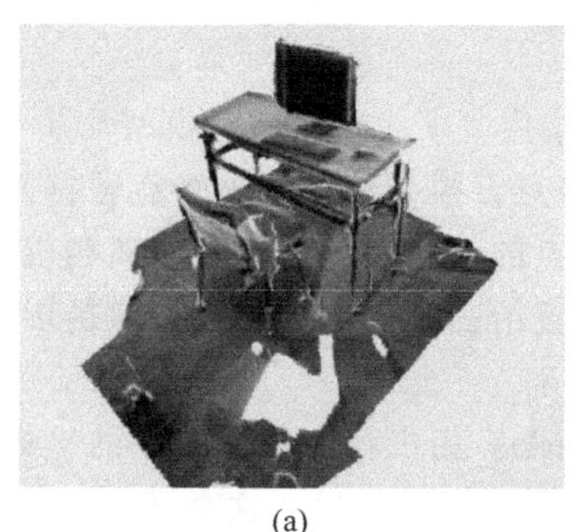

(a)

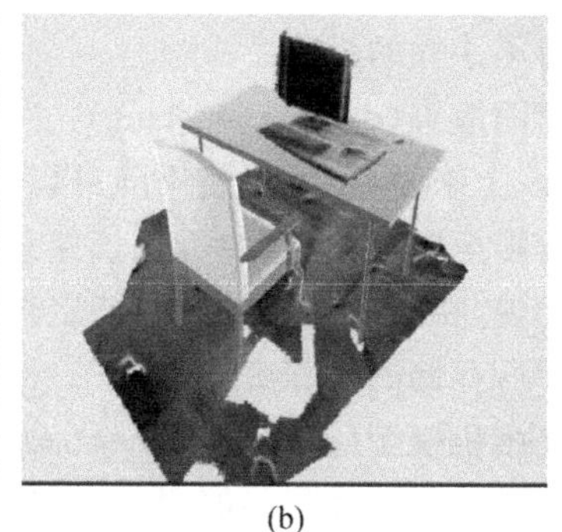

(b)

图 1.3.14　场景建模结果示意

(a) 初次建模场景；(b) 替换场景

5. 小结

综上所述,本技术案例提出的基于模板替换的室内场景建模框架,是利用数据库中相似的三维模型替换信息缺失的目标对象再经过场景配准从而完成场景建模任务。该框架对于场景中存在结构损失严重,有大部分缺失的目标对象时有较好的建模效果,原因在于基于模板替换的方式是使用整体替换的方式进行建模,只要特征提取网络能得到较好的特征,并且能检索出相似的模型,对于场景复原效果往往比较明显。所以,当场景中信息缺失较严重时,采用模板替换的建模方式往往有不错的效果。但是,当需完成的任务需要比较精细化的建模效果时,或者对于真实性要求较高或对位置信息比较敏感时,由于数据库容量的限制基于模板替换的建模框架会造成检索出的模型与真实对象有较大的偏差。同时,由于本技术案例使用场景配准的方式进行重建,配准的误差也将影响模型的质量,当配准的误差较大时,将导致三维对象的位置与位姿有较大的偏差而得不到满意的结果。

1.3.4　技术案例四:基于无监督学习的场景重建

1. 任务描述

技术案例四相关代码

在这一技术案例中,采用无监督学习的方式从连续的视频帧中对三维场景进行重建,场景模型采用点云的表示方式。具体来说,从视频中的彩色图以及预测的深度图可以获取足够的纹理颜色信息及几何信息,实现对场景点云的重建,而三维的场景点云又可以重投影至二维的视频帧，再利用其之间的一致性修正场景点云，实现无监督下的较完整的场景点云的重建。

章节知识点

相机外参矩阵(camera extrinsic matrix)：表明某图像被拍摄时的相机所在位置及相对于世界坐标系不同坐标轴的夹角，常表示为($\boldsymbol{R}$,t)矩阵。其中$\boldsymbol{R}$矩阵为旋转矩阵，是在乘以一个向量的时候有改变向量的方向但不改变大小的效果并保持了手性的矩阵。

深度图渲染(depth rendering)：当给定了一个三维点云模型及某一相机位姿后，微观上来说，根据位姿矩阵可以将点云模型中的每一个点根据其三维坐标信息投影至像平面坐标系，且该像素点的值代表了三维点距离相机的距离；从宏观上说，相当于使用相机在特定位置给三维模型进行了一次摄影，但得到的照片中所存储的是深度信息。

针孔相机模型(pinhole camera model)：相机将三维世界中的坐标点映射到二维图像平面的过程能够用一个几何模型进行描述。这个模型有很多种，其中最简单的称为针孔模型。在现实生活中，针孔相机是由前方有一个小洞(针孔)所构成。现实世界中源于某个物体的光线穿过此洞，会在摄像机的底板或图像平面上形成一幅倒立的图像。

相机内参矩阵(camera intrinsic matrix)：在针孔模型下，若以投影中心作为坐标系原点，X-Y 坐标轴平面平行于像平面的方式构建相机坐标系，可以将空间中任一点映射为像平面上一点。在此过程中，会形成一个由坐标轴尺度因子(即单位长度在相机内部的像素)、歪斜因子及主点在图像平面的坐标组合而成的矩阵，这个矩阵被称为相机内参矩阵，用于反映空间中点和像平面点的对应关系。

2. 相关工作

针对点云无序性处理的难题，近年来 SU[65,67]，Li[68] 等提出的 PointNet 系列工作为点云的特征提取问题提供了诸多参考。近些年，文献[69]、[70]、[71]中采用深度图或 RGB 图完成场景体素网格的重建工作，相比于点云表示：一方面，体素限制了其分辨率，同时采用三维卷积神经网络时需要极大的计算成本，这类工作也需要场景的真实数据体素场景作为监督，而真实场景的三维表示难以获取；另一方面，在没有相机位姿的情况下，相对于深度图，RGB 彩色图与三维场景模型的直接联系比较困难，因此考虑在合成场景点云之前先预测其深度图及相机位姿作为中间媒介，从而能更容易地完成场景重建，视频序列很好地满足了这两个条件。受文献[72]、[73]、[74]的启发，可以利用视频相邻帧之间的一致性关系作为监督信号，从单目视频序列中学习相机位姿的相对关系，同时通过前后帧间相机位姿预测每帧对应的深度图。

3. 技术方法

如图 1.3.15 所示，第一部分为深度图及相机位姿预测模块，图中蓝色部分为深度图预测网络，绿色部分为相机位姿预测网络，通过学习视频相邻帧之间的关系，预测各帧对应的深度图及其相机位姿；深度图预测网络由带有跳连接的多尺度预测输出的编码器和解码器组成，编码器和解码器分别包含 7 层卷积或反卷积层，编码器卷积层的前两层卷积核分别为 7×7、5×5，其余卷积层卷积核均为 3×3，每个卷积后带有一个 ReLU 激活层，输出深度图尺寸与输入视频序列尺寸相同；相机位姿预测网络由 7 个步长为 2 的卷积组成，每个卷积后带有一个 1×1 的卷积，输出通道为 6：3 个平移角和 3 个旋转角，用来表示相机位姿，最后应用一个平均池化层聚合在所有空间位置上的相机位姿预测值；多任务联合训练模型通过一个 Meta-Critic 网络实现；Meta-Critic 网络包含两个模块，分别为 MVN(Meta-Value Net)模块和 TAE(Task-Actor Encoder)模块；TAEN 的输入为 DepthActor 和 CameraActor 的输入序列、预测的相机位姿及深度图序列、预测序列与真值之间的差值，其作用为将这些有效的信息编码为一个特征向量 z；具体来说，将 TAEN 定义为一个 LSTM 的循环神经网络，最后带有一个全连接层，将 LSTM 最后一个时序的分布式特征映射为特征向量 z；MVN 的输入为 DepthActor 和 CameraActor 的输入序列、预测的相机位姿及深度图序列、TAEN 的特征向量 z，其作用为判定预测器 Actor 网络的准确度，并以此为监督通过神经网络学习的方式在训练过程中不断调整两个源任务的 Actor 网络以及 Meta-Critic 网络的参数，提高 Meta-Critic 网络的学习能力。

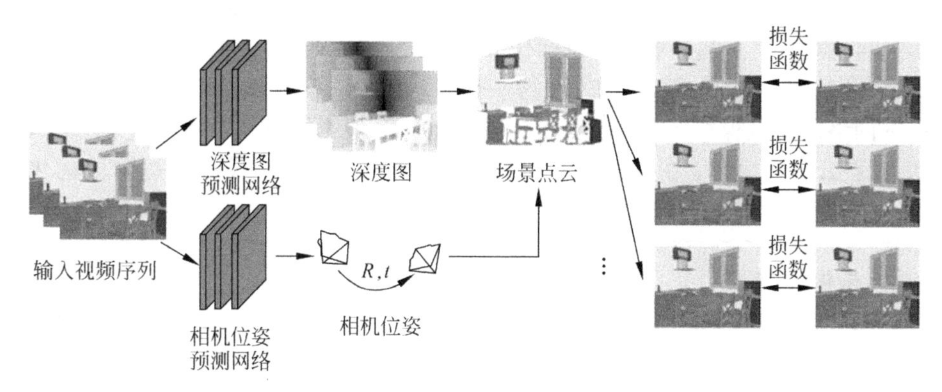

图 1.3.15　基于无监督学习的场景重建(见文前彩图)

Meta-Critic 网络的优化目标表示为

$$\theta^{(i)} \leftarrow \underset{\theta^{(i)}}{\operatorname{argmax}} Q_{\phi}(x^{(i)}, \hat{y}^{(i)}, z^{(i)}) \quad \forall i \in [1,2,\cdots,M] \tag{1.3.15}$$

$$\phi,\omega \leftarrow \underset{\phi,\omega}{\operatorname{argmin}} \sum_{i=1}^{M} (Q_{\phi}(x^{(i)}, \hat{y}^{(i)}, z^{(i)}) - r^{(i)})^2 \tag{1.3.16}$$

其中，x 为输入值，y 为预测值，z 为 TAEN 编码的特征向量，r 为输入与真值的差值，θ、φ 和 ω 分别为任务预测器、MVN、TAEN 的网络参数，由式(1.3.15)和式(1.3.16)看出，对每一个任务 M，任务预测器 Actor 网络会在训练过程中学会学习最大化价值函数，使得预测结果更精确，相比于传统监督学习的最小化一个固定的损失函数，更具有普适性；同时对每个任务，Meta-Critic 网络会学习模拟实际的监督学习损失函数，对单任务问题，这样无疑增大了工作量，但是对本专利的多任务联合训练来说，却可以共享任务交叉的一些先验知识。

第二部分为场景点云合成模块，通过将预测的深度图序列与初始的 RGB 视频序列结合预测的相机位姿信息进行融合计算，得到融合后的三维点云模型。目标任务是从视频中对三维场景进行点云模型重建；目标任务模型包含点云预测模块及 Meta-Critic 模块两部分，Meta-Critic 模块与多任务联合训练模型相同；点云预测模块输入为连续的彩色视频序列，输出为三维点云，网络构建基于标准 LSTM 和 GRU 模块，利用 GRU 模块保留上一个序列的有效特征，用于微调基于之前序列的特征而重建的场景点云，使场景点云包含更多的局部及全局细节特征；场景点云重建模型采用 VGG 结构，使用全卷积网络，卷积层均采用 3×3 卷积，带有 ReLU 非线性激活层，通过不断的下采样回归出三维的点云模型。

第三部分为点云重投影网络模块，将融合后的彩色点云按照相机位姿的视角重投影到二维平面，得到二维 RGB 图，重投影的 RGB 图序列与原始的视频帧进行对比来进行网络优化，实现三维点云模型的逐步优化改善。实验过程共分为 3 个阶段——多任务联合训练阶段、目标任务训练阶段以及目标任务测试阶段。多任务联合训练阶段在 7Scenes 数据集上进行训练，每次训练过程中送入多张连续图片作为多任务的预测器 Actor 网络的采样输入，输出预测的深度图及相机位姿结果与原输入一起送入 Meta-Critic 网络中进行监督训练，在不断的迭代训练中优化网络参数模型，直至模型收敛；目标任务训练阶段对 7Scenes 数据集和从 SUNCG 中采集的数据集结合进行训练，在这一阶段，由多任务联合训练的模型的 Meta-Critic 网络的参数保持不变，对场景点云重建模型预测器 Actor 网络进行训练，优化场景点云重建模型；在目标任务测试阶段，仅使用在目标任务训练阶段优化的场景点云重建模型，输入连续视频序列，输出三维场景点云。

示例代码

Input：视频序列

Output：场景点云模型

1. FOR RGB 图像 in［视频序列］；
2. 将 RGB 图像输入深度预测网络中，得到深度图像；
3. 将 RGB 图像输入相机位姿预测网络中，得到各帧位姿；
4. 将预测深度图依据预测的位姿信息重新投影为点云，并将对应的 RGB 信息附上；
5. END；
6. 将上述所有点云依据坐标信息合并为完整场景点云模型。

4. 结果展示

由于三维场景重建采用的是无监督的学习方法，而且方法的提出也考虑到了三维场景点云难以获取的问题，因此主要对实验结果进行定性分析。场景模型的训练及测试数据集中于常见的室内场景布局，如卧室、客厅、办公桌椅等，对每个场景点云，采取 43200 个三维点进行描述显示，这样不会造成巨大的网络负荷。

实验结果展示视频序列中的一张彩色图及网络生成的场景点云，彩色图如图 1.3.16 所示，其对应的场景点云如图 1.3.17 所示。

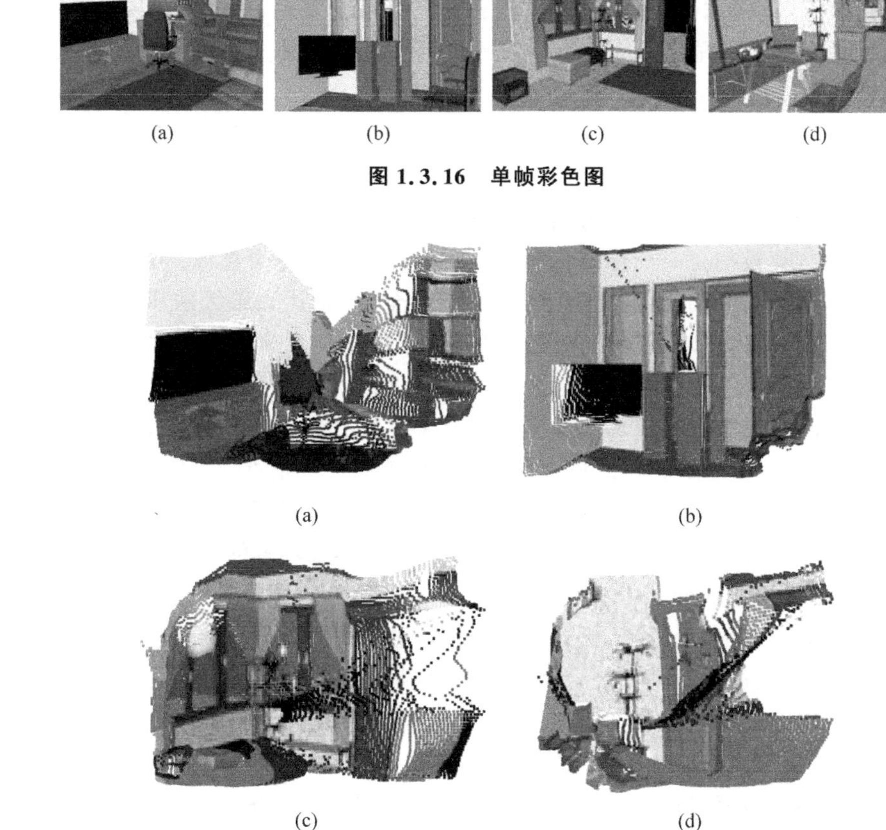

(a)　(b)　(c)　(d)

图 1.3.16　单帧彩色图

(a)　(b)

(c)　(d)

图 1.3.17　场景点云重建结果

5. 小结

针对三维监督数据难以获取、现有方法模型结果较差的问题，本技术案例采用了无监督学习的方式完成了点云级别的室内场景重建工作。通过对输入视频序列进行深度预测及相机位姿的估计，实现了视频序列到点云模型的转化。同时，根据预测的相机位姿可以对不同帧的深度信息进行一致性约束，从而保证在无监督信息的前提下完成对网络模型的训练。

1.3.5 技术案例五：基于单视角图像的场景重建

1. 任务描述

技术案例五
相关代码

基于图像的三维建模问题作为计算机视觉的经典问题，已经被大量学者研究了很长时间。传统的方法多是基于输入多张邻近视角的图像，利用帧间匹配或是特征点匹配等对应关系，将多个视角内的图像整合为一个整体，去输出一个基于优化的三维模型。本技术案例的任务是从单张 RGB-D 图片中通过深度学习提取到充分的结构特征信息，从而最终重建出完整的具备纹理的点云场景模型。对于给定的单张 RGB-D 图像，若将其直接反投影为三维点云表达，则由于单视角的局限性，此点云将会有大量的缺失信息，本技术案例的目标即补全这些缺失的点云，从而完成场景的重建。

章节知识点

图像补全(image inpainting)：图像补全是介于图像编辑和图像生成之间的一个问题，其最初是一个传统图形学的问题。问题本身很直观：在一幅图像上挖一个洞，如何利用其他的信息将这个洞补全，并且让人眼无法辨别出补全的部分。其目的为要求算法根据图像自身或图像库信息来补全待修复图像的缺失区域，使得修复后的图像看起来非常自然，难以和未受损的图像区分开。

点云补全(point cloud completion)：由于三维扫描设备精准度、分表率等的限制，扫描出的三维模型往往会出现残缺或是噪声等情况，为了更好地还原真实世界的物体或场景本身的样子，就需要对不完整的点云模型进行修补，即预测出一些合理的三维点对模型进行补全，保证物体或场景的完整统一。

语义场景补全(semantic scene completion,SSC)：为了能够执行诸如导航、互动或物体检索等高级任务，机器人需要具备对周围环境进行语义级别理解的能力。语义场景补全是一项结合了三维形状补全与三维语义分割的计算机视觉任务，可以帮助机器人感知三维世界，并和环境交互。其目标在于对场景完成形状补全的同时也完成语义分割。

多视角卷积神经网络(multi-view CNN)：该网络输入为多视角图像信息，通过卷积后最大池化的操作提取出物体的深层特征，用于后续的物体识别、分类等任务。具体来说，用物体的三维数据从不同"视角"所得到的二维渲染图作为原始训练数据，用经典、成熟的二维图像卷积网络进行训练，对三维物体的识别、分类效果好于用三维数据直接训练出的模型。

2. 相关工作

Song 等[70]第一次提出了一个三维端到端卷积神经网络——SSCNet，其输入为单张深度图，输出为对应视角下的含有语义分割信息的场景体素模型。Dai

等[75]拓展了 SSCNet 去解决包含空间变化的规模更大的场景。Wang 等[76]对 SSCNet 额外添加了一个对抗式网络结构，使输出的结果更加逼真。Zhang 等[69]修改了 SSCNet，使用了稠密 CRF 模型，进一步提高了输出结果的准确性。为了能更好地挖掘输入图像的信息，Garbade 等[77]使用了双流神经网络最大化地从输入 RGB 图像中获取深度信息和语义分割特征。Guo 等[78]提出了 VVNet，此模型可以从深度图中提取出结构特征信息并将此信息传递至三维体素中，从而获得更好的场景重建表现。然而，上述工作均是基于体素表达的工作，其输出结果的分辨率较低。本技术案例拟通过补全带有相机位姿信息的深度图像序列，直接在点云层面上预测缺失点云区域，从而获得表达方式为点云的、分辨率更高的完整室内场景模型。

3. 技术方法

本技术案例可以通过尽可能少的视角初步重建出室内局部场景的三维点云模型，核心思想是通过强化学习决策出投影视角，将三维点云在此视角下投影至二维，在二维空间上进行深度图像补全的操作，从而直接预测出模型所缺失的三维信息。以深度图像 D_0 作为输入，首先将其转换为点云 P_0，该点云 P_0 数据丢失严重。本技术案例的目的是生成三维点来补全 P_0。算法的关键点是将不完整的点云表示为多视角下的深度图并执行二维补全任务，并将补全后的二维点重新投影到三维残缺点云上。为了充分利用上下文信息、以累加的方式逐个视角执行补全操作、保留当前视角生成的预测点并用于帮助补全下一个视角。本技术案例通过体素引导的视图补全模块来进行深度图的补全，以渐进式场景补全模块来选取最佳视图路径，并最终获取补全后的场景点云。

如图 1.3.18 所示，网络结构由如下模块组成：

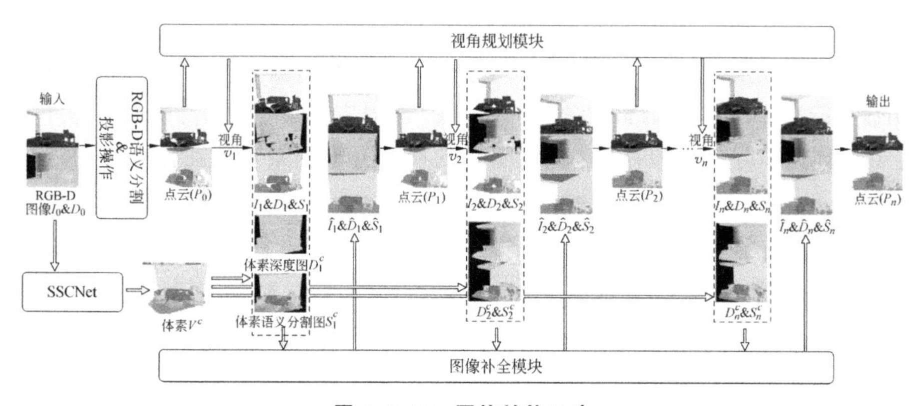

图 1.3.18　网络结构示意

(1) 投影模块：该模块输入为机器人相机所拍摄的 RGB 图像及预测出的深度及语义分割图像，首先将深度图依据图像拍摄时的相机参数重新投影为三维点云数据，随后将 RGB 颜色信息及语义信息根据像素坐标附加在相应的点云上。

(2) 视角规划模块：该模块输入为初始或补全过程中的点云场景模型，其网络架构是基于多视角卷积神经网络(MVCNN)进行搭建。该模块的强化学习算法采用了 A3C 算法，通过将输入的点云模型在规则的 20 个相机视角下进行投影，决策出下一个最佳补全视角。

(3) 图像补全模块：该模块输入为不完整的深度图像、RGB 图像及语义分割图像，通过体素深度图及体素语义图的引导，将上述不完整图像的缺失区域进行补全。其中深度图像及 RGB 图像的补全过程需要借助语义分割图像的帮助。

具体的场景补全步骤如下：

(1) 初始不完整点云生成：基于给定的二维深度图 D_0 和其对应的视角 v_0，通过投影的方式将二维深度图 D_0 转换为相机坐标系下的三维点云，并对该点云进行相机坐标系到世界坐标系的转换，最终获得世界坐标系下的初始残缺点云 P_0。

(2) 视图路径规划：视图路径规划即为获取最优的下一个视角序列 $v_i(i=1,2,\cdots,n)$。该问题被定义为马尔可夫决策过程(MDP)，由状态、动作、奖励和在决策过程中采取动作的代理组成。状态定义为每次迭代更新后的点云，记为 P_i(i 表示为状态更新的次数，$i=1,2,\cdots,n$)，它是从所有以前的迭代更新中累积的，另外初始状态为 P_0。动作空间是一个固定的视角集，包含 20 个不同的视角。具体来说，首先把 P_0 放在其边界球中，并保持它直立；其次，以赤道线和 45°纬线创建两个圆路径。在这两条路径上均匀地选择 20 个相机视角，每个圆上有 10 个。所有的视角都面向边界球的中心。这一组包含的 20 个视角记为 $C=\{c_1,c_2,\cdots,c_{20}\}$。奖励函数主要包括空洞填充奖励函数 R_i^{hole} 和图像补全奖励函数 R_i^{acc} 两个部分，鼓励代理选择有利于空洞填充且图像补全质量高的视角。代理选用深度强化学习中的深度 Q 网络(DQN)，输入当前状态，输出相应的最优动作，并从环境中获得最多的回报。具体流程是对点云 $P_{i-1}(i=1,2,\cdots,n)$进行投影，投影的视角在上述动作空间中，由此获取 20 张投影而成的深度图。将该 20 张深度图输入代理中，根据设计的奖励函数进行计算，即可获取最优的下个视角 v_i 和对应的深度图 D_i。

(3) 体素引导的图像补全：体素引导的视图补全框架首先在体素空间进行补全，将 P_0 的体积占用网格 V 转换为完整版本 V_c，具体实施网络选用 ForkNet；之后进行体素 V_c 的投影，在步骤 2 选取的最佳视角 v_i 下，获取体素深度图 D_i^c；图像补全网络选择 PartConv，以步骤 2 选取的最佳视角 v_i 对应的深度图 D_i 和体素深度图 D_i^c 作为输入，生成补全的深度图 $\hat{D}_i$。

(4) 投影二维点到三维，生成阶段性点云：在步骤 2 选取的最佳视角 v_i 下，对步骤 3 补全的深度图 $\hat{D}_i$ 进行投影，可生成新的三维点云 P_i。聚合旧点云 P_{i-1} 和新投影三维点云，能够生成一个信息更加丰富、稠密的补全后的点云 P_i。该点云 P_i 可作为下一个阶段的输入。

(5) 渐进式场景补全：重复步骤 2 到步骤 4，直至达到终止条件。终止条件设

定为 $\text{Area}^h(P_i)/\text{Area}^h(P_0)<5\%$，其中 $\text{Area}^h(P)$表示将点云 P 在动作空间的所有相机视角下进行投影，计算的每张渲染而成的深度图中空洞内像素的个数的求和，即对该区域的测量。通过以上操作可以渐进式地补全场景点云，最终输出补全后的点云 P_n。

4. 结果展示

如图 1.3.19 及表 1.3.1 所示，为验证设计的场景重建算法的有效性，本方法分别在虚拟合成数据集 3D-Front 及真实场景上进行了算法验证，在合成数据集上，本方法在衡量点云质量的倒角距离(chamfer distance，CD)指标(用来衡量预测的点云和点云真值之间的距离，CD 越小表示结果越精确)上明显优于其他以体素为输出形式的相关工作，同时在衡量点云完整性的 F_r 指标(表示跟真值相比，补全准确的部分在整体恢复三维点中的占比，球体的中心是重建点，半径为 r，F_r 越大表示结果越精确)上也优于其他方法；经过实验对比，本技术案例中场景语义补全网络具有最好的场景补全和语义分割准确率，说明了高分辨率点云比体素能够实现更精细化的效果，并且验证了语义和三维几何约束对于语义场景重建的有效性。对于语义分割验证，除去空的类别，本技术案例使用与 SSCNet 相同的语义分类，分别为天花板、地板、墙壁、窗户、椅子、床、沙发、桌子、电视、家具和其他物品。如图 1.3.20 所示，本方法在真实场景上也取得了合理的重建结果。

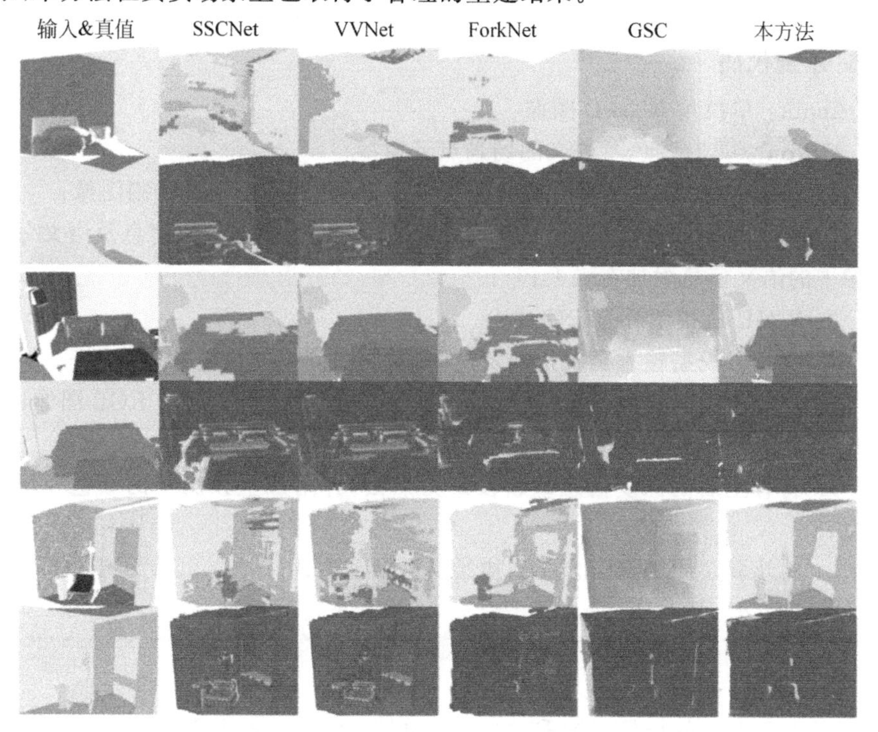

图 1.3.19 3D-Front 数据集上场景重建结果展示

表 1.3.1 3D-Front 数据集上与相关工作的结果对比

	RGB	Seg.	RL	CD	F_r/%				
					r=0.02	r=0.04	r=0.06	r=0.08	r=0.10
SSCNet	×	√	—	2.1932	71.44	75.28	78.03	79.87	80.95
VVNet	×	√	—	2.1653	75.22	78.31	79.53	80.86	82.08
ForkNet	×	√	—	2.0648	75.86	79.18	80.47	81.81	82.37
GSC	×	×	DQN	0.4897	77.25	81.88	84.28	86.82	87.68
CSC	√	×	DQN	0.4607	74.77	79.58	82.76	84.34	86.69
CSSC	√	√	DQN	0.4328	78.34	83.95	85.53	87.62	88.34
本方法	√	√	A3C	0.4126	78.63	83.57	86.88	88.75	89.42

真实场景RGB-D图像　　对应的初始点云　　补全后的点云模型

图 1.3.20 真实场景重建结果展示

示例代码

Input：单视角 RGB-D 图像

Output：具有颜色及语义的场景点云模型

1. 将输入的 RGB-D 图像输入至语义分割网络，得到语义分割图像；
2. 将深度图像重新投影为点云，并将 RGB 图像中的颜色信息及语义分割图像中的语义信息附加在点上；
3. WHILE 模型补全未完成；
4. 将点云模型输入至视角规划模块，预测得到下一最佳补全视角；
5. 在此视角下对点云进行投影，得到不完整的深度、语义及 RGB 图像；
6. 将上述 3 张图像输入图像补全模块进行补全；
7. 将补全后的深度信息重新投影为点云，并附加上预测出的颜色及语义信息；
8. 将步骤 7 中的点云合并到初始点云模型中；
9. END。

5. 小结

目前基于图像的场景三维重建方法可总结归纳为大数据驱动的基于深度学习的从不完整数据到完整数据的映射方法。然而，此类方法由于目前仅支持低分辨率的数据表达，从而存在很严重的问题：一是点云数据作为 3DCNN 的输入时，被降采样为低分辨率的体素，从而导致了严重的有效信息丢失；二是低分辨率的表达使得 3DCNN 的输出结果的精度较低。其主要原因是三维卷积的计算具有非常高昂的代价。本技术案例成功验证了二维深度图像作为三维几何信息预测载体的可行性，以及强化学习在场景重建任务中的有效性，为基于图像的三维场景重建任务带来了新的思路。

1.4 本章小结

本章先是从基于传统多视图几何的三维重建和基于深度学习的三维重建这两个方向，讲解三维重建方法的基本原理和国内外研究现状，并分析其优缺点和适用情景，让读者对三维重建的背景技术有了一定的基本了解后，再从深度信息的估计、单目标的三维建模以及场景的三维重建这三个方向展示具体技术案例。在每个案例中，进行了基本的任务描述、知识点归纳、背景技术总结、技术案例分析与实验评估，帮助读者从实践出发，强化对相关理论知识的理解，并能够跟着相关案例进行动手实操。

然而，三维重建相关的论文和工程项目众多，笔者无法对每一方面进行详细介绍，只能从实践过的具体案例出发，并附以相关代码和链接，希望能够对读者有所帮助。同时，期待能吸引更多的读者加入三维重建的研究中，创造更多令人惊叹的成果。

1.5 思考题

（1）请说出三维模型除了三维点云，还有哪些表示方法？

（2）请对比基于多视图几何的三维重建和基于深度学习的三维重建的优缺点。

（3）请简述视觉 SLAM 和 KinectFusion 算法的基本流程。

（4）在深度预测网络中，使用多任务分支进行训练有什么好处？

（5）在使用深度学习进行三维重建时，如果没有三维模型作为真值，如何通过视频或是多视角的图片进行训练？

（6）实践：动手搭建一个单目图像的深度预测网络，并使用 NYUDepth 数据集进行训练和评估。

（7）实践：请尝试搭建一个神经网络，其能够输入多个视角的图片，输出三维体素，并使用 ShapeNet 中的三维模型和渲染图片进行训练和评估。

参考文献

[1] NEWCOMBE R A,LOVEGROVE S J,DAVISON A J,et al. Dtam: dense tracking and mapping in real-time[C]//IEEE international conference on computer vision. New York: IEEE,2011: 2320-2327.

[2] STUHMER J,GUMHOLD S,CREMERS D. Real-time dense geometry from a handheld camera[C]//32nd annual symposium of the german-association-for-pattern-recognition. Berlin: Springer,2010: 11-20.

[3] GONZALEZ-JORGE H, RIVEIRO B, VAZQUEZ-FERNANDEZ E, et al. Metrological evaluation of microsoft kinect and asus xtion sensors[J]. Measurement, 2013, 46(6): 1800-1806.

[4] 李卫成,汪地,宗殿栋,等.基于 RGBD 的机器人室内 SLAM 与路径规划系统[J].工业控制计算机,2016(3): 77-78.

[5] SCHERER S A,ZELL A. Efficient ONBARD rgbd-slam for autonomous MAVs[C]//International conference on intelligent robots and systems. New York: IEEE,2013: 1062-1068.

[6] IZADI S,KIM D,HILLIGES O,et al. KinectFusion: real-time 3D reconstruction and interaction using a moving depth camera[C]//Proceedings of the 24th annual ACM symposium on user interface software and technology. New York: ACM,2011: 559-568.

[7] NEWCOMBE R A,IZADI S, HILLIGES O,et al. KinectFusion: real-time dense surface mapping and tracking[C]//10th IEEE/ACM international symposium on mixed and augmented reality. New York: IEEE,2011: 127-136.

[8] CHEN J W,BAUTEMBACH D,IZADI S. Scalable real-time volumetric surface reconstruction [J]. Acm Transactions on Graphics,2013,32(4): 1-10.

[9] NIESSNER M,ZOLLHOFER M,IZADI S,et al. Real-time 3D reconstruction at scale using voxel hashing[J]. Acm Transactions on Graphics,2013,32(6): 1-11.

[10] HENRY P,KRAININ M, HERBST E,et al. Rgb-d mapping: using kinect-style depth cameras for dense 3D modeling of indoor environments[J]. International Journal of Robotics Research,2012,31(5): 647-663.

[11] KELLER M,LEFLOCH D,LAMBERS M,et al. Real-time 3D reconstruction in dynamic scenes using point-based fusion[C]//International conference on 3D vision. New York: IEEE,2013: 1-8.

[12] NEWCOMBE R A, FOX D, SEITZ S M, et al. DynamicFusion: reconstruction and tracking of non-rigid scenes in real-time[C]//IEEE conference on computer vision and pattern recognition. New York: IEEE,2015: 343-352.

[13] DAI A,NIESSNER M,ZOLLHOFER M,et al. BundleFusion: real-time globally consistent 3D reconstruction using on-the-fly surface reintegration[J]. ACM Transactions on Graphics, 2017,36(3): 1-18.

[14] ZHANG J Z,ZHU C Y,ZHENG L T,et al. ROSEFusion: random optimization for online dense reconstruction under fast camera motion[J]. ACM Transactions on Graphics,2021, 40(4): 17.

[15] WU J J,ZHANG C K,XUE T F,et al. Learning a probabilistic latent space of object

shapes via 3D generative-adversarial modeling[C]//30th conference on neural information processing systems. La Jolla: NIPS,2016: 82-90.

[16] GIRDHAR R, FOUHEY D F, RODRIGUEZ M, et al. Learning a predictable and generative vector representation for objects[C]//14th european conference on computer vision. AMSTERDAM: Springer International Publishing Ag,2016: 484-499.

[17] DAI A,QI C R,NIESSNER M,et al. Shape completion using 3D-encoder-predictor cnns and shape synthesis[C]//30th IEEE/CVF conference on computer vision and pattern recognition. New York: IEEE,2017: 6545-6554.

[18] SONG S R,YU F,ZENG A,et al. Semantic scene completion from a single depth image [C]//30th IEEE/CVF conference on computer vision and pattern recognition. New York: IEEE,2017: 190-198.

[19] TATARCHENKO M,DOSOVITSKIY A,BROX T,et al. Octree generating networks: efficient convolutional architectures for high-resolution 3D outputs[C]//16th IEEE international conference on computer vision. New York: IEEE,2017: 2107-2115.

[20] FAN H Q,SU H, GUIBAS L, et al. A point set generation network for 3D object reconstruction from a single image[C]//30th IEEE/CVF conference on computer vision and pattern recognition. New York: IEEE,2017: 2463-2471.

[21] GROUEIX T,FISHER M, KIM V G, et al. A papier-mache approach to learning 3D surface generation[C]//31st IEEE/CVF conference on computer vision and pattern recognition. New York: IEEE,2018: 216-224.

[22] PARK J J, FLORENCE P, STRAUB J, et al. DeepSDF: learning continuous signed distance functions for shape representation[C]//32nd IEEE/CVF conference on computer vision and pattern recognition. Los Alamitos, CA: IEEE Computer Society, 2019: 165-174.

[23] MESCHEDER L,OECHSLE M,NIEMEYER M,et al. Occupancy networks: learning 3D reconstruction in function space[C]//32nd IEEE/CVF conference on computer vision and pattern recognition. Los Alamitos,CA: IEEE Computer Society,2019: 4455-4465.

[24] CHANG A X,FUNKHOUSER T,GUIBAS L,et al. ShapeNet: an information-rich 3D model repository[EB/OL]https: //arxiv. org/abs/1512. 03012.

[25] XIAO J X,OWENS A,TORRALBA A,et al. SUN3D: a database of big spaces reconstructed using SFM and object labels[C]//IEEE international conference on computer vision. New York: IEEE,2013: 1625-1632.

[26] DAI A,CHANG A X,SAVVA M,et al. ScanNet: richly-annotated 3D reconstructions of indoor scenes[C]//Proceedings of the IEEE conference on computer vision and pattern recognition. New York: IEEE,2017: 5828-5839.

[27] CHOY C B,XU D,GWAK J Y,et al. 3D-R2N2: A unified approach for single and multi-view 3D object reconstruction[C]//Proceedings of the European conference on computer vision. Berlin: Springer,2016: 628-644.

[28] KAR A,HÄNE C,MALIK J. Learning a multi-view stereo machine[C]//Proceedings of the annual conference on neural information processing systems, La Jolla: NIPS, 2017(30): 365-376.

[29] YANG X,WANG Y,WANG Y,et al. Active object reconstruction using a guided view

planner[C]//Proceedings of the international joint conference on artificial intelligence. Freiburg: IJCAI,2018: 4965-4971.

[30] KIM V G,LI W,MITRA N J,et al. Learning part-based templates from large collections of 3D shapes[J]. ACM Transactions on Graphics,2013,32(4): 1-12.

[31] SHEN C H,FU H, CHEN K, et al. Structure recovery by part assembly[J]. ACM Transactions on Graphics,2012,31(6): 1-11.

[32] LI L,SUNG M,DUBROVINA A,et al. Supervised fitting of geometric primitives to 3D point clouds[C]// Proceedings of the IEEE conference on computer vision and pattern recognition. Los Alamitos,CA: IEEE Computer Society,2019: 2652-2660.

[33] SHARMA G,LIU D,MAJI S,et al. ParseNet: A parametric surface fitting network for 3D point clouds[C]// Proceedings of the European conference on computer vision. Berlin: Springer,2020: 261-276.

[34] SAXENA A,CHUNG S, NG A. Learning depth from single monocular images[C]// Proceedings of theannual conference on neural information processing systems. La Jolla: NIPS,2005: 1161-1168.

[35] SAXENA A,SUN M, NG A Y. Learning 3D scene structure from a single still image [C]//Proceedings of the international conference on computer vision. Piscataway, NJ: IEEE,2007: 1-8.

[36] LAINA I,RUPPRECHT C,BELAGIANNIS V,et al. Deeper depth prediction with fully convolutional residual networks[C]// Proceedings of the international conference on 3D vision. Piscataway,NJ: IEEE,2016: 239-248.

[37] CAO Y,WU Z,SHEN C. Estimating depth from monocular images as classification using deep fully convolutional residual networks[J]. IEEE Transactions on Circuits and Systems for Video Technology,2017,28(11): 3174-3182.

[38] GARG R,BG V K,CARNEIRO G,et al. Unsupervised CNN for single view depth estimation: geometry to the rescue[C]// Proceedings of the European conference on computer vision. Berlin: Springer,2016: 740-756.

[39] ZORAN D,ISOLA P,KRISHNAN D,et al. Learning ordinal relationships for mid-level vision[C]// Proceedings of the international conference on computer vision. Piscataway, NJ: IEEE,2015: 388-396.

[40] CASSER V,PIRK S, MAHJOURIAN R, et al. Depth prediction without the sensors: leveraging structure for unsupervised learning from monocular videos[C]//Proceedings of the AAAI conference on artificial intelligence. Palo Alto,CA: AAAI,2019: 8001-8008.

[41] EIGEN D, FERGUS R. Predicting depth, surface normals and semantic labels with a common multi-scale convolutional architecture[C]//Proceedings of the international conference on computer vision. Piscataway,NJ: IEEE,2015: 2650-2658.

[42] MOUSAVIAN A,PIRSIAVASH H,KOŠECKÁ J. Joint semantic segmentation and depth estimation with deep convolutional networks[C]//Proceedings of the international conference on 3D vision. Piscataway,NJ: IEEE,2016: 611-619.

[43] WANG P,SHEN X,RUSSELL B,et al. Surge: surface regularized geometry estimation from a single image[C]//Proceedings of theannual conference on neural information processing systems. La Jolla: NIPS,2016: 172-180.

[44] GODARD C,MAC AODHA O,FIRMAN M,et al. Digging into self-supervised monocular depth estimation[C]//Proceedings of the international conference on computer vision. Piscataway,NJ: IEEE,2019: 3828-3838.

[45] ZHANG Z,CUI Z,XU C,et al. Joint task-recursive learning for semantic segmentation and depth estimation[C]//Proceedings of the European conference on computer vision. Berlin: Springer,2018: 235-251.

[46] ZHANG Z,CUI Z,XU C,et al. Pattern-affinitive propagation across depth,surface normal and semantic segmentation[C]//Proceedings of thc IEEE conference on computer vision and pattern recognition. Los Alamitos,CA: IEEE Computer Society,2019: 4106-4115.

[47] SILBERMAN N,HOIEM D,KOHLI P,et al. Indoor segmentation and support inference from rgbd images[C]//12th European Conference on Computer Vision(ECCV). BERLIN: Springer-Verlag Berlin,2012: 746-760.

[48] KINGMA D P,WELLING M. Auto-encoding variational bayes[EB/OL]. (2013-12-20). https: //arxiv. org/abs/1312. 6114.

[49] GOODFELLOW I,POUGET-ABADIE J, MIRZA M, et al. Generative adversarial nets [C]//Proceedings of theannual conference on neural information processing systems. La Jolla: NIPS,2014: 2672-2680.

[50] FIORAIO N,KONOLIGE K. Realtime visual and point cloud slam[C]//Proceedings of the RSS Workshop on RGB-D: Advanced Reasoning with Depth Cameras. Berlin: Springer,2011,27: 1-8.

[51] XU K,HUANG H, SHI Y, et al. Autoscanning for coupled scene reconstruction and proactive object analysis[J]. ACM Transactions on Graphics,2015,34(6): 1-14.

[52] DENZLER J,BROWN C M. Information theoretic sensor data selection for active object recognition and state estimation[J]. IEEE transactions on pattern analysis and machine intelligence,2002,24(2): 145-157.

[53] HUBER M F,DENCKER T,ROSCHANI M,et al. Bayesian active object recognition via Gaussian process regression[C]//IEEE International Conference on Information Fusion. Piscataway,NJ: IEEE,2012: 1718-1725.

[54] MNIH V,HEESS N,GRAVES A. Recurrent models of visual attention[C]//Advances in neural information processing systems. La Jolla: NIPS,2014: 2204-2212.

[55] XU K, SHI Y, ZHENG Y, et al. 3D attention-driven depth acquisition for object identification[J]. ACM Transactions on Graphics,2016,35(6): 1-14.

[56] SU H,MAJI S,KALOGERAKIS E,et al. Multi-view convolutional neural networks for 3D shape recognition[C]//Proceedings of the IEEE international conference on computer vision. Piscataway,NJ: IEEE,2015: 945-953.

[57] NEALEN A,IGARASHI T, SORKINE O, et al. Laplacian mesh optimization[C]// Proceedings of the 4th international conference on computer graphics and interactive techniques in Australasia and Southeast Asia. New York: Association for Computing Machinery,2006: 381-389.

[58] KAZHDAN M,BOLITHO M,HOPPE H. Poisson surface reconstruction[C]//Proceedings of the fourth eurographics symposium on geometry processing. Goslar: Eurographics Association,2006: 61-70.

[59] THRUN S, WEGBREIT B. Shape from symmetry[C]//IEEE international conference on computer vision. Piscataway, NJ: IEEE, 2005: 1824-1831.

[60] NAN L L, XIE K, SHARF A. A search-classify approach for cluttered indoor scene understanding[J]. ACM Transactions on Graphics, 2012, 31(6), 137: 1-137: 10.

[61] KIM Y M, MITRA N J, YAN D M, et al. Acquiring 3D indoor environments with variability and repetition[J]. ACM Transactions on Graphics, 2012, 31(6), 138: 1-138: 11.

[62] PAULY M, MITRA N J, GIESEN J, et al. Example-based 3D scan completion[C]//Proceedings of the fourth eurographics symposium on geometry processing. Goslar: Eurographics Association, 2005: 23-32.

[63] CHEN K, LAI Y K, WU Y X, et al. Automatic semantic modeling of indoor scenes from low-quality RGB-D data using contextual information[J]. ACM transactions on graphics, 2014, 33(6): 1-12.

[64] FOUHEY D F, GUPTA A, HEBERT M. Data-driven 3D primitives for single image understanding[C]//Proceedings of the IEEE international conference on computer vision. Piscataway, NJ: IEEE, 2013: 3392-3399.

[65] QI C R, SU H, MO K, et al. PointNet: deep learning on point sets for 3D classification and segmentation[C]//Proceedings of the IEEE conference on computer vision and pattern recognition. Los Alamitos, CA: IEEE Computer Society, 2017: 77-85.

[66] CHEN Y, MEDIONI G. Object modelling by registration of multiple range images[J]. Image and vision computing, 1992, 10(3): 145-155.

[67] QI C R, YI L, SU H, et al. PointNet++: deep hierarchical feature learning on point sets in a metric space[C]//Advances in neural information processing systems. La Jolla: NIPS, 2017: 5099-5108.

[68] LI Y, BU R, SUN M, et al. PointCNN: convolution on x-transformed points[C]//Advances in neural information processing systems. La Jolla: NIPS, 2018: 828-838.

[69] ZHANG L, WANG L, ZHANG X, et al. Semantic scene completion with dense CRF from a single depth image[J]. Neurocomputing, 2018, 318: 182-195.

[70] SONG S, YU F, ZENG A, et al. Semantic scene completion from a single depth image[C]//Proceedings of the IEEE conference on computer vision and pattern recognition. Los Alamitos, CA: IEEE Computer Society, 2017: 1746-1754.

[71] LIU S, HU Y, ZENG Y, et al. See and think: Disentangling semantic scene completion[C]//Advances in neural information processing systems. La Jolla: NIPS, 2018: 261-272.

[72] ZHOU T, BROWN M, SNAVELY N, et al. Unsupervised learning of depth and ego-motion from video[C]//Proceedings of the IEEE conference on computer vision and pattern recognition. Los Alamitos, CA: IEEE Computer Society, 2017: 1851-1858.

[73] GORDON A, LI H, JONSCHKOWSKI R, et al. Depth from videos in the wild: unsupervised monocular depth learning from unknown cameras[C]//Proceedings of the IEEE/CVF international conference on computer vision. Piscataway, NJ: IEEE, 2019: 8977-8986.

[74] CASSER V, PIRK S, MAHJOURIAN R, et al. Depth prediction without the sensors: leveraging structure for unsupervised learning from monocular videos[C]//Proceedings of the AAAI conference on artificial intelligence. Palo Alto, CA: AAAI Press, 2019: 8001-8008.

[75] DAI A,RITCHIE D,BOKELOH M,et al. Scancomplete: large-scale scene completion and semantic segmentation for 3D scans[C]//Proceedings of the IEEE conference on computer vision and pattern recognition. Los Alamitos, CA: IEEE Computer Society, 2018: 4578-4587.

[76] WANG Y,TAN D J,NAVAB N,et al. Forknet: multi-branch volumetric semantic completion from a single depth image[C]//Proceedings of the IEEE/CVF international conference on computer vision. Piscataway,NJ: IEEE,2019: 8608-8617.

[77] GARBADE M, CHEN Y T, SAWATZKY J, et al. Two stream 3D semantic scene completion[C]//Proceedings of the IEEE/CVF conference on computer vision and pattern recognition workshops. Los Alamitos,CA: IEEE Computer Society,2019: 416-425.

[78] GUO Y X,TONG X. View-volume network for semantic scene completion from a single depth image[C]//Proceedings of the international joint conference on artificial intelligence. Freiburg,German: IJCAI,2018: 726-732.

第2章

场景探索

2.1 概述

对未知场景进行自主探索一直是比较热门的话题，好的场景探索可以为诸多下游任务如场景自主扫描重建、视觉语义导航等提供鲁棒性、泛化性更强的规划策略。然而，由于遮挡和有限的相机视野等问题，机器人对环境的观察通常只涉及了整个环境的局部区域(例如，房间的一个角落)，这使得机器人很难仅利用这些局部观察数据进行合理的行为规划。因此，除了机器人的局部观察信息之外，场景探索还需要对室内环境具有丰富的上下文先验知识。具体而言，机器人可以利用室内环境的功能先验来指导其高层级的搜索策略(例如，床通常位于卧室)，同时利用室内环境的空间布局先验来指导其低层级的路径规划(例如，如何规划出一条最短的无碰撞路径导航至目标点)。其中，对于场景先验的表征方法包括：构建3D对象模型库进行模型匹配、构建场景知识图谱并利用GCN进行特征提取、利用场景补全算法来显式建模场景先验信息等。其核心为如何利用场景的局部观察数据及场景上下文先验知识，逐步完善机器人对全局场景空间的理解，以便引导机器人进行更合理的路径规划，完成场景自主重建、导航等任务。因此，如何构建场景先验知识的有效表征方式、如何结合场景上下文信息对局部观察数据进行合理分析、如何在场景全局探索和场景局部扫描之间找到平衡，从而逐步完善机器人对全局场景空间的理解，是实现场景探索的主要挑战。接下来，本章内容概述国内外研究现状，列举出几种场景探索方式的大致思想，并从中挑选两个具有代表性的工作作为技术案例详细展开介绍。

本章节内容的相关文献资料和代码文件请扫描左侧二维码获取。

第2章资源

2.2 国内外主要研究工作

2.2.1 三维重建中的场景探索

对未知场景进行自动扫描重建一直是比较热门的话题，要对未知的室内场景进行自主 3D 扫描和在线重建，必须在场景全局探索的快速扫描和场景重建的高质量扫描之间找到平衡。其中，场景全局探索的常规方法是由场景的空间信息驱动的，因此，关键在于通过机器人自主导航的实现来获得全局范围的场景信息。而用于场景重建的高质量扫描取决于可见表面的局部几何信息，机器人必须精确移动，以确保扫描的完整性和稳定性，以及能够获取连续的帧，以减少扫描和重建的错误。因此，通过将场景探索和场景重建进行耦合以实现自主场景重建，是实现场景探索的方法之一。在该方法下，如何在场景全局探索的快速扫描和场景重建的高质量扫描这两个方面实现平衡，是场景自主扫描重建的主要挑战。

1. 时变张量场引导的自主场景三维重建

在该工作中，Xu 等[1]提出了一种通过重建导航的方法来解决这个问题，其中机器人的移动路径规划同时考虑快速探索的全局效率和获得高质量扫描的局部平滑度。连接到移动机器人机械臂的 RGB-D 相机由所需的重建质量以及机器人本身的运动来决定。该工作的关键思想是利用时变张量场来引导机器人运动，然后在 2D 机器人运动路径的约束下求解 3D 相机控制。张量场实时更新，符合渐进式重建的场景。实验证明张量场非常适合引导自主探索扫描重建，原因有两个：第一，它们包含稀疏且可控的奇异点，可以生成局部平滑的机器人路径；第二，它们的拓扑结构可用于在局部重建场景中进行全局有效路径路由。因此可以兼顾探索效率和重建质量，平衡全局探索和局部扫描之间的问题。用移动机器人进行测试，也证明了该方法可以对未知的室内场景进行平滑的探索和高质量的重建。

2. 对象感知引导的自主场景三维重建

在这项工作中，Liu 等[2]提出了一种新方法，该方法在一次性遍历导航中为探索、重建和理解一个未知场景提供了对象感知指导，将用于识别全局探索的下一个最佳对象(next best object，NBO)的对象分析和为局部扫描规划下一个最佳视图(next best vision，NBV)的对象感知信息增益分析交替进行。首先，引入了一种基于对象的分割方法，通过多类图切割最小化从当前场景表面提取语义对象。其次，将感兴趣对象(object of interest，OOI)识别为机器人要访问和扫描的 NBO，最后使用由 NBV 策略确定的视角对 OOI 进行精细扫描。当 OOI 被识别为一个完整的对象时，它可以被形状数据库中最相似的 3D 模型替换。该算法不断迭代，直到场景中的所有对象都被识别和重建。在该方法中，Liu 等采用了一种对象感知引导的场景探索方法，通过将场景中的物体一个接一个扫描，来逐渐实现全局探索，同时对每一个正在扫描的物体对象，又引入了 NBV 策略来进行物体精细化重建，这与人类扫描重建一个场景的行为方式很相似，因此可以实现很好的场景探索。

3. 主动场景理解引导的语义三维重建

在该工作中，Zheng 等[3]提出了一种基于在线 RGB-D 重建和语义分割的机器人操作来主动理解未知室内场景的新方法。在该方法中,探索性机器人的扫描既由场景中的语义对象识别和分割驱动,又以场景中的语义对象识别和分割为目标。该算法建立在体素深度融合框架(如 KinectFusion 算法)之上,并在在线重建的体素上执行基于体素的实时语义标记。机器人由在 2D 位置和方位角旋转的 3D 空间上参数化的在线估计的离散观察分数场(VSF)引导,VSF 为每个网格存储相应视角的分数,用于衡量它在多大程度上降低了几何重建和语义标注的不确定性(熵),基于 VSF 来选择下一个最佳视图(NBV)作为每一步的目标。然后通过最大化沿路径和相机轨迹的积分视角分数(信息增益)来联合优化两个相邻 NBV 之间的行进路径和相机轨迹。Zheng 等通过减少场景中的不确定性来引导机器人选择扫描视角,进而实现全局场景探索。具体而言,通过选择能够最大限度降低重建过程中的重建不确定性和语义不确定性的视角,来引导机器人扫描,当重建场景中没有不确定性区域时,则表明机器人的场景探索重建已经完成。

2.2.2 视觉语义导航中的场景探索

视觉语义导航任务,即机器人从未知环境中的随机位置生成一组动作,以导航到指定的目标对象类别(如卫生间)的任务。为了完成这个任务,算法应该能够同时定位和导航到指定物体类别的一个实例。相比于传统的点目标导航任务,即目标点的坐标位置已知,机器人的唯一工作是找到一条通向该坐标位置的无碰撞路径。视觉语义导航任务则需要机器人同时回答两个问题:一是机器人要去哪里(即目标物体的位置);二是如何到达那里(即规划一条到达目标物体的有效路径)。

由于遮挡和有限的相机视野,机器人对环境的观察只包含整个环境的一部分(例如大房子里房间的一个角落)。因此,除了机器人的局部观察信息之外,视觉语义导航任务还需要对室内环境具有丰富的上下文先验知识。具体而言,机器人可以利用室内环境的功能先验来指导其高层级的搜索策略(例如,床通常位于卧室),同时利用室内环境的空间布局先验来指导其低层级的行为规划(例如,如何在没有碰撞的情况下离开这个房间)。这些上下文先验知识可以协助机器人进行场景探索,让机器人能够根据当前的观察,推理分析出未知区域(如遮挡区域、不可见区域)内是否包含目标物体、与目标物体的关联性,从而更好地定位到目标物体所在的空间位置,解决机器人要去哪里的问题。同时利用场景上下文先验知识推理出未知区域内可能存在的空间布局结构,可以让机器人合理规划出一条无碰撞的路径以到达目标位置,解决机器人如何去目标位置的问题。

1. 语义场景补全引导的视觉语义导航

文献[4]重点介绍了视觉语义导航任务,即机器人自主生成动作以在未知环境中导航到指定的目标对象类别的任务。为了完成这个任务,算法应该同时定位和导航到类别的一个实例。与传统的点目标导航相比,此任务要求机器人对室内环境具有更强的上下文先验。基于此,Liang 等[4]使用置信度感知语义场景补全模块来对场景先验进行显式建模，以补全场景并指导机器人的导航规划。给定对环境的局部观察，首先根据场景先验推理出一个完整的场景表示，其中包含未观察到的场景区域的语义标签以及评估预测结果可信程度的置信度图；其次，导航策略网络从场景补全图和置信度图中推断动作，完成视觉语义导航的任务。通过学习多个房间布局结构的统计数据，利用其上下文线索来预测典型室内环境中机器人视野之外的完整房间布局情况，即使对于一个未知的场景，机器人也可以预测其房间布局信息，并以此来指导机器人了解所处环境，进而引导机器人合理地进行场景探索，确定目标所在位置，并根据场景先验知识来合理地规划下一步动作，完成导航任务。

2. 场景先验引导的视觉语义导航

文献[5]中，Wei 等受人类在新场景中导航到目标对象的启发，研究了如何利用语义先验来完成语义和面向目标的导航任务。具体而言，人类在未知场景中寻找目标物体时会使用多年来建立的语义和功能先验来有效地搜索和导航。例如，要搜索杯子，人们会搜索咖啡机附近的橱柜，而要搜索水果，人们会尝试从冰箱中寻找。从这些观察中可以发现，关于世界的语义和功能结构的先验知识有助于提高导航效率，所以在该工作中重点研究了如何在语义导航任务中结合语义先验，使用图卷积网络(graph convolutional network，GCN)将先验知识整合到深度强化学习框架中，让机器人可以使用知识图谱中的特征来预测动作。基于此，Wei 等设计并实现了一个基于由知识图谱和对象可见性信息增强的演员-评论家模型。具体而言，该模型使用 GCN 网络将先验知识整合到深度强化学习框架中，其中机器人的知识被编码在一个图中，GCN 允许以有效的方式对任意结构化图进行编码。机器人的知识是根据机器人对当前环境的观察，以及上一步的知识或者先验知识来更新的，而先验知识是从为场景理解而设计的大规模数据集中获得的。在导航时，机器人能够根据当前观察和给定目标，结合机器人的先验知识信息，以类似人的推理方式，探索场景中与目标对象相关的环境信息，并以此为线索，引导机器人在场景中进行探索以找到目标对象，从而实现导航任务。

3. 拓扑图结构引导的视觉导航

文献[6]中研究了图像-目标导航问题，该问题涉及在一个新的不可见环境中导航到目标图像所指示的位置。为了解决这个问题，Singh 等设计了有效利用语义并提供近似几何推理的空间拓扑表示，而不是使用传统的易受定位和噪声影响的度量图表示。该表示方法的核心是使用具有相关语义特征的节点，每个节点都通过 360°全景图作为局部几何信息进行直观的表示，节点之间使用近似相对位姿相互连接，同时设计了两个方向函数 Fg 和 Fs，它们提取节点的几何和语义属性。具体来说，Fg 估计机器人遇到空闲空间的可能性，而 Fs 估计如果机器人沿特定方向移动，遇到目标图像的可能性有多大。通过显式建模和学习 Fs 函数，确保在一个全新不可见的环境中进行探索和导航时，可以对结构先验进行编码和使用。

与传统的方法和基于端到端学习的方法相比，该方法：①使用基于图的表示，允许有效的长期规划；②通过函数 Fs 显式编码结构先验；③几何函数 Fg 允许为新环境进行有效探索和在线地图构建；④所有功能和策略都可以以完全监督的方式学习，无需通过强化学习（reinforce learning，RL）进行不可靠的信用分配。该算法可以在噪声驱动下构建、维护和使用。实验表明，该方法构建了有效的表示，可以捕捉结构规律并有效地解决长期导航问题。

2.2.3 小结

本章主要介绍了在自主场景重建任务和视觉语义导航任务中包含的几种场景探索策略，同时简单介绍了几个相关工作中场景探索的思想。其中，基于自主场景重建的场景探索需要考虑全局探索和局部扫描之间的协调配合，以达到最优的扫描路径和高质量的重建结果。相关工作介绍了物体对象感知引导的场景探索方式，即按场景中存在的物体，一个接一个地扫描，以物体引导场景全局探索；还介绍了基于场景重建不确定性的场景探索方法，即根据场景重建不确定性进行场景探索，当重建模型中没有不确定的因素时，即认为扫描完成。而基于视觉语义导航的场景探索相比于重建任务，并不需要过分强调对整个场景的全局遍历探索，其侧重点在于如何利用场景上下文信息和场景布局先验知识，来推理预测不可见区域的场景布局，从而可以“猜测”目标对象所在位置和未知环境布局，同时合理规划路径。在第 3 章中，针对不同任务的场景探索，引入 3 个技术案例来详细说明三维重建和视觉语义导航任务中的场景探索的具体实现过程，以及实验结果展示。

2.3 技术实践

2.3.1 技术案例一：对象感知引导的自主场景三维重建

技术案例一相关代码

1. 任务描述

要对未知的室内场景进行自主 3D 扫描和在线重建，必须在整个场景的全局探索和其中对象的局部扫描之间找到平衡。在本技术案例中提出了一种方法，该方法为自主扫描提供了物体感知的引导，为探索、重建和理解一个未知场景提供了一个“一次性遍历导航”。该方法在用于识别全局探索的下一个最佳对象（NBO）的对象分析和用于局部扫描规划下一个最佳视图（NBV）的对象感知信息增益分析之间交替进行。

在本技术案例中提出了一种新的场景探索方法，即对象感知引导的场景自主扫描重建，该方法允许机器人在一次扫描过程中同时完成全局路径规划和局部扫描视角规划。机器人识别语义对象，逐个访问它们，同时对当前访问的对象进行主动扫描如图 2.3.1 所示，在每一列中，用矩形框标记感兴趣对象（OOI）。上面一行展示了导航路径（虚线）、之前的扫描视角（显示为圆点）和机器人的当前位置，不同颜色的物体是场景中重建的物体；下面一行展示了机器人当前视角的深度图像（左）和 RGB 图像（右）。本方法在一次导航过程中以实时的方法进行全局路径规划和局部视角规划，并获得具有语义对象（d）的重建场景。这种主动扫描方法主要是受到以下观察的启发：当人使用手持扫描仪扫描室内场景时，人们倾向于辨认出一个物体，然后在扫描下一个物体之前对其进行完整的扫描。同样，当本技术案例所提出的方法在探索场景时，机器人首先从其当前观察视点确定具有最大辨识度的物体，称为下一个最佳对象（NBO），并将其设置为感兴趣对象（OOI）。然后，机器人通过增加其辨识度驱动的 NBVs 来访问并扫描 OOI。当机器人完成当前 OOI 的重建后，继续识别和扫描下一个 OOI。这种对所有物体的顺序访问和扫描构成了机器人在场景中的一条导航路径。

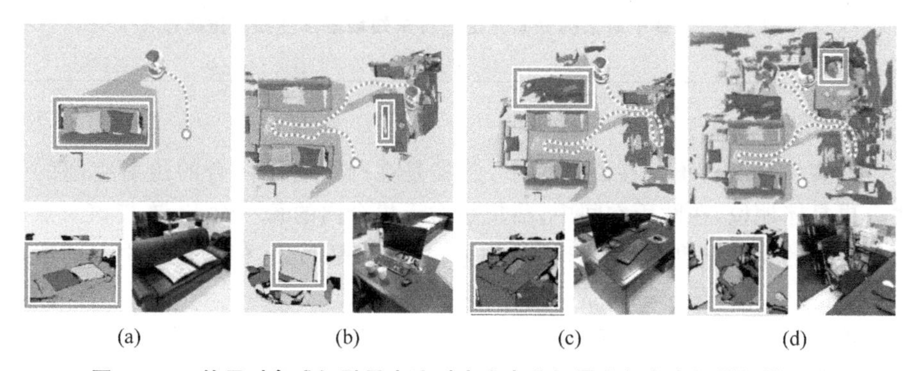

图 2.3.1　使用对象感知引导方法对真实办公场景进行自主场景扫描重建

本方法的核心是迭代地执行"识别-规划"算法，它在对象级形状分析以识别全局导航的 NBOs 和对象感知信息增益分析以规划用于局部扫描的 NBVs 之间交替进行。首先，本方法提出了模型驱动的物体对象性概念，它基于 3D 模型数据库提供的 3D 形状的先验知识。其次，本方法提出了一种基于对象的分割方法，通过多类图切割优化来提取对象，然后机器人访问已识别的 OOI 并使用由 NBV 策略确定的视角对其进行扫描，该策略基于增加信息增益以识别 OOI。当 OOI 被识别为一个完整的对象（具有非常高的对象性分数）时，从数据库中检索最相似的 3D 模型并插入到场景中以替换它。该算法交替执行 NBO 和 NBV 估计，直到场景中的所有对象都被重建，如图 2.3.2 所示。本方法进行未知场景自主扫描重建时进行的全局路径（左）和局部视角（右）规划展示。左上角的实心点是机器人进入场景的起点。左图红色虚线表示机器人在场景中的导航路径；路径上的空心点是机器人进行局部扫描的位置；右图每个箭头展示机器人在其位置的扫描视角方向，指向它正在扫描的相应对象。同一对象的箭头用相同的颜色显示。该方法动态处理扫描深度帧流，以便在一次性导航过程中对未知场景进行自主探索和语义重建。与机器人学中的经典寻宝问题大不相同，该方法的目标是通过在线重建和分析同时扫描场景并识别其中的各种物体。

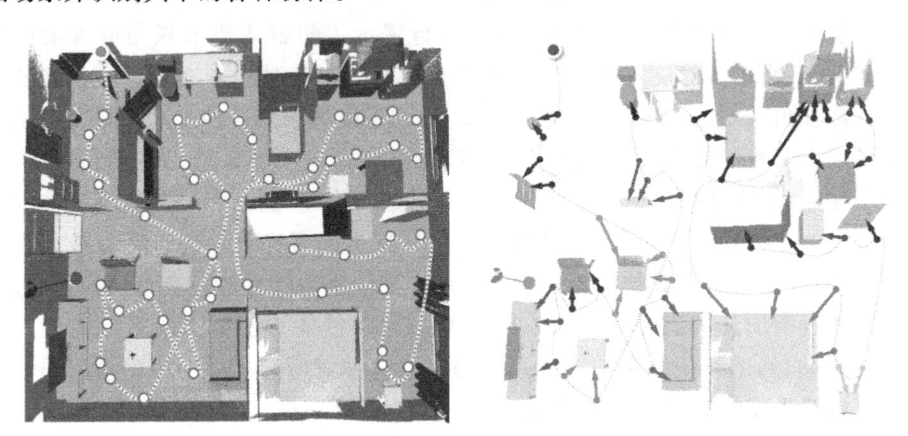

图 2.3.2 基于对象的分割方法进行未知场景自主扫描重建过程

章节知识点

凸集(convex set)：在凸几何中，凸集是在凸组合下闭合的仿射空间的子集。更具体地说，在欧氏空间中，凸集是对于集合内的每一对点，连接该对点的直线段上的每个点也在该集合内。例如，立方体是凸集，但是任何中空的或具有凹痕的，例如月牙形都不是凸集。

图分割(graph cut)：图分割是一种十分有用和流行的能量优化算法，在计算机视觉领域普遍应用于前后背景分割(image segmentation)、立体视觉(stereo vision)、抠图(image matting)等，目前在医学图像领域应用较多。此类方法把图像分割问题与图的最小割(min cut)问题相关联。

前沿边界(frontier)：基于前沿边界的算法采用的地图表示是证据网格(evidence grids)。证据网格通过传感器的距离数据得到环境的占用状态，提供详细的环境特征数据，是机器人导航和路径规划的重要基础。证据网格中单元格有 3 种区域：空闲区域，表示单元格处没有障碍物；占用区域，表示单元格处有障碍物；未知区域，表示单元格还未被机器人感知到，属于未知的区域。而前沿边界就是空闲区域和未知区域之间的边界区域。通过不断地将机器人移动到新的边界，可以在找不到边界的情况下完整构建场景地图。

2. 背景技术

(1) 自主场景探索和扫描：随着个人机器人和商品级深度相机的出现和快速发展，出现了大量通过自主扫描系统探索大规模室内场景和扫描单个物体的工作[1,7-9]。自动扫描系统通常配备一个带有固定摄像头的移动机器人或一个装有深度摄像头的关节机械臂[7-8,10]。对于大型室内场景，机器人在探索场景的同时基于即时定位与地图构建(SLAM)技术构建场景地图并在地图中定位自己的位置[11-13]。对于单个物体,机器人应该用细粒度的几何细节来精细扫描物体,然后用仔细规划的扫描视角来重建它们的几何结构[9,10,14]。然而,自动扫描场景的系统和自动扫描对象的系统通常是分开的,几乎没有工作是将对场景和对象的扫描耦合在统一的一个导航系统中。文献[1]实现了在一次性导航中进行自主扫描,但是,他们的工作缺少对象识别。本技术案例中提出了一种新颖的自主扫描方法,可以通过处理动态获取的深度数据来完成对未知场景的探索和场景中对象的语义重建。

(2) 场景分析和理解:场景重建需要对场景中的物体及其空间关系进行高层次的分析和理解,以表征场景的物体构成和空间结构[12,15-16]。近年来,数据驱动的方法引起了更多的关注,因为其利用具有对象级分割和语义标签的 3D 模型数据库来辅助对象提取、理解和分析,并能够提取对象之间的结构和上下文关系[12,14,17-18]。本技术案例也采用数据驱动的方法,具体来说,从数据库中检索相似模型作为形状先验,用于辨认和识别场景中的对象,并将它们作为机器人在全局路径规划和局部扫描视角规划中的移动指导。不同于依赖于机器人交互进行对象提取的方法[19],本技术案例所用方法是通过对象识别来实现的。

(3) 全局路径规划:为了获得场景的全局结构,必须将机器人的路径规划与鲁棒的相机定位和 SLAM 扫描配准融合在一起运行,这可以通过联合最小化场景映射和相机定位的不确定性来实现[20]。关于这个问题已经有很多方法了,大多数方法都需要保证数据充分重叠,以便于帧到帧的配准。一些方法专注于处理由于配准误差导致的漂移或闭环问题[21-25]。Xu 等[1]提出了一种基于时变张量场的方法,可以同时计算出机器人路径和相机轨迹的平滑运动。然而,这种方法只能随着机器人的移动进行直通扫描,而不能对单个物体进行详细扫描,并且没有进行物体识别。与现有工作不同,本技术案例方法可以识别对象并将它们用作探索场景的高级指导,其灵感来自对象感知的注意力机制,即人类有选择地将注意力集中在正在观察的被识别出来的对象上。

(4) 局部视角规划:机器人传感器的视角方向选择对于自主扫描以获得 3D 对象的几何形状是至关重要的。其目标是减少识别的不确定性,并以最少的扫描视角来重建物体的表面。已经有许多现有的 NBV 算法来主动获取和扫描 3D 对象[9,14]以及 3D 场景[19,26-27]。与现有方法不同,本技术案例利用数据库中检索到的 3D 模型作为形状先验信息,并执行对象感知信息增益分析,以规划用于局部扫描的 NBV,该方法的关键是将对象识别和扫描视角规划为以一种耦合的方式实现。

3. 技术实现

图 2.3.3 为对象引导的自主场景扫描和重建方法流程图。机器人 Ω 的运动被描述为在其位置或其传感器视点上的一系列步骤。机器人 Ω 进入一个未知的室

内房间后，它开始获取原始 RGB-D 数据流作为输入，底层 RGB-D SLAM 框架将获取的深度数据与当前场景表面 T 融合。将 S（开始时 $S=\varnothing$）表示为重建场景，其中包括来自之前步骤的先前扫描对象，3D 室内模型数据库为 M。

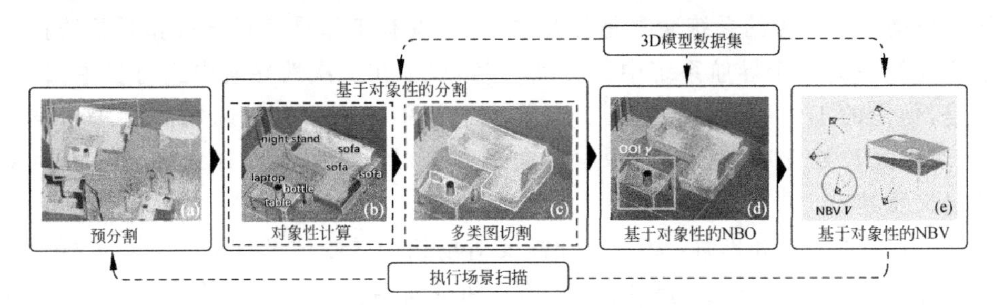

图 2.3.3 对象引导的自主场景扫描和重建方法流程

在每一步，当前场景表面 T 首先被分割成一组预分割的近凸分量（图 2.3.3(a)），对象性计算（图 2.3.3(b)），通过多类图切割最小化将预分割的组件合并为一组后分割的对象（图 2.3.3(c)），这些后分割对象作为高层级引导用于规划机器人 Ω 的移动。机器人 Ω 选择最显著的对象作为 OOI γ（图 2.3.3(d)），然后移动到 OOI γ 并开始主动扫描它。在 3D 室内模型数据库 M 中与 OOI γ 相似的模型的协助下，选择 NBV V 用于下一次观察和扫描（图 2.3.3(e)）。当 OOI γ 被识别为一个完整的对象（具有非常高的对象性分数）时，它就会被 3D 室内模型数据库 M 中最相似的 3D 模型替换。

将这一过程重复进行，直到处理完当前场景表面 T 中的所有后分割对象，从而产生完整的场景重建结果 S。示例代码总结了整个自动扫描过程。

示例代码

```
Input：机器人的初始视角 V
Output：重建的场景 S
1. 初始化：初始重建场景为空，初始视角 V 下的 Depth 数据重建得到 T；
2. REPEAT；
3. 对 T 进行预分割得到 C；
4. 对 C 进行后分割得到 R；
5. 对 R 进行 NBO 选取，得到 NBO γ；
6. 针对 NBO γ 选取下一个最佳视角 NBV V；
7. 将新视角 V 下获得的重建数据与 T 融合；
8. IF γ 是一个完整物体 THEN；
9. 将 γ 直接与 S 融合，T 中删除该物体 γ；
10. UNTIL T 为空。
```

1）基于对象性的分割

(1) 预分割。①底层 SLAM 框架：算法采用 GPU 版本的密集 RGB-D SLAM 框架[13]来记录机器人的轨迹和相机变换。②预分割：将一个增量分割算法[28]运行在 SLAM 框架之上，它对获取的深度数据进行单独分割，然后，通过估计的相机位姿，在一个统一的全局分割图中逐步合并获得的分割部分。该方法能够以实时的方式将场景表面 T 分割成接近凸的分量（如椅子的腿和扶手），称为预分割组件，表示为 $C=\{c_i, i=1,2,\cdots,n_c\}$，（图 2.3.3(a)）。请注意，如果某些预分割组件只是部分扫描或由于遮挡而导致获取的数据不完整，则它们可能不作为模型中完整的语义组件存在。

(2) 模型驱动的对象性。①3D 模型数据库：本方法构建了一个 3D 模型数据库 M（图 2.3.4）来为机器人 Ω 提供 3D 形状的先验知识，并赋予其识别和辨认场景表面 T 中语义对象的能力。首先收集 n_l 个类别的 3D 室内模型 M^*，例如椅子、桌子、沙发、床和书架等。每个分类都分配有一个标签 $L\in\{1,2,\cdots,n_l\}$。由于深度传感器捕获的 3D 数据质量低且带有噪声，本方法将这些干净的模型转换为点数据，以支持更准确的在线局部匹配和物体识别。具体来说，首先虚拟地扫描每个模型 $Z\in M^*$ 为 3D 点数据 m，每个模型都带有一个标签，表示为 $L(Z)$。其次，使用算法将 3D 点数据 m 分割成预分割组件[28]。此外，对于 3D 点数据 m 的任何一对相邻的预分割分量，将它们合并为一个更大的分量。最后，将 3D 点数据 m、预分割组件以及具有相同标签 $L(Z)$ 的相邻组件对全部放入 3D 模型数据库 M 中。注意，该方法将所有组件以及相邻组件对放入 M 中，是因为两个相邻组件的合并允许图切割优化将预分割组件集 C 中的多个相邻的预分割组件合并为更完整的对象，从而显著增强对象的确认和识别。

② 相似模型集：对于每个预分割组件 $c\in C$，在 3D 模型数据库 M 中搜索几个与 c 最相似的模型并将它们用作识别的候选模型。由于 c 可能由于遮挡而不完整，因此采用部分匹配的方法来寻找相似的模型。首先，使用劳埃德算法[29]从每个 $m\in M$ 和 c 中均匀地采样 n_p 个关键点（$n_p=500$）；其次，利用基于学习的 3D 形状描述符 3DMatch[25]，该描述符是从室内场景的真实扫描深度数据中学习得到的；最后，根据 3D 模型数据库 M 的编码本为每个关键点分配 3 个最近的聚类中心，并计算每个聚类中心的直方图。此外，通过考虑关键点之间的空间位置，使用空间敏感的词袋模型（BoW）来克服该缺点。因此，可以快速计算得到一个有 n_s 个模型的相似模型集 $M(c)=\{m_1,m_2,\cdots,m_{n_s}\}\subset M$ 与预分割组件 c 最相似（在实践中 $n_s=5$）。

③ 对象性（objectness）：本方法提出了模型驱动的物体对象性概念，它基于 3D 模型数据库提供的 3D 形状的先验知识，根据该 3D 形状先验，来计算扫描物体的对象性分数，用来作为选取 NBO 的依据和判定物体是否扫描完成的依据（关于对象性的具体计算，请查阅文献[2]，此处不做详细介绍）。

图 2.3.4 室内 3D 模型数据库 *M*

(3) 后分割(基于对象性的分割)。在对象性的基础上,进一步提出了一种后分割技术来细化预分割,并获得对象级分割。这是一种基于对象性的分割,通过在多类图切割优化中将对象性度量与识别率相结合来实现,从而在同一优化方法中有效地将分割和识别耦合起来。这也使得后分割方法可以有效地将相邻的预分割组件合并为更完整的对象,如图 2.3.5 所示。后分割的目标是为每个预分割组件 $c \in C$ 分配一个标签 $l_c \in \{1,2,\cdots,n_l\}$,以便来自同一对象的相邻组件具有相同的标签,从而允许它们合并成一个更完整的对象(具体的后分割公式计算请查文献[2],此处不做详细介绍)。

2) 基于对象的自主扫描重建策略

使用基于对象性的分割技术,在当前场景表面 T 中获得一组后分割的对象,表示为 $\mathrm{R}=\{\mathrm{r}_1,\mathrm{r}_2,\cdots,\mathrm{r}_{\mathrm{n}_\mathrm{r}}\}$。

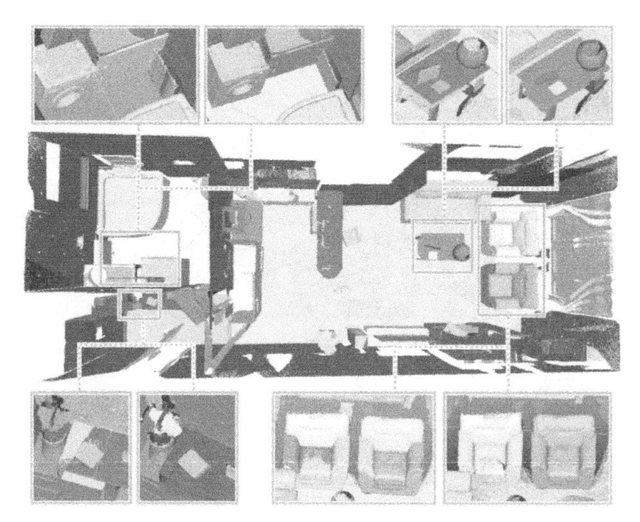

图 2.3.5 扫描场景中的 4 个区域(中间一行)被放大,并排显示了它们的预分割(左)和后分割(右)的分割结果以进行比较

(1) 下一个最佳对象(NBO)。机器人 Ω 需要确定后分割对象集 R 中的 OOI γ,作为机器人 Ω 要访问的下一个最佳对象。当对象性和视觉显著性的分数相加时,总和最大的后分割对象(红色矩形框标记的表格)被选为 R 中的 γ(图 2.3.6)。

$$\gamma = \underset{r \in R}{\operatorname{argmax}} O(r) + S(r) \tag{2.3.1}$$

其中,对象性 $O(r) = \max O(r, m), m \in M(r)$ 衡量后分割对象 r 在 3D 室内模型数据库 M 中可能是一个对象的程度;视觉显著性 $S(r)$ 是根据机器人当前观察方向 V 观察到的后分割对象 r 的显著性分数。显著性分数包含 3 个部分:

$$S(r) = w_z S_z(r) + w_e S_e(r) + w_d S_d(r) \tag{2.3.2}$$

其中,距离分数 $S_z(r) = \exp[-(C(r) - P_\Omega) / \max\limits_{\bar{r} \in R}(C(\bar{r}) - P_\Omega)]$ 测量从后分割对象 r 的中心 $C(r)$ 到机器人位置 P_Ω 的距离;方向分数 $S_e(r) = [C(r) - P_\Omega]V$ 衡量预分割组件 c 的朝向和机器人 Ω 的视角方向之间的角度;尺寸分数 $S_d(r) = A(r) / \max\limits_{\bar{r} \in R} A(\bar{r})$ 衡量后分割对象 r 的大小,其中 $A(r)$ 是后分割对象 r 的面积,w_z、w_e、w_d 是权重(默认 $w_z = 1.5$、$w_e = 1$、$w_d = 1$)。

(2) 下一个最佳视角(NBV)。然后,机器人 Ω 移动到 OOIγ 并开始使用规划的 NBVs 来主动扫描它。

利用相似模型集 $M(\gamma) = \{m_1, m_2, \cdots, m_{n_s}\}$ 中的候选模型作为形状先验来引导机器人对 γ 所属对象进行全面和完整的扫描。因此,通过选择由 $M(\gamma)$ 所提供的最优视角来实现最大条件信息增益,这不仅降低了 γ 的识别不确定性,还提高了所有可能的候选者的识别率。

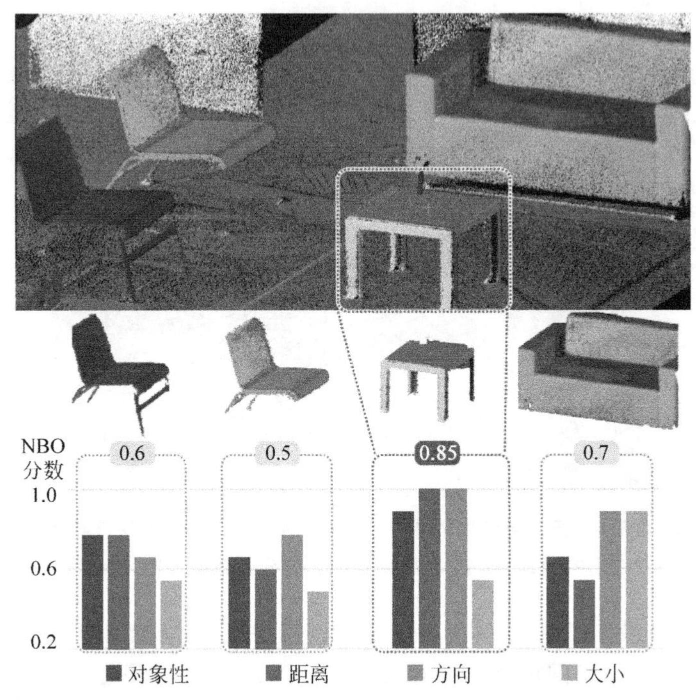

图 2.3.6　4 个后分割对象的 NBO 分数(见文前彩图)

① 候选视角：在 γ 中心周围均匀地采样 n_v 个点，表示为 $\{V_1,V_2,\cdots,V_{n_v}\}$，作为 NBVs 的候选视点(本方法设置 $n_v=16$)。其目标是选择具有最大条件信息增益的下一个最佳视点作为 NBV，可以提供更好的扫描，以提高 γ 的完整性和识别率。请注意，由于遮挡或者该视点位于另一个对象(如墙)内，可能有一些无效的视点对于 γ 是不可见的，在这种情况下，本方法直接删除这些视点。

② 物体形状的 TDF 表示：在相似模型集 $M(\gamma)$ 中的候选视角的帮助下计算 γ 周围体素的信息增益。因此，首先将所有形状转换为体素表示，具体来说，对于形状 $X\in\{\gamma\}\cup M(\gamma)$，将体素上的截断距离函数(truncated distance function，TDF)定义为

$$f(x,X)=\begin{cases}1, & x\in X\\ 0, & \text{其他}\end{cases} \tag{2.3.3}$$

其中，x 表示域中的体素。为了减少数据噪声的影响，该方法使用高斯模糊将距离场与其相邻体素融合，此外，该方法定义了一个从视角 V_j 下观测的体素的可见性函数：如果体素 x 可以从 V_j 直接看到而没有任何遮挡，则 $g(x,V_j)=1$；否则，$g(x,V_j)=0$。

③ 条件信息增益：对于每个候选视点 $V_j(j=1,\cdots,n_v)$，该方法在所有候选模型 $m_i(i=1,2,\cdots,n_s)$ 的帮助下，将条件熵和信息增益组合，作为 γ 的条件信息增益，如图 2.3.7 所示，对于当前的 OOI γ(左上)，从数据库中检索到 3 个候选模型椅子 1、椅子 2 和桌子 1(用不同颜色显示)，表示为 m_1、m_2、m_3(右上)，这 3 个候选模型作为形状先验来指导 NBV 的选择。在它们与 γ 对齐后，对一些视点进行采样(中右)，对于每个视点，计算 γ 的条件信息增益。对于红色圆圈标记的视点，计算所有可见体素(左中)的信息增益。3 个候选模型的先验熵 $H(x)$ 和条件熵 $H(x|m_i)$ 分别显示在直方图(底部)中(这里用 3 个体素作为示例)。条件信息增益求解如下：

$$\max_{j=1,\cdots,n_v} G^j = \sum_{i=1}^{n_s} p(m_i) G^j(m_i) \tag{2.3.4}$$

其中，$p(m_i) = O(\gamma, m_i) \Big/ \sum_{k=1}^{n_s} O(\gamma, m_k)$ 是 m_i 成为 γ 的最佳候选者的概率，$G^j(m_i)$ 是从视角 V_j 下，m_i 中的所有可见体素的信息增益。$G^j(m_i)$ 定义为

$$\sum_{x \in \Delta} [H(x) - H(x \mid m_i)] \tag{2.3.5}$$

其中，Δ 是 m_i 上的体素集合，而不是 γ 上的体素集合，并且从视点 V_j 可见，即

$$\Delta = \{x \mid f(x, m_i) \neq 0, f(x, \gamma) = 0, g(x, V_j) = 1\} \tag{2.3.6}$$

$$H(x) = -\sum_{k=1}^{n_s} p_x(m_k) \log p_x(m_k) \tag{2.3.7}$$

其中，$H(x)$ 是先验熵(初始不确定性)，而 $p_x(m_k)$ 是定义在确定体素 $x \in X$ 上的先验概率，其近似为 $p_x(m_k) = p(m_k)$。观察后的不确定性由条件熵确定为

$$H(x \mid m_i) = p_x(0 \mid m_i) H_x(0) + p_x(1 \mid m_i) H_x(1) \tag{2.3.8}$$

其中，$p_x(1|m_i) = f(x, m_i)$，$p_x(0|m_i) = 1 - p_x(1|m_i)$，

$$H_x(\delta) = \sum_{k=1}^{n_s} - p_x(m_k \mid \delta) \log p_x(m_k \mid \delta), \delta = 0, 1 \tag{2.3.9}$$

其中

$$p_x(m_k \mid \delta) = \frac{p_x(m_i) p_x(\delta \mid m_i)}{\sum_{k=1}^{n_s} p_x(m_k) p_x(\delta \mid m_k)}, \delta = 0, 1 \tag{2.3.10}$$

视点 V_j 的质量被定义为上述条件信息增益，它衡量从 V_j 获得的扫描的完整性和识别率。选择信息增益最高的视点作为 NBV。这种策略倾向于找到尽可能少的视角，来对 γ 进行精细扫描和识别。

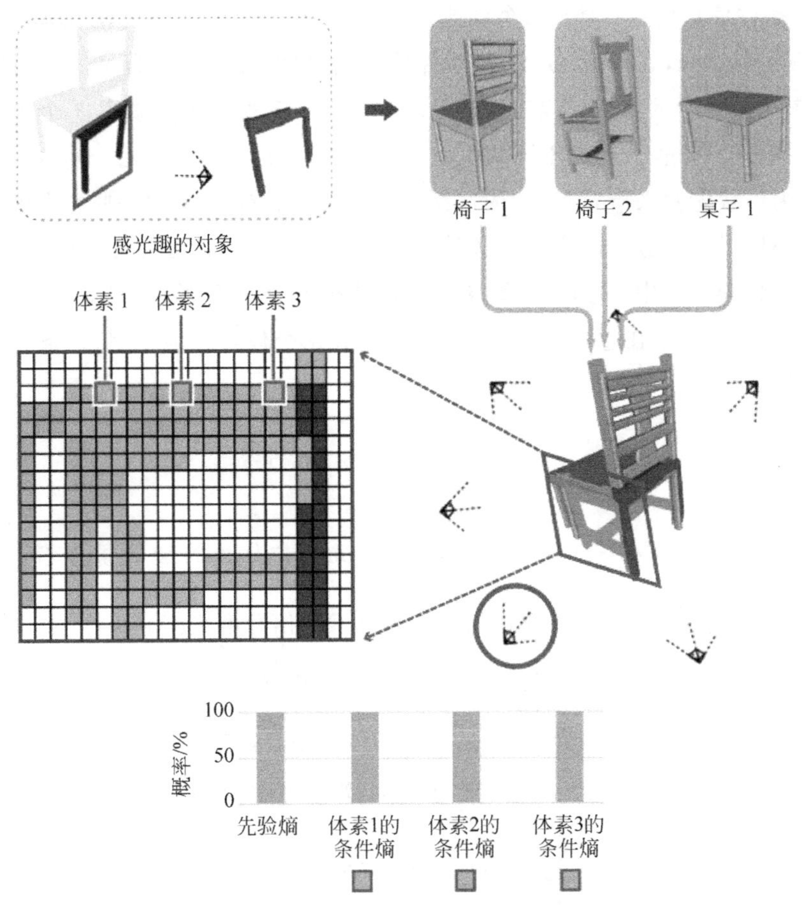

图 2.3.7　NBV 计算示意(见文前彩图)

4. 结果展示

本技术案例中进行了一系列实验,包括在虚拟场景中的模拟和在真实场景中运行的机器人,以评估本方法的有效性。评估主要围绕关于对象引导自动扫描的两个问题设计:一是本方法识别场景中的对象的能力如何?二是扫描覆盖对象的完整程度如何?

1) 系统实现

(1) 机器人系统:本方法运行在一个定制的机器人平台上,该平台有一个 6 自由度关节臂,上面装有一个 Microsoft Kinect RGB-D 传感器,该传感器由机器人平台的携带电池供电。该机器人内置了一个运行 ROS(robol operating system,机器人操作系统)的计算机,其中 ROS 提供了一个包来启用标准机器人行为,例如导航和手臂动作。给定一个目标视角,计算机器人的位置和姿态信息,并由 ROS 包自动规划最优的无碰撞的平滑路径。

(2) 数据集:虚拟场景数据集建立在 SUNCG[30] 和 ScanNet[31] 上,其中

SUNCG 包含人类模拟合成的 66 个场景，ScanNet 包含人工扫描的 38 个真实场景。该集合一共包含 5 个类别的 104 个场景，包括卧室、客厅、厨房、浴室、办公室等。两个数据集都为场景提供了真实对象分割和标签。

(3) 基准：为了促进对象感知场景扫描的定量评估，该方法提出了一个基于虚拟场景数据集的基准，称为对象感知扫描基准(object-aware scunnmy benchmark，OASC)。但是请注意，场景大多不是由 3D 模型数据库中的对象组成的。本方法从多个方面评估对象感知扫描的性能，包括对象识别、单视图对象检测、对象级分割、对象覆盖率和对象覆盖质量(该基准的评估结果详细说明不是本部分讨论的重点，如感兴趣可以查阅文献[2]，此处不做详细介绍)。

(4) 对象性阈值：当一个后分割对象的对象性分数大于 0.96 时，将其视为一个完整的对象，然后该对象被数据库中最相似的模型替换；当一个后分割对象的对象性分数小于 0.05 时，将其视为场景中的噪声，从场景表面 T 中过滤掉。

(5) 相似模型集的选择：对于预分割组件 $c \in C$，从整个数据库 M 中选择与其最相似的模型来构造 $M(c)$，并在后分割中使用它来获得后分割对象。对于后分割对象 $r \in R$，从仅包含完整模型的子集 M 中选择与其最相似的模型，这是因为它们为 M^* 中的原始 3D 模型提供了完整信息。

(6) 地板和墙壁：输入的场景被视为地板、墙壁和各种家具的平面布局，使用一些启发式平面拟合方法可以轻松地识别地板和墙壁。将它们从场景表面 T 中去除以进行对象辨认和识别。本方法使用地板的前沿边界来引导机器人 Ω 移动到未探索区域，防止在可见距离内没有物体。当场景表面 T 中没有更多物体并且地板上没有更多前沿边界时，则扫描过程终止。

2）实验结果

(1) 虚拟场景模拟：图 2.3.8 展示了对象引导的自主扫描重建方法在虚拟仿真场景里的运行结果。该方法运行在 ROS 中的 gazebo 机器人仿真环境[32]下。虚拟场景来自 SUNCG 和 ScanNet。对于每个示例，通过可视化被识别对象的俯视图(自上向下的视角)来展示，其中识别的物体用明亮的颜色显示，未被识别的物体用灰色显示，机器人的导航和扫描路径也展示了出来。可以看出，在本方法中，借助基于物体对象引导的场景探索方法，机器人可以沿着简单的路径对未知场景进行自主扫描重建，且仅需要一次规划便可以完全扫描整个场景，不需要二次扫描，即一次性扫描。

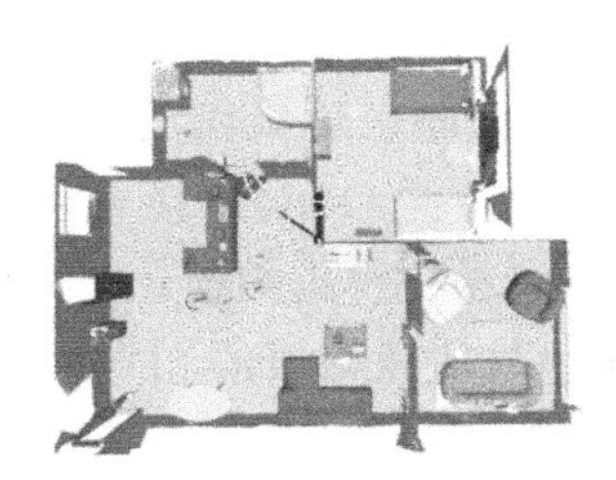
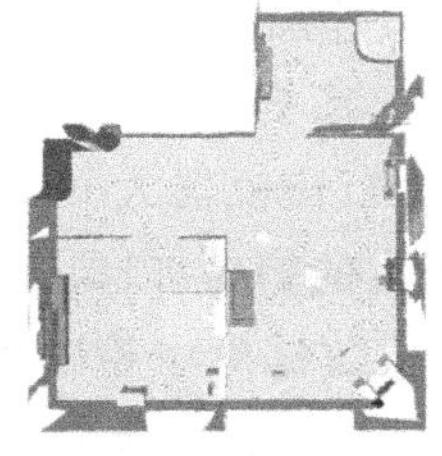
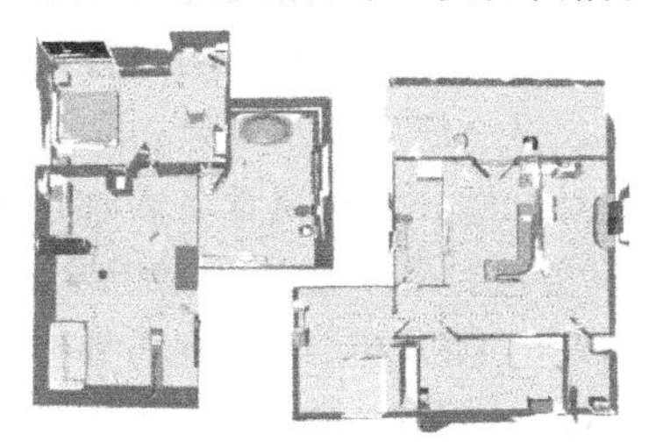

图 2.3.8 虚拟仿真对象感知扫描的可视化结果

(2) 真实机器人测试：通过 4 个真实世界的未知室内房间，包括 1 间咖啡馆、1 间会议室、1 间休息室和 1 间小商店，来进行真实场景的测试。图 2.3.9 展示了在这些场景中对象感知重建的可视化结果。

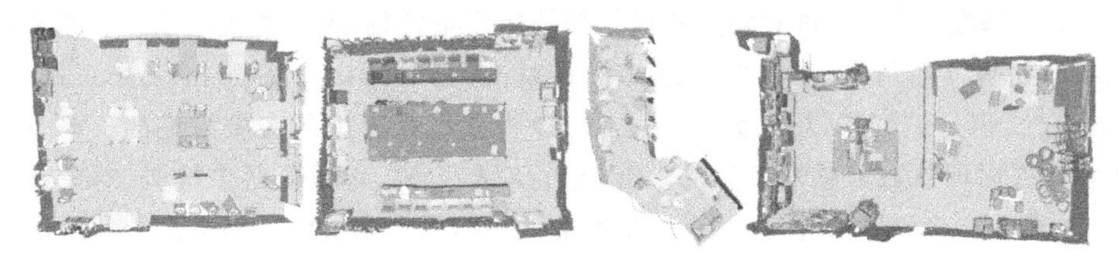

图 2.3.9 实际运行的对象感知扫描的视觉结果

(3) 运行时间：表 2.3.1 记录了本方法的在线运行时间，以及算法各个部分的运行时间，包括导航、分割以及 NBO 和 NBV 的计算。虚拟场景(V)的时间是对每个场景类别中的所有场景时间进行平均。3 个真实场景(R)的扫描是在机器人的实际运行时间内定时进行的。

表 2.3.1 对象感知引导的自主场景三维重建算法及算法各个模块的运行时间

单位：min

类型	总计	导航	部分	NBO	NBV
卧室(V)	47.8	24.1	20.1	2.0	1.6
客厅(V)	57.0	30.4	22.2	2.3	2.1
厨房(V)	37.5	16.2	17.6	2.0	1.7
浴室(V)	29.5	14.8	12.2	1.3	1.2
办公室(V)	40.8	21.3	16.0	1.9	1.6
会议室(R)	101.4	62.3	32.4	3.6	3.1
休息室(R)	78.5	47.9	25.4	2.9	2.3
办公室(R)	94.7	56.9	30.3	4.2	3.3

5. 小结

本技术案例中提出了一种用于场景自主探索、重建和理解的对象引导的方法。该方法的核心是一系列对象驱动的场景探索策略。首先，定义了模型驱动的对象性概念并用于测量预分割组件的相似性和完整性；其次，提出了基于对象性的分割以获得一组后分割对象；再次，采用基于对象性的 NBO 策略来辨认和识别具有最大对象性分数和视觉显着性的 OOI，让机器人开始主动扫描 OOI，紧接着通过 NBV 方法计算少量视角来指导机器人的扫描，以保证 OOI 被完整地扫描；在机器人辨认出 OOI 后，可以将其替换为从数据库中检索到的与其最相似的 3D 模型；最后，移动到下一个 OOI 并开始扫描它。如此重复，直到场景中的所有对象都被扫描和重建，从而实现了场景的自主扫描与完整重建。

2.3.2 技术案例二：面向未知三维场景重建系统的设计与实现

1. 任务描述

近年来，随着对RGB-D深度摄像机的广泛使用以及场景重建方面的重大进展，移动机器人的高质量场景扫描和室内环境的高密度三维重建越来越受到机器人界和图形界的关注。在三维场景重建方面，人类可以依靠发达的视觉智能在场景中快速构建出物体的形状。然而，由于视觉问题本身的复杂性、场景理解信息丰富、计算量较大等因素的制约，目前的机器人视觉系统很难达到人类的认知能力。场景中的物体空间关系复杂，遮挡会造成数据缺失，物体之间的关联会导致分割困难；而且，物体外观纹理复杂多样，光照条件变化会导致识别困难，而复杂的几何形状也会影响建模效果。

对未知场景的重建通常是由场景的空间信息驱动的。因此，对未知三维场景重建关键在于机器人的自动导航的实现，从而获得范围场景信息。用于场景重建的高质量扫描取决于可见表面的局部几何信息，这使得机器人必须精确地移动，以确保完整和稳定的扫描，以及能够获取连续的帧，并减少扫描和重建的错误。实现环境的快速扫描和高质量场景重建的平衡是场景自主重建的主要挑战。

为了使机器人能够对未知三维场景有更好的理解，本书提出一种基于重建导航的未知三维场景重建方法。其中三维重建采用基于体素融合的方法进行在线重建，重建好的场景对于机器人的行走并进行下一步的重建扫描有着约束和指导作用，通过二维场来进行导航。既考虑到了局部运动的平滑性，又考虑到了探索的效率。最终目标是使用经济高效的路径导航进行高质量的重建。

章节知识点

RGB-D深度摄像机：RGB-D深度摄像机是一种能同时获取彩色RGB图像和深度图像的传感器，具有低耗能、低价格、高质量图像信息和高实时性等特点[4]。近年来，基于RGB-D摄像机的三维场景重建研究取得了巨大的突破，常规的方法一般采用快速图像处理技术进行深度图像的配准，能够构建出密集的具有颜色信息的三维场景，直接应用于机器人导航等任务[5]。Kinect是一种RGB-D传感器，不仅采集速度快、精度高，而且更为便宜，这些特点使其迅速被运用到三维重建任务中去。随着Kinect深度摄像机的广泛的研使用，在机器人导航方面也起到了推进的作用。利用Kinect深度摄像机对三维场景进行3D场景建模，并且获得场景的不同种类表示的三维模型是近几年的研究热点[4-6]。

ROS：ROS 是机器人操作系统（robot operating system）的英文缩写。ROS 是用于编写机器人软件程序的一种具有高度灵活性的软件架构。ROS 的原型源自斯坦福大学的斯坦福人工智能机器人（Stanford artificial intelligence robot，STAIR）和个人机器人（personal robotics，PR）项目。

TSDF：截断符号距离函数（truncated signed distance function），是一种常见的在 3D 重建中计算隐势面的方法。著名的 KinectFusion 就是采用 TSDF 来构建空间体素的，通过求取每个体素的值，然后再使用之前提到的 Marching Cube 来提取表面的。

SDF 和 TSDF：TSDF 其实应该叫 T-SDF，SDF 是有向距离场，T 代表截断的意思，TSDF 相比 SDF 少了很多计算量。T-SDF 融合就是将所有点云数据加入一个体素中，计算相关体素中的 SDF 值，然后构建等值面，最终得到网格模型。用这种方法表达等值面的方法可以归类为隐式表达。

2. 背景技术

移动机器人的核心及关键技术之一是导航技术。移动机器人的路径规划就是让机器人自主地按照室内场景的信息，或者根据传感器获得的外部环境进行指导，从而规划出一条适合机器人在场景中的路径。

很直接的一种场景的扫描方法是通过人手动地控制机器人进行场景扫描，这样的结果是扫描得到数据具有不确定性，随着人的主观意愿操控。机器人路径规划的定义指的是最优路径规划问题，即依据某个或某些优化准则（如代价最小、移动路径最短、移动时间最短等），在待扫描重建的场景中找到一条能避开障碍物的最优路径，并且能够经过起点和终点。比较常见的有 Dijkstra 算法、搜索区域算法、开放列表算法等。

然而这些是场景结构已知的情况下的方法，本文致力于对未知场景的探索，是基于三维场景重建的路径规划，主要的技术挑战是实现机器人的路径规划，从而解决局部重建质量与全局效率之间的平衡问题。下面简单介绍几种常见的路径规划算法以及本文中使用的方法。

1）Dijkstra 算法

Dijkstra 算法是由 E. W. Dijkstra 于 1960 年前后提出的，是最经典的单源最短路径算法。在机器人导航方面的应用可以求出机器人移动路线中一个节点到其他所有节点的最短路径。方法为以机器人的起始位置作为原点，采用逐渐向外扩展的无向图，直到包含了要移动到的点为止，通过计算节点间构成的边以及边的权值关系构成了整个场景的路径图。

Dijkstra 算法的总体描述：在无向图 $G=(V,E)$ 当中，假设边 $E[i]$ 的长度 $W[i]$，目的是找到从顶点 $V[0]$ 到其余各节点的最短路径。

2）AMCL 算法

AMCL(adaptive monte carlo localization)算法是自适应的蒙特卡洛定位算法,使用粒子滤波器对机器人在已知的三维场景中进行位置跟踪,AMCL 是机器人在二维下的基于概率的定位系统。通过在地图中随机分散不同的粒子,根据它们碰撞的反馈找到可以进行移动的路径,算法通过粒子的方式表示机器人的位姿信息。AMCL 使用有限的粒子数表示机器人移动的概率分布,如果粒子数量足够多,那么可以得到与实际机器人几乎相近的概率分布函数。AMCL 算法的缺点是计算量很大,导致算法实时性低。

3）基于场的路径导航

本文路径规划部分是利用二维方向场来指导机器人运动,然后通过粒子平流形成光滑的路径,能够可视化的二维图像的场:有势场(potential field)、梯度场(gradient field)和张量场(tensor field)[33]。

下面简单介绍 PALACIOS 等[33]提到的张量场的概念。二维图像中的矢量场可被形象化为:具有给定幅度和方向的箭头集合,每个箭头都连接到平面上的一个点。矢量场通常被用来模拟比如流体在整个空间中的方向和速度,或者某个点力的强度和方向,随着它从一个点到另一个点的变化。二维区域 D 上的张量场是平滑的张量值函数 T,对于每个属于 D 的点 P 与一个二阶张量 T 式(2.3.11)结合起来。当且仅当 $T_{ij}=T_{ji}$ 时,张量 T_{ij} 是对称的。

$$T(P)=\begin{pmatrix}T_{11}(P) & T_{12}(P)\\ T_{21}(P) & T_{22}(P)\end{pmatrix} \tag{2.3.11}$$

对称张量 T 可以唯一的分解成其各向同性部分 S 和各向异性(偏离)部分 A 见式(2.3.12)。偏差张量场 $A(P)$等价于两个正交特征向量场 $E_1(P)=\mu(P)\cdot e_1(P)$并且 $E_2(P)=\mu(P)e_2(P)$,$e_1(P)$和 $e_2(P)$分别对应特征值 μ 和 $-\mu$ 的单位特征向量,E_1 和 E_2 是 A 的主要和次要特征向量场。当且仅当 $A(P_0)=0$ 时,P_0 点是张量 T 的退化点(degenerate)

$$T=S+A=\lambda\begin{pmatrix}1 & 0\\ 0 & 1\end{pmatrix}+\mu\begin{pmatrix}\cos\theta & \sin\theta\\ \sin\theta & -\cos\theta\end{pmatrix} \tag{2.3.12}$$

T 的主特征向量和次特征向量相互垂直。在实验中机器人运动是由主要的特征向量指向的。对称张量场的主要特点是它的方向(符号)在每个地方都有比较大的模糊性,使得它相当于一个不区分前进和后退的直线场。这避免了在几何约束条件下计算矢量场的矢量方向问题。张量场的退化点通常与矢量场的奇点的作用相同。

图 2.3.10 表示势场、梯度场和张量场的效果图,其中绿色的点表示奇点,对于机器人的行走来看,可以直观地认为是拐点。势场由表面法线产生,而梯度场则受表面切线约束。由于方向不一致,这两个矢量场受到拥挤奇点(绿点)的困扰,奇点太密集的话对机器人的行走指令的发出会造成障碍。相比之下,张量场包含的奇

点要少得多,更少的奇点可以导致平滑的路径平流(particle advection),而且场的拓扑骨架由所有的退化点和连接它们的分界点组成,可以看作一个路由图。使用这种全局结构,可以实现高效场景扫描的全局路径规划。

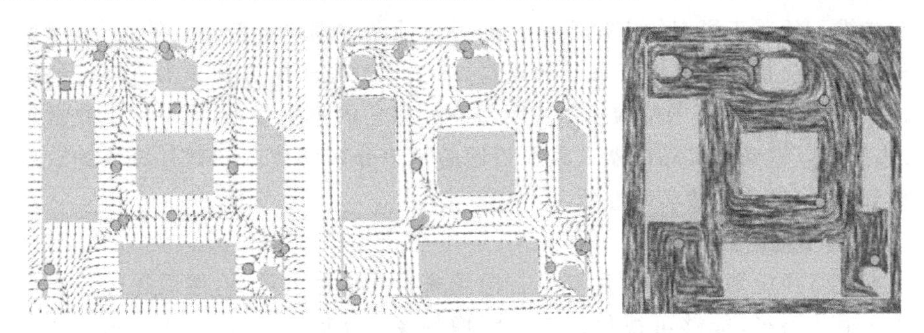

图 2.3.10 势场、梯度场和张量场的退化点

3. 技术实现

本技术案例旨在实现基于重建导航的未知室内场景重建任务,最终的目的是使机器人自动完成位置室内场景的重建任务。因此实现部分分为两个模块:第一个模块是实时重建方法介绍;第二个模块是重建导航方法介绍。

由于是实时建模,两部分内容是同时进行的,在对当前相机视角下的场景重建的过程中,重建出来的场景(mesh)投射到二维平面上形成的场会对机器人的扫描路径发出指令,指导机器人进行下一个未知的扫描重建,重建的结果会继续导航机器人的移动,指导整个场景扫描重建完毕,系统流程图如图 2.3.11 所示。

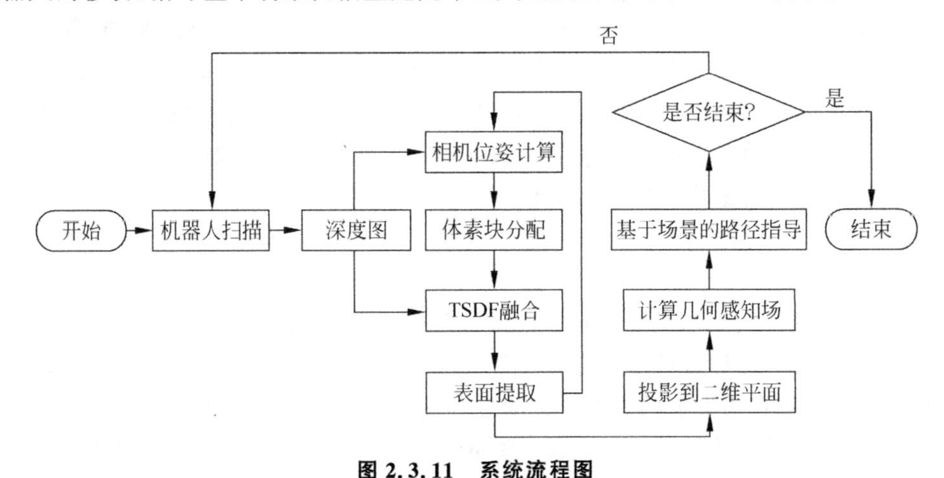

图 2.3.11 系统流程图

1) 基于体素融合的三维场景重建

进行传统的基于深度摄像机的重建方法时,重建的空间细化成同样大小的体素(voxel),这样算法[23]会消耗极大的显存,使得重建大的场景很困难,而且大规模的更新体素会消耗 GPU 资源。本技术案例提出的体素融合(volumetric fusion)

的改进方法只在相机当前视角下的场景表面划分体素，因此会节省显存。虽然减少了有效计算的数据，但是会导致有效数据的稀疏，为了解决这个问题可以将将稀疏的数据变为密集的数据，思想是根据网格在真实世界中 x，y，z 坐标值将要计算的网格存储在散列表中，用散列表的形式存储划分的体素块，用来进行各种操作。

本技术案例的目标是建立一个实时的重建系统，采用空间散列方法进行可扩展的体积重构，将相机扫描到的当前帧的信息融合到最终的模型中，重建结果为 mesh 形式。因为在扫描场景未知的情况下具有不确定性，因此散列方法必须支持动态分配和更新，同时最大限度地减少和解决潜在的散列输入冲突，散列表稀疏并且高效地存储和更新 T-SDF。主机和 GPU 之间的体素块采用流式传输，使用标准光线投影或多边形化操作有效地从数据结构中提取等值面，进行渲染和摄像机姿态估计。

使用散列表的数据结构用来存储包含 T-SDF 值的体素子块，散列表中的每个占据位置都对应一个分配的体素。每个体素存储 T-SDF、权值和额外的 RGB 颜色值。散列表是非结构化的即相邻的体素块在散列表中不是相邻存储的，而是位于散列表中的不同部分中。散列函数允许使用指定的整形世界坐标有效地查找体素块。同时散列函数旨在最小化碰撞次数，并确保表中不存在重复项。

基于体素融合的重建流程图如图 2.3.12 所示，给定一个新的输入深度图，首先根据输入深度图分配新的体素块并插入到散列表中，只分配占用的体素不分配空白的空间体素。然后扫描每个分配的体素块，根据输入深度和颜色样本更新每个包含体素的 T-SDF、颜色和权值。另外收集距离等值面的距离较远且没有权值的体素块，这涉及释放分配的显存以及从散列表中移除体素块条目，这些步骤确保数据结构随着时间的推移保持稀疏的特性。

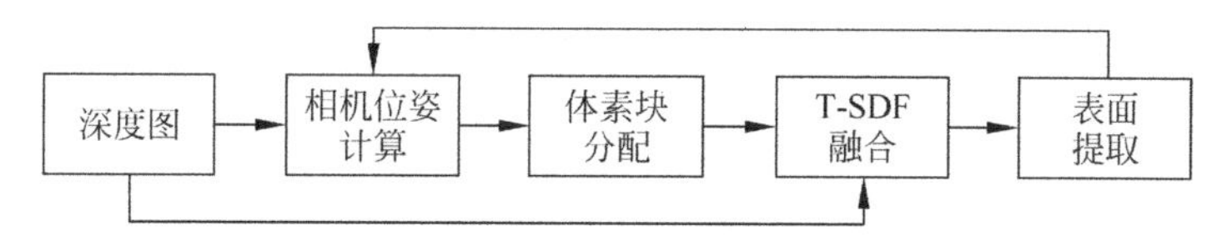

图 2.3.12　在线重建流程

T-SDF 融合之后，对当前估计摄像机姿态的隐式曲面进行光线投射，以提取当前相机视角下重建的表面。这个提取表面用作相机姿态估计的输入：给定下一个输入深度图，执行一个投影点平面 ICP 来估计新的 6DoF 相机姿态，确保了相机姿态估计是从帧到模型执行的。最后，算法在 GPU 和主机之间执行双向流式传输。散列条目以及相关体素块在世界坐标估算完毕且离开相机的锥形视角后被流式传输到主机。在重新访问区域时，以前流出的体素块也可以流式传输回 GPU 数据结构。重建的体素块可以在 CPU 和 GPU 之间双向移动。

2）基于二维张量场的重建导航

自主重建系统由一个移动机器人组成，移动机器人采用其顶部的 RGB-D 相机并使用上一节提出的体素融合方法进行实时重建，同时使用了OctoMap[34]存储复杂的空间占用信息。

主要思想是利用二维方向场来指导机器人运动，在线扫描和重建过程中，张量场实时更新，使得边扫描便重建成为了可能。二维方向场和已经重建好的三维场景有关，由重建好的三维场景投影到地面，采用Palacios等[33]的方法提取沿投影边界的一组二维切线用于计算和更新场。机器人路径由切向方向场上的粒子对流形成，本质上避开了障碍物。通过强时间相干性来提出张量场的时空优化，采用插值的方法确保在时变场上平移粒子时产生光滑的机器人路径。在获得下一个时间间隔内的机器人路径之后，需要计算沿着这个路径段的场景扫描的相机轨迹流。

基于二维张量场的重建导航流程图如图2.3.13所示。

图2.3.13 重建导航算法流程

(1) 投影到二维平面。OctoMap[34]是一种能够保持3D模型紧凑的八叉树压缩方法，提供的框架作为一个开源的C++库以供使用，把重建好的当前帧的3D模型运用OctoMap存储不仅能够保持模型的原有形状，又能够明显减少消耗的显存。

二维图像的场可以可视化出来，在进行仿真实验时，在Gazebo模拟器上模拟了一下简单的室内场景，如图2.3.14所示，对场景进行了投影并可视化张量场。直观地看，如果图像中有不同的物体，那么可以将这些物体表面周围的场的形状看成操场的跑道，在物体的周围类似直线段，可以看作机器人运动的路径。

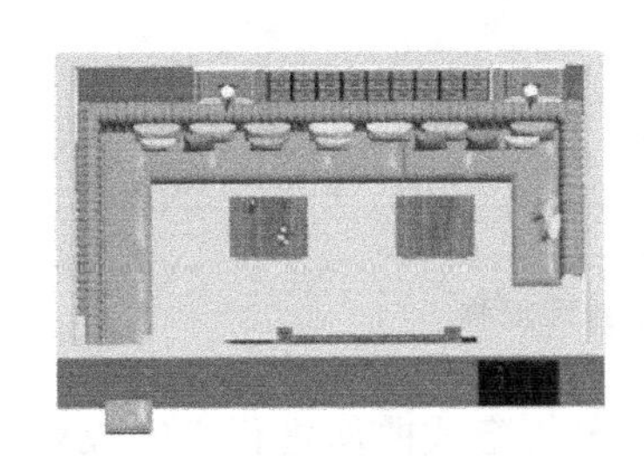

图2.3.14 三维场景和二维张量场

(2) 几何感知张量场更新。①关键帧场的生成：使用体素融合进行某一帧重建的同时，将重建好的3D体积运用OctoMap高效存储，然后投影到地平面上，并对位于已知曲面上的投影图像边界进行点采样。然后将张量分配给每个采样的约束点，其主方向与相应的表面相切。使用这些2D张量作为约束来计算关键帧张量场。该方法只能将低于机器人头部或者TurtleBot的摄像机高度下方的三维表面投影到平面上。采样的距离设置为$L=0.3$ m，然后为每个采样的点设定一个正则张量场，特征向量与该点处的图像边界的切线平行。

最终的场是由所有的约束的点的张量场组成，可以等价成一个数学问题：求一个函数 T，为二维空间上的一个点到张量 T_i 的映射，已经给出一些采样实例 $[P, T_i(P)]$，通常采用高斯径向基函数(radial basis function，RBF)来逼近这个函数[33]。计算的函数为如式(2.3.13)所示：

$$T(P) = \sum_i \mathrm{e}^{-\frac{\| P-P_i \|^2}{\sigma^2}} T_i(P) \tag{2.3.13}$$

其中，T_i 是围绕约束点 P_i 计算的场，高斯作用宽度 σ 用来控制场的影响范围，这里主要用来局部的路径指导，因此选用较小的值 $2L=0.6$ m。

② 时间插值法：在每个时间步骤，要基于最新的重建的场景来计算当前帧的场 T^t。如果等到当前时间段，不能确保时间的一致性，会发生机器人路线偏移甚至碰撞的可能。但是可以通过上一个关键帧 T^{t-1} 对其进行 K 个子步骤插值用来进行平滑的过度，这样可以满足系统的实时性。

采用线性插值法产生时间相干序列($T_0^t = T^{t-1}, \cdots, T_K^t = T^t$)，然后从中间帧 $[T_m^t(m=K/2)$演化张量场的计算，直到 $T_K^t = T^t]$，然后进行下一帧张量场的求解。插值过程如图 2.3.15 所示，K 个子步(图 2.3.15 中的小灰点对它们进行插值，并开始从中间帧 T_m^t 演化该场)。

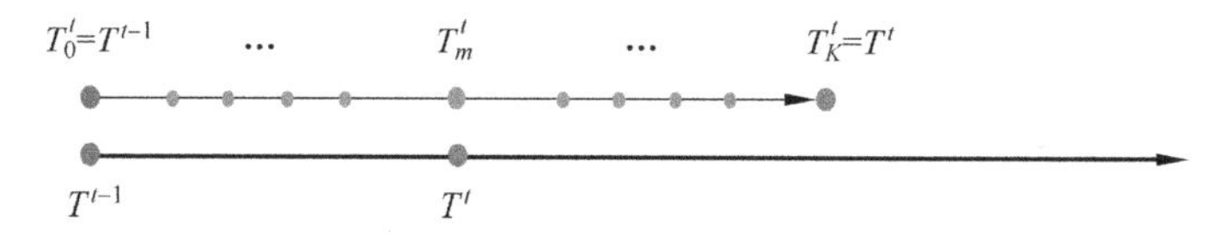

图 2.3.15 时间插值法求 T^t 时间的张量场(见文前彩图)

(3) 基于场的路径指导。①粒子平流生成路径：随着已知的三维表面逐渐被重建出来，所投影到二维平面上的张量场也随着时间的变化而变化，粒子平流(particle advection)方法能够在变化的场中释放粒子，追踪粒子在场中的运行路线，从而可以对机器人的行动路线发出指令，指导机器人完成场景的扫描。

在计算得到随时间变化的场之后，从当前位置开始机器人的运动路径由粒子平流定义，将张量的主特征向量定位在当前机器人位置周围的局部区域内，通过使张量场的主特征向量与机器人的前面的方向相近(方向之间的角度应该小于 90°)来实现。在场的方向被确定后，场 T 可以变成标量场 $V(t)$，其中粒子平流可以表示成一个微分方程，如式(2.3.14)所示。初始值为(p_0; t_0)，定义了从位置 p_0 和时间 t_0 的路径。

$$p(t) = p_0 + \int_0^t V(p(s); t_0 + t)\mathrm{d}s \tag{2.3.14}$$

实验中计算 4 个子步骤时间的路径，机器人移动到下一个位置时重新启动路径平流,因为场的变化比较平滑,连贯的子步骤之间的路径平滑连接。如图 2.3.16 所示,基于从 T_m^t 到 T^t 的平滑过渡场,在每个子步骤中,通过在当前场上平移一个粒子来生成平滑的机器人路径。

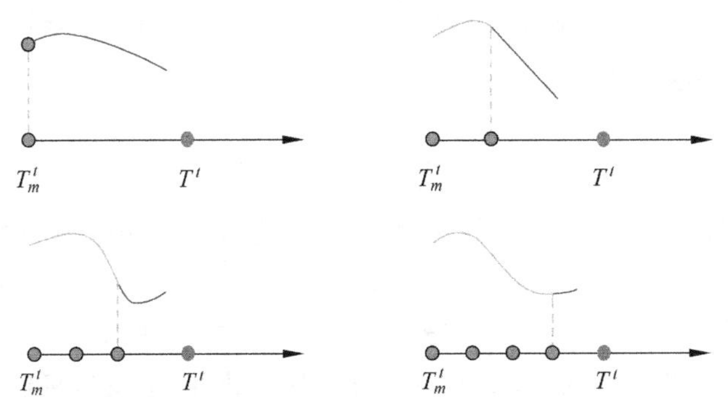

图 2.3.16 平滑路径的生成(见文前彩图)

② 拐点处路径的选择:复杂一些的室内场景机器人在行进过程中会发生转向的情况,张量场的退化点在直观上正好符合要求。在扫描重建的过程中,遇到新的物体会导致周围的场变成不规则化,此时机器人的路径不再是一条类似直线了,需要在这些退化点进行特殊处理,Palacios 等[33]提出的退化点有楔形点(wedge)、三分点(tri-sector)、节点(node)、焦点(focus)、中心点(center)和鞍形点(saddle),如图 2.3.17 所示。应用到三维场景重建的情况大部分为楔形点和三分点。

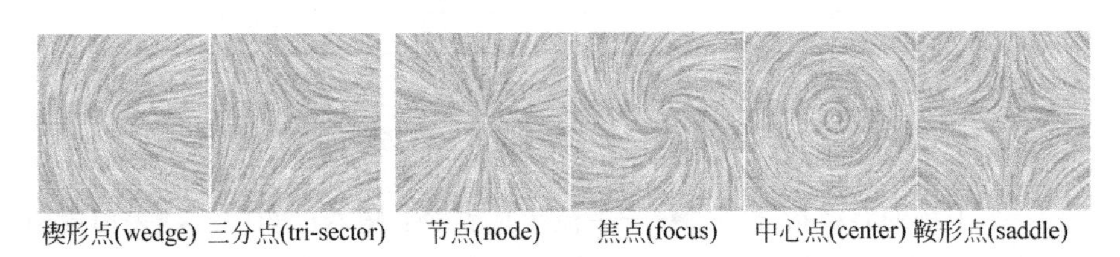

图 2.3.17 场的退化点种类

(a) 楔形点处。在楔形点附近如图 2.3.18 左侧,根据二维场的特性和路径平流的影响,机器人路径会急转弯或者掉头。为了避免由于这种突然转动造成的相机抖动,检测机器人路径上最靠前的楔形点,并降低机器人的移动速度,直到到达楔形点。在楔形点上,机器人会停止移动并重新规划路径,这使得在前后两帧的时间内机器人能够平稳地移动。

(b) 三分点处。当机器人达到三分点时,可以选择直行或者(a)中楔形点的路径,如图 2.3.18 右侧所示。通过基于重构不确定性来选择更好的分支来解决这个模糊的问题。具体而言,选择可以探索更多未知或不确定地区的分支。在确定分支后,执行与楔形点相同的路径和轨迹。

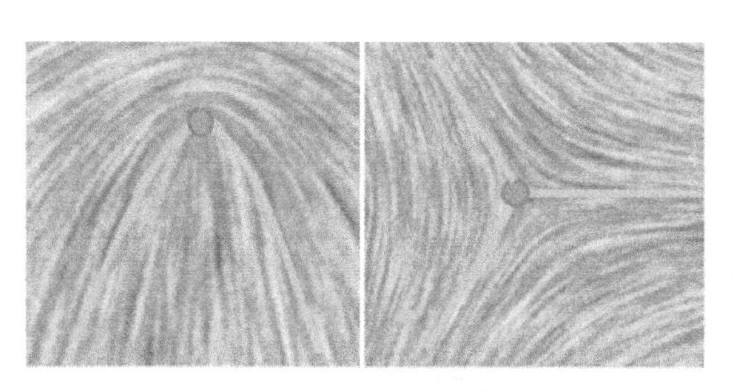

图 2.3.18　退化点处路径

③ 拓扑结构的形成：整个待重建的场景可以看作一个局域网，整个网络可以由几个路由器所覆盖，这些路由器形成了整个局域网的拓扑结构。把整个待扫描的 3D 场景投影到平面的二维张量场可以看作一个拓扑结构生成的问题。

局部平滑的路径不能保证整个场景的高效和完整的覆盖。需要根据当前张量场的拓扑骨架来进行全局导航。给定任何张量场，它的拓扑骨架可以看作一个无向图，所有的退化点都是图的节点，它们之间的连接是分界线。主要针对的是三分点选择哪一个分支的情况，拓扑骨架中的三分点作为"全局路径路由中的网关，机器人执行分支选择，通过从拓扑图计算最小成本生成树来选择代价最小的分支。图 2.3.19 中每个边的权值定义如式(2.3.15)：

$$w(e)=\left(\frac{1}{l(e)}\int_{e}^{\infty}I(e,p)\mathrm{d}p\right)^{-1} \tag{2.3.15}$$

其中，$l(e)$是边 e 的路径长度，$I(e,p)$是边 e 上点 p 的信息增益，文献[7]的方法定义为在当前的重建场景下，基于视图中可以观察到多少未知区域，以及视图的扫描距离来表示特定视点的信息增益。通过选择最小成本的路径的分支，能够更高效地进行场景的扫描。

基于拓扑结构的路径的一个显著特征是对于部分重建的场景也能很好地工作。这是由于张量场的两个有利特征：首先，用任何几何约束计算的任何张量场都能很好地定义拓扑图；其次，张量场奇点的个数最小化，使自由空间中不出现无关的奇点，为局部场景提供了一个简单而有意义的拓扑图。可以很方便地通过二维平面上奇点的坐标和点与点之间的距离形成当前位置下的最小生成树。如图 2.3.19 所示，对于部分重建场景(a)，计算张量场的拓扑骨架并用于引导机器人扫描。当机器人(绿色)到达三分点时，从拓扑图生成最小成本生成树，以启用分支选择(b)。当重建完成时，生成的拓扑结构(c)基本和场景的边缘覆盖一样(d)。

④ 碰撞处理：张量场是由表面切线的约束形成的，使得路径平流本质上避开了障碍物。但是有一种情况需要进行特殊处理。如果机器人的初始位置靠近墙壁，则机器人将会靠近墙壁，这是由于此时沿着表面的切线方向走。由于机器人的体积不可忽略，可能会导致碰撞。因此，一旦检测到机器人太靠近已知的墙壁(小于 0.3 m)，会使机器人沿着其法线方向远离墙壁。

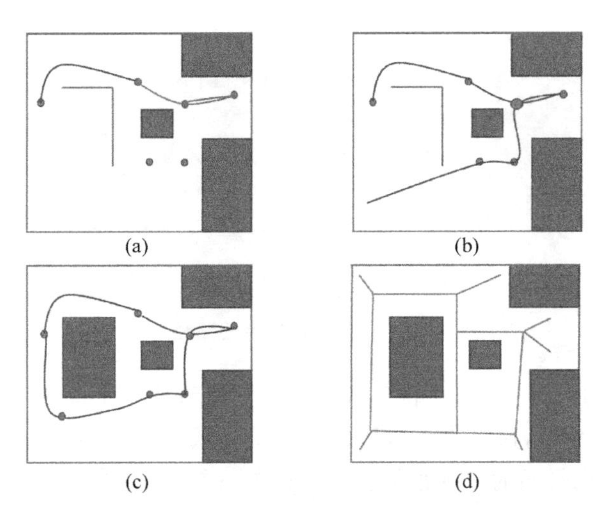

图 2.3.19 基于拓扑结构导航(见文前彩图)

⑤ 终止条件：基于场的拓扑结构和信息增益的定义，对未知三维场景的自主扫描的终止定义为：如果拓扑图中所有可访问边的期望信息增益低于阈值，实验中设定为 0.05[7]。基于机器人身体的接触测试和重建的场景，通过检查沿着该边缘的采样点的物理可访问性来确定边缘的可访问性。场的拓扑骨架大致反映了未知三维场景边界的拓扑结构。

(4) 相机轨迹计算。在获得下一个时间间隔内的机器人路径之后，需要计算沿着这个路径段的场景扫描的相机轨迹，目标是计算满足以下要求的平滑 6DoF 相机轨迹。借鉴文献[32]的方法，为了有效地进行扫描场景，根据当前的重建状态，沿着轨迹的相机视图应该获得未知区域或不确定区域的最大覆盖。良好的视点应该从近距离(在有效扫描范围内)观测目标区域，并尽可能与目标表面垂直；为了便于在线重建过程中的帧到帧配准，摄像机的线速度和角速度应尽可能保持不变，不超过最大阈值。在运行过程中，可以通过监视相机的角加速度 rad/s^2 的变化反映机器人运动的平稳性。

3) 系统优化

(1) 在线重建性能提升。虽然大部分的计算是在相机当前视角下的体素块中进行散列操作，但是已经重建好的部分的物体表面仍需要进行维护，这对 GPU 的内存和性能是一个很大的要求。在实验中使用 GPU 和 CPU 的双向流(steam)方案来减少算法的执行时间。Streaming 可以看作能处理无穷数据的数据处理引擎。

不在相机当前视角范围内的已经重建好体素块，需要从 GPU 移动到 CPU，把以相机当前位置作为原点，半径为 4 m 的圆以外的体素块移动到 CPU 内进行存储。

GPU-CPU：首先并行访问散列表并标记活动区域的体素块，并且把散列条目拷贝到一个缓冲区(buffer)中，散列条目对应的体素块拷贝到另一个缓冲区中。删除掉原始的散列条目和对应的体素块，然后将缓冲区的散列条目和体素块拷贝到内存中。

CPU-GPU：由于相机的移动，落入到活动区域内当前相机视角内新的体素块已经重建出来了，并且存储在内存中，需要从内存移动对应的体素块到 GPU 并在 GPU 中分配新的单元。

Streaming 的一个重要考虑是确保体素块不会在主机或 GPU 上重复，从而导致潜在的内存泄漏。

(2) 场的自动优化。张量场的另一个主要优点是它允许对退化点进行操作，上面的重建导航方法主要是对针对退化点进行设计，那么可能会出现图 2.3.20 所示的几种情况：(a)中的退化点所处在比较尖锐的位置，机器人会采取突然转向的操作，会发生抖动的想象；(b)中情况出现了凹型区域且能够被相机视角所覆盖，但是机器人还是会进去进行扫描；(c)中出现的退化点是三分点，机器人会进行路径选择，场的突然变化可能导致机器人碰撞到障碍物。

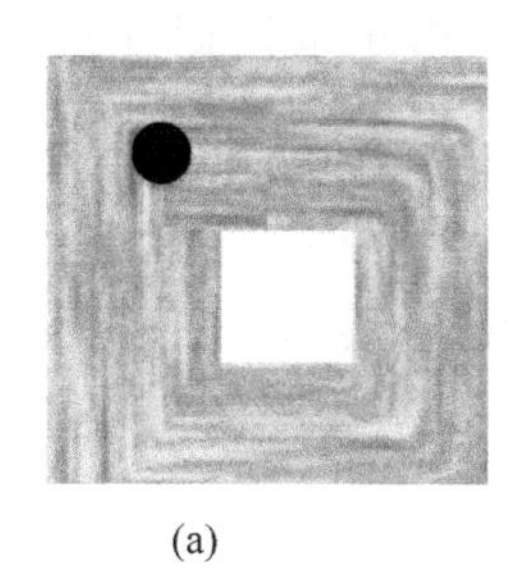

(a)

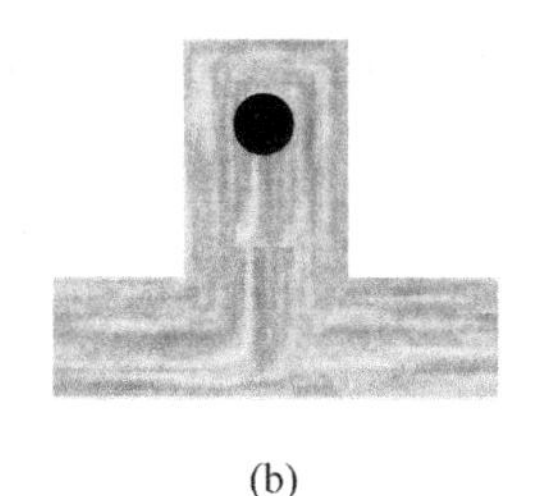

(b)

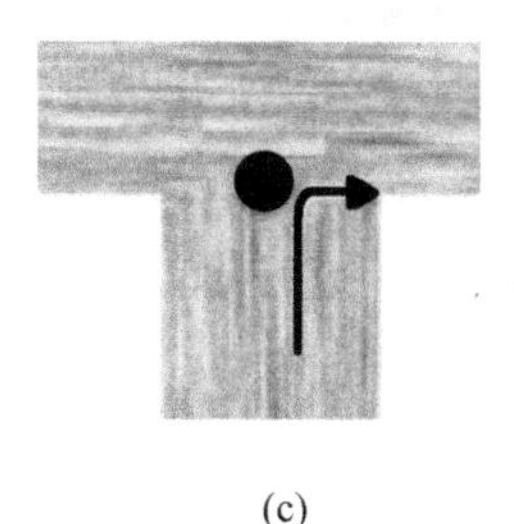

(c)

图 2.3.20 待移动退化点

为了避免上述的情况发生，需要对退化点的位置进行一些修改，即移动一些退化点或者删除一些冗余的点。基本思想是根据场 T 的定义，将张量场转化为矢量场，公式如下：$V=\alpha(T)=\mu(\cos 2\theta, \sin 2\theta)^T$，使用文献[33]中的修改方法将 V 转化成 V'，然后转回张量场 $T'=\alpha^{-1}(V')$。优化部分需要在计算每个关键帧的场后自动修改。

① 移动退化点：对于楔形点，如果两个分界线的夹角小于 90°，可以看出来是一个尖角处，此时可以将该点向内移动到一个角落，从而使机器人转动更平滑，如图 2.3.21 所示。图 2.3.21(a)是移动之后的样子。一般情况下，楔形点作为拓扑结构的终点，如果在这个点之后已经没有更多的场景信息可以获得，那么机器人不需要更深入地去探测，可以将退化点向外移动一小段距离，消除末端不必要的移动，见图 2.3.21(b)。第三种情况是对三分点的处理，由于机器人可能沿着分界线向三分点移动，因此需要确保机器人在到达三分点或转成分支后不会碰撞障碍物，将三分点从障碍物移开，直到沿三分点或三分线上的采样点没有检测到碰撞，见图 2.3.21(c)。

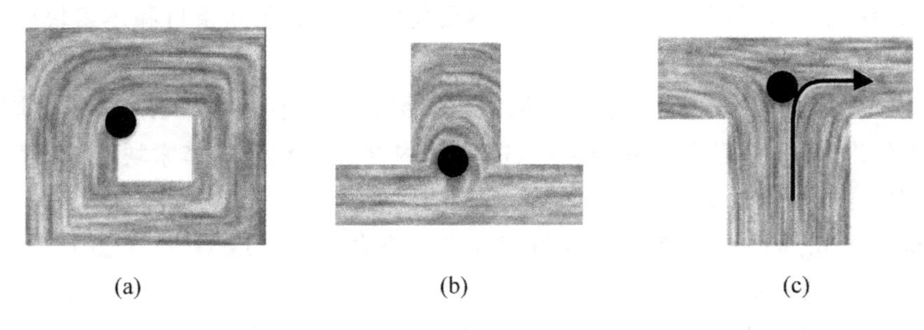

图 2.3.21 移动退化点

② 取消退化点对：由于场景中的物体相对位置的复杂性，会出现场中的退化点集中到一起或距离较近的情况，如图 2.3.22 所示，这样会对机器人的移动指令的发出造成困惑，如果能够成功消除不需要的退化点，则会产生几何上更平滑和拓扑结构更简单的场。Nieser 等[31]提出一对退化点只有在距离足够近的情况下才能被抵消，从而最大限度地减少了由于抵消而导致场的拓扑变化。类似地，可以通过计算场的拓扑骨架上的退化点对之间的最短距离来检测可消除的点对。

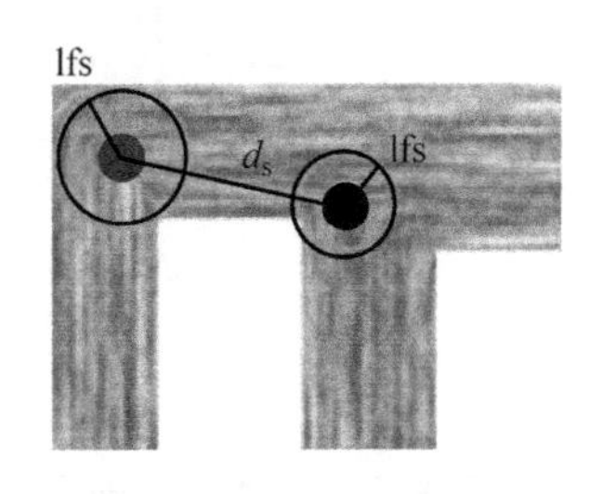

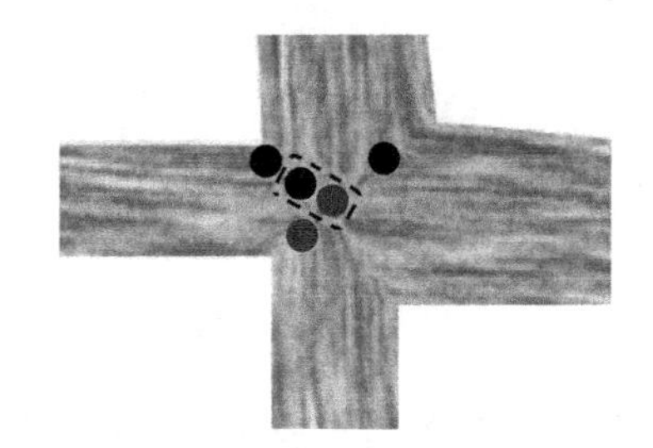

图 2.3.22 判断退化点对能否取消

为了保留对拓扑结构有重要影响的退化点对，点对(pW,pT)可被取消[33]需要满足式(2.3.16)：

$$d_s(pW,pT) < lfs(pW) + lfs(pT) \tag{2.3.16}$$

其中，d_s 为两点之间的最短距离，lfs 为退化点的邻域半径，如果满足上述条件的点对会被删除，由于场是随着时间变化而变化，新的场会立刻更新出来，不会对机器人的行走指令产生比较大的影响。图 2.3.22 中左边的点对由于不满足式(2.3.16)，故不能取消，右边的点对可以取消，取消点对之后的场如图 2.3.23 所示。

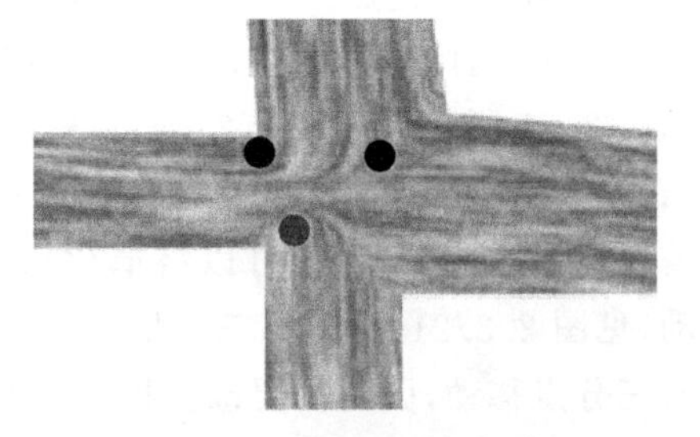

图 2.3.23 取消点对之后的场

4. 结果展示

1）在线重建实验部分

通过基于体素融合的三维重建方法，需要显卡满足重建的帧率能够跟得上RGB-D的帧率(30fps)。这使得进行隐式曲面融合时可以选择不同分辨率的体素(2 mm、4mm或者8 mm)进行高质量的重建。

实验在实验室场景中进行三维场景重建测试，主要关注于重建的质量，在实验中对椅子及计算机等常见的办公设备进行了扫描，扫描结果如图2.3.24所示，体素的分辨率为8 mm在输出的画面中同时显示了RGB和RGB-D图像。对一些比较精细的比如键盘鼠标也有很好的重建结果，在真实场景中扫描的每秒传输帧数能够达到50左右。

图2.3.24 重建结果

对于不同分辨率的体素，分别进行了2 mm(图2.3.25左上)、4 mm(图2.3.25右上)、8 mm(图2.3.25左下)以及10 mm(图2.3.25右下)分辨率的体素进行对比试验，实验物体选用椅子模型，并且没有对RGB信息进行更新(输出为灰色的mesh形式)，对比效果如图2.3.25所示。

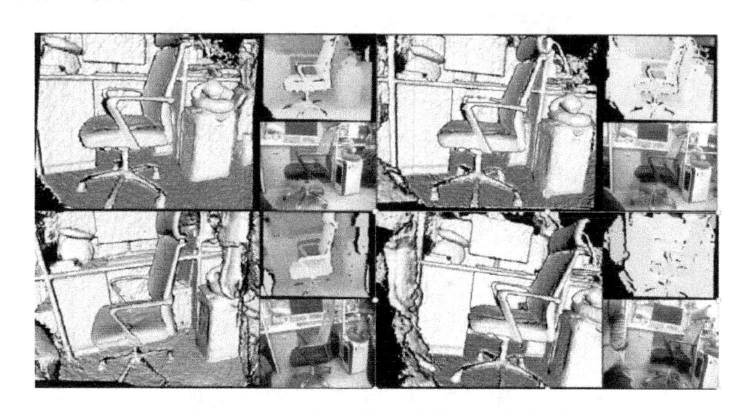

图2.3.25 不同体素分辨率对比实验

由实验结果可以看出，重建的结果与体素的分辨率没有什么直接影响，体素的分辨率与代码运行所需要的内存有关，根据不同大小的场景选择不同分辨率的体素使得系统更为灵活。同时实验结果也表明，重建的精细程度与当前深度传感器的感测技术有关，随着 RGB-D 相机的精细程度越来越高，实验结果也会有很大的提高。

2）重建方法对比实验

除了基于体素融合的三维场景重建方法，之前还尝试过基于特征描述符匹配重建方法。根据扫描得到的 RGB-D 进行点云融合以及协同分割得到分割好的点云数据后，对每个物体利用特征描述与数据库（ShapeNet）进行检索、匹配、替换达到场景重建的目的，数据库的模型是提前进行预处理的。原方案的流程如图 2.3.26 所示。

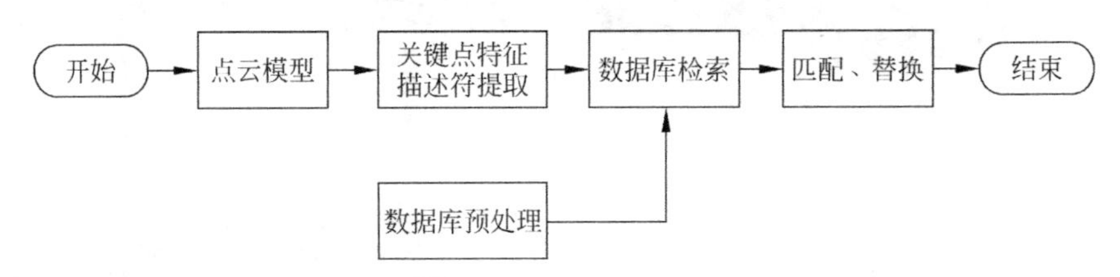

图 2.3.26 基于特征描述符匹配的重建方法

由于该方法是对融合形成的点云进行的处理，这样会导致算法的时间复杂度比较大（大量的时间用在了关键点提取以及配准步骤），使得系统不具有很好的实时性，因此无法完成重建导航的任务。但是重建出来的结果是通过和大量的数据库模型检索得到的物体，使得重建后的模型精细化程度比较高，这是基于体素融合方法所不具备的优点。基于体素融合的重建结果（对 RGB 信息进行更新）与基于特征描述符匹配的重建结果对比如图 2.3.27 所示。

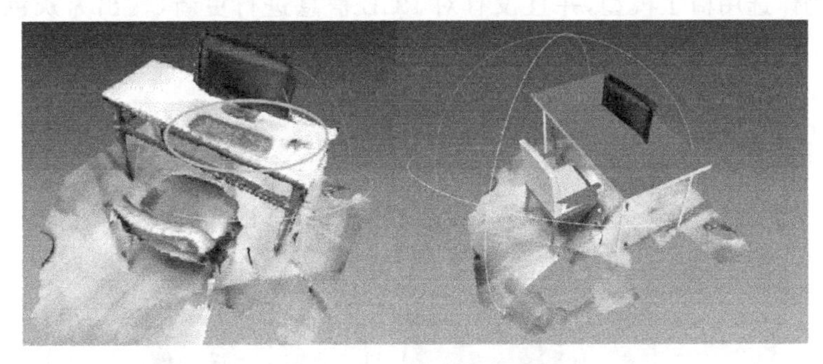

图 2.3.27 对比试验结果

可以看出，基于体素融合的重建方法能够对场景中的细小的物体进行重建，如图中红圈的键盘，但是没有考虑到场景中各物体的语义信息，相反，基于特征描述匹配的重建算法结果更精细，这也是牺牲了算法运行时间的代价。

3）路径导航实验部分

为了验证本文中提到的算法是否可行，首先在基于 TurtleBot 的 gazebo 模拟仿真环境下进行了实验。在 40 个模拟室内场景进行仿真实验，面积 30～90 m^2，平均的物体种类为 6 种，最多的种类为 15 种。如图 2.3.28 所示，在室内场景摆放了 4 个书架、1 个桌子以及 1 个茶几。隐式曲面更新以及表面提取时，没有对 RGB 信息进行更新，即输出设定好的颜色信息（黄色，没有选择灰色，与场的颜色重叠）。机器人的起始位置放在了左上角的墙边，场景重建所需的时间为 155 s，行走的路径长度为 47 m。对于 40 个仿真场景，由于场景构造的复杂性不同，测出了重建的平均时间为 3 min 左右。

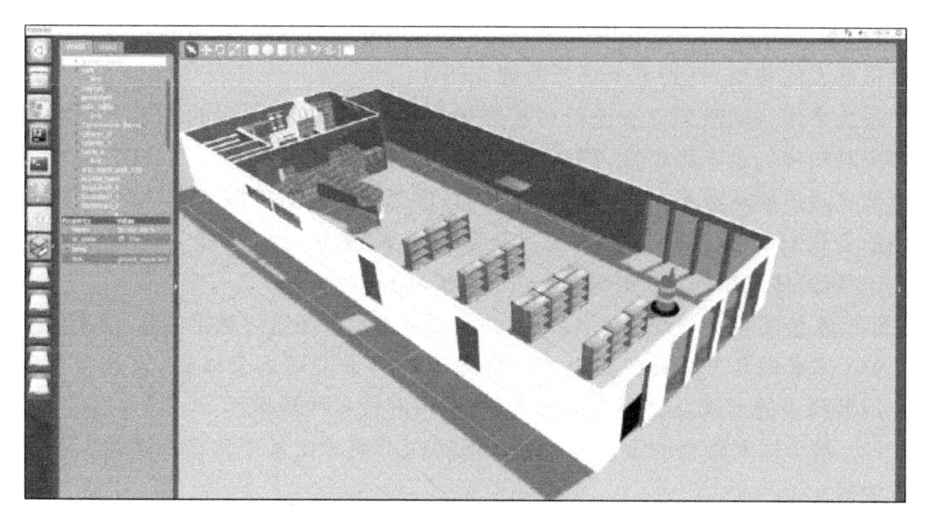

图 2.3.28 室内场景

重建结果如图 2.3.29 所示。

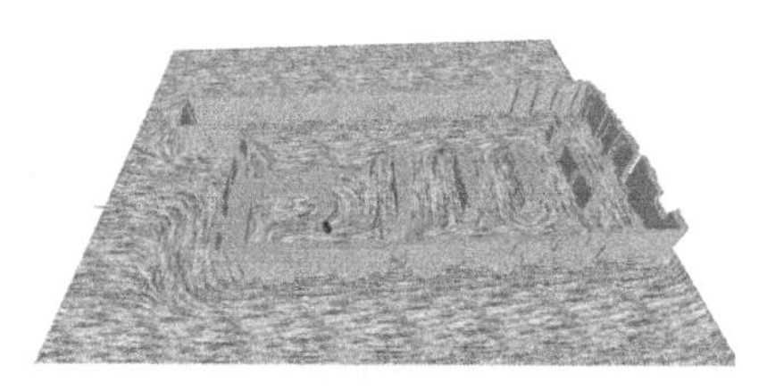

图 2.3.29 重建结果

重建质量采用基于 ICP 配准的均方根误差（RMSE）来评判，ICP 匹配的两个输入通过当前帧深度图像以及根据上一帧相机位姿进行隐式曲面更新后光线投射后的深度图像，这确保了相机位姿估计是帧到模型的（frame-to-model）。如式（2.3.17）所示：

$$\mathrm{RMSE}=\sqrt{\frac{1}{N}\sum_{t=1}^{N}(\mathrm{observed}_t-\mathrm{observed}_t)^2} \tag{2.3.17}$$

其中，$(\text{observed}_t - \text{observed}_t)^2$ 为前后两帧所有对应点间总误差，N 为重建的总时间。

为了验证是否采用时间插值的方法进行张量场更新（时间步长 4 s，步数为 5 步），进行了不采用插值法的对比实验（更新时间间隔为 4 s）。采用插值法的平均 RMSE 为 0.4 cm，而不采用插值法的平均 RMSE 为 0.8 cm。实验表明，采用时间插值方法进行张量场的更新对于重建的质量有着较大的提升。

5. 小结

本书介绍了一种对于未知三维场景重建的方法，当前存在的数据库检索、特征描述符匹配等方法的效率以及算法的实时性不是很高，同时无法完成重建导航的步骤。本书提出的未知三维场景重建系统能够通过当前重建的三维场景的信息，对机器人的运动方向发出指令，导航机器人继续前进扫描重建，重建的结果会继续导航机器人的移动，直到整个场景重建完毕。

系统采用空间散列方法进行可扩展的体积重构，散列方法的动态分配和更新能够应对扫描场景不确定性，同时散列表所占的显存很低。进行 T-SDF 融合后使用标准光线投射从数据结构中提取等值面，重建好的表面投影到二维平面，通过张量场的变化对机器人行走的路线进行导航。在提升系统性能方面采用主机和 GPU 之间的体素块的流式传输，允许更大的场景重建。

运行系统实验室场景和仿真环境，并与现有重建方法进行对比实验，结论如下：

(1) 体素融合方法只在相机当前视角下的场景表面划分体素，因此会节省显存。用散列表的形式存储划分的体素块，用来进行各种操作。

(2) 基于体素融合的重建方法在所需时间上明显比基于特征描述符匹配的重建方法短。

(3) 基于二维场的路径指导能够产生正确的机器人扫描路线。

(4) 重建质量采用基于 ICP 配准的均方根误差（root mean squared error，RMSE）来评判，采用时间插值的方法进行张量场更新的误差比不采用时间插值的方法的误差明显降低。

同时系统还有一些局限性，未来需要改进：在扫描的初始阶段，重建的场景对于产生机器人的行走指令不是很有用，如果机器人移动太快，这可能会导致碰撞；系统在重建的过程中可能会出现闭环问题，此时 ICP 配准会失效；重建和导航的方法是通过几何的方法，没有考虑到场景中各物体的语义信息，缺乏机器人和场景交互的功能。

2.3.3 技术案例三：视觉语义导航中基于语义场景补全的场景探索

技术案例三相关代码

1. 任务描述

在本技术案例中介绍了用于视觉语义导航的置信度感知语义场景补全算法[4]，该算法使用一个“置信度感知语义场景补全模块”来对场景先验进行显式建模,并使用此场景表示来指导机器人的导航规划。

给定 RGB-D 图像形式的室内场景的局部观测视图,语义场景补全模块预测以机器人为中心的完整周围环境的语义信息(自上而下的俯视图),通过学习多个房间布局结构的统计数据,该模块能够利用上下文线索来预测典型室内环境中机器人视野之外的完整房间布局情况。然后,一个基于学习的导航算法根据对完整三维环境的预测来生成下一步动作。

由于推理得到的场景预测结果是用于机器人的下一步动作规划的,因此特别重要的一点是,补全模块能够生成其预测结果的置信度评估对衡量预测结果的准确性。为此,补全模块会对其预测的补全图同步生成一个密集的自监督的置信度图,利用置信度估计指导导航策略对补全模块推理结果的信任程度。这对于有效指导导航和探索是非常重要的。

导航模块使用深度强化学习[36]进行训练,其策略网络将机器人的当前状态和目标对象类别作为输入,并输出下一个动作。其中,状态由语义补全图和置信度图表示,动作由密集的空间动作图[37]表示。在这张动作图中,每个像素点对应一个动作,即将机器人移动到该像素点所对应的空间位置中去。与稀疏的动作表示(如转向命令)相比,这种空间动作图的表示方法很自然地与场景表示对齐,并且正如消融实验中所展示的那样,可以显著提高性能[37-40]。

本技术案例重点研究将语义场景补全与置信度估计应用于对象目标视觉语义导航任务(object goal visual semantic navigation)框架中。通过学习典型室内环境的上下文先验信息,使得算法能够推断出机器人局部观察范围之外的场景表示,得到具有置信度估计的完整场景表示,从而指导机器人对未知场景、不可见区域的高效探索,进而为下游导航任务提供更有效的路径规划策略。

章节知识点

深度强化学习(deep reinforcement learning, DRL):将深度学习的感知能力和强化学习的决策能力相结合,可以直接根据输入的图像进行控制,是一种更接近人类思维方式的人工智能方法。

视觉语义导航(visual semantic navigation):即在未知环境中,为活动代理(active agent)生成导航到指定目标对象类别的动作。为了完成此任务,算法应该同时定位并导航到该类别的一个实例。与传统的点目标导航(point goal navigation)相比,该任务要求代理(agent)具有很强的室内环境上下文感知先验信息(contextual prior)。

独热向量(one-hot):在数字电路和机器学习中被用来表示一种特殊的位元组或向量,该字节或向量里仅容许其中一位为1,其他位都必须为0。其被称为独热因为其中只能有一个1,若情况相反,只有一个0,其余为1,则称为独冷(one-cold)。在统计学中,虚拟变量代表了类似的概念。

2. 背景技术

(1) 场景补全：SSCNav 算法通过场景补全学习场景先验信息，这是最近许多工作采用的想法。Pathak 等[41]提出了 ContextEnconder 算法，它使用图像补全来学习能够捕获上下文信息的表示方法。Song 等[30,42]提出在场景补全网络中显式编码 3D 结构和语义信息。然而这些工作都没有研究如何在运动规划的背景下使用这些场景补全模型，具体来说，它们都没有提供一种评估网络预测不确定性的方法，但这种不确定性对于下游的运动规划算法来说是至关重要的。Jayaraman 和 Grauman[43-44]研究了全景图补全在视角选择任务中的使用。Ramakrishnan 等[45]在一些动作感知应用中证明了这种学习策略的有效性。然而，图像补全任务是在 RGB 彩色空间中执行的，没有建模语义或 3D 结构。此外，这些工作中使用的动作受限于相机旋转，因此不能直接支持需要平移动作的导航任务。

(2) 点目标导航(point goal navigation)：点目标导航任务已经是一个经过充分研究的问题了，有许多现有工作[46-49]。在点目标导航任务中，将目标位置和以自我为中心的观察作为输入(具有颜色、深度、语义分割等的图像)，机器人需要在众多可能的动作中选择一个并执行，直到到达目标未知。然而，语义目标导航，特别是对象目标导航更具有挑战性，这是由于机器人并不知道目标物体的位置和外观，因此系统需要同时估计目标物体位置和通往它的路径。

(3) 语义目标导航：语义目标导航近年来越来越受到关注，例如 ObjectNav[50]，其目标是导航到指定目标对象类别，而不是某一明确的世界位置坐标。例如，自适应视觉导航方法(SAVN)[51]使用元学习来适应不可见环境，面向目标的语义探索(goal-oriented semantic exploration，GOSE)[52]构建了一个全局自顶向下的俯视图，并使用它来提高探索效率，从视频中学习价值(VLV)[53]通过观看 YouTube 视频来学习对象类别之间的统计规律，另外一种研究方法是利用语义图来编码用于导航的场景结构[5,54]。目标对象由文本指定并且场景先验是通过语言图模块学习的，该模块主要侧重于用语言来捕获对象的功能先验。与这些工作不同的是，本方法使用场景补全模块显式地捕获场景先验，该场景补全模块能够自然地对功能先验知识和物体对象的空间关系进行编码，这些信息在文本或 2D 视频中可能并不能反映出来。

3. 技术实现

本方法主要由两个部分组成：

(1) 语义场景补全模块：它接受机器人对环境的局部观察结果，并以置信度 c_t 推断补全的语义表示 $\hat{o}_t$。

(2) 导航模块：接受估计的 $\hat{o}_t$、c_t 和目标对象类别，以生成机器人朝着目标移动的下一个最佳动作。如图 2.3.30 所示，在导航过程中的每一步，机器人将获得一对 RGB-D 图像(a)，该 RGB-D 图像首先用于预测机器人当前视角的语义分割

(b)。其次将过去的5步的观察结果聚合成点云,并投影为自顶向下视角的语义图(c)。再由场景补全网络(i)进行场景补全,补全后的自顶向下视角的补全图(d)和观察到的语义图(c)被置信网络(j)用来估计预测的补全图的置信度,得到补全置信度图(e)。再次,导航网络使用自顶向下视角的补全图(d)、对应的置信度图(e)和目标对象类别来预测空间动作图(f),用于选择下一个动作。最后,终止判别器(h)使用新观察的语义分割图来判定是否达到目标。

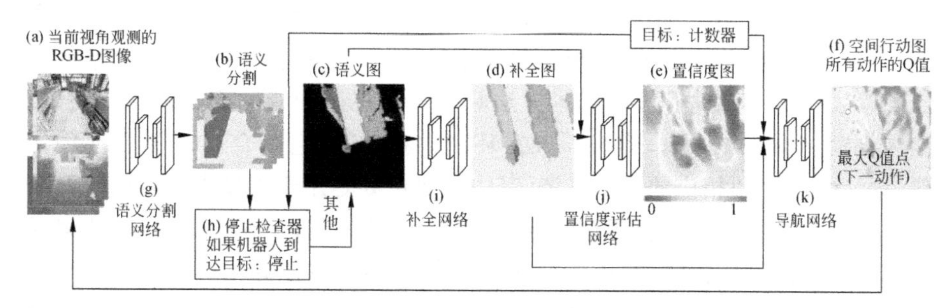

图 2.3.30　SSCNav 方法概览

示例代码总结了整个导航过程。

示例代码

Input：RGB-D图像观察,目标物体类别

Output：到达目标物体类别的机器人移动轨迹

1. 初始化：(1)从语义类别库中均匀采样出一个目标物体类别g；(2)随机生成一个合法的机器人起始位置；

2. REPEAT；

3. 对输入RGB-D做语义分割；

4. 根据RGB-D重投影生成点云pcd；

5. 根据点云、语义分割结果,从俯视图投影得到以机器人为中心的map；

6. 对该map进行语义补全；

7. 评估该语义补全结果,得到置信度图；

8. 将目标物体类别、置信度图、补全图一起输入强化学习网络DQN中,生成空间动作图(spatial action map)；

9. 根据该动作空间图,选择值最大的点作为下一个动作行为,执行该动作；

10. END。

1) 置信度感知的语义场景补全

(1) 环境和机器人设置：使用Habitat[50]和Matterport3D环境[55]来训练和测试该算法。其中,机器人使用图像分辨率为480×640的第一人称视角的RGB-D相机,相机距地面高度为1.25 m,以30°略微向下俯视。每移动一步,机器人都会采集一对新的 RGB-D 图像，并利用现有工作 ACNet[56] 获得语义分割结果。对于语义分割网络 ACNet，用来自 Matterprot3D 环境中的 40 个物体对象类别的 209200 个 RGB-D 图像来训练它。

(2) 以机器人为中心的自顶向下视角的语义图：图 2.3.31 展示了场景补全数据过程，通过收集以机器人为中心的深度图和相应的语义观察(a)，重建得到观察区域在世界坐标系下的 3D 点云重建结果(b)用于从自顶向下视角进行点云投影得到以机器人为中心的观测图。利用所有观察数据以生成自顶向下的目标语义图(c)，利用部分观察图像(所有观察数据中的 1～4 个视图)生成补全网络的输入语义图(d)。为了训练补全网络，本方法只计算目标图中观察到的区域的损失，而忽略未观察到的区域(e)。当机器人在环境中移动时，它整合过去 5 步的 RGB-D 图像、语义分割图和相应的相机位姿，其中相机位姿是用于将过去 5 步的观察结果反投影并融合成一个统一世界坐标系下的 3D 点云。(注：在这里，相机的地面真值位姿数据是由环境提供的，因为相机位姿估计不在该任务范围内)然后，以机器人所在的地板平面为基准，去除高于地板 1.55 m 或低于地板高度的点，将剩余的点云在步骤 t 从自上而下的视角投影，得到以机器人为中心的自上而下的语义图 o_t。这个语义图 o_t 代表了以机器人为中心并与其朝向对齐的 6 m×6 m 局部区域(图 2.3.31(c))。自顶向下的语义图中的每个像素表示相应空间位置所对应物体的语义类别，用具有$(N+1)$个通道的 one-hot 向量表示，其中 N 是物体对象类别的数量，额外的一个通道表示未知类别。这种以机器人为中心的语义图 o_t 被输入到场景补全网络中。

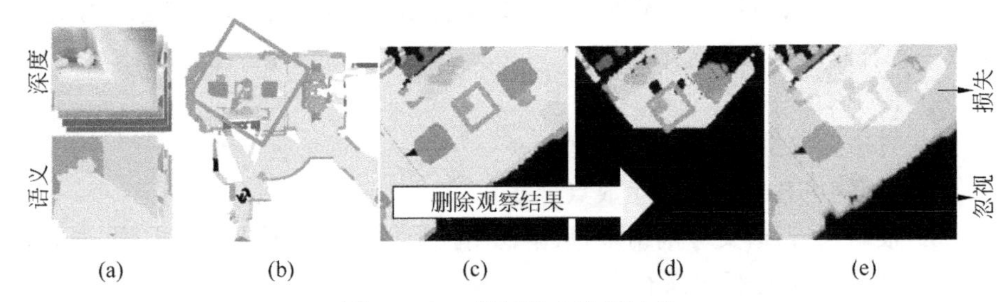

图 2.3.31 场景补全数据过程

(a) 观测；(b) 重建；(c) 目标图(所有观察结果)；(d) 补全网络输入(较少的观测)；(e) 监督

(3) 场景补全网络：场景补全网络的目标是根据输入的以机器人为中心的局部观察语义图 o_t，输出一个补全的自顶向下的语义补全图 $\hat{o}_t$，其中未观察到的区域由场景补全网络预测的语义信息填充。补全模块由一个全卷积神经网络实现，该网络具有 1 个最大池化层、4 个下采样残差块和 5 个上采样残差块[57]。训练网络以最小化预测的语义标签值和“未观察到的区域”上的真实值之间的像素级交叉熵损失(pixel-wise cross-entropy loss)。

(4) 自校准的置信度估计：语义场景补全模块根据从训练数据中学到的室内

环境的典型分布来预测机器人周围的环境布局情况。然而，在实际中，场景布局的高方差和严重的遮挡可能会导致场景预测结果具有高度不确定性，进而会对导航模块造成误导。

为了缓解这个问题，通过使用另一个分支来显式地评估补全网络的预测不确定性，该分支输出相应的置信图 $c_t \in [0,1]^{N \times M}$。置信图分支以自校准的方式进行训练，通过比较网络预测结果与地面真值，获得目标准确性图 $c_{t_g} \in [0,1]^{N \times M}$，然后，置信网络的任务是根据输入观察 o_t 和补全语义图 $\hat{o}_t$ 预测每个像素点的语义正确性值。置信网络仅在"未观察到的区域"上通过最小化 c_t 和 c_{t_g} 之间的像素级 MSE 损失来进行训练。

(5) 训练：为了获得场景补全网络的训练数据，本方法让机器人随机探索环境，聚合其观察数据和估计数据(例如，RGB、深度图)，并重建 3D 场景。在探索过程中，通过随机删除观察到的视图数据来训练场景补全网络，网络的任务是推断丢失的数据。这个训练步骤将忽略环境中未探索的区域(如图 2.3.31 所示)。这种学习方案允许系统通过导航从任何新场景中学习，而无需完全重建整个场景，因此可以实现基于视觉语义导航的场景探索。在本方法中，一共生成了 52300 个自上而下的地面真值图来进行训练，每个地面真值图与 4 个不同的输入观察配对，并随机删除了视图。

2）基于强化学习的视觉语义导航

(1) DQN 公式：导航任务被公式化为马尔可夫决策过程。给定目标对象类别 g 和当前状态 s_t，导航策略 $\pi(s_t)$ 输出机器人的下一个动作 a_t，然后接收下一个状态 s_{t+1} 和来自环境的奖励值 r_t。学习的目标是找到一系列动作，使总预期的未来回报 $\sum_{i=t}^{\infty}\gamma^{i-t}r_i$ 最大化，其中 $\gamma \in (0,1)$ 是所有未来回报的折扣总和。

本方法使用离线 Q-learning[58]，它学习一个策略 $\pi(s_t)$，该策略选择最大化 Q 函数 $\mathrm{argmax}_{a_t} Q_\theta(s_t, a_t)$ 的动作(即状态-动作值函数)，这是一个由 θ 参数化的全卷积神经网络[57,59]。本方法使用 Double-DQN 学习目标[60]来训练机器人。即，在每个步骤 t，目标是最小化：$\mathcal{L} = |r_t + \gamma Q_{\theta^-}(s_{t+1}, \mathrm{argmax}_{a_{t+1}} Q_\theta(s_{t+1}, a_{t+1})) - Q_\theta(s_t, a_t)$，其中 (s_t, a_t, r_t, s_{t+1}) 是从机器人的重放缓冲区均匀采样的一组数据。目标网络的参数 θ^- 在各个更新之间保持固定并且以较低的频率更新。

(2) 状态表示：状态表示 s_t 包括 3 个部分：①自顶向下的语义补全图 $\hat{o}_t$；②对应的置信度估计 c_t；③目标对象类别 g。目标对象类别被编码为具有 $(N+1)$ 个通道(N 个对象类别加背景)的 one-hot 向量。这个向量被平铺成与 c_t 和 $\hat{o}_t$ 相同的形状。沿着通道连接 3 个元素作为状态表示。

(3) 动作表示：将动作空间 A 表示为类似于 Wu 等[37]的空间动作图。空间动作图与状态表示具有相同的空间大小，其中自顶向下的俯视图中的每个像素点对应于以机器人为中心的地图中的局部导航的端点。每一步，机器人从空间动作图中选择一个像素点后，转向环境中对应该点的位置，并向前移动一步，其最大步长为 0.25 m(可能发生碰撞)。为了选择最佳动作，导航网络估计所有可能动作的预期 Q 值，表示为热图(见图 2.3.32)。在测试时，通过贪婪地选择具有最大 Q 值的像素来选择动作。

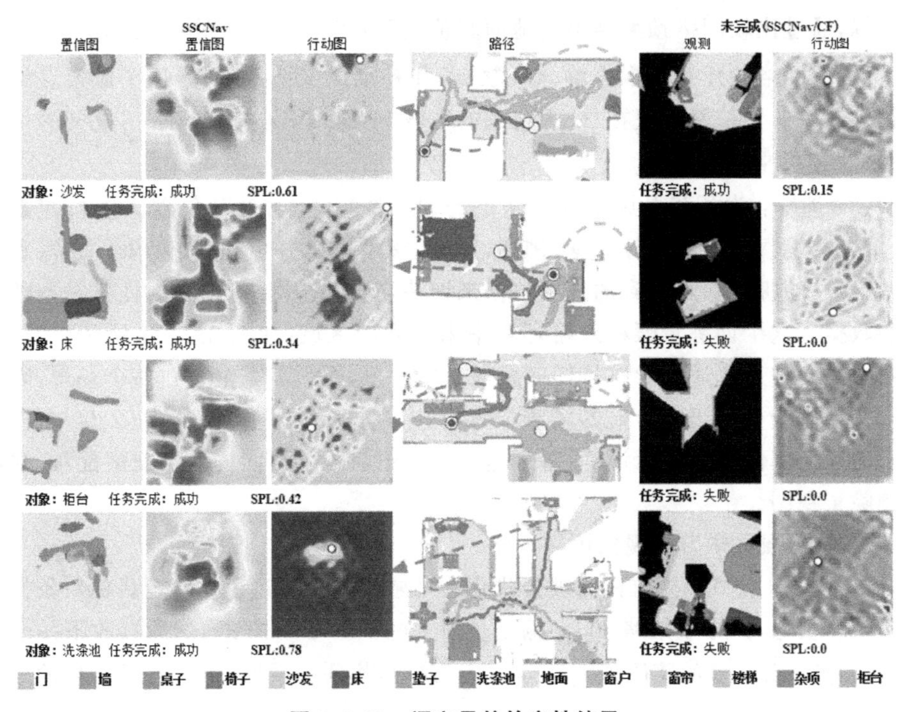

图 2.3.32 语义导航的定性结果

这种 Q 值表示在空间上对齐并锚定到场景表示上，从而能够更快地学习导航中的复杂行为。此外，该空间表示允许在热图上可视化展现出每个局部导航端点的 Q 值以及导航策略的行为。

(4) 奖励：在时间步骤 t，机器人获得奖励 r_t，它是以下各项的总和：

① 0.01 的生命惩罚以鼓励更短的路径。

② 如果步距<0.125 m，惩罚值为−0.25，以鼓励移动并惩罚碰撞。

③ 增量距离奖励与代理到最近目标对象的距离变化成正比。

④ 如果代理成功，则获得+10 的成功奖励。

(5) 导航终止判别器：作为任务的一部分，系统需要判断是否成功达到了目标，为了模拟这种能力，该方法设计了一个终止判别器(图 2.3.30(h))，它使用语义和深度信息来检查是否达到目标对象类别。从机器人当前所在位置，将其相机沿 z 轴旋转 4 次并获得成对的观察结果，如果在至少 1 对观察中，在机器人 1 m 距离内有足够的像素(>5000)属于目标对象类别，则终止判别器返回 true 并终止本次导航，如果机器人导航移动了500步（最大步数），则本次导航也将终止。

（6）任务完成：机器人的每一次移动，环境都会检查机器人是否成功并相应地提供奖励，根据文献[61]使用以下成功指标（请注意，本方法设置中有效性是微不足道的）：

① 意向性：机器人的终止判别器已返回 true；

② 接近度：机器人距离一个目标实例小于1 m；

③ 可见性：至少有一个目标实例可见。

（7）训练：每个训练/测试集 T 包含4个元素：起始位置 p、起始方向 f、场景 h 和目标对象类别 g。对于训练集 T_k，均匀采样目标对象类别，然后从 Matterport3D 的训练集中选取一个训练场景，并随机选择一个合法的起始位置 p。如果起始位置：①是可以通行的；②位于有效房间类型之一（浴室、卧室、餐厅、厨房、客厅、洗衣房和家庭活动室）以避免从室外开始；③远离所有目标对象（到任何目标实例的欧几里得距离和测地线距离都大于 $r+\text{Dsucc}$，其中 r 是物体实例的半径，Dsucc 是成功距离（1 m）），则该起点被认为是合法的。

如果在100次尝试后仍没有找到符合条件的起始点，则重复搜索目标对象类别和场景；否则，机器人将朝向一个随机方向并准备开始导航。

整个语义导航定性结果如图2.3.32，在可视化路径（第4列）中，红色路径展示了使用语义场景补全模块（SSCNav）的机器人导航路径，绿色路径为没有采用语义场景补全模块（SSCNav-CF）的机器人路径（-CF：without scene completion and confidence，表示没有场景补全模块），蓝点表示起始位置，黄点表示结束位置。请注意，在第一行，两种方法的机器人都成功地到达了他们的目标（沙发），但 SSCNav-CF 犯了一个巨大的错误，因此很难找到目标。

4. 结果展示

在本节提供实验结果来验证该方法有效性，使用 Matterport3D[55] 的标准训练-测试拆分比例在 Habitat 平台[50]上运行所有实验。在所有的实验中，机器人都在新房间中进行了测试。

1）语义场景补全

（1）指标：评估场景补全的性能。使用来自 Matterport3D 中的715个不可见房屋样本测试该算法，使用类别级像素交叉联合（IoU）作为评估指标。IoU 是在输入的自上而下俯视图中未观察到但在地面真值中观察到的区域中计算的[42]。

（2）结果：图2.3.34展示了使用估计的语义分割（completion-seg）和地面真值语义分割（completion-gt）作为输入观察的场景补全网络的定量结果。该图显示了在将地面实况分割作为输入（蓝色）和估计分割作为输入（红色）时，未观察区域中估计的语义标签和地面实况标签的并集交集（IoU）。不包括 IoU 为零的6个类别（梁、百叶窗、健身房设备、板、天花板和杂项）。图2.3.33展示了定性结果和估计的置信度图。从左到右是输入观察的分割预测和地面真值分割、场景补全预测结果和地面真值、置信度估计和误差图（白色——观察区域，红色——不正确补全，

绿色——正确补全)。结果表明,场景补全网络能够:

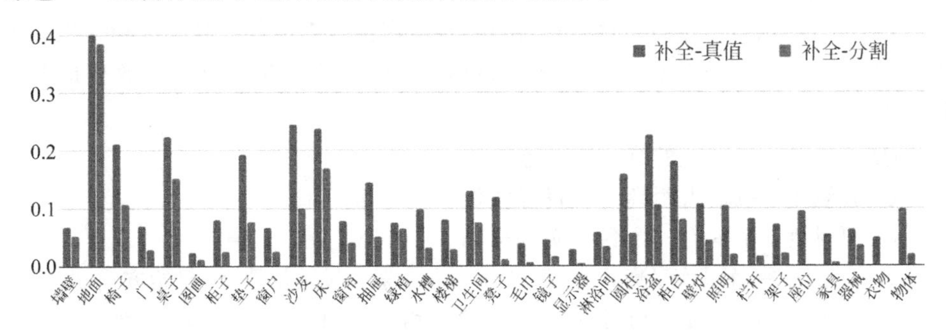

图 2.3.33　语义场景完成结果(见文前彩图)

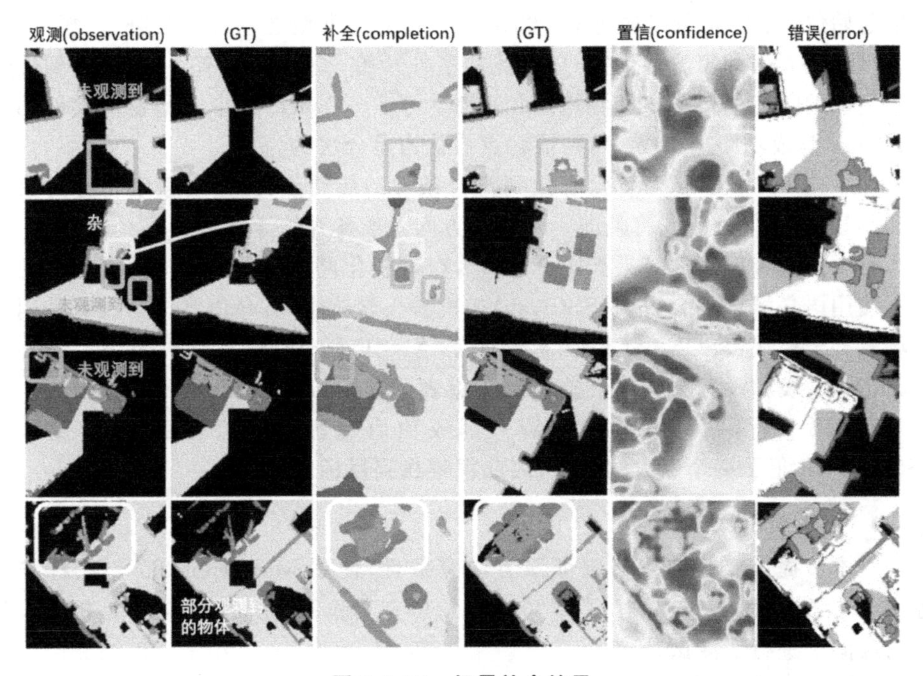

图 2.3.34　场景补全结果

① 补全部分观察到的物体几何形状——图 2.3.33 第 4 行;

② 根据上下文信息推断未观察到的对象——图 2.3.33 第 3 行显示了一个例子,其中算法是能够根据观察到的床头柜推断出床边存在未观察到的床头柜,并推断出第 1～2 行中未观察到的桌椅;

③ 在输入观察中纠正语义分割网络的错误分割结果——图 2.3.33 第 2 行显示了一个示例,其中补全网络将错误的预测杂物(misc)纠正为桌子(table)。同时,补全模型也会产生错误的预测结果(在图 2.3.33 中标记为红色)。一般来说,网络生成的置信度分数反映了预测结果的可信程度(较低的分数表示不太可信)。

2）语义导航结果

(1) 指标：使用 Habitat 2020 ObjectNav 挑战[61]提供的测试集评估该导航模型。为了评估视觉语义导航的性能，在测试中使用标准导航成功率和 SPL（路径长度加权的成功）作为度量[62]。请注意，可能有多个对象实例属于同一目标类别。在这种情况下，当开始计算最短路径时，直接选择最近的目标对象实例。

(2) 与先前工作的比较：这里评估并比较了 Wortsman 等[51]的 SAVN 方法。为了进行比较，使用与本方法相同的设置来微调和测试 SAVN 方法，并在表 2.3.2 中进行汇总展示，其中/SA 代表使用稀疏动作，-CF 代表没有场景补全和置信度估计，-F 代表没有置信度估计，/BC 代表基于可见性的二元置信度，G+是对观察到的场景使用地面真值分割。因为 SAVN 方法最初在训练期间只有实时惩罚和成功的奖励，所以通过添加额外的连续距离奖励（与本方法相同）以缩小差距。结果表明，本技术案例所用方法在所有对象类别中都明显优于 SAVN 方法。原因可能有二：首先，SAVN 方法使用稀疏动作表示，即 $A=\{\text{MoveAhead}, \text{RotateLeft}, \cdots, \text{Done}\}$，与采用空间动作图生成的密集预测相比，从观察到动作类的映射更难学习；其次，SAVN 方法没有在场景表示中显示建模语义对象类，这可能会使学习更加困难。

表 2.3.2　导航结果（成功率/SPL）

模　型	床	柜台	淋浴间	水槽	沙发	桌子	卫生间	均值
G+SSCNav-CF (GOSE[19])	0.083/ 0.024	0.136/ 0.062	0.200/ **0.101**	0.207/ 0.098	**0.377**/ **0.182**	0.591/ 0.380	0.036/ 0.003	0.387/ 0.232
G+SSCNav-F	0.083/ **0.061**	0.121/ 0.054	0.043/ 0.015	0.268/ **0.158**	0.208/ 0.129	0.574/ 0.394	0.071/ 0.004	0.357/ 0.235
G+SSCNav	**0.104**/ 0.057	**0.227**/ **0.092**	**0.257**/ 0.073	**0.280**/ 0.149	0.245/ 0.115	**0.656**/ **0.425**	**0.143**/ **0.061**	**0.438**/ **0.259**
SAVN[18]	0.000/ 0.000	0.000/ 0.000	0.000/ 0.000	0.000/ 0.000	0.000/ 0.000	0.018/ 0.018	0.000/ 0.000	0.009/ 0.009
SSCNav/ SA	0.000/ 0.000	0.015/ 0.002	0.000/ 0.000	0.049/ 0.019	0.000/ 0.000	0.206/ 0.086	0.000/ 0.000	0.109/ 0.045
SSCNav-CF (GOSE[19])	0.021/ 0.002	0.015/ 0.005	0.043/ 0.009	0.037/ 0.027	**0.151**/ **0.055**	0.394/ 0.219	0.000/ 0.000	0.218/ 0.118
SSCNav-F	0.042/ 0.035	0.076/ 0.034	0.000/ 0.000	0.122/ 0.028	0.019/ 0.009	0.385/ 0.216	0.000/ 0.000	0.217/ 0.117
SSCNav/BC	0.000/ 0.000	0.121/ 0.027	0.057/ 0.006	0.232/ 0.083	0.038/ 0.009	**0.409**/ **0.275**	0.036/ 0.010	0.252/ 0.150
SSCNav	**0.042**/ **0.040**	**0.152**/ **0.040**	**0.200**/ **0.059**	**0.268**/ **0.097**	0.057/ 0.029	0.388/ 0.261	**0.107**/ **0.037**	**0.271**/ **0.157**

另一项工作是 GOSE 方法[52]，它是 Habitat 2020 ObjectNav Challenge[61]的获胜者。GOSE 方法使用类似的自顶向下语义图和空间动作表示。但是，由于代码不公开，主要区别是缺少语义场景补全模块，可以参考表 2.3.2 中[SSCNav-CF][SSCNav without (-) scene (C) ompletion and con (F) idence]的表现作为复现 GOSE 方法的一种尝试。

(3) 置信度感知的场景补全有帮助吗？为了测试在导航中使用语义场景补全模块的效果，实验比较了使用和不使用语义场景补全模块([SSCNav-CF]对比[SSCNav-F]对比[SSCNav]，C，scene(C)ompletion F，con(F)idence)。通过比较[SSCNav-CF]和[SSCNav-F]，可以观察到直接使用场景补全不会影响导航成功率，这可能是场景补全结果中的误差和噪声仍然会对导航规划产生误导，因此场景补全的输出(softmax后)原始携带的置信度信息是不够的。

当添加了置信估计后，这个问题在很大程度上得到缓解。[SSCNav]以+5.3%的成功率和+3.9%的SPL超过了[SSCNav-CF]。即使存在补全误差，根据置信度感知引导[SSCNav]也可以在大多数类别中恢复并超过[SSCNav-CF]。对于[SSCNav]低于[SSCNav-CF]的某些类别，SPL值要高得多(例如，桌子−0.6%成功率，+4.2%SPL)。结果表明，置信度感知语义场景补全模块对具有强烈上下文偏见的对象特别有用(例如，马桶只出现在卫生间)，但是对于更常见的对象，例如几乎可以出现在任何房间中的沙发和桌子，上下文偏差不太有用。

(4) 置信度估计学到了什么？由于置信度估计对于让模型从场景补全中受益至关重要，本方法想验证置信度估计是否比单纯地将可见区域置为“可信”，将不可见区域置为“不可信”更好？为了回答这个问题，实验包含了一个额外的基线[SSCNav/BC](BC，二元置信度)，其中置信度根据场景可见性建模：可见区域值为1，不可见区域值为0。结果表明，[SSCNav]相比于[SSCNav/BC]有+1.9%的成功率和+0.7%的SPL。该结果验证了虽然场景可见性与网络不确定性高度相关，但置信度估计仍然携带更多有用信息。

(5) 空间动作表示的效果：为了测试使用空间动作图作为动作表示的好处，实验将[SSCNav]与[SSCNav/SA](/SA，稀疏动作)进行比较。[SSCNav/SA]是用稀疏动作概率集替换导航模型的输出图，这是此类导航方法的常用策略。实验使用以下动作空间：{右转 k 度，然后向前移动，其中 $k \in [0,45,90,135,180,225,270,315]$}。在每一步，机器人选择概率最大的动作而不是 Q 值最高的像素点。这种方法除了让导航模型失去了可解释性之外，还可以看到成功率(−16.2%)和SPL(−14.8%)的显著下降。这一结果与先前的工作一致[38]。

(6) 性能预言：这里评估了当观察区域的地面真实语义分割可用时的导航性能。表2.3.2中与[G+SSCNav]有关的3个实验结果展示了使用观察区域的地面真值分割作为输入的导航性能，虽然地面真值的输入明显提高了算法性能，但结果仍然有相似的趋势——即使以准确的语义分割作为输入，语义场景补全仍然提高了导航性能。这一结果表明，随着通用语义分割算法的进步，该系统的性能也将得到提升。

5. 小结

在本技术案例中，介绍了将SSCNav引入视觉语义导航任务。该算法利用置信度感知的语义场景补全模块来更好地让机器人了解周围的环境，通过学习典型室内环境的上下文先验信息，合理预测出机器人所处环境中不可见区域的典型环境分布情况，并使用此场景补全结果促进其对未知环境的探索，使得导航模块执行更合理的动作规划。最后通过实验表明，通过学习典型室内环境的上下文先验信息这种基于场景补全的探索方法，能够在成功率和效率方面提高视觉语义导航的性能。

2.4 本章小结

本章介绍了两种任务中对未知场景进行自主探索的两种方法，分别是自主场景重建中的场景探索和视觉语义导航中的场景探索。对于涉及移动机器人的任务，场景探索是移动机器人执行任务的基础和关键。然而，由于场景的复杂布局产生的遮挡问题和有限的相机视角问题，机器人对环境的观察通常只包含整个环境的局部区域，这使得机器人很难获得全局场景信息，只能利用局部观察数据进行行为规划，导致机器人的行为很难实现全局最优化。

针对这一类问题，本章提出了利用场景中丰富的上下文先验知识来指导机器人的移动策略。对于自主场景重建任务，介绍了基于对象感知引导的全局探索策略和3D形状先验引导的对象局部扫描策略。让机器人像人类扫描场景一样，对场景中的物体一个接一个地进行扫描，实现场景的全局探索，同时对于每一个物体的扫描，利用其3D模型数据库中的相似模型作为先验，引导机器人找到局部最佳扫描视角，完成物体对象的扫描，迭代该过程以实现场景自主扫描重建任务。对于视觉语义导航任务，介绍了基于置信度感知语义场景补全算法的导航策略，让机器人利用深度强化学习，在多个室内场景中进行训练，学习环境的典型分布情况作为室内场景的上下文先验知识。当机器人踏入一个未知场景时，可以根据其局部观察信息，结合先验知识，合理预测出视野之外的完整房间布局情况，并对该预测情况做置信度估计，以此为参考，规划机器人的导航路径。两种方法都用相关技术案例证明了其方法的可行性和优越性。

2.5 思考题

(1) 请说出场景探索的几种应用，并试着比较这些应用方法的不同之处。

(2) 请简述视觉语义导航任务与点目标导航任务，并分析两者的区别和联系。

(3) 请简述在自主场景重建任务中，语义分割对于场景探索所起的作用。

(4) 请简要分析语义场景补全对于视觉语义导航所起到的作用。

(5) 实践：请尝试在Gazebo平台中搭建一个虚拟场景，实现基于贪婪策略的场景自主探索重建，同时能够根据采集的RGB-D数据重建三维场景(体素表示)，使机器人的每次移动都选择一个三维重建模型信息增益最大的动作。

(6) 实践：请尝试在 Habitat 平台搭建一个基于 DQN 的视觉语义导航网络，使机器人可以根据其当前观测的 RGB-D 数据，自主决策下一步动作，在一定步数内如果发现目标语义类别，则视为导航成功，否则视为导航失败，请在 Matterport3D 数据集中进行训练和评估。

参考文献

[1] XU K, ZHENG L T, YAN Z H, et al. Autonomous reconstruction of unknown indoor scenes guided by time-varying tensor fields[J]. Acm Transactions on Graphics, 2017, 36(6): 1-15.

[2] LIU L G, XIA X, SUN H, et al. Object-aware guidance for autonomous scene reconstruction [J]. Acm Transactions on Graphics, 2018, 37(4): 1-12.

[3] ZHENG L T, ZHU C Y, ZHANG J Z, et al. Active scene understanding via online semantic reconstruction[J]. Computer Graphics Forum, 2019, 38(7): 103-114.

[4] LIANG Y Q, CHEN B Y, SONG S R. Sscnav: confidence-aware semantic scene completion for visual semantic navigation [C]//IEEE international conference on robotics and automation. New York: IEEE, 2021: 13194-13200.

[5] WEI Y, XIAOLONG W, FARHADI A, et al. Visual semantic navigation using scene priors arxiv[EB/OL] (2018)http: //arxiv. org/abs/1810. 06543.

[6] SINGH CHAPLOT D, SALAKHUTDINOV R, GUPTA A, et al. Neural topological slam for visual navigation[C]//IEEE Conference on Computer Vision and Pattern Recognition. NEW YORK: IEEE, 2020: 12875-12884.

[7] CHARROW B, KAHN G, PATIL S, et al. Information-theoretic planning with trajectory optimization for dense 3D mapping[C]//11th conference on robotics-science and systems. Cambridge: Mit Press, 2015.

[8] KRAININ M, CURLESS B, FOX D. Autonomous generation of complete 3D object models using next best view manipulation planning[C]//IEEE international conference on robotics and automation. New York: IEEE, 2011: 5031-5037.

[9] WU S H, SUN W, LONG P X, et al. Quality-driven poisson-guided autoscanning[J]. Acm Transactions on Graphics, 2014, 33(6): 1-12.

[10] KRIEGEL S, RINK C, BODENMULLER T, et al. Next-best-scan planning for autonomous 3D modeling [C]//25th IEEE/RSJ international conference on intelligent robots and systems. New York: IEEE, 2012: 2850-2856.

[11] ENGELHARD N, ENDRES F, HESS J, et al. Real-time 3D visual slam with a hand-held rgb-d camera [C]//Proc of the RGB-D workshop on 3D perception in robotics at the european robotics forum, Vasteras: ERF, 2011: 1-15.

[12] SALAS-MORENO R F, NEWCOMBE R A, STRASDAT H, et al. Slam plus plus: simultaneous localisation and mapping at the level of objects[C]//26th IEEE conference on computer vision and pattern recognition. New York: IEEE, 2013: 1352-1359.

[13] WHELAN T, LEUTENEGGER S, SALAS-MORENO R E, et al. ElasticFusion: dense slam without a pose graph[C]//11th conference on robotics-science and systems. Cambridge: Mit

Press,2015.

[14] XU K,SHI Y F,ZHENG L T,et al. 3D attention-driven depth acquisition for object identification[J]. Acm Transactions on Graphics,2016,35(6):1-14.

[15] FISHER M,RITCHIE D,SAVVA M,et al. Example-based synthesis of 3D object arrangements[J]. Acm Transactions on Graphics,2012,31(6):1-11.

[16] VALENTIN J,VINEET V,CHENG M M,et al. Semanticpaint:interactive 3D labeling and learning at your fingertips[J]. Acm Transactions on Graphics,2015,34(5):1-17.

[17] NAN L L,XIE K,SHARF A. A search-classify approach for cluttered indoor scene understanding[J]. Acm Transactions on Graphics,2012,31(6):1-10.

[18] ZHANG Y Z,XU W W,TONG Y Y,et al. Online structure analysis for real-time indoor scene reconstruction[J]. Acm Transactions on Graphics,2015,34(5):1-13.

[19] XU K,HUANG H,SHI Y F,et al. Autoscanning for coupled scene reconstruction and proactive object analysis[J]. Acm Transactions on Graphics,2015,34(6):1-14.

[20] THRUN S. Robotic mapping:A survey[J]. 2002:1-35.

[21] AGARWAL S,SNAVELY N,SEITZ S M,et al. Bundle adjustment in the large[C]//11th european conference on computer vision. Berlin:Springer-Verlag Berlin,2010:29-42.

[22] CHOI S,ZHOU Q Y,KOLTUN V. Robust reconstruction of indoor scenes[C]//IEEE conference on computer vision and pattern recognition. New York:IEEE,2015:5556-5565.

[23] NEWCOMBE R A,IZADI S,HILLIGES O,et al. KinectFusion:real-time dense surface mapping and tracking[C]//10th IEEE/ACM international symposium on mixed and augmented reality. New York:IEEE,2011:127-136.

[24] RAMANAGOPAL M S,LE N J. Motion planning strategies for autonomously mapping 3D structures arxiv[EB/OL] (2016)http://arxiv. org/abs/1602. 06667.

[25] ZENG A,SONG S R,NIESSNER M,et al. 3DMatch:learning local geometric descriptors from rgb-d reconstructions[C]//30th IEEE/CVF conference on computer vision and pattern recognition. New York:IEEE,2017:199-208.

[26] FAN X Y,ZHANG L G,BROWN B,et al. Automated view and path planning for scalable multi-object 3D scanning[J]. Acm Transactions on Graphics,2016,35(6):1-13.

[27] LOW K L,LASTRA A. An adaptive hierarchical next-best-view algorithm for 3D reconstruction of indoor scenes[C]//Proceedings of 14th pacific conference on computer graphics and applications (Pacific Graphics 2006). Princeton,N J:Citeseer,2006:1-8.

[28] TATENO K,TOMBARI F,NAVAB N. Real-time and scalable incremental segmentation on dense slam[C]//IEEE/RSJ international conference on intelligent robots and systems. New York:IEEE,2015:4465-4472.

[29] LLOYD S P. Least-squares quantization in pcm[J]. IEEE Transactions on Information Theory,1982,28(2):129-137.

[30] SONG S R,YU F,ZENG A,et al. Semantic scene completion from a single depth image [C]//30th IEEE/CVF conference on computer vision and pattern recognition. New York: IEEE,2017:190-198.

[31] DAI A,CHANG A X,SAVVA M,et al. ScanNet:richly-annotated 3D reconstructions of indoor scenes[C]//30th IEEE/CVF conference on computer vision and pattern recognition. New York: IEEE,2017:2432-2443.

[32] GAZEBO. The gazebo project. [EB/OL] (2013)http: //wiki. ros. org/gazebo.

[33] PALACIOS J, ZHANG E. Rotational symmetry field design on surfaces [J]. Acm Transactions on Graphics, 2007, 26(3): 1-10.

[34] HORNUNG A, WURM K M, BENNEWITZ M, et al. Octomap: an efficient probabilistic 3D mapping framework based on octrees[J]. Autonomous Robots, 2013, 34(3): 189-206.

[35] NIESER M, PALACIOS J, POLTHIER K, et al. Hexagonal global parameterization of arbitrary surfaces[J]. IEEE Transactions on Visualization and Computer Graphics, 2012, 18(6): 865-878.

[36] QI S Y, ZHU Y X, HUANG S Y, et al. Human-centric indoor scene synthesis using stochastic grammar [C]//31st IEEE/CVF conference on computer vision and pattern recognition. New York: IEEE, 2018: 5899-5908.

[37] WU J, SUN X Y, ZENG A, et al. Spatial action maps for mobile manipulation[C]//16th conference on robotics-science and systems. Cambridge: Mit Press, 2020.

[38] ZENG A, SONG S R, YU K T, et al. Robotic pick-and-place of novel objects in clutter with multi-affordance grasping and cross-domain image matching[J]. International Journal of Robotics Research, 2022, 41(7): 690-705.

[39] ZENG A, SONG S R, WELKER S, et al. Learning synergies between pushing and grasping with self-supervised deep reinforcement learning [C]//25th IEEE/RSJ international conference on intelligent robots and systems. New York: IEEE, 2018: 4238-4245.

[40] ZENG A. Learning visual affordances for robotic manipulation [D]; Princeton University, 2019.

[41] PATHAK D, KRAHENBUHL P, DONAHUE J, et al. Context encoders: feature learning by inpainting[C]//2016 IEEE conference on computer vision and pattern recognition. New York: IEEE, 2016: 2536-2544.

[42] SONG S R, ZENG A, CHANG A X, et al. Im2pano3D: extrapolating 360 degrees structure and semantics beyond the field of view [C]//31st IEEE/CVF conference on computer vision and pattern recognition. New York: IEEE, 2018: 3847-3856.

[43] JAYARAMAN D, GRAUMAN K. Look-ahead before you leap: end-to-end active recognition by forecasting the effect of motion[C]//14th european conference on computer vision. CHAM: Springer International Publishing Ag, 2016: 489-505.

[44] JAYARAMAN D, GRAUMAN K. Learning to look around: intelligently exploring unseen environments for unknown tasks[C]//31st IEEE/CVF conference on computer vision and pattern recognition. New York: IEEE, 2018: 1238-1247.

[45] RAMAKRISHNAN S K, JAYARAMAN D, GRAUMAN K. Emergence of exploratory look-around behaviors through active observation completion[J]. Science Robotics, 2019, 4(30): 1-12.

[46] SAVVA M, CHANG A X, DOSOVITSKIY A, et al. Minos: multimodal indoor simulator for navigation in complex environments[EB/OL] (2017)https: //arxiv. org/abs/1712. 03931.

[47] XIA F, ZAMIR A R, HE Z Y, et al. Gibson env: real-world perception for embodied agents[C]//31st IEEE/CVF conference on computer vision and pattern recognition. New York: IEEE, 2018: 9068-9079.

[48] YAN C, MISRA D, BENNNETT A, et al. Chalet: cornell house agent learning environment

[EB/OL] (2018)https://arxiv.org/abs/1801.07357.

[49] WIJMANS E, KADIAN A, MORCOS A, et al. Dd-ppo: Learning near-perfect pointgoal navigators from 2.5 billion frames[EB/OL] (2019)https://arxiv.org/abs/1911.00357.

[50] SAVVA M, KADIAN A, MAKSYMETS O, et al. Habitat: a platform for embodied ai research[C]//IEEE/CVF International conference on computer vision. New York: IEEE, 2019: 9338-9346.

[51] WORTSMAN M, EHSANI K, RASTEGARI M, et al. Learning to learn how to learn: self-adaptive visual navigation using meta-learning[C]//IEEE/CVF conference on computer vision and pattern recognition. New York: IEEE, 2019: 3743-6752.

[52] CHAPLOT D S, GANDHI D, GUPTA A, et al. Object goal navigation using goal-oriented semantic exploration arxiv[EB/OL] (2020)http://arxiv.org/abs/2007.00643.

[53] CHANG M, GUPTA A, GUPTA S. Semantic visual navigation by watching youtube videos[J]. Advances in neural information processing systems, 2020, 33: 4283-4294.

[54] QIU Y, PAL A, CHRISTENSEN H I. Target driven visual navigation exploiting object relationships[EB/OL] (2020)https://arxiv.org/abs/2003.06749.

[55] CHANG A, DAI A, FUNKHOUSER T, et al. Matterport3D: learning from rgb-d data in indoor environments[C]//International conference on 3D vision. New York: IEEE, 2017: 667-676.

[56] HU X X, YANG K L, FEI L, et al. ACNet: attention based network to exploit complementary features for rgbd semantic segmentation[C]//26th IEEE international conference on image processing. New York: IEEE, 2019: 1440-1444.

[57] HE K M, ZHANG X Y, REN S Q, et al. Deep residual learning for image recognition [C]//2016 IEEE conference on computer vision and pattern recognition. New York: IEEE, 2016: 770-778.

[58] MNIH V, KAVUKCUOGLU K, SILVER D, et al. Human-level control through deep reinforcement learning[J]. Nature, 2015, 518(7540): 529-533.

[59] SHELHAMER E, LONG J, DARRELL T. Fully convolutional networks for semantic segmentation[J]. IEEE transactions on pattern analysis and machine intelligence, 2017, 39(4): 640-651.

[60] VAN HASSELT H, GUEZ A, SILVER D, et al. Deep reinforcement learning with double q-learning[C]//30th Association-for-the-Advancement-of-Artificial-Intelligence (AAAI) Conference on Artificial Intelligence. PALO ALTO: Assoc Advancement Artificial Intelligence, 2016: 2094-2100.

[61] BATRA D, GOKASLAN A, KEMBHAVI A, et al. Objectnav revisited: on evaluation of embodied agents navigating to objects[EB/OL] (2020)https://arxiv.org/abs/2006.13171.

[62] ANDERSON P, CHANG A, CHAPLOT D S, et al. On evaluation of embodied navigation agents[EB/OL] (2018)https://arxiv.org/abs/1807.06757.

第3章

场景理解

3.1 概述

场景理解在计算机视觉中一直备受关注。机器人在进入陌生场景时,首要任务就是理解和认知真实环境,这要求机器人具有解析视觉场景的能力,并且能够有效地从数据中感知、理解和解释场景中内容。

场景理解是通过传感器网络对观察到的动态场景进行感知、分析和解释的过程,这个过程通常要求是实时的。这个过程主要是将来自感知环境的传感器的信号信息与人类用来理解场景的模型进行匹配,在此基础上对描述场景的传感器数据进行语义添加和语义提取。这个场景往往包含着不同类型的物理对象,它们之间与环境都存在着或多或少的相互作用。

场景理解受到认知视觉的影响,包含检测、定位、识别和理解 4 个层次的通用计算机视觉功能。但场景理解系统不仅仅是对角落、边缘和移动区域等视觉特征的检测,还需要提取与物理世界相关的信息,这往往对于人类世界来说更具有实际意义。场景理解任务还要求通过赋予机器人认知能力以实现更健壮、更有弹性、更有适应性的计算机视觉功能,以实现学习、适应并权衡替代解决方案的能力,进而实现高级的演绎和推理策略的能力。

场景理解系统的关键在于即使出现在它被设计时没有预见到的场景,它也能表现出稳健的性能。由此可见,场景理解系统应该能够预测事件,并相应地调整其操作。理想情况下,一个场景理解系统应该能够适应当前环境,通过环境的上下文信息预测用户的潜在意图或行为来预测未来环境的状态,并和场景内的实体进行交互。

三维场景理解任务是从三维数据中感知、理解并解释场景中内容的过程,重点关注几何和语义信息两部分,其中包括识别和定位场景中的所有物体,以及物体的上下文信息和物体间的关系。这种透彻的理解对于机器人导航、增强现实和虚拟现实等各种应用意义重大。当前的三维场景理解工作包括感知任务,例如实例分割、语义分割、3D 对象检测和分类以及场景图生成任务。虽然这些工作试图挖掘不同层面的场景语义信息,但其方法本质上都是利用场景上下文信息和物体间的关系提高对每个对象预测的准确性。

本章在接下来会从非结构化场景知识和结构化场景知识两个理解层面出发，讲解每种场景理解方法的基本原理和国内外研究现状并分析其优缺点和适用情景(3.2 节)。并在随后的小节(3.3 节～3.4 节)里介绍一些与三维场景理解相关的实践(包含点云语义分割与物体分类，以及三维场景的场景图生成任务)，最后对本章内容进行总结(3.5 节)。

本章节选用 PointNet 网络开源代码作为室内点云场景语义分割与分类任务的基础学习内容，选用 3DSSG(3D semantic scene graph)网络开源代码作为室内场景点云场景图生成任务的基础资料，相关资源获取，请扫描右侧二维码。

第 3 章资源

3.2 国内外主要研究工作

3.2.1 基于物体检测与分类的室内场景理解

目前点云处理技术已经支持对 3D 对象或场景进行直接逐点的操作[1]。为了确保深度学习技术可以从 2D 视觉迁移以增强 3D 面向对象的识别性能，3D 场景理解任务通常都是以对象为中心的识别或检测任务，包括语义场景、语义分割[2-3]、场景实例分割[4-6]、场景对象检测[7-8]和分类任务[9]。其中，点云语义分割是让机器对传感器采集到的场景点云进行理解，并为点云中的每个点所属的语义类别进行预测。三维物体分类是让机器对三维物体进行处理、分析和理解，以识别出三维物体的种类。这些工作主要关注非结构化的场景知识，如对象语义信息等，通常利用环境上下文信息来提高对场景中对象类理解的准确性。由于点云语义分割和三维物体分类算法对机器理解世界有巨大的帮助，因此其存在着巨大的研究价值和广泛的应用潜力，主要包括以下几个方面：

(1) 无人驾驶。无人驾驶汽车首先需要使用激光雷达等传感器设备对汽车周边环境进行感知与检测，并对勘测到的数据进行自动化的理解，以区分行人、车辆和交通标志等。然后在行为决策阶段根据上一步的结果调用算法来做出一系列的决策，并进行自动驾驶操作。可以看出，对环境的感知与理解是无人驾驶技术的前提与基本。三维视觉相比于二维视觉具有精确度更高等优势，因此在无人驾驶领域中，三维点云理解技术正发挥着越来越重要的作用。

(2) 3D 人脸识别。3D 人脸识别是对人脸的三维信息进行精细化的采集，并确保人脸的关键信息能够被完整录入。在此基础上，算法与数据库中已经存在的 3D 人脸信息进行比对，以此来实现身份认证。与图像人脸识别相比，3D 人脸识别的安全性更高，因此在支付技术快速发展的背景下，3D 人脸支付将逐渐取代 2D 人脸支付。例如，阿里巴巴集团正大力推进其新零售业务。目前，阿里巴巴已经联合奥比中光推出了用于3D人脸支付的设备。凭借阿里巴巴强大的市场推动力,3D人脸支付设备已经在很多实体店面有了应用。

(3) 机器人技术。智能机器人应该具备3个方面的能力：对环境进行感知、对现实物体进行交互,以及将感知与交互进行有效结合。当前,为了能够提高机器人的智能化水平,加强机器人的自主行动能力,一个基本问题就是如何有效地实现机器人对其所处的三维环境进行准确的分析理解,从而可以为其提供精确的位置信息。而场景点云理解作为计算机三维视觉的基本问题,可以为机器人对室内外场景的理解奠定基础,从而可以帮助机器人提高对环境的适应能力并顺利地完成交互功能。

(4) 其他应用。除此以外,场景点云语义分割和三维物体分类还在增强现实、室内导航、医学诊断等其他诸多领域有着广泛的应用,并将在人类未来的生活中发挥越来越重要的作用。由此可见,点云语义分割和三维物体分类技术有着十分重要的研究意义和应用价值。

3.2.2 基于场景图发掘物体关联的室内场景理解

场景理解本质上接近于计算机视觉。其本质上是模拟人类视觉系统的识别过程,并通过挖掘隐藏在复杂视觉世界中的多种关联线索,来理解周围视觉场景中感知到的内容。这个场景理解过程可以与语义场景图(scene graph,SG)有效集成和辅助,语义场景图可以将场景中的对象及其内部关系(场景布局)分别描绘为图的节点和边。区别于单纯的场景知识理解,场景图生成任务需要将非结构化的场景知识组织为结构化、可推理的图结构。

场景图生成任务相对于物体检测和分类任务来说,是在对象级别的理解上显式地建模视觉上下文,是一种更加"高级"的视觉任务。这种物体关联信息,即视觉上下文对于解决复杂语义理解任务,例如图像字幕和视觉问答,有着很好的效果。事实上,视觉上下文是一种强大的归纳偏差,它将特定布局中的对象连接起来以进行高级推理。例如,"人"在"马"上的空间布局有助于确定"骑"的关系,如果想回答"谁在骑马?",这反过来又有助于定位"人"。只不过在场景图生成任务中,希望将场景上下文知识整理为一张图,其整理的过程本身就是一项非常重要的场景理解过程。

尽管对视觉上下文的价值达成了共识,但非结构化的场景信息探索过程中,上下文模型被多样化为各种隐式方法,隐式模型直接将周围像素编码为多尺度特征图,例如扩张卷积[10]所提出的增加感受野的有效方法,适用于各种密集预测任务[11-12]；特征金字塔结构[13],将低分辨率的上下文特征与高分辨率的详细特征相结合,促进具有丰富语义的对象检测。而结构化的场景信息探索过程中,往往使用显式的上下文模型,通过将对象连接来确定实例的上下文线索。

3.2.3 小结

综上所述,无论是基于物体层次还是基于场景图层次的室内场景理解过程,其本质上都是利用环境的上下文信息,来抽取关联线索,增强机器人对于陌生环境的理解。环境理解任务对于后续高级任务如室内导航、任务规划和无人驾驶等,起着决定性的作用。场景知识的迁移和可推理能力,可以减少在高级任务中规划失败或需要二次探索的可能性。

从以上对两种不同理解层次的场景理解方法可以看出,二者各有所长,又面临着多方面的挑战,两种方法都受到了学术界和工业界的关注,并侧重于不同实时程度的理解任务。本章会在接下来的几节,根据具体实践,进一步带读者了解场景理解算法和其实际应用中会面临的挑战和解决方式。

3.3 技术实践

3.3.1 技术案例一:基于卷积神经网络的点云语义分割与分类

技术案例一相关代码

1. 任务描述

本次实践的目标是实现可以在点云上逐点执行的局部坐标系平面卷积,该卷积方法可以巧妙地将发展成熟的图像语义分割技术运用到三维场景点云中去,从而解决点云语义分割的问题。同时,也可以将该卷积方法用于三维物体分类中去。整个流程可以概述为,利用类似于图像语义分割领域 U-Net 结构的自编码网络模型作为点云语义分割算法的整体架构。在该架构中,通过将编码器和解码器的特征进行合并来对模型的表达能力进行加强。与此同时在局部坐标系平面卷积模块中,通过使用深度可分离卷积,使得在对点云进行特征提取时的计算量大大减少。本次实践是为了解决三维点云,由于其具有不规则、无序的特点,因此存在卷积神经网络无法成功应用的问题。针对以上这些问题,本章设计了一种可以在点云上逐点执行的局部坐标系平面卷积,通过该卷积的使用,可以巧妙地将发展成熟的图像语义分割技术运用到三维场景点云中去,从而解决点云语义分割的问题。同时,利用局部坐标系卷积来对三维物体进行局部特征的提取,进而获得三维点云物体更加充分的细节信息,并对 PointNet 的网络结构进行了一定的改进,从而构建了更加鲁棒的三维物体分类模型。

章节知识点

条件随机场(conditional random field, CRF):条件随机场是条件概率分布模型 $P(Y|X)$,表示的是给定一组输入随机变量 X 的条件下另一组输出随机变量 Y 的马尔可夫随机场。

多层感知机：多层感知机(multi-layer perception, MLP)是深度神经网络(deep neural network,DNN)的基础算法。神经网络由输入层(第一层)、隐藏层(中间层)和输出层(最后一层)构成。在MLP中,层与层之间是全连接的,前向传播算法用于求解相邻两层间输出的关系,某层的输入就是上一层的输出,反向传播算法(back propagation, BP)用于求解各层的系数关系矩阵$\boldsymbol{W}$和偏倚向量b。

点云特征：①稀疏性。点云数据仅存在于物体表面。②数据缺失。由于遮挡导致部分表面未被扫描到。③数据噪声。仪器本身的精度或者环境因素导致。④非均匀性。由仪器的采样策略、相对位置、扫描范围等因素引起。

2. 相关工作

传统的点云语义分割算法主要利用人工构造的特征来对点云进行描述,这样的特征表达能力的好坏通常取决于该领域专家的经验,因此很难从点云中提取深层次语义信息。近年来,深度学习技术特别是卷积神经网络的发展,使得计算机视觉领域的各项任务得到了充足的发展。

1) 点云语义分割国内外研究现状

利用卷积神经网络处理二维图像的方法主导着现代计算机视觉的发展。其成功的关键因素是基于卷积操作在图像上的有效处理。2D卷积是在图像的规则网格上定义的,该规则网格支持高效的卷积操作,保证了深层网络在高分辨率的大型数据集的处理效果。

当对大规模的三维场景进行分析时,上述方法的直接扩展是在三维的体素网格上进行基于体素的卷积。提高体素网格卷积技术的准确度的一种方法是添加可微分的后处理,例如条件随机场(CRF)[14]。然而,这种基于体素的方法仍然具有很大的局限性,由于点云的稀疏属性导致的包括内存消耗的立方增长和计算效率等问题。出于这个原因,基于体素的卷积神经网络多在低分辨率的体素网格上运行,这就限制了它们的预测精度。此外,还可以将基于体素的卷积与八叉树(Octree)进行结合来解决这些问题,该技术在八叉树上定义卷积并且能够处理稍高分辨率的体积。然而,这些仍不足以保证高效地分析大型三维场景。

同样有一些新颖的用于分析三维数据的深度学习方法涌现了出来,它们虽然不涉及整个场景的大规模语义分割,但是却提供了有趣的思路。

Yi等[15]通过跨模型的同步特征向量来考虑谱域中的形状分割。Masci和Boscaini等[16-18]设计了黎曼流形的卷积神经网络,并用它们来学习形状之间的对应关系。Sinha等[19]对几何图像进行形状分析。Simonovsky等[20]将卷积算子从常规网格扩展到任意图形,并用它来设计用于形状分类的网络。Li等[21]引入了基于场论的探测神经网络,它尊重三维数据的潜在稀疏性,并将其用于有效的特征提取。Tulsiani等[22]在端到端的可微分框架中使用体积基元近似地表示三维模型,并使用此框架示来解决多个任务。Maron 等[23]设计了一种在球形表面进行操作的卷积神经网络。总的来说,大多数现有的 3D 深度学习系统要么依赖于不支持一般场景分析的表示,要么具有较差的可扩展性。

基于体素的三维数据分析方法的弊端是显而易见的。最近的一些研究认为,基于体素的三维数据结构并不是三维卷积的最自然的形式,并提出例如基于无序点集[24]、图结构[20]和球形表面结构[23]的替代方法。不幸的是,这些方法都有其自身的缺陷,例如对局部结构具有限敏感性或依赖限制性的拓扑假设。

目前,还没有太多的工作将深度学习的方法被运用到无序点集,PointNet[24]是将深度学习方法运用到无序点集上并进行点云语义分割任务的开创性工作。

PointNet 的基本思想是利用一个共享的多层感知机来学习每个点的空间编码特征,然后将单个点的特征聚合到全局特征中去。基于这样的设计,PointNet 并不能提取到点云的局部结构的特征,然而,局部结构的特征已经被证明对卷积体系结构的成功至关重要。卷积将在规格的网格上定义的数据作为输入,并且能够沿着多分辨率的层次以越来越大的尺度逐步捕获局部结构特征。低层的神经元具有较小感受野,而高层的神经元具有较大的感受野。此外,Landrieu 等[25]引入超点图(super point graph,SPG)来对大规模的点云进行分割。

2）三维物体分类国内外研究现状

对于三维物体形状分类任务的研究,目前已经出现了一些基于卷积神经网络的深度学习方法。根据三维物体的表示形式可以将这些方法分为以下几类:

(1) 基于体素网格的方法。该方法将三维物体建模为在体素网格上采样的函数,并在体素网格上定义 3D CNN 以进行三维物体形状的分析。但是出于体素网格高内存和高计算成本的考虑,这些基于体素网格的方法通常只限于像 30^3 这样的低分辨率。

为了降低基于体素网格的三维物体分类方法的计算成本,Graham[26]提出了稀疏 3D CNN,其将卷积操作应用于已经被激活的体素网格并仅激活卷积核内的相邻体素。然而,随着两个池化操作之间卷积数量的增加,该方法也将变得不那么有效。对于层次较深并且卷积核参数较多的卷积神经网络,该方法的计算和存储成本仍然很高。

(2) 基于流形的方法。对三维网格流形上定义的几何特征执行 CNN 操作。一些方法将三维物体的表面参数化为贴片或几何图像并将其进行规则地采样,然后将采样的特征图像送到二维卷积神经网络中以进行形状分析。其他方法将卷积神经网络扩展到由不规则三角形网格定义的结构中去。虽然这些方法对于三维形状的等距变换是鲁棒的,但它们都被约束为平滑的流行网格。并且这些方法中使用的三维物体的局部特征在计算上都是很昂贵的。对这些技术的一个很好的总结可以在 Bronstein 等[27-28]的文章中找到。

(3) 基于多视图的方法。该方法用虚拟相机从不同的视角对三维物体进行渲染,并用其得到的一组图像来对三维物体进行表示,然后将这组图像作为二维卷积神经网络的输入来对三维物体进行形状分析。虽然这些方法可以直接利用基于图像的卷积神经网络进行3D形状分析并处理高分辨率的输入数据,但目前还不清楚如何确定视图的数量,也无法保证分配的视图能否覆盖三维物体,同时如何避免自我遮挡也是目前该方法遇到的问题。

(4) 基于点云的方法。PointNet[24]是最早可以处理点云并且可以用于三维物体分类的网络架构之一,在使用时只需要将其语义分割网络进行微小的修改。PointNet非常强大,因为它可以利用顺序不变性函数来规范化输入点云,但是它在对点云进行特征提取时并未考虑点与点之间的关联性。为了解决这个问题,PointNet++[1]使用最远点采样算法和邻域查询算法进行了改进。

(5) 基于图的方法。最近,Qi等[29]提出在点云上构建用于三维物体分类的图的神经网络,其中每个图节点是一组点,图的边通过点云上的最近邻搜索进行构建。他们的结果用RGB-D图像[30]显示。其中用于图像分类的VGG-16网络的参数权重用于初始化预测。

3. 技术方法

为了能够在点云上以逐点的方式进行卷积,需要利用主成分分析法(principle compoent analysis,PCA)对点云的局部坐标系进行估计,得到局部坐标系平面的参数,然后将点云的邻域点进行投影,并计算投影位置,最后通过最近邻插值算法来计算局部坐标系平面中卷积核对应位置处的信号量。

1) 局部坐标系平面卷积

假设 P 代表点云,表示关于 P 的某种信号量,例如颜色、法向量、坐标信息或者是来自网络中间层的抽象特征。为了在点云 P 上可以运用卷积进行提取特征,需要将点云进行一定形式的变换。在这里将点云投影到3个二维平面,这3个二维平面在这里指的是点云局部坐标系的3个平面。这3个平面表示为具有连续信号的虚拟图像,如图3.3.1所示。

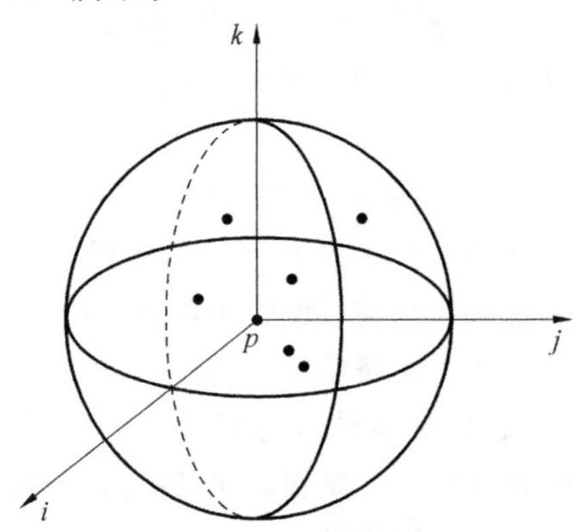

图3.3.1 局部坐标系

如图 3.3.2 所示，对于点云中任意点 p(红色)，可以通过局部的协方差分析来估计它的局部坐标系平面的参数。具体来讲，对于满足 $\|p-q\|<R$ 的一个球形邻域中的点的集合 q(蓝色)，点 p 的局部坐标系平面的方向是由协方差矩阵 $\sum_{q} rr^{\mathrm{T}}$ 的特征向量来决定的，这里 $r=q-p$。首先对所有的 r^i 进行去中心化，即

$$r^i=r^i-\sum_{j\in q} r^j \tag{3.3.1}$$

接着计算其协方差矩阵 $\boldsymbol{XX}^{\mathrm{T}}$，并对该协方差矩阵 $\boldsymbol{XX}^{\mathrm{T}}$ 进行特征值分解，分别计算出不同特征值对应的 3 个特征向量 i,j,k，并对其进行标准化。以切平面为例，切平面的方向为最小的特征值所对应的特征向量 k，另外的两个特征向量 i,j 在这里作为切平面的两个坐标轴的方向，同时也是另外两个局部坐标系平面的法方向。注意，由于 3 个局部坐标系平面的特征向量 i,j,k 所对应的特征值从大到小依次排列，因此由 i,j 两个方向所构成的切平面中保存的点云的结构信息最为丰富，而另外两个局部坐标系平面所保存的信息依次减少。

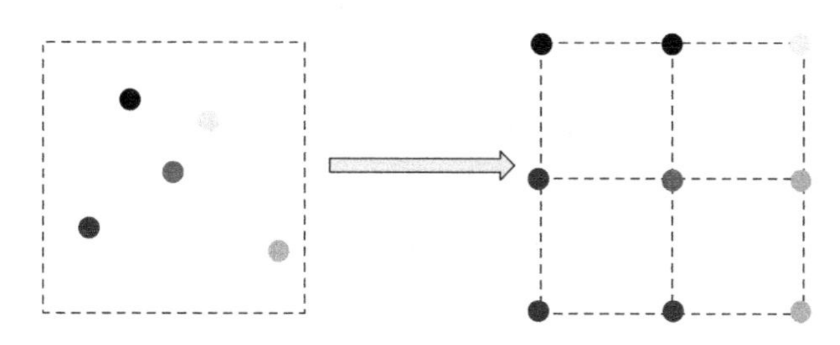

图 3.3.2　最近邻插值(见文前彩图)

假定这里将局部坐标系平面的分辨率设置为 3×3，那么每个局部坐标系平面上便有 9 个像素点及其特征会参与到卷积的计算中去。此处信号插值目标是用集合 q 及其信号量 $F(q)$来估计局部坐标系平面中参与卷积运算的 9 个位置的信号量 $T(u)$，这是由于 q 可能被投影到 p 的局部坐标系平面的任意位置，而局部坐标系平面中参与卷积操作的 9 个位置是固定的。仍然以切平面为例，这里首先将 q 映射到 p 的切平面上，这产生了一个投影点集合 $h=(r^{T}i,r^{T}j)$，如图 3.3.2 所示。对于 h 处的信号量，这里定义：

$$T(h)=F(q) \tag{3.3.2}$$

此时 h 散落在图像平面中的任意位置。因此，需要将这些信号量按照一定方式进行插值来估计局部坐标系平面上参与卷积运算的 9 个位置的信号量。其数学表达如下：

$$T(u)=\sum_{h} w(u,h)\cdot S(h) \tag{3.3.3}$$

其中，$w(u,h)$是使用 h 处的信号量对平面上 u 处信号量进行插值的权重，并且满足 $\sum_{h} w=1$，在这里使用一种比较简单的插值方法——最近邻插值。在这种

插值策略中,如果 $l \in h$ 是 u 的最近邻点,则 $w(u,h)=1$,否则 $w(u,h)=0$。

最后给出点 p 在切平面上进行卷积的公式:

$$G(p)=\int_{\pi_p} W(u)\cdot\sum_{h}(w(u,h)\cdot S(h))\mathrm{d}u \tag{3.3.4}$$

其中,$W(u)$代表平面 π_p 上坐标 u 处卷积核的权重,注意,在切平面外的两个局部坐标系平面上执行卷积操作时,根据投影位置的不同,只需对上式中的 $w(u,h)$,即平面插值的权重进行一定的改动即可。这使得该方法能够支持在具有数百万个点的点云上构建深度网络。

2) 点云语义分割网络

由于点云语义分割任务是要对每一个点的语义类别进行预测,所以该任务的主要挑战是如何为每个点提取到表达能力足够强的特征,使模型准确性较高的同时能够使预测得到的结果的边界轮廓更加清晰。

如图 3.3.3 所示,其中黄色部分代表输入,即场景点云,蓝色部分代表卷积块,橙色部分代表输出,灰色部分代表通过跳跃连接得到的拷贝特征。这是一个类似于 U-Net 的自编码网络结构。其中编码器用于对输入的点云进行特征提取,即对点云的输入特征进行抽象化的表示。编码器中拥有两个池化层,因此在编码阶段,点云的特征的感受野逐渐增加。而解码器通过使用编码器的特征来对点云语义进行推断,与编码器相对应,解码器中存在两个上采样层用来逐渐恢复点云的数量。可以看到,编码器网络和解码器网络之间存在两个跳跃连接,这样的设计可以使解码器在对点云语义进行预测的时候不仅可以使用网络深层的语义特征,还可以用到编码器浅层点云的纹理特征,而这种纹理特征对于物体轮廓的预测有很大帮助。网络的输入端和输出端的尺寸相同,整个网络同时是一个端到端的模型。

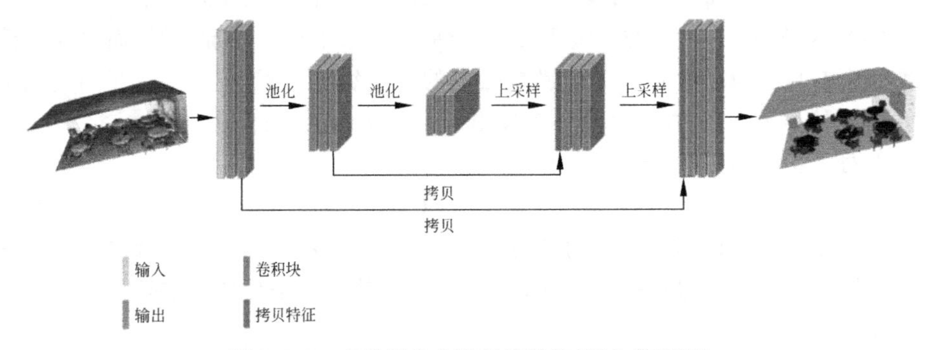

图 3.3.3 点云语义分割网络结构(见文前彩图)

卷积块的设计如图 3.3.4 所示,其中①是将特征向量转化为局部坐标系平面卷积的形式;②是将每个面上的 $n\times3\times3\times d$ 的张量拼接成一个 $n\times3\times3\times3d$ 的张量;③是深度可分离卷积;④是 1×1 卷积,在此也称为逐点卷积;⑤是对张量的维度进行压缩。

这样的卷积块的设计，除了可以进行特征提取，还可以解决冗余特征的问题。由于在使用局部坐标系平面卷积时，将点云投影到了局部坐标系的 3 个平面，这使得点云在局部坐标系的 3 个方向的信息都会出现两次，也就是说此时得到的特征是冗余的。而深度可分离卷积除了能够进行特征提取，还可以用于信息解耦，这是由于在使用深度可分离卷积时，特征图中任意两个通道的信息都不会发生联系。因此，本文在每个卷积块中均会用到该卷积方式。深度可分离卷积实际上使用 n 个卷积核去分别处理特征图的 n 个通道，因此使用深度可分离卷积的另一个优点是可以显著减少网络参数。

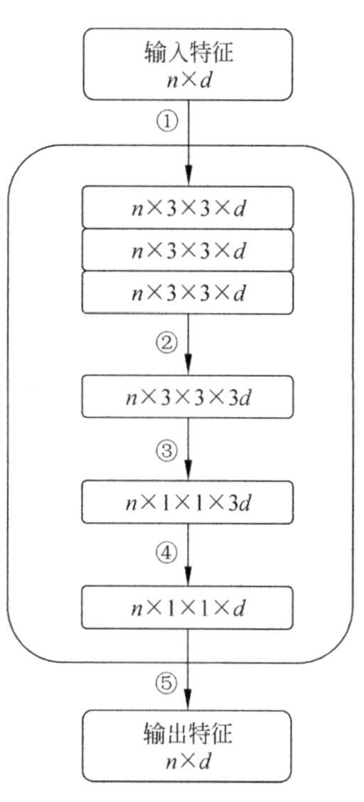

图 3.3.4　卷积块结构

具体地，对于标准的卷积，假设输入的特征 F 大小为(D_F,D_F,M)，卷积核 K 为(D_K,D_K,M,N)，输出特征 G 的大小为(D_G,D_G,N)时，其计算公式为

$$G_{k,l,n}=\sum_{i,j,m}K_{i,j,m,n}\cdot F_{k+i-1,l+j-1,m} \tag{3.3.5}$$

其中，输入的通道数为 M，输出的通道数为 N。总的计算量为：$D_K\cdot D_K\cdot M\cdot N\cdot D_F\cdot D_F$。

当使用深度可分离卷积时，可以将形状为(D_K,D_K,M,N)的标准卷积核分解成形状为$(D_K,D_K,1,M)$的深度卷积核和形状为$(1,1,M,N)$的逐点卷积核。其中深度卷积核的作用是对输入特征 F 进行滤波，生成输出特征 $\hat{G}$，大小为(D_G,D_G,M)，其公式为

$$\hat{G}_{k,l,n}=\sum_{i,j}\hat{K}_{i,j,m}F_{k+i-1,l+j-1,m} \tag{3.3.6}$$

其中，$\hat{K}$ 是深度卷积的卷积核，卷积核的第 m 个通道只对 F 的第 m 个通道进行处理，并产生 $\hat{G}$ 上第 m 个通道的特征。而逐点卷积核的作用是对特征进行通道数的转换，对 $\hat{G}$ 进行处理，得到形状为(D_G,D_G,N)的最终输出。因此，深度可分离卷积的总的计算量为 $D_K\cdot D_K\cdot M\cdot D+D_F\cdot D_F\cdot M\cdot N$。

对比可知，深度可分离卷积的计算量和标准卷积的计算量的比值为

$$\frac{D_F\cdot D_F\cdot M\cdot D_F\cdot D_F+M\cdot N\cdot D_F\cdot D_F}{D_K\cdot D_K\cdot M\cdot N\cdot D_F\cdot D_F}=\frac{1}{N}+\frac{1}{D_K^2} \tag{3.3.7}$$

在这里，$D_K=3$，N 为 32、64、128 等，因此式(3.3.7)的值约为$\frac{1}{9}$。因此在这里使用深度可分离卷积可以显著地减少运用局部坐标系平面卷积时的计算量。

卷积神经网络经常使用池化层来聚合较大空间区域上的信号量。将点云散列到三维的体素网格上，并通过不断减小体素网格的分辨率来实现池化层。在体素网格分辨率变化的过程中，每 8 个较小的体素网格会合并成一个较大的体素网格，与此同时再对 8 个较小的体素网格中的点及其特征进行池化操作来生成一个新的点及其新的特征。该过程如图 3.3.5 所示。

在图 3.3.5 中，网格的分辨率由 2×2×2 转变为 1×1×1，并且池化前的 7 个点转变成了池化后的 1 个新的点。令 $P=\{p\}$表示池化前点的集合，$F\{p\}$表示每个点的信号量，p'表示池化后新生成的点，则该点的坐标为

$$p'=\frac{1}{|P|}\sum_{p\in P}p \tag{3.3.8}$$

通过使用平均池化，该点的信号量的变为

$$F(p')=\frac{1}{|P|}\sum_{p\in P}F(p) \tag{3.3.9}$$

这样，点云中多个点的信号量将被聚集到一个新的点上，这样可以加强网络抽象化表达的能力，并且同时可以减少计算量。注意，这里使用池化层进行下采样时，其过程与点云的信号量无关，而只与点云的空间分布有关，因此可以在预处理中对网络模型中的 3 个池化层进行计算，得到每个池化层后的点云、池化后点云的局部坐标系平面参数以及池化所需索引。

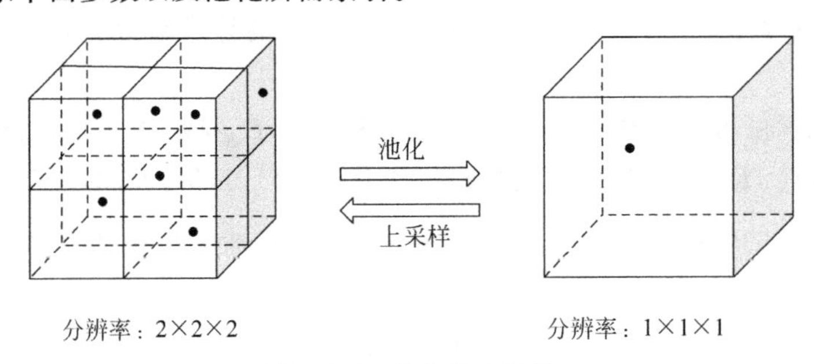

图 3.3.5 池化和上采样

池化层的具体实现与局部坐标系平面卷积的实现方式类似。假设某池化层的输入为 F_{in}，大小为 $N_{in}\times C$，其中 N_{in} 是池化前点云中点的个数，C 是点云的特征的通道数。池化层的目的是对当前点云进行下采样处理并得到 $N_{out}\times C$ 的输出 F_{out}，其中 N_{out} 是池化后点云中点的个数，并且满足 $N_{in}>N_{out}$。

具体地，在预处理阶段会对将点首先将点云下采样到大小为 5^3 cm 的体素网格中，因此此时每个体素网格中最多会存在一个点。接着对于输入的点云 $P=\{p\}$，通过使用体素网格采样的方式来生成新的点云 $P'=\{p'\}$并得到大小为 $N_{out}\times 8$

的池化索引矩阵 $\boldsymbol{M}$，其中 $N_{in}=|P|, N_{out}=|P'|$。注意，由于池化时 8 个小的体素网格对应 1 个大的体素网格并且每个小的体素网格中最多只有 1 个点，因此池化后生成的 1 个新点最多对应 8 个原始点。在网络的运行阶段，对于当前的特征 F_{in}，通过使用在预处理阶段计算的池化索引矩阵 $\boldsymbol{M}$，可以生成大小为 $N_{out}\times 8\times C$ 的中间变量，接着使用式(3.3.9)进行计算来得到 $N_{out}\times C$ 的特征图 F_{out}。

上采样层与池化层具有相反的作用。在这里，上采样层通过增大体素网格的分辨率来恢复点云中点的数量。在体素网格分辨率变化的过程中，一个较大的体素网格会重新分解成 8 个较小的体素网格，与此同时低分辨率体素网格中的点的特征会拷贝给高分辨率体素网格中的每一个点。网络模型中共有 2 个上采样层，在此过程中，点云数量从 50000 恢复到 200000。池化方式如图 3.3.5 所示。

具体地，假设某上采样层的输入为 F_{in}，大小为 $N_{in}\times C$，其中 N_{in} 是上采样前点云中点的个数，C 是点云的特征的通道数。上采样层通过利用池化层中计算得到的索引矩阵 $\boldsymbol{M}$，将低分辨率体素网格中的点进行映射，将其特征拷贝到较高分辨率体素网格中的点上，从而得到 $N_{out}\times C$ 的输出 F_{out}，其中 N_{out} 是上采样后点云中点的个数，此时满足 $N_{in}<N_{out}$。

注意，上采样层中除了从低分辨率点云拷贝得到的特征外，还将通过图 3.3.3 中的跳跃连接得到网络低层的一部分纹理特征。因此，上采样层需要将这两部分的特征进行拼接来得到该层真正的输出结果。

3）三维物体分类网络

本节根据三维物体的特点，并受到图像分类网络 VGG-Net 以及首个直接对点云进行处理的模型 PointNet 的启发，设计了如图 3.3.6 的网络架构来对三维模型进行分类。

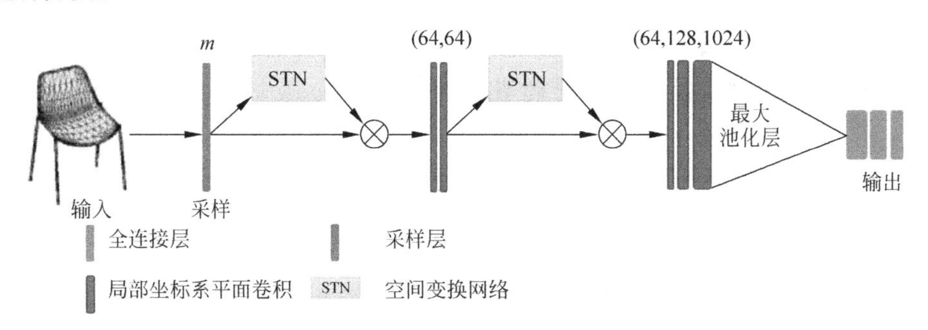

图 3.3.6　三维物体分类网络结构(见文前彩图)

如图 3.3.6 所示，整个网络结构由 4 个模块组成，包括局部坐标系平面卷积、空间变换网络模块、最大池化层和全连接层。网络的输入是由点云进行表示的三维物体，在采样层通过对三维物体表面进行随机采样将输入的大小调整为 $1024\times m$，其中 m 代表输入点云的特征的通道数，特征通常包括颜色信息、法向量信息、坐标信息等，在这里仅使用点云的 x、y、z 的坐标信息，因此此处 $m=3$。网络中间有两个空间变换网络(spatial transformer networks,STN)模块以及 5 个卷积层,两个 STN 模块分别输出一个 $m\times m$ 和一个 64×64 大小矩阵,通过这两个矩阵来对网络的输入特征和中间层特征进行空间变换,以增加网络的刚性不变形。使用方式如下:

$$F_{\text{out}}=F_{\text{in}}\cdot\boldsymbol{M} \tag{3.3.10}$$

其中,F_{in} 为 STN 模块的输入特征,$\boldsymbol{M}$ 为 STN 模块计算得到的变换矩阵,F_{out} 为对 F_{in} 进行空间变换的输出结果。每个卷积层均为第 3 章提出的可以在点云上执行的局部坐标系平面卷积,每个卷积层的卷积核大小均为 3×3,每个卷积层所包含的卷积核的数量分别是 64,64,64,128,1024,并在每个卷积层的后面增加了批量归一化层用来提升模型效果,它的数学形式如下所示:

$$y=\frac{\gamma}{\sqrt{\operatorname{Var}[x]+\varepsilon}}\cdot x+\left(\beta-\frac{\gamma E[x]}{\sqrt{\operatorname{Var}[x]+\varepsilon}}\right) \tag{3.3.11}$$

其中,x 是卷积层某个通道的特征值,γ 和 β 分别为训练得到的 scale 和 shift 参数,$E[x]$是 x 的全局期望值,$Var[x]$是 x 的全局方差值。

在卷积层之后,使用最大池化层来对最后一个卷积层的特征进行概括性的表示,注意,为了解决点的无序性问题,该最大池化层对 1024 个点同时执行,所以该最大池化层的输入输出分别是 1024×1024 与 1×1024。网络的尾部有两个全连接层,分别包含了 512 个与 256 个神经元节点。网络的最后一层是归一化指数函数层,作用为将最后连接层的特征进行映射以得到一个分数向量,在实验中,分数向量的个数被设置为数据集中物体的类别个数。

在网络的训练阶段,首先需要初始化网络各部分的参数,接着在输入端传入三维点云与其真实类别,然后网络前向传导获得三维物体的一个 256 维的全局特征,将交叉熵作为损失函数来获得训练误差进而实现反向传播来优化更新网络各部分的参数值,使得网络进行判别的准确率能够不断提升。其中,交叉熵损失的公式为

$$L=-\frac{1}{n}\sum_{i}^{n}\sum_{j}^{k}y_{ij}\log(p_{ij})y \tag{3.3.12}$$

其中,log 以 e 为底,对于样本 x_i,y_i 是其真实类别,当且仅当 $j=y_i$ 时 $y_{ij}=1$,否则 $y_{ij}=0$。p_{ij} 为将样本 x_i 预测为第 j 个标签的概率,n 是样本的总数量。在测试阶段,对于输入的三维模型,只进行网络的前向传导来获得模型的预测类别。

由于网络的输入端是三维点云,无法直接使用图像中传统的二维卷积,因此这里使用第 3 章提出可以在点云上使用的局部坐标系平面卷积来对点云进行特征提取。该方法能够将点云的局部结构信息映射到二维平面,因此再结合坐标插值等方法可以将点云转化为二维卷积的形式。

这里,来讨论一下局部坐标系平面卷积相对于 PointNet 里使用多层感知机提取特征的优势。需要注意的是,点云的语义分割任务由于需要对每个点的语义类别进行预测,因此会需要更加注重点云局部特征的表达,需要充分的对每个点的结

构信息进行特征提取。而对于三维物体的分类任务，其仅要求网络模型对三维物体的类别做出判断，因而更加注重三维物体的全局特征。因此在三维物体分类任务中使用局部坐标系平面卷积时，仅将每个点的邻域信息投影到切平面，这样虽然会丢失点云的一部分信息，但实际也是对网络模型进行了一定程度的压缩，同时并没有影响网络的性能。

在 PointNet 中，对于输入的模型点云，通过使用多层感知机来对每个点单独进行处理，很明显，使用这样的方式提取特征只是将点云看成一些孤立点的集合，但是没有考虑点与点之间的联系。因此，使用局部坐标系平面卷积相比于多层感知机，具有以下优势：

(1) 众所周知，在图像中的二维卷积中，在对于每一个像素点进行特征提取时，都会结合到这个像素周围被卷积核覆盖到的临近像素点信息，再通过对卷积核权重的训练，深度学习算法便可以学到像素点与像素点之间的某种联系，这样的方式提取到的特征能够充分地利用像素点之间的空间关系与语义关联。而在点云中使用局部坐标系平面卷积时，同样并非是对每个点单独处理，而是处理的以每个点为中心的每个球域中的点。这样三维中点与点之间的空间关系便被显式地表达了出来。

(2) 使用局部坐标系平面卷积能够增大特征的感受野。感受野是卷积神经网络中的重要概念，它是指在卷积神经网络中，与某一层的输出结果有关联的输入层元素区域的尺寸。感受野的计算公式为

$$RF_n = RF_n + (k_n - 1) \times \text{stride}_n \tag{3.3.13}$$

其中，RF_n 为网络的第 n 层的特征的感受野，k_n 为网络的第 n 层的卷积核的尺寸，stride_n 为网络的第 n 层进行卷积层的步长。由此可以发现，当 k_n 大于 2，stride_n 等于 1 时，网络中第 n 层的感受野仍会增加。因此在本章的工作中，虽然网络第一层的感受野是初始化中球域的大小，但是由于在局部坐标系平面中使用的卷积核的尺寸为 3，因此网络的感受野仍然会随着网络层数的增加而加大。

前面提到，由于点云是一种形式上无序的三维数据结构，因此在设计网络的时候需要让网络可以适应点云的无序输入，即点云数据输入的顺序不应该对网络预测的结果有影响。在这里使用最大池化的方法来将点云的局部特征映射为全局特征，从而解决点云无序性问题。即对于最后一个卷积层得到的点云的特征$\{x_1, x_2, \cdots, x_{1024}\}$，其中，$x_i \in R^{1024}$，其全局特征可以通过式(3.3.14)进行计算，即

$$y^i = \max(x_1^i, x_2^i, \cdots, x_{1024}^i) \tag{3.3.14}$$

其中，$y \in R^{1024}$ 代表样本的全局特征，即样本的全局特征实际上是在点云的局部特征的每一个通道都进行了最大池化的结果。在得到这个全局特征之后，便可以使用多层感知机和交叉熵函数来训练一个三维物体的分类器。

空间变换网络(STN)，最早使用于图像之上，这是由于 CNN 在用于图片分类等问题时，往往需要考虑到图片的尺度缩放不变性、旋转不变性和平移不变性，克服了这些问题往往能够提高算法的准确性。而这些不变性所涉及的图像的旋转、平移、缩放等的本质是对图像进行空间变换。

图像的放射公式表示如下：

$$[x_t \quad y_t]=[x_s \quad y_s \quad 1]\begin{bmatrix}\theta_{11} & \theta_{21}\\ \theta_{12} & \theta_{22}\\ \theta_{13} & \theta_{23}\end{bmatrix} \tag{3.3.15}$$

其中，x_s 和 y_s 表示像素点在原图像中的坐标值，x_t 和 y_t 表示经过仿射变换后像素点的坐标值，而式子中的一个矩阵$\boldsymbol{\theta}$ 就是仿射变换矩阵，通过该矩阵便可以对图像进行尺度缩放、平移、旋转等刚性变换。

而空间变换网络要解决的问题就是自适应的来得到某个仿射变换矩阵，进而通过任务需要来对网络的中间层进行数据的空间变换和对齐。这样，在输入样本数据空间分布具有较大差异时，训练出的模型仍然具有较高的正确性。

本章中，同样加入了 STN 模块去学习一个能够帮助网络完成分类任务的变换矩阵。其网络结构图如图 3.3.7 所示：

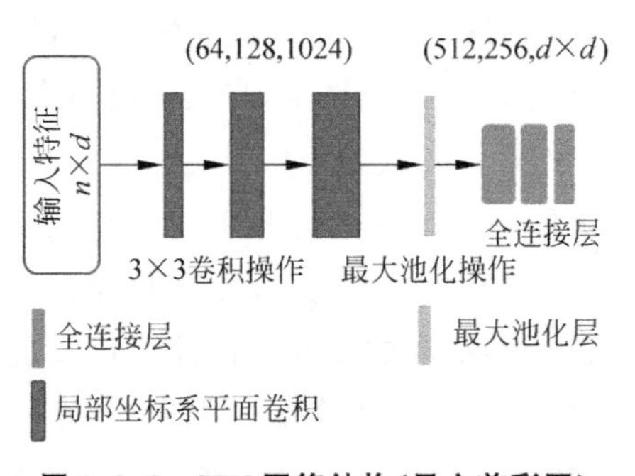

图 3.3.7 STN 网络结构(见文前彩图)

对于输入的 $n\times d$ 大小的特征图，其中 n 为点的个数，d 为当前点云的特征通道数，此处 STN 网络的作用便是为该特征图求解一个大小为 $d\times d$ 的空间变换矩阵 $\boldsymbol{M}$。本章使用的 STN 网络均包含 3 个卷积层、3 个全连接层，3 个卷积层分别包含了 64 个，128 个，1024 个卷积核，并在每个卷积层后面增加了一个批量归一化(BN)层，在第 3 个卷积层后同样需要对特征的每个通道执行最大池化操作来获得一个全局地 1024 维的特征，STN 网络的尾部添加了 3 个全连接层，其分别包含了 512，256，$d\times d$ 个神经元节点，用来对变换矩阵的参数进行推断。

这里使用了两个 STN 模块，第 1 次是直接对输入的点云进行三维坐标空间的调整，可以理解成是让网络寻找一个有利于模型分类的角度，比如可以假设通过该模块的加入都将模型旋转到了正面。第 2 次是对网络中间层的特征进行调整，是在特征空间的层面来对点云进行变换。在训练时，通过控制网络的损失函数来对两个变换矩阵进行系数的学习与优化。

4. 结果展示

对于点云语义分割实验，使用的是 S3DIS 数据集，即 Stanford 3D Indoor Semantics Dataset。这是斯坦福大学的一个大型的室内场景数据集，它包含 3 个不同建筑物的 6 个大型室内区域，其中有办公室、会议室、餐厅、厨房、卫生间、仓库等多种类型的场景，如图 3.3.8 所示。每个文件中包含了数万个点，每个点的信息由坐标以及颜色等组成。此外，数据中包含有 13 个对象类别。在实验中，本书使用区域 5 进行测试，其余用于训练。

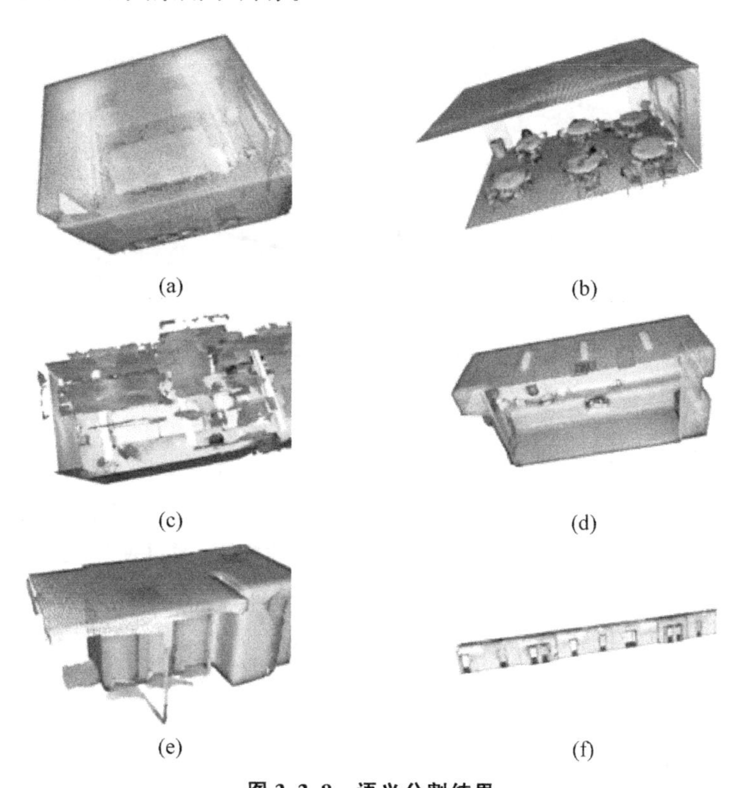

图 3.3.8 语义分割结果

(a) 办公室；(b) 餐厅；(c) 会议室；(d) 厨房；(e) 卫生间；(f) 仓库

对于点云物体分类实验，使用的数据集为 ModelNet40，该数据集包含了 12311 个 CAD 模型，如图 3.3.9 所示每个模型的大小、朝向各异，其语义标签共有 40 个类别，主要包括桌子、椅子、台灯、床等常见的物体类别。在实验中，使用 9843 个 CAD 模型用于网络的训练，剩下的 2468 个模型用于测试。

图 3.3.9 ModelNet40 数据集部分三维物体

5. 小结

在本章工作中,提出了一种可以在点云上使用的局部坐标系平面卷积,该卷积通过将点云投影到局部坐标系平面从而实现三维信息到二维的转换,这样便可以逐点进行卷积,从而对点云的局部特征进行抽象的学习,通过使用类似于图像语义分割领域中典型的 U-Net 的网络结构来端到端的对点云的语义类别进行预测。另外,该算法针对点云的无序性、刚性变换不变形、点与点之间的结构关联性等特点,设计了一种用于三维物体分类的神经网络架构。该网络架构利用局部坐标系平面卷积来自动地对点云的深层特征进行学习,从而实现对三维物体抽象化的表示,通过对所有的点同时执行最大池化以解决点的无序性对深度学习的应用带来的影响。实验结果表明,与现有的三维物体分类算法相比,该方法能够更加高效地对三维物体的类别做出预测。

3.3.2 技术案例二:基于三维场景点云的场景图生成

技术案例二相关代码

1. 任务描述

由于三维点云相对于二维图像而言,数据的质量和完整性存在很大的不同,直接将二维场景图生成方法迁移到三维上存在着很大的问题。现有的三维场景图生成方法直接借鉴了二维方法中常用的视觉模式和上下文信息融合方式,导致了方法所抽取的特征中具有大量的噪声,并且在后续的上下文信息融合的过程中逐渐失去了辨别性。这大大降低了机器人在三维场景中的理解能力,并且会限制后续高级任务的实现效果,例如,机器人导航、任务规划和场景修改任务等。

本次实践的目标是实现一种面向具有实例分割标签的三维场景点云数据的场景图生成方法,在生成过程中,机器人除了学习场景中每个实例的标签外,还需要学习实例间所具有的关系标签(包含空间关系、比较关系和所属关系等)。利用不包含节点标签的场景图骨架,不同细粒度的物体节点标签以及关系标签三部分作为监督数据实现三维场景图生成方法,实现结构化的场景知识抽取过程。

章节知识点

场景理解:场景理解是通过传感器网络对观察到的3D动态场景进行感知、分析和解释的过程,这个过程通常是实时的。

非结构化数据:非结构化数据是数据结构不规则或不完整,没有预定义的数据模型,不方便用数据库二维逻辑表来表现的数据。包括所有格式的办公文档、文本、图片、XML、HTML、各类报表、图像和音频/视频信息等。

结构化数据:结构化数据也被称为定量数据,是能够用数据或统一的结构加以表示的信息,如数字、符号。

语义场景图:通过将场景中的对象及其内部关系(场景布局)分别描绘为图的节点和边,实现对于场景中内容的结构化描述。

2. 相关工作

场景图(scene graph,SG)首先被引入计算机视觉,用来捕获对象的更多语义信息及其相互关系以进行图像检索[31]。此后,Xu等[32]采用门控循环单元在由场景图节点和边形成的原始图和对偶图之间迭代地传播消息,而MotifNet[33]利用双向LSTM解析的全局上下文信息生成场景图。大多数方法在对象检测器核心框架内解决了场景图中的对象预测问题,用于对节点和边进行特定的特征提取,而Graph R-CNN[34]提出了图卷积的注意力变体并将其与对象检测器结合起来处理对象和关系之间的上下文信息。

在3D中,SG直到最近3DSSG数据集的提出才变得更加流行。由于3D点云的数据质量和完整性,将2D图像上的场景图生成方法直接迁移到3D点云上通常存在很大问题,因为从数据层面上,其噪声比2D图像要多。从实现方法上,可以将2D图像上的场景图生成方法分为两类:具有先验知识的环境理解过程,以及基于环境上下文组织场景知识的过程。目前,已经提出了几种类型的先验知识,传统的先验知识是一种基于对象和关系共现的先验知识的消息路由方法,但是由于依赖于对实例的预测质量,其对对象的分类结果具有脆弱的容错性。

另一个方向旨在通过探索不同的消息传递机制来探索场景知识,但是,2D方法中由于数据质量很高,所以方法对环境上下文和噪声不加选择地进行操作,从而导致特征混淆。虽然现有的 3D 场景图生成方法直接输入具有实例分割标签的 3D 场景点云，但它们仍然无法解决噪声对特征识别的影响。所以，如何基于特征提取方法和环境上下文融合来构建具有判别力的特征，是很重要的研究内容。

3. 技术方法

SGG 方法在实现过程中首先需要定义物体和关系的视觉模式。传统方法中会将物体候选框内的像素或点云数据作为物体的视觉模式，而关系的视觉模式却存在着多种多样的空间定义，例如，联合框（两个物体框的并集）、交集框和向量空间（两个物体框中心点构成的有向向量空间）。但是这三者都不适用于三维场景点云的数据形式，联合框由于反复对物体空间进行建模，构成了大量的信息冗余，而交集框和向量空间由于涵盖了过少的数据点，造成了环境信息不足。并且由于三维数据具有很多的噪声，因而，三维 SGG 方法直接使用二维 SGG 方法所定义的视觉模式会造成过高的信息冗余，导致无法从环境中充分地抽取有效信息。

利用定义的视觉模式进行初始特征的抽取，使用环境上下文融合的方法为特征增加辨别力。将较为相似的初始特征，通过融入不同区域的环境上下文信息，从而变得具有可辨别性，实现对于物体和关系的精准预测。传统的 SGG 方法大多利用消息传递机制（message passing，MP）来实现这一过程，传统方法中 MP 机制往往是构建在全连接图上，对所有初始特征进行无差别的相互传递。这种传递方式造成了特征中所包含的噪声信息被重复叠加，造成了特征混淆，降低了实体识别的准确率。

因此，基于对现有的场景图生成方法的调查与分析，通过设计新的适用于三维点云数据的视觉模式，即交互空间，抽取具有适度冗余度的初始特征，在保障具有充足的环境信息的同时，降低由于反复建模所造成的噪声叠加问题。同时在理解过程中模仿人的环境理解过程，设计了具有结构化组织和层次化处理过程的环境上下文融合过程，通过将无差别的信息传递过程变为有结构的信息组织过程，实现了具有更高辨别力的特征的构建，实现了更精确的三维场景图生成任务。

整体流程以带有实例分割点云标签的场景点云作为输入，通过设计新的适用于三维点云数据的视觉模式，抽取具有适度冗余度的初始特征。在具有结构化组织和层次化处理过程的环境上下文融合过程中，实现具有更高辨别力的特征的构建，实现了更精确的三维场景图生成任务。具体的模块设计如图 3.3.10 所示。

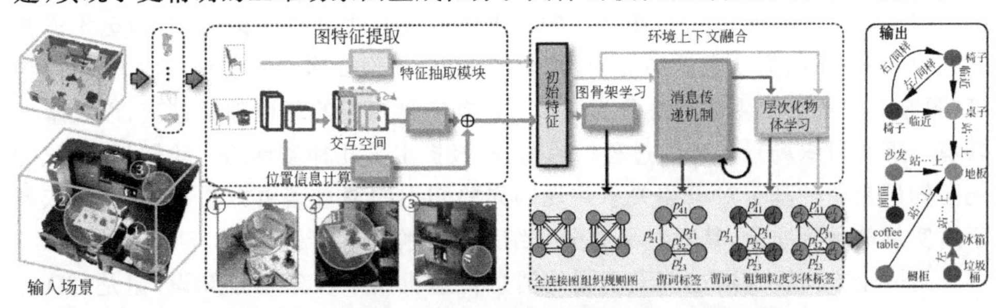

图 3.3.10 基于场景点云生成场景图流程（见文前彩图）

通过将场景分割为若干个小型场景，使每个小型场景中包含4～9个实体，进而将一张全场景的场景图划分为小型图；将场景中的每一个物体所包含的点云根据实例分割标签划分出来，通过计算点云的最小值和最大值得出该物体的物体框。

首先需要根据两物体的物体框判断两物体之间是相交还是相离。若两物体相交，则相交区域为交互空间；若两物体相离，则选择两物体框的中心点分别作为交互空间的左下角点和右上角点，交互空间的长宽高为两点坐标的差值，如图3.3.11所示。

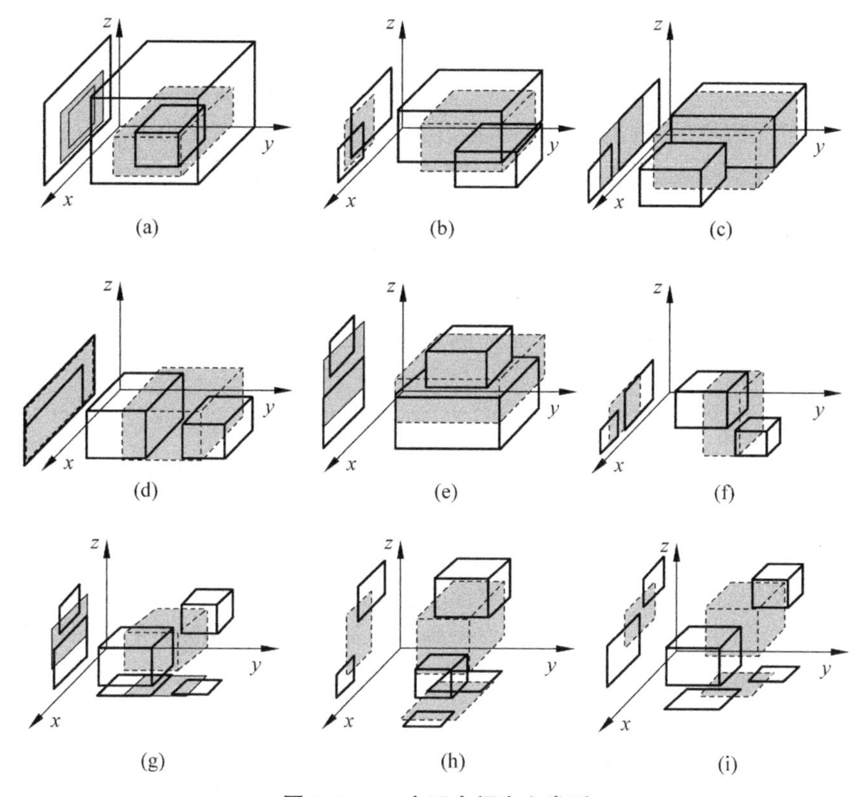

图3.3.11　交互空间定义类型

将物体框内的场景点云定义为物体的视觉模式，交互空间内的场景点云即为关系的视觉模式。将物体和关系的场景点云依次输入到PointNet特征抽取模型中，获取物体和关系初始特征。对物体的位置特征进行计算，根据任意两物体的物体框计算并集空间，根据主语物体框和宾语物体框各自的最小值点和最大值点分别与并集空间的最小值和最大值相减，得到物体的位置特征。将位置特征与关系初始特征融合，可以有效实现对关系初始特征的位置信息补充。

图骨架学习模块由3层全连接层构成，将求得的关系初始特征作为输入，利用不包含节点和关系标签的骨架作为监督数据，对任意两节点间的关联度进行二分类预测。图骨架学习模块为每两个节点的连接状态预测一个概率值，经过Softmax

进行归一化处理,生成后续消息传递机制的组织权重。

环境上下文融合模块主要利用消息传递机制 MP 来实现,MP 的输入包含图骨架学习模块计算的组织权重、物体和关系的初始特征三部分。MP 主要是利用多阶段双子图神经网络(bipartite graph neural network,BGNN)实现的,BGNN 包含两个部分,实体到关系的消息传递以及关系到实体的消息传递,通过将图骨架学习模块学习到的组织权重与两部分的消息相乘,实现了消息传递过程与结构信息的结合,进而利用权重实现了有差别的信息传递。通过多次循环实现在物体和关系初始特征中融合环境上下文信息的过程,输出物体和关系的精细特征。

层次化物体学习模块利用粗细两种粒度的物体标签,对物体的初始特征和 MP 融合后的精细物体特征进行监督学习。经过粗粒度标签约束的物体初始特征在融合环境上下文信息后,利用细粒度标签进行二次约束。层次化物体学习模块由两个 3 层全连接层构成,根据输入的物体的初始特征和精细特征直接输出物体标签。

利用 MP 融合后的关系精细特征用于预测关系标签,关系预测器由 3 层全连接层组成,接受融合后的关系特征,输出关系标签。层次化物体学习模块输出的实体标签和关系标签在图骨架上构成了最后的场景图。当关系标签预测为“无”关系时,表示两物体间不存在关系,即删除两点间的连接,最终输入的三维点云场景被表示为多张不同大小的场景图。

4. 结果展示

对于场景图生成实验,选择在 3RSCAN 数据集上进行训练,其具有 1482 个场景图,实验选取了场景中频繁出现的 160 个物体类别和 26 个谓词标签作为学习对象。通过将 160 个物体类映射到 NYU40,获得了 40 个粗粒度的对象类别。如图 3.3.12 所示,方法对于原始点云过于残缺或数量过小的预测准确度有了很大程度的提升,但仍存在预测失败的情况。但是,方法对于物体的细粒度标签和关系的多角度预测有了很好的预测效果。

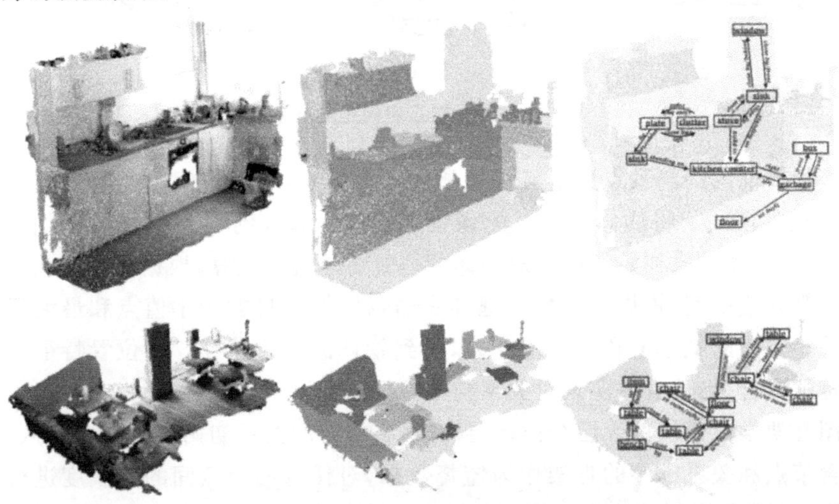

图 3.3.12 场景图预测结果

5. 小结

由于引入了结构性信息，有效解决了三维场景图生成任务中，由于不恰当的视觉特征和无差别的环境上下文融合过程造成的信息高冗余度和特征混淆，所造成的物体和关系预测困难的问题。通过定义新的视觉特征、交互空间，在信息抽取阶段提取具有合适冗余度的初始特征，并且通过融入结构化的骨架信息和层次化物体粒度信息构建具有高辨别力的特征，进而提取具有结构化的场景信息。

3.4　本章小结

场景图的结构化信息的实现过程可以看作为利用场景布局，即空间关系，将非结构化场景信息组织为图的过程。因而，场景图生成任务的精确度要低于单纯的非结构化信息提取过程；而且场景图的图状结构是一种可推理的信息组织形式，平面化、无关联的场景信息在组织后可用于高级场景知识推理，进而可以辅助机器人在场景中实现高级任务。

3.5　思考题

(1) 请说明结构化和非结构化的场景知识分别适用于解决何种高级任务。
(2) 请说出属于场景理解任务的子类任务。
(3) 请说明使用三维点云数据进行场景理解任务相对于二维图像所具有的优势。
(4) 实践：动手搭建基于 PointNet 的点云语义分割和物体分类网络。
(5) 实践：请尝试利用 PointNet 搭建基于三维场景的场景图生成网路。

参考文献

[1] QI C R，YI L，SU H，et al. Pointnet++：deep hierarchical feature learning on point sets in a metric space[C]//Proceedings of theannual conference on neural information processing systems. LaJolla：NIPS，2017(30)：5099-5108.

[2] HU Q，YANG B，XIE L，et al. RandLA-Net：efficient semantic segmentation of large-scale point clouds[C]//Proceedings of the IEEE conference on computer vision and pattern recognition. Los Alamitos，CA：IEEE Computer Society，2020：11105-11114.

[3] XU X，LEE G H. Weakly supervised semantic point cloud segmentation：Towards 10× Fewer Labels[C]//Proceedings of the IEEE conference on computer vision and pattern recognition. Los Alamitos，CA：IEEE Computer Society，2020：13703-13712.

[4] JIANG L，ZHAO H，SHI S，et al. PointGroup：dual-set point grouping for 3D instance segmentation[C]//Proceedings of the IEEE conference on computer vision and pattern recognition. Los Alamitos，CA：IEEE Computer Society，2020：4866-4875.

[5] ZHAO L，TAO W. Jsnet：joint instance and semantic segmentation of 3D point clouds [C]//Proceedings of the AAAI conference on artificial intelligence. Palo Alto，CA：AAAI，

2020：12951-12958.

[6] ZHANG H，DANA K，SHI J，et al. Context encoding for semantic segmentation[C]// Proceedings of the IEEE conference on computer vision and pattern recognition. New York，NY：IEEE，2018：7151-7160.

[7] SHI W，RAJKUMAR R. Point-gnn：graph neural network for 3d object detection in a point cloud[C]//Proceedings of the IEEE conference on computer vision and pattern recognition. Los Alamitos，CA：IEEE Computer Society，2020：1711-1719.

[8] SHI S，WANG X，LI H. Pointrcnn：3D object proposal generation and detection from point cloud[C]//Proceedings of the IEEE conference on computer vision and pattern recognition. Los Alamitos，CA：IEEE Computer Society，2019：770-779.

[9] ZHANG H，DANA K，SHI J，et al. Context encoding for semantic segmentation[C]// Proceedings of the IEEE conference on computer vision and pattern recognition. New York，NY：IEEE，2018：7151-7160.

[10] YU F，KOLTUN V. Multi-scale context aggregation by dilated convolutions[C]. International Conference on Learning Representations. San Juan，Puerto Rico：Conference Track Proceedings，2016.

[11] CHEN L C，PAPANDREOU G，KOKKINOS I，et al. Deeplab：Semantic image segmentation with deep convolutional nets，atrous convolution，and fully connected crfs. IEEE Transactions on Pattern Analysis and Machine Intelligence [J]. Los Alamitos，CA：IEEE Computer Society，2017，40(4)：834-848.

[12] CHEN L C，PAPANDREOU G，SCHROFF F，et al. Rethinking atrous convolution for semantic image segmentation[EB/OL]. (2017-06-17). https：//arxiv. org/pdf/1706. 05587.

[13] LIN T Y，DOLLÁR P，GIRSHICK R，et al. Feature pyramid networks for object detection [C]//Proceedings of the IEEE conference on computer vision and pattern recognition. New York，NY：IEEE，2017：2117-2125.

[14] KRÄHENBÜHL P，KOLTUN V. Efficient inference in fully connected CRFs with gaussian edge potentials[C]//Proceedings of theannual conference on neural information processing systems. LaJolla：NIPS，2011：109-117.

[15] YI L，SU H，GUO X，et al. Syncspeccnn：Synchronized spectral cnn for 3D shape segmentation [C]//Proceedings of the IEEE conference on computer vision and pattern recognition. New York，NY：IEEE，2017：2282-2290.

[16] MASCI J，BOSCAINI D，BRONSTEIN M，et al. Geodesic convolutional neural networks on riemannian manifolds[C]//Proceedings of the IEEE conference on computer vision and pattern recognition. New York，NY：IEEE，2015：37-45.

[17] BOSCAINI D，MASCI J，RODOIÀ E，et al. Learning shape correspondence with anisotropic convolutional neural networks[C]//Proceedings of theannual conference on neural information processing systems. LaJolla：NIPS，2016：3189-3197.

[18] BOSCAINI D，MASCI J，RODOLÀ E，et al. Anisotropic diffusion descriptors. Computer Graphics Forum[J]. England：Wiley，2016，35(2)：431-441.

[19] SINHA A，BAI J，RAMANI K. Deep learning 3d shape surfaces using geometry images [C]//Proceedings of the European conference on computer vision. Berlin，German：Springer，2016：223-240.

[20] SIMONOVSKY M, KOMODAKIS N. Dynamic edge-conditioned filters in convolutional neural networks on graphs[C]//Proceedings of the IEEE conference on computer vision and pattern recognition. New York, NY: IEEE, 2017: 3693-3702.

[21] LI Y, PIRK S, SU H, et al. Fpnn: Field probing neural networks for 3D data[C]//Proceedings of theannual conference on neural information processing systems. LaJolla: NIPS, 2016: 307-315.

[22] TULSIANI S, SU H, GUIBAS L J, et al. Learning shape abstractions by assembling volumetric primitives[C]//Proceedings of the IEEE conference on computer vision and pattern recognition. New York, NY: IEEE, 2017: 2635-2643.

[23] Maron H, Galun M, Aigerman N, et al. Convolutional neural networks on surfaces via seamless toric covers. ACM Transactions on Graphics. Association for Computing Machinery[J]. New York, NY: ACM, 2017, 36(4): 1-10.

[24] QI C R, SU H, MO K, et al. Pointnet: deep learning on point sets for 3D classification and segmentation[C]//Proceedings of the IEEE conference on computer vision and pattern recognition. New York, NY: IEEE, 2017: 652-660.

[25] LANDRIEU L, SIMONOVSKY M. Large-scale point cloud semantic segmentation with superpoint graphs[C]//Proceedings of the IEEE conference on computer vision and pattern recognition. New York, NY: IEEE, 2018: 4558-4567.

[26] GRAHAM B. Spatially-sparse convolutional neural networks[EB/OL]. (2014-09-22). https: //arxiv. org/pdf/1409. 6070.

[27] BOSCAINI D, MASCI J, RODOLÀ E, et al. Learning shape correspondence with anisotropic convolutional neural networks[C]//Proceedings of theannual conference on neural information processing systems. LaJolla: NIPS, 2016: 3189-3197.

[28] MONTI F, BOSCAINI D, MASCI J, et al. Geometric deep learning on graphs and manifolds using mixture model cnns[C]//IEEE/CVF Conference on Computer Vision and Pattern Recognition. Honolulu, HI, USA: IEEE Computer Society, 2017: 5115-5124.

[29] QI X, LIAO R, JIA J, et al. 3D graph neural networks for rgbd semantic segmentation [C]//Proceedings of the IEEE conference on computer vision and pattern recognition. New York, NY: IEEE, 2017: 5199-5208.

[30] BRUNA J, ZAREMBA W, SZLAM A, et al. Spectral networks and locally connected networks on graphs[C]// International Conference on Learning Representations. Banff, AB, Canada: Conference Track Proceedings, 2014.

[31] JOHNSON J, KRISHNA R, STARK M, et al. Image retrieval using scene graphs[C]//Proceedings of the IEEE conference on computer vision and pattern recognition. New York, NY: IEEE, 2015: 3668-3678.

[32] XU D, ZHU Y, CHOY C, et al. Scene graph generation by iterative message passing[C]//Proceedings of the IEEE conference on computer vision and pattern recognition. New York, NY: IEEE, 2017: 3097-3106.

[33] ZELLERS R, YATSKAR M, THOMSON S, et al. Neural Motifs: Scene graph parsing with global context[C]//Proceedings of the IEEE conference on computer vision and pattern recognition. New York, NY: IEEE, 2018: 5831-5840.

[34] YANG J, LU J, LEE S, et al. Graph R-CNN for scene graph generation[C]//Proceedings of the European conference on computer vision. Berlin, German: Springer, 2018: 690-706.

第4章

机器人导航与避障

4.1 概述

视觉定位任务[1-3]是通过获取的视觉数据，对视觉设备进行位姿估计的任务，任务本质是求解数据在不同坐标系之间转换的变换矩阵。视觉定位任务实际上是一个笼统的任务描述，相机定位任务是它的一个子任务，目的是求解相机坐标系到世界坐标系下的变换矩阵。在实际的操作环境中，例如机器人感知场景的情境下，相机定位任务通常会根据实际的应用情境进行分类。当机器人进入一个新的场景时，首要的任务是对环境进行大量的探索，在整个探索过程中，机器人最初没有预知的场景信息，但机器人仍然需要不断地感知自己的位置和姿态，在这种情境下的相机定位任务需要在同时探知一定场景信息的情况下进行，这样的相机定位任务称为视觉里程计任务。视觉里程计任务通常需要在定位的过程当中临时保存一部分信息。但是在真实的应用环境下，并不需要在定位过程中不断建立大量的临时信息，而是借助已经知道的场景数据进行定位，这样的定位任务称为重定位任务(re-localization)。

视觉重定位任务是在已知场景中，将拍摄的数据与已知场景信息进行匹配，从而获得准确相机位姿的任务。重定位任务与视觉里程计(visual odometry，VO)任务存在许多差别：首先，最主要的差别在于重定位任务建立在大量已知的场景数据下，没有进行临时数据的获取和存储。而视觉里程计任务在启动时，没有已知的场景数据，且在整个定位过程中对于全局的场景数据的依赖程度较低，获得的相机位姿也以前后帧间的相对位姿为主，也因此存在较为明显的累计误差问题；其次，重定位任务通常只采用近期采集的数据，对于彩色图像(red-green-blue，RGB)相机来说，通常是一张或多张连续的图像，并以此进行相机位姿的估计，且在定位过程中这些数据之间的依赖较弱。而视觉里程计任务由于估计以相对位姿为主的相机位姿，因而通常不仅依赖近期采集的数据，一定程度上依赖整个定位过程中的全部场景数据，且这些数据之间的相互依赖较强。重定位任务具有许多的应用情境，例如在常见的已知场景中的机器人导航情景中、增强现实应用情景中都能够应用重定位任务。重定位任务还能够在同时定位与地图构建[4](simultaneous localization and mapping,SLAM)过程中因发生剧烈抖动或明显的光线变化而导致定位信息丢失的情况下,辅助 SLAM 系统进行相机位姿的恢复,这能够明显提升 SLAM 系统的可用性。SLAM 任务中的回环检测任务与重定位有相似之处,尤其是一些方法上的处理,但需要明白它们之间的差别,重定位任务的目的是获取位姿,回环检测任务的目的是对 SLAM 系统的位姿进行辅助修正,这两个任务在目的上有本质的差别,而且不能因为某一种相似方法就把它们当作是同一个任务。

机器人的导航与避障基于已建成的地图进行地图规划,并依赖定位数据不断地向目的地前进,导航任务与避障任务是类似的,但导航任务通常被认为是已经规划了路径,机器人按照既定路径前进的方法,这种方法不仅要求有建好的模型,还要求根据地图、设定的起始和终点位置进行路径规划,且在机器人的行进过程中不断地修正行进行为,最终到达目的地。避障任务与传统意义上的导航任务的最大差别在于其仅了解目的地,而完整的行进路线并不进行特别的规划,这可以很好地应对真实的机器人移动场景,机器人只需要在运动的过程中不断地靠近目的地,并在行进过程中躲避身边的障碍物,这种方式的机器人导航能够适应更复杂的场景也更符合真实的应用情境,例如存在大量运动物体的室内动态场景。当然无论是哪一种定位方式,都需要依赖机器人对自身位置状态信息的估计。因此本章中在介绍了基于已知场景的重定位算法的相关技术后,会重点介绍机器人的导航和避障相关的技术。

本章还提供了以视觉重定位为主的部分技术案例的参考代码,以帮助读者更好地了解和学习相关技术,这些实践代码可以为您提供一定的实现思路和实现细节的参考,实践的具体代码可以扫描右侧的二维码获取。

第 4 章资源

4.2　国内外主要研究工作

4.2.1　经典重定位算法

知道自己的准确位置是计算机视觉领域内许多应用的关键,例如在智能手机拍摄的场景中加入一个虚拟的事物,或者导航一辆无人驾驶汽车穿过一座城市。可以发现在这些设备上通常都配备了 RGB 相机,因为它的成本低且有着丰富的输出。

SLAM 或其类似技术适合在初次进入场景的情况下使用,但由于其设计特点的缺陷,逐帧计算位姿会导致误差累积,所以回环检测和重定位技术在其应用过程中也参与进来。当 SLAM 在运行过程中由于高速导致的模糊等因素丢失了先前的位置,就需要重定位这种建立在先前的数据之上的定位技术来恢复出目前大概的位置。对于误差的累积则通过回环检测的方式进行修正,而判断是否在同一个位置也需要适当地运用重定位技术。

重定位是有预先场景数据情况下的定位,它的目标在于依靠预先知道的场景数据来得到某一个查询图像的相机拍摄位姿。这种定位技术相对于 SLAM 这种即时且没有先验定位知识的定位方式节省了很多成本,避免了误差的累积,并且可以解决定位过程中的位置丢失问题,新的方法像是回归森林方法[5-8]和深度学习方法[1,9-16]还能避免特征检测及匹配这些非常消耗资源的计算,这类方法不仅能够保证每一次的定位都是基于同一个世界坐标起点,而且还能够求取先验知识中没有到过的视角位置。对于重定位的先验知识的获取,SLAM 技术已经较为成熟,但其机制和缺陷使得其适合获取未曾见过的场景,而对于已有先验知识的情况,重定位方法则更有效方便。

1) 几何方法

近年来深度学习技术的发展,经典的重定位算法不断地发展形成基于深度学习的重定位技术。但经典的重定位技术仍是这些技术的基础。经典的重定位方法主要包括几何方法和图像检索方法。几何方法通常通过计算图像间的特征数据,形成不同坐标系下的配对关系,进而通过解三角形的方法进行位姿的求解。其中常见的特征提取方法有基于方向的快速特征点检测和简短描述符(oriented fast and rotated brief,ORB)[17]、加速的鲁棒特征(speeded-up robust features,SURF)[18]和尺度不变特征变换(scale-invariant feature transform,SIFT)[19]。但通常这类视觉特征对场景的适应能力较低,而且计算量较大,最终表现为跨场景的泛化性能较差、鲁棒性较低以及运行效率较低。

位姿即位置和姿态,它们分别对应于平移和旋转。平移通常用欧式坐标系进行距离表示即可,而旋转则有多种表示方式,旋转矩阵、旋转向量、四元数和欧拉角,本节选用计算简便,与其他表示转换也相对容易的旋转矩阵来主要表示旋转。

在概述中,已经说明了相机重定位任务目标是对在已知场景中进行相机位姿估计。相机位姿则是相机坐标系与世界坐标系的线性变换关系。坐标系的关系可以参考图 4.2.1。因此,相机位姿的求解,实际上可以转化为是在同一个世界坐标系下,在不同位置和角度形态下的坐标系之间对同一个空间点进行描述,并且还能够在不同的坐标系间进行转换。

相机位姿的求解就是尝试寻找当前相机坐标下所观察的点与世界坐标系下的点之间坐标的转换关系。通过位姿的表示可以知道,平移和旋转分别至少有 3 个变量需要求解,因此需要至少联立 3 个等式。转换关系的求解关键在于建立等式,等式构建的基础在于用不同的方式描述同一个事物,在同一个场景中,将两个坐标系之间的某一个确定的点,进行互相转换,即构建等式的基础。那么如何确定在这两个坐标系下所表达的同一个点的方法,便是相机位姿求解的关键。通常称世界坐标系下的点为场景点,而相机所拍摄的图像上的点为像素点,而当它们所表述的是同一个点时,称它们互为对应点。

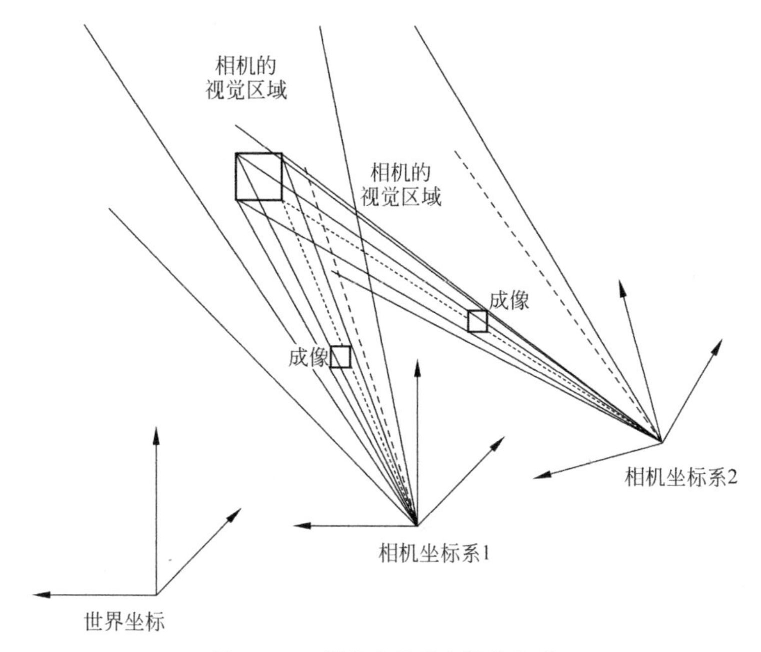

图 4.2.1　相机坐标系之间的关系

因此，如何建立世界坐标系与相机坐标系的对应关系成为相机位姿求解的关键问题。通常，世界坐标系的确定是由第一个相机起始位置的相机坐标系决定的。同时为了能够保证对特征描述的统一性，通常对应点的建立最好能够在同一种数据表达形式下进行。最为常见的是在图像上进行特征点的提取。

在图像中进行特征点匹配是获取对应关系的关键步骤，在提取图像的特征点并进行匹配的工作上，已经有研究者提出了一些有效的方法，例如著名的 ORB、SIFT 和 SURF 等，这些人工设计的特征点具有一些非常好的性质，包括可重复性、可区别性、高效率和本地性。特征点由关键点和描述子两部分组成。

在提取特征的算法中，SIFT 特征点提取算法是非常有效的一种，它充分考虑到了光照、尺度和旋转等匹配中可能遇到的问题，而它最大的缺点是需要大量的运算，目前的 CPU 还无法实时运行 SIFT 特征点提取算法。不仅是 SIFT，SURF 和 ORB 也有同样的问题，其中 ORB 相对来说速度更快，但处理一帧仍需要 20 ms 左右。

下面简单描述 SIFT 特征提取算法的步骤：

第一步：输入图像并将图像转换为灰度图。

第二步：对灰度图进行处理得到图像金字塔，图像金字塔一般采用高斯金字塔。

第三步：用高斯模板对图像进行卷积得到高斯差分金字塔。

第四步：对高斯差分金字塔中的极值点进行初步检测并对关键点进行定位。

第五步：对采集到的关键点采集其在高斯金字塔邻域窗口内的像素梯度和方向分布。确定特征点的主方向。

第六步：生成特征点的描述符。该部分涉及确定计算描述子所需要的区域、坐标轴旋转至主方向、梯度直方图的生成、三线性插值和描述子门限化等操作。

获取特征点后需要对特征点进行匹配，虽然匹配的思路可能各有不同，但都是希望找到两个匹配点之间距离最小的点，在很多第三方库中多数使用欧几里得距离或向量的夹角来求取匹配，在查找匹配时，更多采用 K 近邻（K-nearest neighbor）和树形 K 维数据检索（K-dimensional tree，KD 树）的方式。

SLAM 的研究实现了没有预先场景知识的定位方法，这种方法通过视频帧之间不停地进行特征匹配以求得相机的运动轨迹，然而这类方法有很大的局限性，尤其是当再次进入一个之前已经到过的场景时。SLAM 在帧与帧之间进行定位不仅要考虑到前一帧位姿信息的准确性，还要考虑到像素点位置的深度信息是否准确等因素，这些不确定因素叠加后引发的误差累积，导致随着时间的增加，相机的位姿信息越来越不准确，发生明显的偏移。除此之外相机还容易由于高速和弱纹理两种特性影响，在定位的过程中丢失位姿，为了解决这些问题，回环检测等技术被提出，这是重定位的前身，它通过尝试找到之前到过的位置，来对相机的位姿进行修正，而在这里涉及的就是相机重定位问题。

基于 RGB 的相机重定位在近年来已经受到非常多的关注。对一些场景进行数据采集后，当再次进入到该场景时能够直接获取相机的位置和姿态，这是许多现有技术的关键支撑，使用重定位的方式获得的相机位姿不仅能实现这种需求，通常还能够在定位过程中按照之前的经验获得相对稳定的位姿。目前的相机重定位的准确度等已经有了很大的提升，下面对经典的相机重定位方法进行详细的介绍。

随机采样一致算法：在一堆数据中找出与其数据分布相拟合的函数是一个比较困难的问题，在寻找符合要求的函数时要考虑到它们之间的关系，最小二乘法是一种很好的方式。最小二乘法是一种基本的数据优化方法，它能够通过最小化误差的平方来找到期望的拟合函数。这种方式只在外点较少的情况下获得较好的效果，当外点所占比重较大时就无法产生较好的效果。这里说的外点可以理解为超过期望拟合的函数合理波动范围的值，与其对应的是内点，即在合理的波动范围内的点。

由于最小二乘法在拟合函数的时候无法应对外点过多的情况，随机采样一致算法[20]（random sample consensus，RANSAC）应运而生，该算法通过随机选取一些数据进行拟合，之后根据这些拟合的函数再次寻找该函数的内点，并根据内点个数选择拟合最好的函数，其具体的算法步骤如下：

第一步：随机从全集 U 中选择一个子集（通常小于 1/2）A 作为待拟合数据。

第二步：为选取的子集数据 A 进行拟合，得到第一条拟合函数 f_1。

第三步：重复前两步直到采样生成的拟合函数个数达到设定的数量 k。此时得到拟合函数 $f_1,f_2,\cdots,f_k$ 共 k 个。

第四步：设定一个区分内点与外点的阈值 T，分别在全集 U 上的所有点对 k 个拟合函数 $f_1,f_2,\cdots,f_k$ 计算内点个数。

第五步：选出内点个数最多的拟合函数 f_m，用它的所有内点进行拟合，得到第一次优化的函数 f_1'。

第六步：再次在全集 U 上计算 f_1' 的内点。

第七步：再次根据得到的内点更新 f_k'。

第八步：重复第六步至第七步，直到 $f_k'-f_{k-1}'<T'$，T' 指两个函数之间的差别，这种差别可以自行定义，例如当函数之间的参数差别很小时则可以停止优化，或两个函数得到的内点个数相同时停止优化等。

图 4.2.2 为直观理解 RANSAC 算法提供给可视化描述，图 4.2.2(a)中首先随机选取一定的点并生成一些拟合的函数，图 4.2.2(b)中选取得到内点最多的一条拟合的曲线，并用它的内点继续拟合，图 4.2.2(c)得到新的拟合曲线后，再次得到它的内点集合，并进行拟合，如此重复至内点个数保持稳定时停止拟合，得到最后的结果。从过程中也可以看出，虽然要拟合的外点很多，但是通过设定阈值后能够有效地抑制外点从而得到尽可能好的函数。因此，在 RANSAC 算法中，设置阈值是非常关键的一步，设置过大或过小都是不合适的，合适的阈值才能够使函数尽可能好地拟合函数。

2）基于图像检索的方法

基于图像检索的方法也是经典的相机重定位方案，这种方法通常将搜集的参考图像进行特征提取，这种特征提取常见的有局部聚集描述符向量特征(vector of locally aggregated descriptors，VLAD)[21]，近年来还出现了网络化局部聚集描述符向量特征(NetVLAD)[22]，提取的特征将用于构建图像级特征数据库。当输入需要定位的图像时，对输入图像进行整图的特征提取，并将提取的特征与图像特征数据库中的特征进行比较，从而获得其接近的位姿。如果想提升定位的准确度，则可以在查询图像的基础上进行特征点提取和匹配，然后利用随机采样一致性方法与多点透视算法(perspective-n-point，PnP)进一步求解更精细的相机位姿。

在 SLAM 问题中，回环检测最常用的解决方案是通过图像检索的方式来实现的，这种方式虽然有一定的局限性，但在机器学习和深度学习方法流行之前，这种方法受到很大的关注并取得了一些不错的进展。在回环检测问题中，其目的是对偏离的位姿进行修正，因为在 SLAM 方法中，相机的运动追踪是一帧一帧进行的，随着每一帧的误差不停地向下一帧传播，导致相机的运动不断发生更大的偏移，时间越久，偏移越大。另外，基于特征检测的方式来获取图像与图像之间的匹配方法，对图像的成像质量、图像的内容也有一定的要求，因此在对运

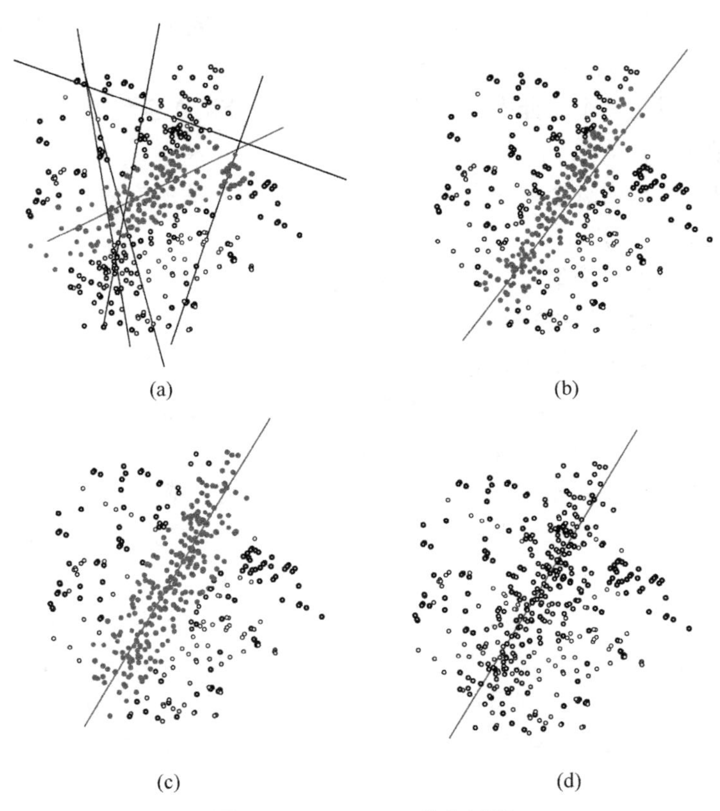

图 4.2.2 RANSAC 优化过程

动进行追踪时相机还可能会因为运动过快和场景缺少纹理而发生相机的位姿丢失状况。

基于图像检索的重定位技术是通过建立带有地理位置的图像数据库实现的,这种建立大型的数据库的方法成功实现得益于图像检索技术的发展。图像的特征通常用 VLAD 描述子进行描述。回环检测任务要完成的任务是判断相机之前是否到达过目前相机所在位置的附近,如果具有相近的位姿,那么必定拍摄到相似的画面,鉴于此,无论是从回环检测的角度出发,还是从基于图像的重定位出发,寻找相似图像都是获得相机位姿的可行方案。

为了寻找相似的图像,基于图像检索的重定位采取了不同类型的图像表示方式和检索方式。最简单有效的方式是,通过提取数据库中整张图像的 VLAD 特征,并将这些特征进行存储。当输入需要查找的图像时,将查询图像进行 VLAD 特征提取与所有的数据库图像的特征进行匹配,匹配分数最高的则为最相似、位姿最相近的图像。然而,这种方式的计算代价太大,相机定位的准确度也比较低,几乎无法做到实时定位。同时随着图像数据库的增大,匹配图像的代价会越来越大,因此在多数的实时系统中是不适用的。

另外基于图像相似性的方法最为熟知的是基于词袋模型的。词袋模型是指每一张图像都有“一袋”描述自己的“词汇”,通过统计每张图共有的“词汇”数量,就可以判断图像是否相似。词袋模型中的所有词汇构成了一个字典。生成字典的方式采用 K-means 算法[23](一种迭代求解的聚类分析算法),其过程如图 4.2.3 所示,设定希望生成 n 个词汇的字典,首先随机落下,每个特征选择离自己最近的词汇中心作为自己的类型,随后词汇中心根据选择自己的特征进行移动,之后每个特征再次选择离自己最近的词汇中心作为自己的类型,词汇中心则再次移动,如此迭代直到词汇中心趋于稳定,图 4.2.4 给出了直观的可视化过程。

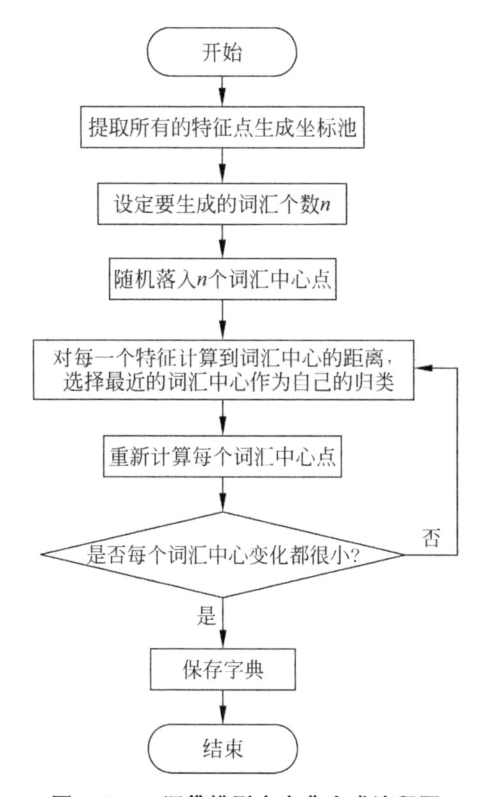

图 4.2.3 词袋模型中字典生成流程图

对于词袋模型的匹配方法,在选取匹配词汇时,没有目的地选择会浪费大量的计算资源,所以考虑使用有权重的特征是有必要的。译频率-逆文档频率(term frequency-inverse document frequency,TF-IDF)[24-25]的思想非常有效,对于一幅图像,出现频率高的词汇为高区分能力词汇,在总的字典中的出现频率越低的词汇为低区分力词汇,这样有选择性地进行词汇匹配让效率变得更高。

查找字典需要优秀的数据表达方式,来更快地找到每张图像的相近图像,相对于一个一个地查找,构建 KD-Tree 或 K 叉树[26]是非常好的查找方式。

随着深度学习技术的发展,图像的特征提取已经可以不使用 SIFT、SURF 或是 ORB 这些特征提取算法,而是直接通过预训练的深度神经网络进行特征提

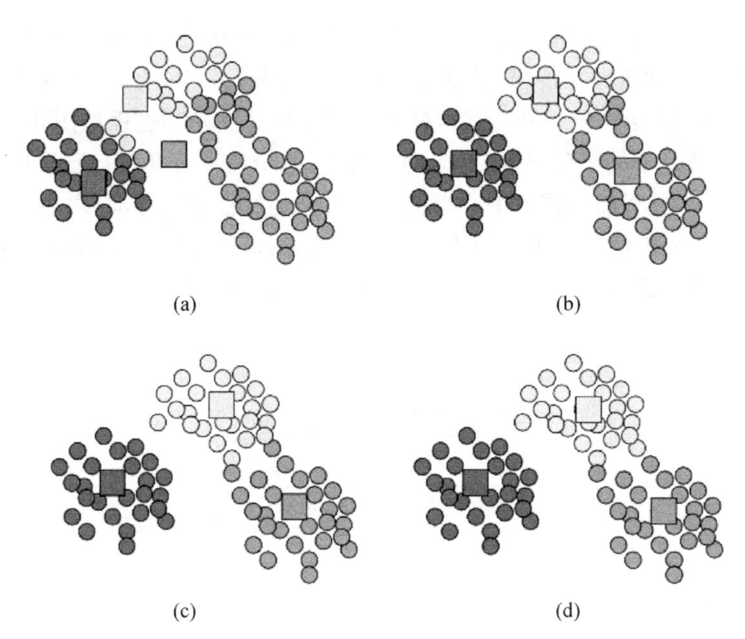

图 4.2.4 词汇中心迭代可视化过程

(a) 随机落下 3 个词汇中心；(b) 词汇中心根据选择自己的特征调整位置到特征的中心；(c) 不断重复并调整词汇中心；(d) 当词汇中心变化不大时生成最后的字典

取[49]作为其特征，随后使用稠密 DenseSIFT[27]算法进行匹配，并在最后使用虚拟视图合成验证来确定最后的相机位姿。该方法最后生成的位姿也比较准确，在基于图像检索的方法中也值得考虑，但这种方式的效率较低且数据库的量级通常较大，使用不够便利。

3）基于随机森林的重定位技术

相对于图像检索方式，使用随机森林的方式来解决重定位问题能够更加有效，Shotton 等[5]设计了使用随机森林的方式进行相机重定位的方法，这种方法通过预测 2D 点对应的场景坐标，最后在一个 RANSAC 过程中对图像的相机位姿进行估计，该类方法可以说是开启了相机重定位在机器学习方面得出优秀位姿的先河。在后续的方法中，随机森林在效率上和准确率上都在不断提升，不过随机森林的方法都需要深度信息的加入，即使后续的工作可以在实际应用时避免使用深度信息，在训练时深度信息仍然是必要的。

把随机森林的场景坐标回归思路运用到深度学习上，也能够对场景进行估计，而且采用特别设计的损失函数还能够避免使用深度信息，甚至还有基于深度学习的技术能够直接对相机位姿进行回归。

4.2.2 基于深度学习的重定位算法

基于深度学习的重定位算法可以大致分为两种策略：一种是直接获取位姿，

例如直接回归相机的位姿[9]或是在已知位姿的帧中进行匹配[28-30]；另一种则是尝试建立图像上的点及其世界坐标点之间的对应关系，之后运用 PnP 算法在一个 RANSAC 算法[20]过程中生成一个最好的位姿估计。

1）直接求取位姿

在直接求取位姿的方法中，一类是基于图像(帧)的定位技术，该技术得益于图像检索技术的发展[22,31-32]。这些方法从一个带有位姿信息的图像(帧)的数据库中查询匹配的图像，然后通过匹配到的带有位姿的图像对查询图像进行位姿计算。这些方法能够应用在大规模的场景中，然而它们通常只能够提供粗略的相机位姿估计。准确的 6 自由度(degree of freedom，DoF)相机位姿需要使用基于稀疏特征的方式获取。基于稀疏特征的方法通过把图像描述与运动后结构重建的三维点进行匹配，得到一系列的 2D-3D 的对应关系，从中得到准确的位姿估计信息[33]。在这类方法上，研究的重点是如何提高描述匹配的效率[34]、鲁棒性[34-35]和扩展到大规模户外场景的能力[36-38]。然而，本地特征检测器依赖于丰富的纹理和好的成像质量[20]，这就使得在有大量重复元素的场景中，场景的重建就变得非常困难。相对于匹配数据库，Kendall 等[9]提出了 PoseNet 算法，这是一种直接求取位姿的方法，借助迁移学习技术，通过一个 CNN 网络来直接映射一张图片到一个 6 自由度的相机位姿。因为 PoseNet 算法把相机位姿估计的方法看作一个回归问题，直接运用神经网络来解决这个问题，因此不需要传统的特征提取。这种方法通过使用重投影损失和更富有表现力的建筑物来提高准确度，还能够在传统方法应用失败的具有挑战性的场景下取得成功。然而这种方法的准确度很低，其后的一些方案虽然能够提升一定的位姿估计效果，但是其准确度提高有限。

2）间接求解相机位姿

相对于直接求取位姿，另一种解决方式是将定位方法分解为几个步骤，而其中涉及的适合使用机器学习的步骤则使用机器学习算法，这也是近来多采用的方法，这种方式通常能够产生更好的位姿计算结果。近来，Shotton 等[5]通过一个随机森林来学习预测图像块的 3D 场景点，利用这些对应点来求得相机的位姿，为其后续的工作提升了准确度[6,39]，并实现了一种快速学习获得 3D 场景点坐标的方法[8]。然而这些方法都非常依赖深度信息，虽然后续有算法[7,40]使用随机森林映射的方法，但是这些方法仍然都需要使用深度图或 3D 模型来进行训练。然而深度图的获取并不总是那么容易，因此这种方法对于室内场景较为友好，对于较具规模的室外场景则有些无能为力。

Brachmann 等[3]提出了可微的 RANSAC 算法流程，并把它用在相机位姿求取的端到端网络训练上，将其命名为 DSAC 算法(differentiable RANSAC，DSAC)，其主要利用一个牛津大学的视觉几何小组(visual geometry group，VGG)风格的卷积神经网络将图像块映射到场景空间中的对应点上，即获得场景坐标，之后采用一个评分的 CNN 网络来计算由 P3P 算法计算随机 4 个场景坐标点得到位姿的分数，最后对选择的位姿通过一个带权重的 RANSAC 机制进行优化以获得最终的位姿。全帧网络方法在文献[41]中被提出，该网络采用一个编码和解码器网络获得与输入图像大小相同数量的场景坐标，这与 DSAC 算法预测图像块的方式有所不同，其考虑到全局信息非常容易过拟合，利用训练集数据生成了大量的变化数据来增加数据集的规模来避免过拟合现象，在效果上也有了一定的提升。

DSAC++算法[1]是 DSAC 算法的升级版，相对于 DSAC 算法，其在很多方面做了优化，首先在网络方面利用全卷积网络更高效地生成更多的场景坐标，将可微分的 RANSAC 替换为柔化内点统计，再择最优位姿时则采用柔性最大分布的概率方式来进行，其中实验证明这种方式比训练一个 CNN 评分网络具有更好的鲁棒性。DSAC++算法最大的贡献点在于其证明了即使没有深度信息也能够学习场景坐标回归，然而对于回归森林方法则无论在应用过程中是否使用了深度信息，都需要利用深度信息来进行训练，因为深度信息提供了大量的场景结构信息，可以极大地降低回归森林学习的难度。

DSAC++算法将整个学习流程分为三部分。第一部分为初始化部分，利用估计值与真实场景坐标值的欧几里得距离作为目标函数来训练网络，使所有预测的结果都能够尽可能在相机前方对网络预测场景坐标进行初始化，如果缺少该训练步骤会导致后面的训练不能收敛。当不使用深度信息时，该训练部分利用一个启发式的方式来生成假的深度作为初始化。第二部分通过重投影误差来对网络进行进一步的训练，该部分非常重要，尤其在第一步训练没有使用深度信息时，这部分的训练将非常有效地提升网络的表现。第三部分执行端到端的优化步骤完成网络的全部训练。最近有文章[42]将 DSAC++算法的第二部分损失进行重新设定，提出基于角度的重投影损失，这种损失函数克服了必须慎重进行初始化的问题，将 DSAC++算法的前两步训练合并为一步训练，节约了大量的训练时间，并且允许多视图的约束，在效果上也有一定的提升。

总的来说，目前看来最有竞争力的两个方法分别是基于随机森林的方法和基于深度学习的方法。目前基于深度学习的方法在训练时已经完全可以不使用深度信息，而基于随机森林的方法则无法不利用深度数据来进行训练，考虑到深度信息的获取本身就比较困难，深度相机也有很大的局限性使其不能够有效扩展到室外场景，在训练数据需求上，深度学习方法具有更大优势，也使其能够应用在更多的场景下。本书也是基于此考虑，在基于深度学习的方法上进行更进一步的研究。

4.2.3 经典导航与避障算法

在研究初期，传统的机器人避障方法可以安全有效地实现移动机器人在简单场景下的避障，但传统避障方法固有的缺点导致其很难在大多数场景下应用，例如：传统方法需要花费大量时间对环境进行高精度建图；巨大的参数量在场景迁移中很难调节；在动态复杂的场景下会定位失败等。而且传统方法大多采用了中心化控制方法，即场景中所有的机器人受中心控制系统的统一调度。传统方法采用中心控制系统的原因是其需要根据周围其他移动机器人的方位、距离信息和自己当前的状态做出正确的动作，例如最佳碰撞避免方法(optimal reciprocal collision avoidance，ORCA)。该方法要解决的问题是 $n(n>0)$ 个移动机器人导航向目标点移动过程中可以对其他移动机器人或者(动态或静态)障碍物进行动态避让，并寻找最佳路径向目标点安全、高效地移动。但是基于 ORCA 的动态避障算法具有严格的要求，假设场景中有 n 个移动机器人，n 个移动机器人之间使用相同的避免碰撞策略来进行相互避障，在提供充足外界环境条件下，场景中的 n 个移动机器人需要在 t 时间内规划出属于自己的避免碰撞的方案，并安全到达目标地点。ORCA 方法是根据每一个移动机器人的速度来规划避障方案的，这意味着场景中的每个移动机器人都需要获取到其他移动机器人的速度才可以避免与场景中的其他移动机器人发生碰撞。对于场景中的每个其他机器人，当前机器人都有一个半平面(速度空间)的速度选择空间来选择自己的速度，从而避免与其他移动机器人发生动态碰撞。

但是中心化控制系统的运算量随场景中移动机器人数量的增加呈指数级增长，所以中心化的控制方法很难在大规模的应用场景中进行部署；而且为了实现移动机器人安全有效移动，中心控制系统需要频繁、无延迟地向移动机器人发送控制指令。这就需要系统中的移动机器人可以频繁地进行准确的定位、中心控制系统具有超强的运算能力、网络传输的速度足够快。但是这些要求在现实场景下很难达到，所以传统的方式并没有很好地解决移动机器人的避障问题。

A* 算法(A-star 算法)：该算法的核心为估计函数 $F=G+H$，其中，G 为初始位置到当前位置所运动的真实距离，H 为从当前位置到达目的地的估计距离。A* 算法的基本思想为：从 open 表中选择 F 值最小的点，并从 open 表中删除，并加入 close 表中，将该节点的相邻节点加入到 open 表中，查看是否有终点，有则结束搜索，并记录路径；没有终点就重复之前的过程，直到到达终点。

A* 算法流程图如图 4.2.5 所示。

4.2.4　基于深度学习的导航与避障算法

近几年来随着深度学习的快速发展，越来越多的研究人员开始尝试采用深度学习的方式来实现基于学习的移动机器人导航方法。Pfeiffer 等[43]提出了一种数据驱动的端到端的控制方法。他们用 ROS 中提供的导航包在仿真场景下采集了大量的数据集，并用采集到的数据去训练深度学习模型。基于深度学习强大的特征表示能力，采用数据驱动的方式训练深度学习模型可以实现从复杂的激光数据、目标点和上一时刻速度到简单的行为数据的有效映射。训练好的深度学习模型可以实现移动机器人在未知场景下的高效避障，同时可以帮助移动机器人应对周围

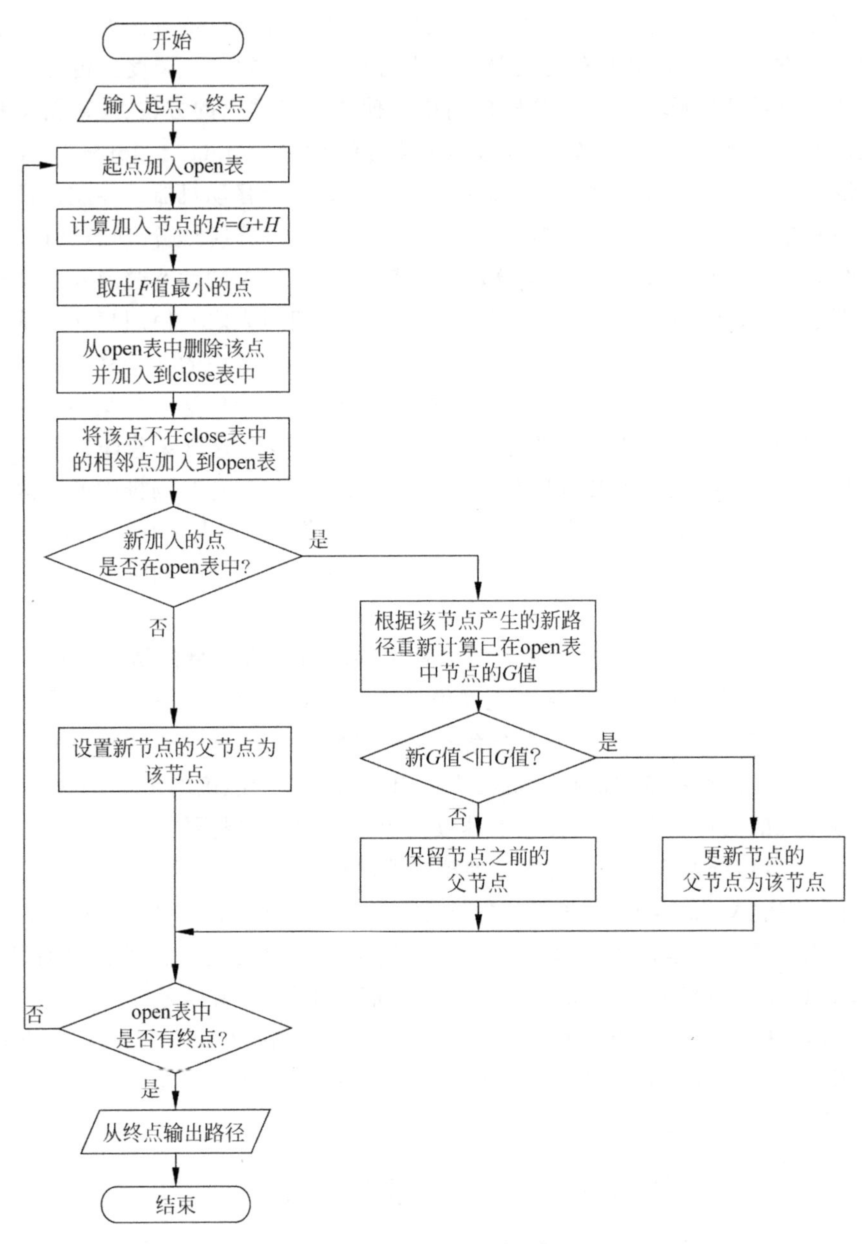

图 4.2.5 A* 算法流程

环境的突发情况。同其他有监督的深度学习模型一样，基于深度学习模型避障算法的避障性能严重依赖于数据集的质量。

为了解决数据带来的限制，研究者开始尝试利用强化学习解决避障问题。强化学习，又称为增强学习、评价学习和再励学习，是目前机器学习一个重要的范式和方法论。强化学习通过指导智能体不断地与环境进行交互收集经验数据，并通过收集的经验数据指导自己的学习，使智能体在与环境的交互中可以获得最大的累计回报或实现既定的目标，因此强化学习的特质使其更加适应于移动机器人导航等的决策性任务。而深度强化学习同时结合了深度学习强大的表征能力和强化学习的决策能力，更加适应于移动机器人的导航任务。在这一领域，Tai 等[44]首先提出了一种基于深度强化学习的无地图运动模型。模型通过将高维的观察数据映射到行为，实现移动机器人安全地在先验未知环境中导航，而不会发生碰撞。但是，由于激光数据稀疏且训练场景简单，该模型在动态障碍物上的表现不佳。为了解决上面的问题，Long 等[45]提出了一种基于近端策略优化(proximal policy optimization，PPO)深度强化学习算法的多场景、多阶段的训练框架。通过输入连续 3 帧的激光数据，移动智能体可以成功地在动态场景下完成高效避障。在此基础上，Choi 等[46]提出了引入 LSTM 方法的演员评论家(actor-critic)深度强化学习框架来减小传感器在视野范围上的限制，并成功地使用 90°FOV(field-of-view，传感器覆盖角度)的激光数据达到了 180°FOV 激光数据的效果。

但是激光数据只是一维的距离信息，因此对于一些不规则的物体往往很难正确测量其到智能体的准确距离，导致智能体避障失败；激光传感器价格昂贵导致其在现实生活中很难大规模使用；激光遇到特殊材料不反射导致其对环境具有低鲁棒性。为了解决激光存在的问题，已经有大量的工作尝试利用 RGB 数据来解决移动机器人的导航和避障问题，例如光流预测方法[47]、消失点检测方法[48]、视觉 SLAM(Visual SLAM，VSLAM)方法[49]以及端到端的深度学习方式[50]。Tai 等[44]提出了一种端到端的避障模型，实现了深度图到行为的映射。但是控制移动机器人在现实场景下采集数据不方便而且非常耗时，因此 Ma 等[51]和 Bharadhwaj 等[52]在仿真环境下训练一个可以实现从 RGB 数据到行为映射的强化学习模型，并在仿真环境下获得了很好的效果。由于仿真环境与真实环境在纹理、颜色等方面的巨大差异，在仿真下训练好的避障模型很难迁移到真实的环境中。Gordon 等[53]使用高仿真的 Habitat[54]仿真环境训练视觉导航模型，减少了模拟到真实之间的差距，但是在迁移到新的场景时需要对模型进行再次训练。Chen 等[55]提出了一种评估模拟到真实之间的差距的标准，并在此基础上提出了一种视觉避障方法，但由于使用了依靠大数据的模仿学习和简单的训练方案，该方法很难应用于具有挑战性的任务当中。

4.2.5 小结

导航与避障是机器人应用中非常重要的一个任务，基础任务包括了相机定位、相机重定位、路径规划和导航避障，本节介绍相机重定位和导航避障两个主题的主要相关工作。由于在实际应用中，大多数时候的应用场景已经具有了一定的场景先验信息，这使得相机重定位扮演着重要的角色，因此本节对相机重定位任务进行了详细介绍，在经典相机重定位方法中，介绍了经典的几何方法，并介绍了该方法的一些基础算法，包括用于特征点提取的 SIFT 特征点，用于进行位姿求解的随机采样一致算法；对于经典方法，还介绍了基于图像检索的方法以及该方法的基础算法，包括词袋模型及其流程；最后介绍了经典相机重定位方法中的基于随机森林的重定位技术。深度学习是一个近年来非常流行的技术，其与传统的经典方法有着非常多的不同，因此本节针对基于深度学习的相机重定位方法也进行了介绍，将其分类为直接求取位姿法和间接求取位姿法，并对这些算法技术进行了介绍。在导航与避障算法中，介绍了导航的核心路径规划算法——A* 算法。同时介绍了基于深度学习的导航与避障算法，其中介绍了导航算法中非常重要的部分可观测马尔可夫决策过程。

为了能够更详细地了解相机重定位算法和导航避障算法，后面的章节对前面介绍的算法进行了具体实践。对于相机重定位任务，统一在微软提供的 7Scenes 数据集上进行了实现。对于经典相机重定位，进行了基于特征数据库匹配的相机重定位，不仅介绍了其基本原理和知识，还提供了伪代码和具体的实现代码，可以访问链接进行了解。对于基于机器学习的相机重定位，采用基于 DenseNet 和金字塔池化结合的网络模型进行实验，实践部分同样介绍了在该模型下进行实验所需要的一些具体知识，并且同样提供了代码。对于导航任务，进行了基于相机重定位的机器人导航实践，介绍了 ROS 和构建地图方案，并介绍了路径规划的具体流程，由于该技术案例的代码实现基于 ROS，代码简单，本节将原理讲明后大家可以自己简单动手进行实践。对于避障任务中的经典避障算法，进行了基于已知栅格地图的机器人避障实践，其中介绍了导航地图构建方法和避障技术方法。对于深度学习避障设计了基于深度强化学习的多智能体避障实践，该实践利用 ROS 分布式算法实现多智能的避障，采用仿真方法实验，使大家上手快，实践中介绍了基于 DQN 算法完成路径规划和 DQN 算法的训练，该部分的实践代码也比较简单，感兴趣的读者可以自己动手进行实现。

4.3 技术实践

4.3.1 技术案例一：基于特征数据库匹配的相机重定位

技术案例一相关代码

1. 任务描述

为了能够更清晰地了解传统相机重定位方案，本节介绍一个经典的重定位方法的实现案例，一种基于特征数据库匹配的相机重定位方法。基于特征数据库匹配的方法可以是基于全图特征匹配，也可以是基于局部像素匹配。由于基于全图特征匹配的数据库匹配方法的准确度表现较差，因此本技术案例部分采用基于特征数据库匹配的相机重定位作为定位案例。基于特征数据库匹配的相机重定位方法涉及的主要内容包括对图像进行特征点集的提取，对特征点集进行数据库存储，对检索图像的特征提取与特征查询和对匹配的特征关系进行位姿的求解。下面分别对这些相关的方法进行介绍并展示实现细节。本技术案例部分的代码全部基于Python 实现。

章节知识点

ORB 特征提取算法：2011 年提出的一种特征提取算法，作为 SIFT 和 SURF 特征检测和提取算法的快速替代方法，具有更强的实用性。

***K*-means 算法**：一种典型的聚类算法，代表的解释模型为牧师-村民模型，根据随机初始的 K 个点进行初始化，每个样本计算它到 K 个聚类中心的距离并将其分到距离最小的聚类中心所对应的类中，并迭代至终止条件的一种算法。

特征匹配：在获取特征后对两个特征的相似性进行匹配的方法，最常见的匹配方法是绝对差之和(sum of absolute differences，SAD)和平方差之和(sum of squared differences，SSD)。

随机采样一致算法：是一种迭代优化算法，用以应对样本中存在大量外点时的方法。该方法首先采样大量的候选结果，根据判别指标进行候选点的筛选，并以此为基础进行最后结果的优化。

2. 相关工作

1) ORB 特征的提取

ORB 是一种快速特征点提取和描述的算法。该算法由 Ethan Rublee，Vincent Rabaud，Kurt Konolige 以及 Gary R. Bradski 在 2011 年一篇名为“ORB：An Efficient Alternative to SIFT or SURF”的文章中提出。ORB 算法分为两部分，分别是特征点提取和特征点描述。特征点提取是由 FAST(features from accelerated segment test)算法发展来的，特征点描述是根据 BRIEF(binary robust independent elementary features)特征点描述算法改进的。ORB 特征是将 FAST 特征点的检测方法与 BRIEF 特征描述子结合起来，并在它们原来的基础上做了改进与优化。ORB 算法的速度能够达到 SIFT 特征的 100 倍，是 SURF 特征的 10 倍。考虑到 ORB 特征的实用性，本技术案例考虑采用 ORB 作为特征提取的主要方法。其提取的代码可以通过调用 OpenCV 库来实现。

示例代码

```
import cv2
import numpy as np
img1 = cv2.imread("data/face1.jpg",0) # 导入灰度图像
detector = cv2.ORB_create()
kp1 = detector.detect(img1,None)
```

2）特征数据库的构建

由于提取的特征数量通常非常多，为了能够高效地进行匹配和特征分类，可以将提取的特征点进行聚类，从而形成某一类相近特征所对应的一个特征包，本技术案例中使用经典的 K-means 算法来进行实现。K-means 算法简单有效地将 N 个数据进行 K 类生成，是一个典型的聚类算法，已经在前文中进行了介绍。在这里以伪代码的方式进行描述，具体的代码可以在本节提供的二维码中访问和下载。

示例代码

```
K_centers = random.(x,y)
While(True):
   Class = allPoints(x)
    For Pi in allPoints:
       Distances = Pi - K_centers
        NewClass(Pi) = Min(Distences)
   If NewClass - Class < Threshold:
       Break
   Else:
       Class = NewClass
```

3）特征点集的匹配

在前面已经提取了图像的特征点，并且构建了基于这些特征点的 K-means 数据库，接下来进行相机重定位的位姿求解过程中最关键的部分，即进行特征点集的匹配。将对输入的图像进行特征提取，将其输入到创建的数据库中并进行检索，从而得到与其特征对应的场景坐标，如此便建立了特征与场景之间的关系，借助这个关系建立并求解方程，能够对相机进行位姿估计。下面的伪代码是对特征点集匹配过程的说明，具体的代码请访问本章概述部分的二维码。

示例代码

```
InputPic = readImage(Path)
Features = cv2.ORBDetector(InputPic)
For feature in Features:
    Mindistance = threthold
    For class in AllClass:
        If class - feature < threthold
            Mindistance = abs(class - featuen)
            Fclass = class
```

3. 技术方法

1）数据集

在设计了场景坐标网络模型的目标函数和采用的权重后，考虑对其选择具体的数据集进行训练。在本技术案例中，采用由微软实验室公布的公共数据集7场景数据集(7 Scenes Dataset)[5]，这也是近年最新定位相关研究常采用的数据集，该数据集包含7个室内场景，分别为Chess，Fire，Heads，Office，Pumpkin，RedKitchen和Stairs，图4.3.1展示了每个场景的3D模型效果和运动轨迹。每个场景的数据量各不相同，具体的数量信息见表4.3.1，该数据集中每张RGB图像均有它对应的深度和位姿信息，即RGB-D(RGB-Depth)。

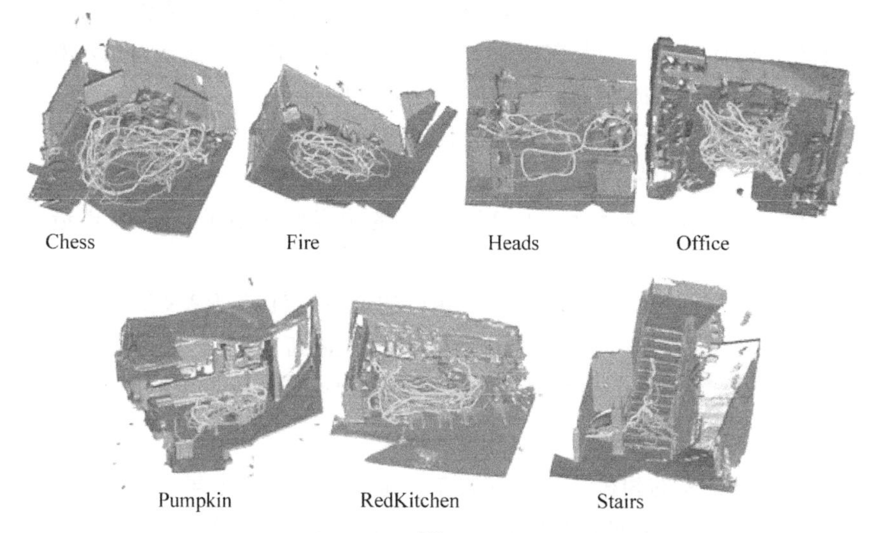

图4.3.1　7 Scenes[5]数据集建模和轨迹图

表4.3.1　7 Scenes的数据分布[5]

场　景	空间范围	帧　数　量		
		训练	测试	合计
Chess	3 m^3	4000	2000	6000
Fire	4 m^3	2000	2000	4000
Heads	2 m^3	1000	1000	2000
Office	5.5 m^3	6000	4000	10000
Pumpkin	6 m^3	4000	2000	6000
RedKitchen	6 m^3	7000	5000	12000
Stairs	5 m^3	2000	1000	3000

2）基于随机采样一致的位姿求解

场景坐标回归网络主要对图像对应点的场景坐标进行回归，在获得估计的场景坐标后需要利用这些点进行位姿的求解。该问题与优化方法非常相似，因此使用RANSAC算法来进行位姿估计将能够获得鲁棒性的结果，在4.2.1节中已经介绍了关于RANSAC算法的一般化实现步骤。在通过场景坐标求解位姿的问题中需要进行部分的调整，但核心思想是相通的，在本技术案例中采用RANSAC算法进行相机位姿估计的过程如下：

第一步：从所有的场景坐标中随机选择 4 个坐标点，得到 4 组 2D-3D 的对应点。

第二步：对得到的 4 组对应点进行 P3P 求解，如果成功求解则计入一个位姿预测，并将选择的点标注为已选点。否则重新执行第一步。

第三步：重复第一步和第二步，直到得到 n 个相机位姿预测。

第四步：对所有的位姿预测计算场景坐标对它们的重投影误差。

第五步：统计重投影误差在阈值 τ 内的个数，选出内点个数最多的相机位姿。

第六步：利用选出的相机位姿的内点计算新的位姿。

第七步：再次计算该相机位姿对所有预测场景坐标的重投影误差。

第八步：选出其中的内点并利用这些内点进行位姿估计。

第九步：重复第七步至第八步，直到相机的位姿变化小于 σ 时，获得最终的相机位姿。

场景坐标整体的估计准确度决定了相机的预测准确度，RANSAC 算法具有非常强的鲁棒性。因此，如何预测更准确的场景坐标是应该重点考虑的内容。基于这个结论，本技术案例重点考虑如何能够更加准确地估计场景坐标。

4. 结果展示

基于特征数据库的相机重定位方法在 7 Scenes 公共数据集上进行了特征数据库的采集和匹配，其实验的数据结果见表 4.3.2。从数据中可以看出，在大多数场景中，基于特征数据库的重定位方法能够取得相对稳定的结果，但在一些特殊场景中，其定位表现则很难进一步应用。在实际的测试过程中，为了能够保证一定的速率，对于每个场景，仅采用部分的图像数据作为特征收集的数据源。但即便如此，在一些数据量较大的场景中，其定位处理速度仍然很慢，单帧的平均处理时间甚至超过了 1 s。

表 4.3.2 基于特征数据库的相机重定位方法实验结果

	误差在 5.0°，5 cm 内	误差在 2.0°，2 cm 内	误差在 1.0°，1 cm 内	中值误差	平均计算耗时
Chess	51.30%	12.90%	0.40%	2.0°，4.8 cm	1s 52 ms
Fire	32.00%	8.10%	0.40%	5.0°，13.5 cm	482 ms
Heads	37.60%	6.30%	0.00%	8.8°，11.4 cm	328 ms
Office	32.60%	4.60%	0.20%	2.6°，8.1 cm	1s 405 ms
Pumpkin	17.10%	1.80%	0.00%	4.2°，15.6 cm	753 ms
RedKitchen	19.60%	3.00%	0.10%	3.7°，12.6 cm	2s 82 ms
Stairs	0.40%	0.20%	0.00%	134.8°，383.7 cm	337 ms

由于数据集中提供了 RGB-D 数据和位姿信息，因此其数据也完全满足本技术案例的需求，在 DSAC++[1] 和基于角度的损失函数[42] 中也同样使用了这个数据集。

从实验的数据可以看出，基于特征数据库的相机重定位方法在纹理较为丰富、光照稳定充足的小场景下，已经能够表现出较好的结果，但当场景较大时，处理的速度明显下降，无法满足实时性的需求。这是因为当场景较大时，场景所形成的特征数据库过于庞大，要检索的特征数量较多，使得计算量过大，从而增加了算法的运行时间。为了能够改善这种性能上的降低，基于深度学习的方法使得无论在哪一种场景下，由于其网络模型规模的固定，因而具有相对统一的计算量，从而能够应对稍具规模的场景。

5. 小结

本节根据传统的相机重定位方法进行设计和分析，实践了基于特征数据集的相机重定位方法。本节中说明了该方法的流程，同时对关键流程进行了详细的介绍，包括 ORB 特征点的提取，以及基于 RANSAC 的位姿求解方法。这些方法不仅在该实践中得到应用，在后续的基于深度学习方法的流程中也用到了其中的一些技术方法的原理等，因此虽然是传统的方法，但其实际的指导意义仍然较大。

4.3.2 技术案例二：基于深度学习的相机重定位

1. 任务描述

技术案例二相关代码

在 4.3.1 节中介绍了经典的相机重定位算法，深度学习技术为场景坐标回归提供了新的思路和解决方案。位姿网络模型(PoseNet)[9]通过迁移学习回归相机位姿，谷歌网络模型(GoogleNet)[56]对相机的位姿直接进行回归，取得了较为优秀的结果，不过对于实际环境中较高要求的定位来说，这种定位方式效果还非常有限，准确度较低，难以直接使用。不过这种定位方式使基于深度学习的重定位技术有了一个开端。后续有很多研究尝试提升其准确度，不过目前该方法的准确度依旧很低。

在可微随机采样一致(Differentiable random SAmple Consensus，DSAC)算法[3]中，采用一个 VGG 深度卷积网络对 RGB 图像进行回归得到场景坐标，并提出了可微分的 RANSAC 算法，使得整个定位求解过程能够端到端地进行训练，该问题的处理方式与随机森林的总体思路非常类似，都是以预测场景坐标为主。

场景坐标是图像一个小区域的中心 2D 点对应世界坐标系的 3D 坐标。前文提到的 P3P、PnP 算法能够对这些对应的 2D-3D 对应点进行位姿估计，但由于场景坐标的计算必须利用深度图，因此整个设计的流程很难避免使用深度信息。DSAC++[1]提出了不需要深度图也可以进行场景坐标回归的算法，不过增加了一步初始化过程。在 DSAC++算法中，相机的位姿需要完成三步训练以得到最好的位姿估计：第一步是通过场景坐标之间的欧几里得距离作为目标函数来进行训练；第二步是使用重投影误差做进一步的优化训练；第三步是使用一个端到端的方式来执行对场景坐标回归。相机的位姿也同样使用一个可以加入端到端训练的 RANSAC 循环来获取。为了不使用深度信息，在没有深度信息时，DSAC++算法给出的方案是启发式地生成一张假的深度图，用这张假的深度图进行训练，由于是启发式的方式得到的深度图，因此在这种情况下的第一步训练后一般无法得到良好结果，但在第二步利用重投影误差的训练步骤中位姿估计的准确度会大幅提升。

在随后的论文[42]中分析了必须分两步训练的原因，因为重投影误差无法修正处于相机中心点后面的或距离相机中心太近的点。因此，论文[42]提出了基于角度的重投影误差，这样就能够在没有深度的情况下，不进行初始化网络也能够对场景坐标进行回归。

 **章节知识点**

DenseNet 网络：2017 年 CVPR 上提出的一种完全残差网络，能够在保证原始信息不被损耗的同时，保证每一次反向传播时能够反馈到最前面的网络的一种网络架构。

金字塔池化结构：能够对不同尺度特征进行提取，并结合这些不同尺度的特征有效利用全局信息的一种网络架构，为深度学习解决全局问题提供帮助。

重投影误差：通过将估计的 3D 点投影至图像上，计算投影点与实际 2D 点间的欧式距离，来评估 3D 点估计准确性的一种度量方法。

可微分的随机采样一致方法：在 DSAC 中提出的采用 SoftMax 或概率方法进行候选位姿选取的一种可微分的随机采样一致算法，该算法的提出使得相机位姿估计方法能够进行端到端训练。

2. 相关工作

1）DenseNet 网络

卷积神经网络的能力非常强大，但并不是随便搭建卷积网络就能够获得好的训练效果，在建立卷积神经网络时有一些常用的规则，例如在卷积层后面最好添加非线性整合层，在网络的最后一般采用全卷积层或者全连接层。盲目设计的网络通常不会有非常好的表现，因此鲁棒性更好的通用网络结构是非常好的选择。现在被人所熟知的网络模型结构有 VGG[57]，GoogleNet[56]，ResNet[58]和 DenseNet[59]。

VGG[57]由牛津大学的 Visual Geometry Group 设计。最早在 2014 年的 ILSVRC 竞赛中排名第二而被广为人知，而排名第一的是 GoogleNet。不过通常来说，VGG 在迁移学习任务上的表现更好一些。VGG 的模型结构非常简单，在每层的卷积后面加上线性整合函数，每 2～4 个卷积层后是一个最大池化层，在 VGG[57]中，它的卷积核和池化核都比较小。

ResNet 又称为残差网络，在 2015 年被提出，在 ImageNet 比赛的分类任务上取得了第一名。ResNet50 和 ResNet101 被广泛应用在很多方法中。ResNet 的主要结构是它的残差块，如图 4.3.2 所示，残差网络会每隔几层把之前的特征图传过来继续使用,这样的操作能够避免深度网络过深而导致梯度消失。

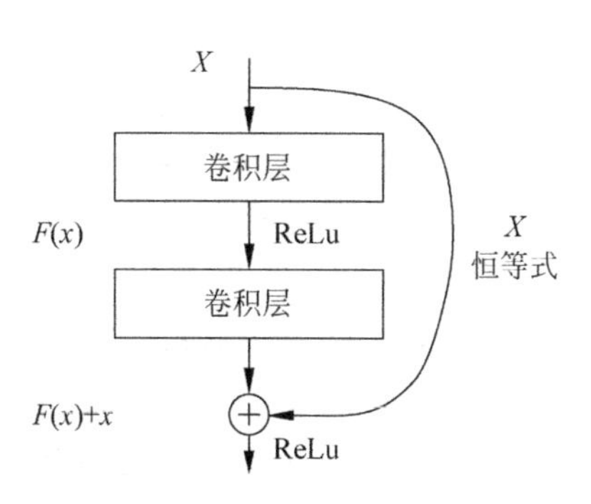

图 4.3.2 ResNet 的残差块

DenseNet[59]获得了 2017 年国际计算机视觉与模式识别会议(IEEE/CVF Conference Computer Vision and Pattern Recognition, CVPR)的最佳文章荣誉,DenseNet 的一大贡献是它的稠密连接块,它将 ResNet 的残差理念发挥到了极致,可以将其理解为一个完全残差网络,如图 4.3.3 所示,从图中可以看到 DenseNet 的结构中,每一个网络层的输出都传递到后面的网络层中,这样操作可以理解为每一次的传递都有前面的最初信息传递过来,这样就能够保证原始的信息不被损耗,同时保证了每一次反向传播都能够直接反馈到最前面的网络层,这也就使得网络有效地保留了多数的信息。

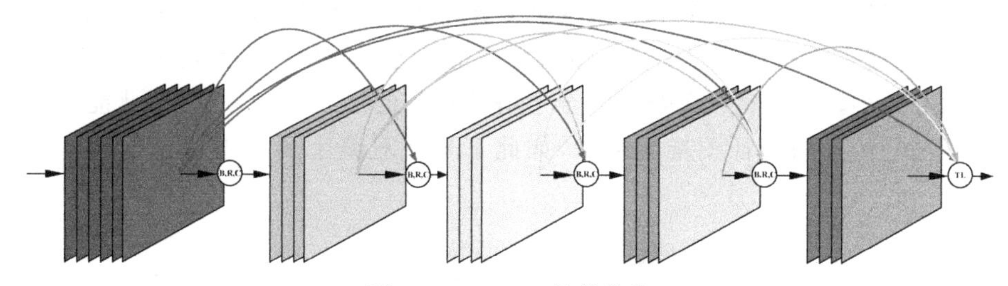

图 4.3.3 Dense 块的结构

可以说,DenseNet 是近年来最稳定有效的网络模型结构。这种用于图像处理任务的网络结构也适合运用在基于 RGB 数据的重定位方面的相关工作上。如果希望在重定位任务中运用到这样的结构,就需要对 DenseNet 进行详细的分析,并加以利用。DenseNet 最为知名的模型有 DenseNet-121,DenseNet-161,DenseNet-169 和 DenseNet-201,后面的数字分别表示在该模型中有多少卷积层。DenseNet 是目前表现最为优越的深度神经网络,考虑到其在图像分类任务上的优秀表现,可以认为通过该网络模型进行特征提取能有效提升模型训练的效果,而实际的表现中它的确能够提升网络的表现能力。而场景坐标回归实际上就是对图像任务的处理。因此,在本技术案例中使用 DenseNet-201 作为场景坐标回归的特征提取部分。由于数据集有限,在本技术案例中采取迁移训练的方式,改进后面的迁移训练部分,即采用金字塔池化结构。

考虑到场景坐标回归网络预测的坐标数量期望保持在 4800 个,因此本技术案例中采用截断的 DenseNet 作为特征提取的网络模块,截断的位置由 DenseNet 根据输出图像的缩放大小决定,设输出图像大小为 $P_{size}=P_w * P_h$,输出的特征图大小为 $F_{size}=F_w * F_h$,由此可得缩放因子为 $S=F_{size}/P_{size}$,取缩放因子的倒数

S^{-1}，考虑 DenseNet 中的每一个 Dense 块之后都会对原图缩放 1/2，故保留的 Dense 块个数为 $\log_2 S^{-1}$，这样的操作保证了 DenseNet 特征提取的结果能够满足后阶段场景坐标回归的网络。

2）金字塔池化结构

池化是对一部分内容进行特别采样的操作，常见的有平均池化和最大值池化，这两种池化方式分别能够弱化和强化特征。在传统的神经网络和卷积神经网络中都有非常广泛的应用。金字塔池化能够对不同尺度的特征进行提取，结合这些不同尺度的特征，金字塔池化能够有效地利用全局信息，为深度学习更好地解决全局问题提供帮助。

在二维空间中的金字塔池化结构如图 4.3.4 所示，当特征图送入到金字塔池化结构后，分为多个平行分支(在该图中为 4 个分支)，分别对特征图进行最大池化操作，得到宽度不变但尺度不同的 4 个特征图，这些特征分别代表了不同尺度的特征，尺度的大小可以自行设定。为了将它们的通道宽度降低，之后这些特征图分别通过一个卷积网络层，变得足够窄，这里一般是把特征图的通道数缩减到原来特征图的 1/4。这些特征图在最后使用双线性插值的上采样层放大到与输入特征图相同的尺寸大小。因为特征图与进入金字塔池化前的尺寸是一致的，因此能够将这些特征图与传入的特征图堆叠起来，如此下来就对整个场景进行了全局信息的整合。

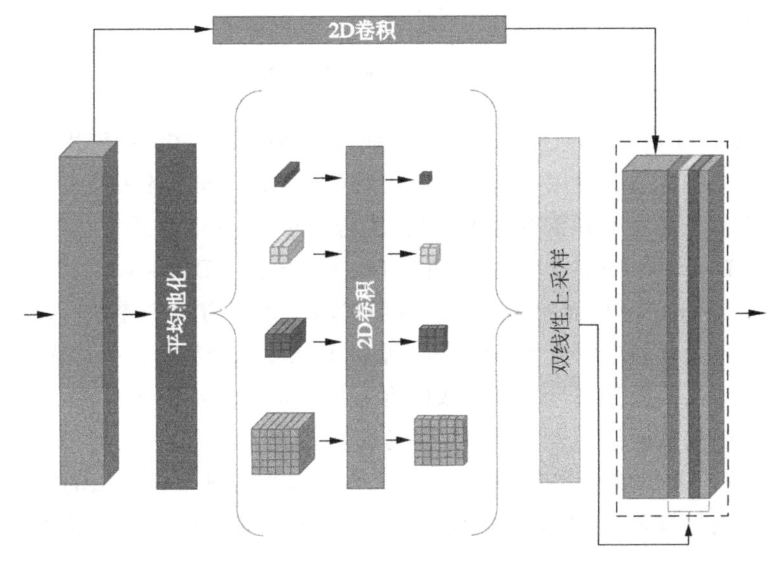

图 4.3.4 金字塔池化结构

这种金字塔池化结构于 2017 年首次发表在计算机视觉顶会 CVPR 上，Zhao[60] 等利用这种结构设计了金字塔场景解析网络，金字塔池化中池化出 4 个尺寸，分别为 1×1，2×2，3×3 和 6×6 的尺寸规模，在当年语义分割的竞赛中取得了第一名，这也得益于金字塔池化网络在全局信息提取上面的有效性。

考虑到金字塔池化网络的全局信息的整合有效性，在本技术案例的网络设计中即使用该模块作为深度学习网络结构的一部分，通过实验能够证明，充分有效的全局信息能够提升网络的有效性和性能，实验和验证的部分在后文结果展示中介绍。

3）目标函数

本技术案例采用基于角度的重投影误差作为目标函数，但在描述基于角度的重投影误差前，先介绍重投影误差。重投影误差可以理解为实际的图像坐标与世界坐标系下的3D点投影回图像坐标系下的坐标的距离，如图4.3.5所示，其中p点为世界坐标系，它在两个图像平面内的真实成像位置为p_1和p_2，而按照右边估计的相机位姿，点p在右边的投影却在p_2'点，于是$\|p_2-p_2'\|$即为重投影误差，其具体的形式为

$$Loss_{\text{reprojection}}=\sum_k\|\mathrm{CP}^{-1}p_k-p_k'\| \tag{4.3.1}$$

其中，C为相机内参，P为估计的相机位姿，k表示3D点的编号，p_k表示场景坐标即图4.3.5中所示的p点，p_k'则表示实际的2D坐标值。整个重投影误差描述了场景坐标与相机位姿的关系，它们之间需要互相配合才能够使得误差尽可能小。由于重投影误差描述的仅仅是3D点与2D点对之间的差别，因此一个位姿同时要照顾所有的对应关系，就目前看来这种关系的实现非常困难，因此通常只能使一张图像的重投影误差尽可能小，而不是让位姿使得整张图的重投影误差为0。

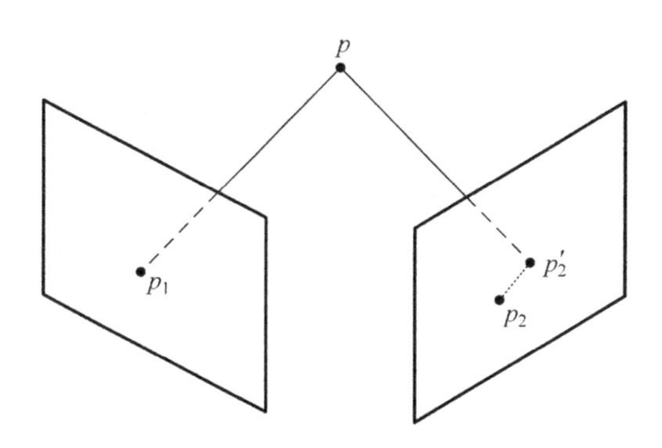

图4.3.5　重投影误差示意图

Brachmann等[1]使用了重投影误差作为卷积网络的目标函数，但要使用这个目标函数必须要通过假设一些深度来对网络进行初始化。Li等[42]指出重投影误差的设计之处考虑的即是将图像均投影回图像坐标系下，但其在设计时并没有考虑一些特殊情况，在这些情况下重投影误差将会失效，如图4.3.6(a)所示，图中x'表示估计的场景坐标，c表示相机中心，x表示实际的场景坐标点，x'与x则分别表示估计场景坐标点的投影和实际坐标的投影，由此可见如果场景坐标在相机中心的后面，重投影误差仍然可以非常小，即使这两个点是距离相差巨大的完全不同的点，在这种情况下，重投影误差将没有任何效用。图4.3.6(b)展示了另外一个

重投影误差失效的情况，当场景坐标预测的点在与相机中心点非常接近时，这时场景坐标的深度值可能为一个很小的数，这样重投影出的2D坐标极大地偏离其真实的位置。这两种失效的情况最终导致网络不能稳定收敛[1]，因此网络的初始化是必要的，为了避免不必要的运算，文献[42]中提出采用基于角度的重投影误差作为目标函数。

基于角度的重投影误差见图4.3.7，由于单纯的重投影误差作为损失函数直接训练会因为前述的缺陷而导致无法收敛或在某一个局部最小值点停下。因此，果要使用重投影误差就需要将网络进行初始化，将所有预测的场景坐标控制在成像平面的前方。在图4.3.7中描述了基于角度的重投影误差，考虑将图像坐标系下的点x'投影回深度为焦距f的相机坐标系下得到点x'_θ，接下来以x'_θ到相机中心c的距离为半径绘制球体，估计的场景坐标x则按照比例投影到这个球体上，它们之间如果不重合则会形成夹角θ，要最小化夹角θ可以最小化$\|x-x'_\theta\|$，写成完整的式子则为

$$Loss_{\text{ang}}=\sum_{k\in P_i}\left\|\frac{\|d_k\|}{\|D_k\|}P^{-1}p_k-fC^{-1}p'_k\right\| \tag{4.3.2}$$

其中，$d_k=fC^{-1}p'_k$，$D_k=P^{-1}p_k$，f为焦距，C为相机的内参矩阵，P为估计的相机位姿，p_k表示场景坐标即图中的x点，p'_k表示真实的2D坐标即图中的x'点。

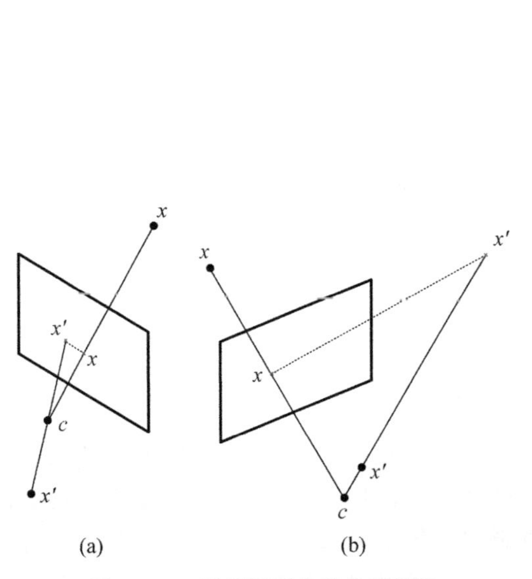

图4.3.6 重投影误差的失效情况

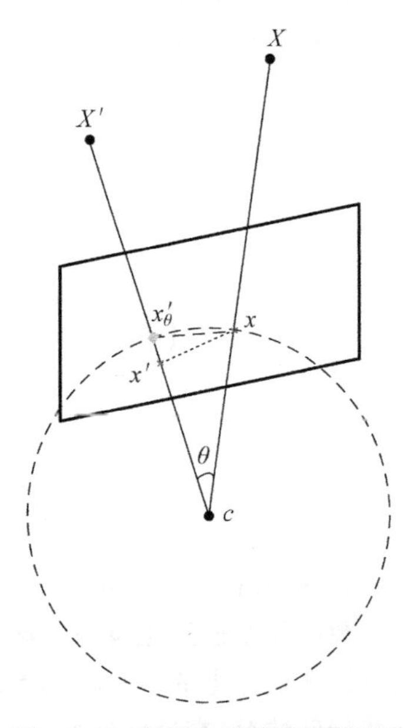

图4.3.7 基于角度的重投影误差

从图4.3.7中可以看出，基于角度的重投影误差实际上是将场景坐标点和图像坐标点均投影到以焦距为深度的球体上，然后度量它们在球体上的空间欧几里得距离，如果这两个点非常相近，那么它们的效果与重投影误差是一样的，如此设

计能够避免前述的两个重投影误差会遇到的问题。

4）模型框架

本技术案例采用预训练的 DenseNet 作为迁移训练中不变的部分，随后参与训练的部分使用一个金字塔池化模块，如图 4.3.8 所示，对于该网络模型的搭建较为容易。不过对于训练一个深度卷积神经网络来说，还需要对其设定目标函数。目标函数对于神经网络来说非常重要，整个神经网络的目的是调整整个网络的参数使得输入的数据经过运算后让目标函数得到的值最小。可见，目标函数在神经网络中扮演非常重要的角色。

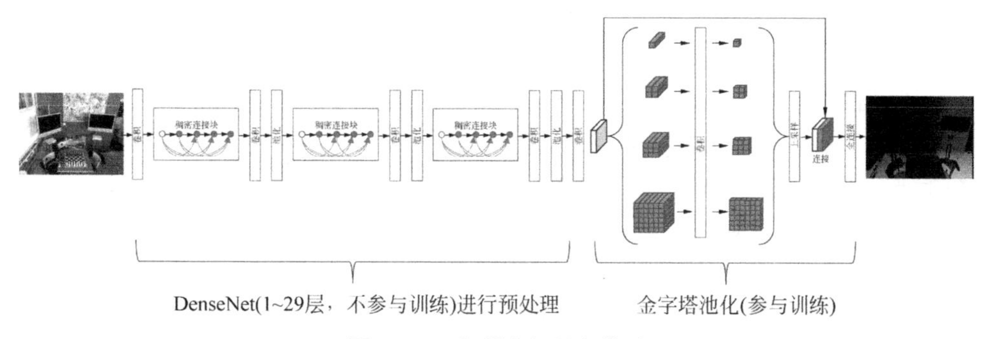

图 4.3.8　场景坐标回归模型

对目标函数进行合理的调整将能够进一步提升网络的性能。本技术案例对先前提出的目标函数添加了一些创新性的权重以使得其能够将神经网络训练得更好，设计了两个主要的权重，通过实验能够证明它们的有效性，将在基础的损失函数的描述后描述它们。

3. 技术方法

基于深度学习方法的重定位流程：基于深度学习方法的相机重定位方法分为两个步骤，第一个步骤是对场景坐标进行回归，在 4.2 节中介绍了相机位姿的表示以及对相机位姿的求解，其中提到的 P3P 和 PnP 求解位姿的方法中采用的 2D-3D 对应关系中的 3D 坐标即可理解为这里描述的场景坐标，其不同点在于深度学习方法中的 2D 指代的是一个图片块的中心，估计的 3D 坐标对应的也是这个中心的世界坐标系下的坐标值。

在获得了场景坐标后，第二个步骤是进行位姿求解，由于是估计得到的坐标值，整体的场景坐标并不精确，需要优化算法来求解，考虑坐标位姿估计有大量的外点，会极大地影响场景坐标估计的准确度，因此通常采用随机采样一致(RANSAC)算法的循环计算来进行位姿估计和优化。

图 4.3.9 较为详细地展示了本书采用的定位流程，通过本书设计的网络模型来获取坐标点预测，第二个步骤被详细地分解为几个具体的步骤。首先按照前文

RANSAC 算法中提及的先生成含有 n 个位姿估计的位姿估计池，随后对这些位姿的估计进行评分，评分首先计算每一个位姿对于所有点的重投影误差，再通过 sigmoid 函数处理后进行加和。SoftMax 函数用来选择这些位姿中的最好的一个，在 SoftMax 前，分数的差别很小，但 SoftMax 函数操作数据之后最高分则更容易选取出来。在选择了评分最高的位姿后，选取它们的内点进行 RANSAC 算法的循环迭代过程，最后得到预测的位姿。

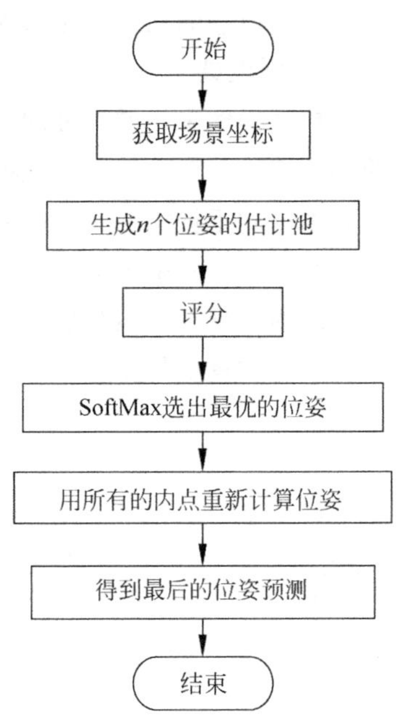

图 4.3.9 基于深度学习方法的重定位流程

4. 结果展示

完成了前面所有的准备步骤后，即可开始对场景进行训练，在 C++ 中编程完成数据集导入器后，使用 Torch7 搭建模型并进行训练。在训练过程中，采用随机从训练集中选取图像的方式，对卷积网络进行训练，使用 Adam 优化算法，初始的学习率为 10^{-4}，随后在 5 万次迭代后，学习率每 2.5 万次迭代后减半。网络每 1000 次迭代后保存一次模型，总共训练 20 万次迭代。训练时使用的损失函数为带权重的基于角度的重投影误差。对了测试权重对实验结果的影响，对每个权重分别进行单独的训练。一个场景在一个 GPU 上训练并测试完模型所需要消耗的时间为 24～48 h。

5. 小结

“知道”自己的位置是很多应用的关键技术，例如自动驾驶和机器人等。传统的定位技术由于是基于帧的匹配，位姿计算错误率比较高，而且误差会不断累积导致后期位姿轨迹与实际的轨迹发生很大的偏移。另外，由于特征提取的局限性，导致位姿的计算对于图像的质量有很高的要求，重定位技术为避免上述问题而诞生。本技术案例为能够实现准确度更高的基于 RGB 输入的相机重定位，为能够更好地对有预先场景知识的环境中的图像进行准确高效地定位。全文从定位出发，讲述了三维场景中定位的表示与基本方法，介绍了重定位，并描述了最新的重定位方法，并基于此提出采用 DenseNet-201 作为预训练网络，使用金字塔池化为全局信息进行整合，利用带权重的基于角度的目标函数在没有深度的情况下对场景坐标的估计，并求取了相机位姿，实验结果表明这些改进对重定位的准确度有一定的提升。

目前的深度学习方法虽然能够通过较少的信息来进行场景坐标回归并得到较好的相机位姿估计，但是深度学习方法在一些具有挑战性的场景上的表现还非常有限，例如有大量的重复纹理的场景、白色偏多的场景。另外深度学习的方法在准确度上还暂时不如随机森林回归场景坐标的方式，但随机森林的方法必须有深度信息的支撑。基于深度学习的方法还仍然有一些限制，考虑之后对重复冗余的内容能够提炼并进行分析得以区分它们之间的不同。另外目前的场景坐标回归的能力还非常有限，效果也不是非常令人满意，无论是准确性上还是泛化问题上都非常有限，要实现准确度较高的场景坐标回归是对实现更准确的相机重定位的关键。因此，如何能对图像具有更好的表达可能是应该考虑的方向，网络的泛化能力也是需要考虑的方向。

除此之外，目前所有机器学习的方法都需要进行训练，不同的方法训练的时间不同，就本技术案例的深度学习方法来说，每个场景训练的时间均以小时来作为计时单位，足以了解本方法需要的时间消耗非常巨大，因此对于实际应用可以说还有许多路要走，所以考虑如何能够高效地得到网络训练的模型也是未来研究的方向。

4.3.3　技术案例三：基于相机重定位的机器人导航

1. 任务描述

自主定位导航是实现机器人智能化系统的核心之一，是赋予机器人实现环境感知和移动能力的关键影响因素。为了使得机器人可以在室内场景中具有良好的定位和导航效果，同时具有一定的普适性，本节从计算机视觉的角度出发，基于神经网络进行机器人定位，结合机器人系统完成机器人定位导航任务，并在实际场景中加以利用，进而验证系统方法的实用价值。通过视觉传感器，机器人可以获取更丰富的场景环境信息，解决了使用激光传感器只能获取较少的二维环境信息的问题，同时降低了使用成本。其中定位部分采用基于全卷积神经网络的定位方法进行密集回归场景坐标，定义图像和场景空间之间的对应关系，即场景定位，实现机器人通过获取当前视角下单张 RGB 图像即可实现自身定位的功能。定位的结果对于机器人的移动并规划通往目的地坐标点的路径起到关键性作用，结合机器人移动平台系统，最终完成机器人导航任务。

章节知识点

构建地图：寻找空间障碍物的过程，按照性能和表达方式分为 3 种，栅格地图、节点地图和合成地图。

路径规划：根据地图和感知器对环境的感知进行机器人运行路径规划的算法，分为静态路径规划和动态路径规划。

Dijkstra 算法：又称为最短路径算法，用于寻找两个节点之间最短通路的方法，采用广度优先搜索的思想，逐层扩展至终点。

2. 相关工作

1）ROS

ROS 是面向机器人功能开发的开源操作系统，包括一组程序库、功能包和开发工具。最有价值的是在不改动代码的情况下在不同的机器人平台上实现代码复用。

ROS主要构建于Linux系统之上,能够提供类似于传统操作系统的诸多功能,如硬件抽象、底层设备控制、常用功能实现、进程间消息传递与转发和程序软件包管理等。

ROS包括3层体系架构,即文件系统级、计算图级和开源社区级。ROS的内部结构、文件结构和所需的核心文件都属于文件系统级;开源社区级主要用于获取和分享ROS资源,是一个独立的网络交流社区。机器人复杂功能的实现离不开进程之间或者节点之间的通信,ROS在执行过程中将相关的参与设备、传感器、控制器和执行机构等全部抽象为单个节点。进程或节点间的通信媒介为ROS创建的一个通信网络,该网络连接所有的进程节点,系统中任意一个节点都可以通过该网络与要建立联系的节点通信交互,同时可以发布自己的消息数据到通信网络中供其他进程节点获取,属于计算图级,即一种点对点的网络通信方式[23-24]。

2)构建地图

构建地图实际上是一个寻找空间障碍物的过程,目前构建的地图形式按照性能和表达方式的不同主要分为3种,分别为栅格地图(grid map)、节点地图(topology map)和合成地图(hybrid map)[61-62],接下来对3种形式的地图做简单介绍:

(1)栅格地图:正如地图名称的形容,这种地图在构建过程中将机器人周围的环境用多个大小相同的小格子表示,如存在障碍物,则标注为1,反之为0。但是在实际的应用中,为了提高地图表示的准确性,对于障碍物的判断不再是直接将传感器一次性返回的信号转换成0或1,而是转换为一个概率值,用于表示存在障碍物的可能性。结合几次传感器返回的概率值来最终确定是否真正存在障碍物。这种方法有效地避免了传感器误差,并且构建出来的地图比较精确,对周围环境的表示也比较完整[25]。比较适合于中型或小型场景环境地图的构建,本技术案例中地图构建部分采用的就是栅格地图。

(2)节点地图:节点地图比较适合于大型甚至超大型场景环境,它将具有相同特征的局部环境用一个点来表示,整个地图就是一张节点地图,如中国地图中每个城市用一个点来表示。相比于栅格地图,节点地图最大的优点就是节省内存资源和计算资源,但是在细节描述方面是远远不够的。

(3)合成地图:合成地图综合了栅格地图和节点地图的优点,局部环境采用栅格地图的形式,全局环境采用节点地图的形式,从理论角度看,是优势互补的结合,但是目前存在的最大问题是如何将两种地图有效地融合起来。

路径规划部分是自主导航技术的关键组成部分,决定了机器人能否准确地从起始状态出发,避开障碍物,搜索一条最优或次最优的无碰路径,到达目标状态。路径规划按照环境信息是否完全已知可分为静态路径规划和动态路径规划两类[27-28]。

3）路径规划

（1）静态路径规划：该方法的提出建立在场景环境信息完全已知的基础之上，又称为离线全局路径规划，例如地图构建能够准确表示场景的结构信息。全局规划器根据机器人的定位结果、目标点信息位置及场景地图结构，进行全局静态规划，确定机器人的最优化路线，旨在寻找最优可移动路径。

（2）动态路径规划：该方法的提出建立在场景环境信息部分或者完全未知的情况，又称为在线局部路径规划。在机器人移动过程中，机器人感知系统也处于持续工作中，当发现动态物体或者未知障碍物时，如果避障行为比沿原路线行进优先级更高时，局部规划器会根据更新的环境信息重新规划路径，驱动机器人按照局部规划结果运动，有效地避开可能遇到的障碍物，到达目标状态。本技术案例中路径规划部分采用的就是动态路径规划，使得对场景环境的轻微变动更友好。

3. 技术方法

前面的工作完成了自主导航系统的第一步，确定了机器人作业的室内场景环境和机器人的室内场景定位，回答了“我在哪儿”的问题。下面对“我怎么去那里”的问题做出回答，即移动导航过程。接下来就其中导航的路径规划做介绍并进行实践。

在ROS中，机器人全局规划默认使用NavFn软件包进行导航，其中使用最短路径算法(Dijkstra算法)进行路径规划。Dijkstra主要是寻找两个节点之间的最短通向路径，采用广度优先搜索的思想，从起始点逐层向外扩展，扩展到终点为止。本技术案例中利用有权图的数据结构思想介绍路径规划的步骤。

其路径的规划步骤如下，图4.3.10为Dijkstra的搜索最短路径的过程。

（1）指定起始节点A，即机器人当前定位姿；

（2）设两个集合S、U，其中S存储已求出最短路径的节点，U包含未求出最短路径的节点；

（3）对S、U进行初始化，其中S只包含起始节点A，U包含有权图中其他节点；

（4）比较几何U中节点与集合S中的路径距离，将具有最短路径的节点加入集合S；

（5）更新集合，循环执行(4)(5)步骤，直到得到起始点与目标点的最短路径。如下图，A为起始点，D为目标点，表示利用Dijkstra算法寻找最短路径的过程。

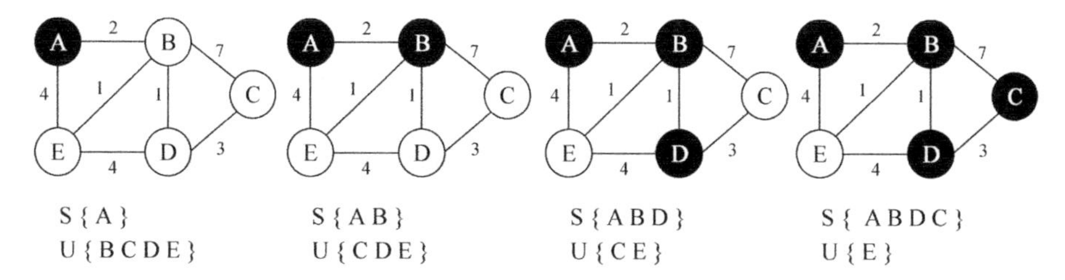

图4.3.10　Dijkstra算法寻找最短路径

4. 结果展示

图 4.3.11 表示了一次最基本的机器人定位导航行为，按照系统流程图，通过机器人视觉传感器获得当前视角下 RGB 图像，利用定位模型生成当前机器人位姿，根据实际设定情况对生成位姿进行形式转换。在本技术案例中，定位网络模型生成的位姿表现形式为旋转矩阵和平移向量，而在设定位姿时，利用四元数形式替换旋转矩阵，具有更好的读取性，因此包括旋转矩阵向四元数的转换过程，然后根据定位结果修正设定机器人 Tiago 在地图中的位姿，给定目标位置，调用路径规划算法，驱动机器人进行自主导航任务，到达指定位置，进而进行后期的交互任务，本技术案例中以机器人抓取为例，验证测试了系统的避障性能。通过规划的路径及机器人实际移动轨迹状态可以证明本技术案例定位导航系统能够到达既定目标，具有一定的实用价值。

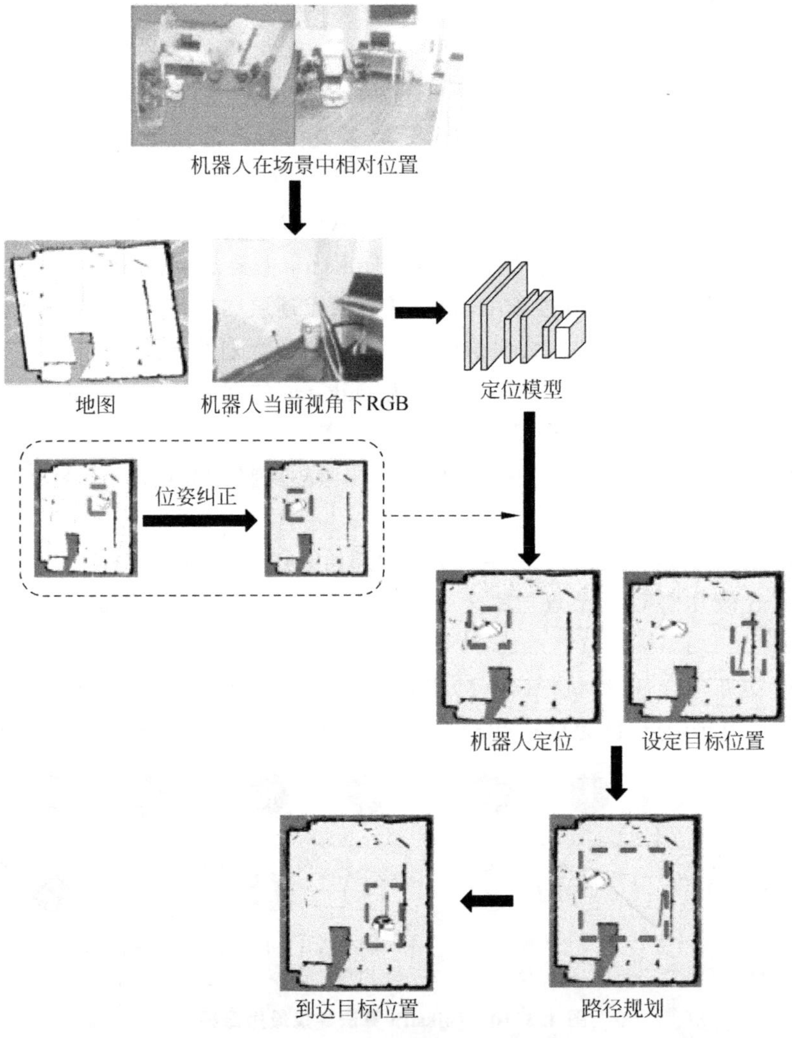

图 4.3.11 定位导航实验(无障碍)

5. 小结

本节利用 Tiago 智能移动机器人平台，完成机器人交互的任务。在本节中，系统目标为基于视觉完成机器人室内定位与导航的交互任务。机器人定位是整个系统的核心，目前基于图像帧匹配的定位方法对室内场景环境表现得并不友好，易产生位姿丢失，误差累积会导致漂移的定位失效的情况，而且深度信息依赖度高，计算复杂度较高，导致无法实现定位实时性的要求，在实际应用中的成功率较低。

基于上述问题，本技术案例结合不同方法的优点，设计了一种稳定高效的机器人定位导航系统。从视觉的角度出发，采用神经网络进行定位，基于图像帧匹配的思想获取少量位姿及图像信息用于定位神经网络模型的初始化和训练，少量的数据信息可以有效地避免位姿丢失和漂移情况的发生；利用有限的数据集信息训练生成一个室内场景的定位模型，基于场景坐标回归的思想，实现不依赖深度信息；利用单张 RGB 图像定位的功能，室内定位模型的生成可以独立离线进行，因此在系统使用过程中直接调用该定位模型，无需进行大量的计算即可实时生成定位信息，满足任务对系统准确性和实时性的要求；将定位结果结合激光雷达扫描构建的室内地图和移动目标位置信息，利用 Dijkstra 算法进行路径规划，控制机器人 Tiago 既定移动完成导航任务。

系统旨在充分利用视觉信息实现机器人室内定位与导航的交互任务，结合当前主流方法的优点，利用多种传感器实现一个具有高精度、高效率和强稳定性的定位导航系统。其中，基于神经网路的定位方法弥补了单纯基于图像帧匹配定位方法易产生定位失效和累积误差甚至漂移的缺点，同时，基于图像帧匹配的方法为定位神经网络模型的初始化创造了条件；视觉传感器通过获取大量的环境及结构信息，弥补了激光雷达只能获取自身所处平面信息的不足，同时，激光雷达提高了视觉定位导航的精度，两者结合可以有效扩大探测范围和提高信息精度。

4.3.4 技术案例四：基于已知栅格地图的机器人避障

1. 任务描述

ROS 机器人导航功能包的路径规划算法是建立在已知地图的情况下，需要用 SLAM 技术先构建好地图文件，并发布给机器人，使其基于该地图进行计算，从而来实现具体的导航与避障。ROS 中已经提供了基于已知地图的导航功能包，采用 A* 算法实现全局路径规划，采用 DWA 算法实现局部路径规划。本技术案例介绍 SLAM 建图用到的 gmapping 功能包的原理、配制方法以及导航功能包的实现细节、原理、参数的调整等。

章节知识点

激光雷达(laser radar)：是以发射激光束探测目标的位置、速度等特征量的雷达系统。其工作原理是向目标发射探测信号(激光束)，然后将接收到的从目标反射回来的信号(目标回波)与发射信号进行比较，作适当处理后，就可获得目标的有关信息。

Rviz：是 ROS 中一款三维可视化平台，一方面能够实现对外部信息的图形化显示，另一方面还可以通过 rviz 给对象发布控制信息，从而实现对机器人的监测与控制。

曼哈顿距离(manhattan distance)：两点在南北方向上的距离加上在东西方向上的距离，即 $d(i,j)=|x_i-x_j|+|y_i-y_j|$。

2. 相关工作

1）导航地图构建

(1) SLAM 技术：自主导航往往与 SLAM 密不可分，SLAM 可描述为：机器人在未知场景中，通过移动来估计位置，并构建地图，实现自主定位与实时建图。

SLAM 可以使用 RGB-D 摄像头来建图，也可以使用激光雷达建图。由于图像信息和 3D 点云信息的处理速度较慢，所以本技术案例采用激光雷达的二维数据来实现 SLAM 建图。ROS 中实现机器人的 SLAM 建图是十分方便的，有较多功能包供开发者使用，如 gmapping，hector_slam，cartographer，rgbdslam 等。本技术案例使用 ROS 中提供的 gmapping 功能包实现地图的创建。

gmapping 功能包采用一种粒子滤波算法，gmapping 的总体框架如图 4.3.12 所示。

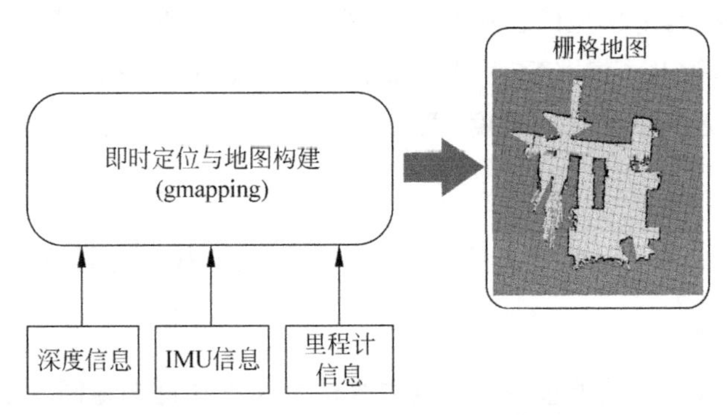

图 4.3.12 gmapping 功能包总体框架

(2) 基于激光雷达的地图构建：在 Gazebo 仿真环境中创建一个虚拟世界作为地图构建的环境。然后创建 gmapping 的 launch 文件，导入 gmapping 功能包，查看 gmapping 的配置文件中的参数是否匹配，比较重要的为 odom_frame 与订阅的激光话题，对应查看机器人所发布的里程计与激光话题，之间的名称是否一致，不一致需要使用〈remap〉标签进行重映射。

启动RVIZ可视化仿真软件，可以观察地图的构建过程。再启动用键盘控制机器人移动的脚本文件，进行手动控制机器人遍历地图从而构建栅格地图。

仿真环境下的建图过程如图4.3.13所示，上半部分为Gazebo中所创建的虚拟环境，使用键盘控制脚本控制机器人在该环境中移动，使用基于激光雷达的gmapping功能包进行构图，下半部分显示了地图在RVIZ中逐渐形成的过程。地图构建完成后使用$ rosrunmap_servermap_saver命令将所构建的栅格地图以及地图的配置文件保存到当前文件夹下，为之后的导航做准备。

图4.3.13 基于激光雷达的gmapping SLAM仿真过程

2）导航框架

ROS基于amcl定位功能包与move_base导航功能包提供了完整的导航框架。机器人的机载传感器的数据要提供给该功能包，来达到避障效果，如激光雷达、RGB-D摄像头等。还要订阅里程计信息来实现定位。通过接受到目标点的坐标，在已知地图中规划出全局最优路径，再根据该路径与传感器的信息，发布局部的速度控制话题，从而使机器人实现避障与导航。

3. 技术方法

1）全局路径规划算法（A* 算法）

（1）A* 算法的原理及流程：ROS的导航包中提供了Dijkstra算法和A* 算法，两种算法来实现全局路径规划，由于A* 算法的效率要明显高于Dijkstra算法，所以本技术案例采用A* 算法实现基本导航。

（2）ROS中A* 算法的具体实现：ROS中导航包开启了一个名为makePlanService的服务，通过插件机制，提供接口来订阅所需的话题与服务，接受map_server节点发布的地图信息，move_base_simple/goal节点所发布的目标点坐标和角度，机器人模型所发布的关节信息与TF坐标转换，以及amcl定位所需的里程计信息，可以生成路径信息，并可以在RVIZ中可视化该路径。

ROS中的open表是采用堆（完全二叉树）的结构存储的，每次从open表中取值要进行小顶堆排序，取出堆顶元素。算法中没有close表，开始将除原点外所有节点的 f 值设置为无穷大，只要该点的 f 值不等于无穷大则表明该点已经被搜索过，从而代替了 close 表。

采用曼哈顿距离，栅格地图中一个小格的距离默认设置为 50。发布的地图配置文件中，描述了地图的必要参数以及以图片形式保存的完整地图信息，地图中只有黑色和白色两种颜色，从而转化为只包含 0、1 值的矩阵来发布地图信息，A* 算法就是基于该矩阵来进行全局路径规划的。

2）局部路径规划算法 DWA

ROS 中导航功能包的局部路径规划采取动态窗口法（dynamic window approaches，DWA），该方法在速度空间（v，w）中采样多组速度，模拟采用该速度一段时间，查看是否会发生碰撞，之后将最优的速度发布给机器人。核心思想是将局部路径规划问题转换成速度空间（v，w）上的优化问题。

（1）机器人运动模型：移动是相对于机器人来说的，假设机器人在一段很短的时间内是沿直线运动的（实际应是圆弧，近似为直线），可以通过映射到世界坐标系得到位移 $\Delta x \Delta y$，从而可以得到机器人的运动轨迹。

（2）速度采样：受机器人自身的硬件设备限制，速度的采样要在一定的范围内。算法在该速度范围内采样，模拟出在一段时间内的运动轨迹，并检测出最近障碍物的位置，计算出距离，然后计算沿当前的轨迹是否能碰到障碍，或是否能在碰到障碍之前停下，如果能则该速度是可以接受的，反之则抛弃。速度采样如图 4.3.14 所示。

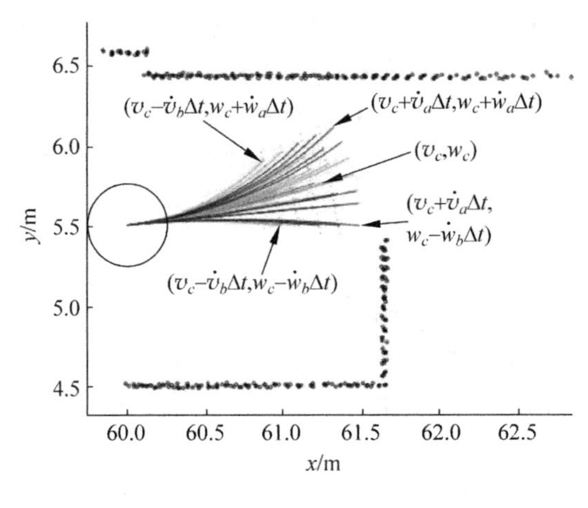

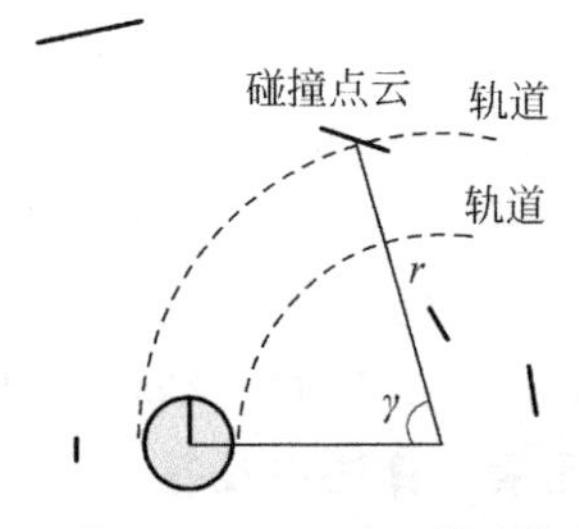

图 4.3.14 DWA 算法速度采样

(3) 评价函数：对获得的多条轨迹进行评价。评价函数：

$$G(v,\omega)=\sigma[\alpha\cdot\text{heading}(v,\omega)+\beta\cdot\text{dist}(v,\omega)+\gamma\cdot\text{velocity}(v,\omega)] \tag{4.3.3}$$

① 角度评价函数：heading(v,w)用来评价机器人以当前速度行驶后的角度与所发布的目的地的最终角度的差值。采用 $180°-\theta$ 的方式评价，θ 越小，评分越高。如图 4.3.15 所示。

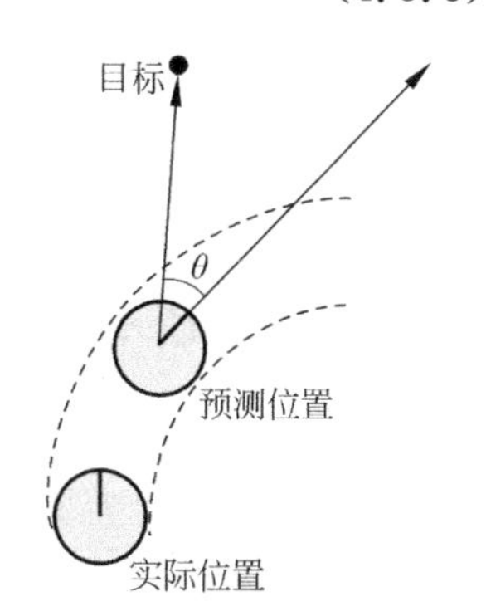

图 4.3.15 方位角差距

② 空隙：dist(v,w)为当前轨迹上机器人与最近的障碍物之间的距离。

③ 速度：velocity(v,w)用来评价当前轨迹的速度大小。

④ 平滑处理：归一化处理，将 heading，dist，velocity 每一项除以该项所有采样的总和，再相加。

$$\text{normal\_head}(i)=\frac{\text{head}(i)}{\sum_{i=1}^{n}\text{head}(i)} \tag{4.3.4}$$

$$\text{normal\_dist}(i)=\frac{\text{dist}(i)}{\sum_{i=1}^{n}\text{dist}(i)} \tag{4.3.5}$$

$$\text{normal\_velocity}(i)=\frac{\text{velocity}(i)}{\sum_{i=1}^{n}\text{velocity}(i)} \tag{4.3.6}$$

其中，n 为采样的所有轨迹，i 为当前待评价的轨迹。归一化的目的是平滑，防止某一项在评价函数中太占优势，而忽略了其他项，通过归一化，使其都变成同一百分比。评价函数的意义：机器人在避开障碍的同时，以较快的速度到达目的地。

4. 结果展示

在主机中启动小车的控制器、传感器等硬件设备的 launch 文件，首先实现 ROS 导航包的功能，在当前的室内环境下构建地图，使用 gmapping 功能包，地图构建完成后，将地图导入到 move_base 功能包中，配置好参数，发布目标点坐标，小车可以到达目标位置，但是在有障碍的情况下，避障耗时长、效率低，在障碍物前徘徊时间过长，如图 4.3.16 所示。

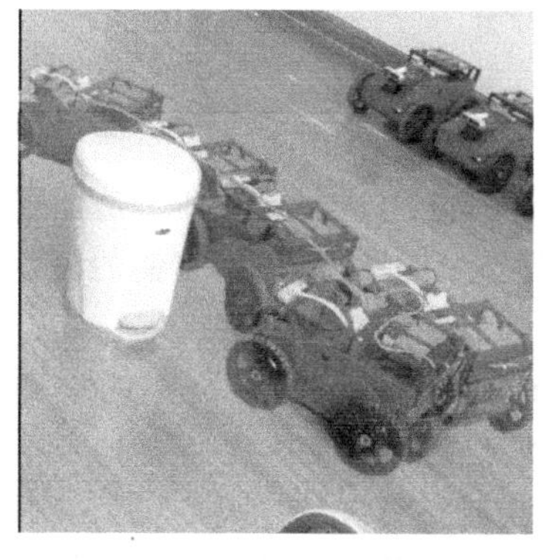

图 4.3.16 ROS 导航包真实导航演示

5. 小结

综上所述，通过获取激光雷达信息，根据当前速度与模型确定机器人能够实际达到的速度范围，在该范围内采样，根据采样速度与激光雷达信息计算出与最近障碍的距离并与刹车距离比较，如果可以及时停止则分别计算评价函数中的参数并算出得分，最终取得分最高的线速度与角速度 LIZI 机器人路径规划调试与实现。

4.3.5 技术案例五：基于深度强化学习的多智能体避障

1. 任务描述

主要设计任务如下：

(1) 建立智能体的路径导航的抽象模型，该模型必须具有较高通用性与可移植能力；

(2) 针对步骤(1)中建立的模型，设计并实现机器人路径规划算法，能够求得控制各个智能体的路径策略 π_{θ}^{*}；

(3) 路径导航系统要求能够完成智能体在虚拟环境中的仿真路径导航，对 π_{θ}^{*} 进行路径优化。

本技术案例主要设计任务如图 4.3.17 所示。

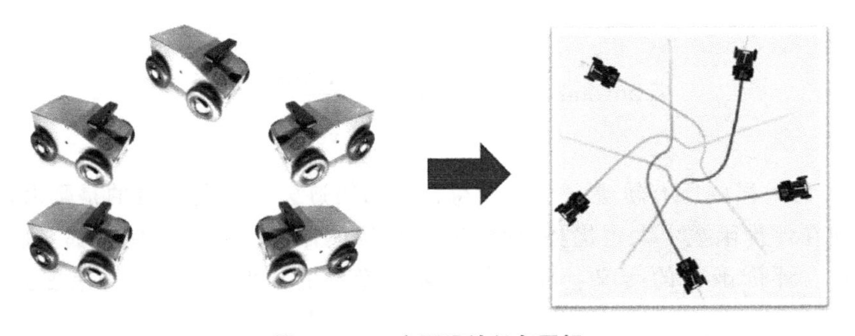

图 4.3.17 主要设计任务图解

章节知识点

Gazebo 仿真环境(gazebo simulation environment)：Gazebo 是一个功能强大的三维物理仿真平台，具备强大的物理引擎、高质量的图形渲染、方便的编程与图形接口，最重要的还有其具备开源免费的特性。

统一机器人描述格式(unified robot description format, URDF)：URDF 是一种基于 XML 规范、用于描述机器人结构的格式。根据该格式的设计者所言，设计这一格式的目的在于提供一种尽可能通用的机器人描述规范。

2. 相关工作

1）Lizi^{TM} 机器人简介

Lizi^{TM} 是以色列 Robotican 公司设计、生产的机器人平台[57]，专为室内外的良好运作而设计。Lizi^{TM} 机器人使用滑移转向来实现最大的机动性，设计小巧轻便，适用于室内外的移动和导航。Lizi^{TM} 机器人坚固耐用，质量小，结构紧凑。该机器人配备了一整套用于自主导航的传感器且可以使用成熟的 ROS 软件包。Lizi^{TM} 机器人经过专门设计和编程，可用于个人工作或成为一组 Lizi^{TM} 机器人的一部分。表 4.3.3 是机器人的详细规格。

表 4.3.3 Lizi^{TM} 机器人硬件参数

参数	数值	参数	数值
长/cm	20	最大载荷/kg	2
宽/cm	31	驱动电机功率/W	4×50
高/cm	38	无线局域网协议	802.11N
质量/kg	9.1	是否完全兼容 ROS	是
最高速度/(km/h)	3.6		

2）硬件设计参数

本技术案例涉及实验在一台高性能主机与数台 Lizi^{TM} 机器人构成的实验平台上完成。Lizi^{TM} 机器人在官方默认机型上进行了客制化，安装了额外的机械臂，这一改动增加了其本身的质量，机器人实物图如图 4.3.18 所示。

(a)

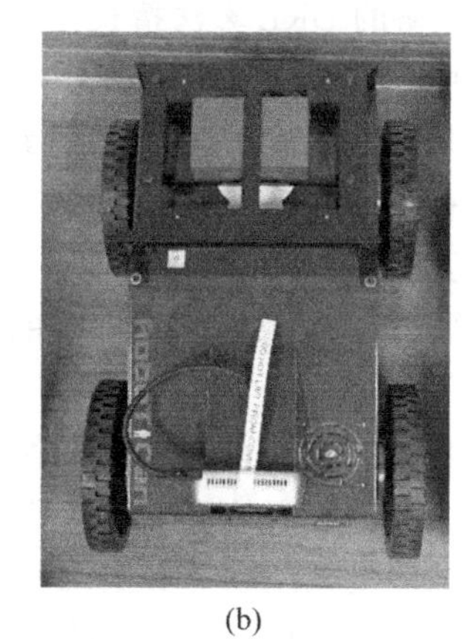

(b)

图 4.3.18 Lizi^{TM} 机器人实物照片

(a) 安装机器臂的 Lizi^{TM} 机器人；(b) 无机器臂的 Lizi^{TM} 机器人

Lizi^{TM} 机器人搭载有 RGB-D 摄像头、激光雷达和声呐等传感器，本技术案例涉及实验主要使用了其激光雷达，实验中使用到的硬件参数如表 4.3.4 和表 4.3.5 所示。

表 4.3.4 主机硬件参数

部件	型号	部件	型号
GPU	Nvida Titan X	CPU	i7-6700K
显存	16GB	内存	32GB

表 4.3.5 Lizi™ 机器人激光雷达参数

参数	值	参数	值
激光雷达最大测距距离/m	4	激光雷达最大测量角度/(°)	200
激光雷达角度分辨率/(°)	0.36	激光雷达扫描周期/ms	100

3. 技术方法

1) 算法模型的选择

在本技术案例实验中，使用了 A* 算法与 DWA 算法相结合这一对经典而高效的算法作为对照组，在强化学习和深度强化学习(deep reinforcement learning, DRL)方法的抉择中，由于在机器人路径导航相关文献检索中所示结果中，采用 DRL 算法的性能与效果显著优于使用普通强化学习算法，所以采用强化学习中的 Q 学习作为骨架，在其之上构建算法。在两种不同类型的 DRL 算法中，使用了基于值的深度 Q 值预测网络(deep Q network, DQN)来完成本实践探讨课题的求解。之所以青睐基于值的 DRL 算法而非基于策略的 DRL 算法，主要取决于以下分析：

(1) 基于策略的 DRL 算法擅长在连续且大的动作空间中选择动作，在机器人路径规划问题中这种特性表现为通过基于策略的 DRL 算法对机器人的运行速度进行一系列的采样并生成轨迹，在策略参数上求偏导，并完成梯度下降。但需要对机器人速度进行采样，且机器人运行时或在主机上仿真运动时运算资源不足，可能有采样帧率低下，算法训练速度过慢等问题，容易导致训练效率过低。

(2) 基于策略的 DRL 算法对参数的选择非常敏感，容易存在人为导致的偶然因素。

(3) 基于策略的 DRL 算法，如策略梯度算法，其控制机器人路径规划的策略，本质上是一个由参数控制的概率密度函数，所以策略梯度算法等参数控制的 DRL 算法所训练好的规划模型在部署实现时存在一定随机性，而机器人路径规划问题作为一项大概率发生人机交互动作的研究课题，希望其训练好的策略模型更稳定，随机性更小。

(4) 作为基于值的 DRL 算法，DQN 算法与 Q 学习算法师出同门，皆使用一个 Q 矩阵保存奖励值，而训练好的模型会针对当前状态 S 索引 Q 矩阵，贪心选择 Q 矩阵中奖励值最大的动作执行。从这一角度出发，使用 DQN 与其他基于值的 DRL 训练本技术案例解决问题的稳定性更高，更符合人类设计者的期望。

2）仿真方法实验

无论是强化学习方法还是深度强化学习方法，其都基于给予机器人不断“试错”的机会来学习策略的思想，而在涉及机器人的工作中，这一点常常难以在真实世界中完成。这也正是机器人的强化学习方法实验通常在仿真环境中完成的原因。本技术案例大部分实验是在ROS下的Gazebo仿真环境下实现。

使用Gazebo仿真环境完成仿真，需要导入Lizi^{TM}机器人的URDF模型[29]，URDF是机器人模型的表示文件，使用特殊定义的标签语言书写。本技术案例中的机器人模型由官方扩展包提供，如图4.3.19所示。

图4.3.19 本技术案例中URDF文件声明的机器人模型

3）机器人系统控制

要实现真实机器人的控制，需要利用一个台式机作为核心机，下文称为Master机，并使用路由器创建局域网。利用ROS分布式多机通信的原理，台式机作为主节点，机器人作为分布式节点。在同一个局域网下，台式机可以获取机器人的传感器信息，并发布相关的话题，从而控制机器人运动。

配置路由器的IP地址创建局域网，为主机与机器人都配置当前局域网下的IP地址。在主机的/ect/hosts(该路径因不同Linux发行版可能不同)路径中加入本机的IP地址，本机的hostname，机器人的IP地址与机器人的hostname。在Master机与机器人中的控制台配置文件中都加入指令“export ROS_MASTER_URI=http://djc:11311”用于设置Master机的信息以及传输消息的端口。在机器人上的控制台配置文件中另外加入指令：“export ROS_HOSTNAME=localhost”与“export ROS_HOSTNAME=NameOfRobot”。随后确认主节点与分布式节点之间的网络是否畅通，并测试网络环境是否搭建成功。

在Master机启动ROS核心，用于开启通信端口，否则机器人会无法连接到http://djc:11311。用远程桌面连接，在Master机远程连接入Lizi^{TM}机器人，输入密码后进入机器人的终端，在机器人终端输入“$ roslaunchlizilizi.launch”来启动机器人的launch文件，启动机器人的控制器等硬件设备。

4）DQN算法完成路径规划

(1) DQN算法实现：本技术案例基于ROS系统，实现了基于DQN算法的Lizi^{TM}机器人平台的路径规划算法。为了正确配置Lizi^{TM}在ROS环境下的使用，需要使用Robtican官方提供的Lizi^{TM}配置包。

机器人将从其激光雷达的采样作为其对环境的观察，定义6个不同的动作{前进，左转90°，左转45°，右转90°，右转45°，停止}为机器人针对其观察环境的输出。首先初始化DQN算法使用参数与其中需要使用到的两个神经网络，即Target-Net和Eval-Net。在算法运行时，t时刻的机器人i接受到当前环境o_i^t，根据

ε-*greedypolicy* 选取动作，并从环境中获取下一状态 o_i^{t+1} 与当前所获得的奖励值 r，将状态 o_i^t、动作 a、下一状态 o_i^{t+1}、奖励值 r 作为一个 batch 存储到记忆库中，当记忆库中的数量达到 64 之后，从中随机挑选 64 个 batch，将当前状态赋值给 batch_1，根据下一状态 o_i^{t+1} 通过 Target-Net 计算出 Q_{target}，赋值给 batch_2，此处赋值要先将状态 o_i^t 通过 Eval-Net 获得的 Q_{eval} 赋值给 batch_2，然后再将 Q_{target} 赋值给 batch_2 对应的动作当中，接下来根据 Q_{eval} 和 Q_{target} 的均方误差计算损失函数 $L_i(\theta_i)$，而 6 个动作中只有 1 个动作会被机器人采用，从而进行梯度下降，所以这样会使其他 5 个无关的动作的差值为 0，不进行学习。然后使用该 batch 获得损失函数值来进行反向传播，从而更新 Eval-Net 的网络参数，而更新 Target-Net。当 Eval-Net 更新 2000 次后，将参数完全赋值给 Target-Net，每个 episode 结束后要更新 ε-*greedypolicy* 中的 ε，使机器人的动作选择随着网络的完善，逐渐靠近神经网络所提供的动作。

上文所述的 ε-*greedypolicy* 算法是一种在训练 DQN 算法时，机器人采取动作的决策方法，ε-*greedypolicy* 为：每一次动作的探索以 ε 的概率进行随机选择，以 $1-\varepsilon$ 的概率从 Q 矩阵中选择最大 Q 值的对应动作。ε 随着迭代数 it 的变化如式 4.3.7 所示：

$$\varepsilon_{it} = \begin{cases} \varepsilon_0 * (\varepsilon_{\text{decay}})^{it} & (\varepsilon_{it} > \varepsilon_{\min}) \\ \varepsilon_{\min} & (\varepsilon_{it} \leqslant \varepsilon_{\min}) \end{cases} \tag{4.3.7}$$

其中，ε_0 是 ε 的初始值，$\varepsilon_{\text{decay}}$ 是 ε 的衰减系数，其大小影响 ε 随神经网络更新参数的降低速度，$\varepsilon_{\min}$ 是 ε 允许的最小值，通常设置 $\varepsilon_{\min}$ 为略大于零的小数。

最后，假设机器人坐标位置为 $p_a(x_a, y_a)$，速度为 $\vec{v}(v_x, v_y)$，形状约为半径 R 的圆形，其本次 epoch 中目标点坐标为 $p_b(x_b, y_b)$，场景中障碍物为 B_k。则本技术案例中设计 DQN 算法采用的奖励值函数 r 如式(4.3.8)所示：

$$r = \begin{cases} 200 \quad (\| p_a - p_b \| < R) \\ -200 \quad (\Delta t \geqslant \text{time}_{\max} \cup \| p_a - B_k \| > R) \\ \dfrac{|\tan^{-1}(\vec{v}) - \tan^{-1}(\overrightarrow{p_a p_b})| * \phi}{\| p_a - p_b \| * \pi} \end{cases} \tag{4.3.8}$$

其中，$\text{time}_{\max}$ 是允许机器人寻路的最大时间，本技术案例采用方法将其设置为 120 s，ϕ 是调整奖励值大小的参数。通过上述公式可知，机器人在到达目标点时将被奖励，$\text{time}_{\max}$ 后未到达或与环境中物体发生碰撞将导致机器人被惩罚，其他情况下奖励值的大小将与速度方向与目标点方向的角度差正相关，与机器人与目标点位置反相关。

(2) DQN 算法参数设置：在本技术案例中所开展实验中所描述公式中的设计参数如表 4.3.6 所示，所选用的神经网络结构如表 4.3.7 所示：

表 4.3.6　参数

参数标识符	表 示 意 义	值
$number_{states}$	机器人针对环境识别出的状态数	24
$number_{actions}$	机器人面对一个环境可采取的行动数	6
α	学习率，表示 DQN 网络收敛的速度	0.0025
γ	奖惩折扣，表示未来奖惩对当前影响	0.99
ε_0	ε 的初始值	1.0
ε_{decay}	ε 的衰减系数	0.99
$\varepsilon_{\min}$	ε 允许的最小值	0.08
ϕ	奖励值大小调整参数	2.0

表 4.3.7　神经网络结构

网 络 名 称	输 入 大 小	输 出 大 小	激 活 函 数
Fc_1	$number_{states}$(24)	64	Relu
Fc_2	64	64	Relu
Dropout	64	64	20%drop
Fc_3	64	$number_{actions}$(6)	Relu
Activation	$number_{actions}$(6)	$number_{actions}$(6)	Linear
优化算法		RMSProp	

4. 结果展示

1) DQN 算法的训练

在 Gazebo 仿真环境中创建世界，导入相关模型，加入一些静态障碍，手动调整它们的位置和大小，并保存模型等待调用。创建 launch 文件，导入 Gazebo 世界的模型文件，配置相关参数，接下来用 Gazebo 环境中的生成模型功能导入机器人的 URDF 模型，并初始化机器人的位置。环境搭建好后，订阅/odom 与/cml_vel 两个话题并启动 DQN 算法的模块，使机器人在当前场景下学习，更新网络参数，每当机器人到达目标或发生碰撞时就重置场景，继续学习。学习结束后（本技术案例中为 3000 个 episode）调用 Keras 包中的 model.save()函数保存学习好的模型，使用时通过 model.load_weights()函数来获取文件中的参数，并将其赋值给当前网络，从而实现导入模型。学习过程的效果如图 4.3.20 所示。

图 4.3.20 是 Lizi™ 机器人在一个场景中进行 DQN 算法训练的俯视示意图，场景中棕色的墙为地图边界，绿色方块是正在场景中进行试错并学习的机器人。红色的方形地区表示机器人的目标区域，在场景地图边界内随机生成，白色的圆柱为障碍物。在图 4.3.20 中可以可视化观察到训练时的总奖励值、平均最大 Q 值和处于不同环境下时机器人采取的动作。

从图 4.3.21 中可以看出，虽然机器人收到的总奖励值随着训练的进行不断上下浮动（因为其有时会采取随机动作，跳出局部最优），但平均的最大 Q 值呈上升

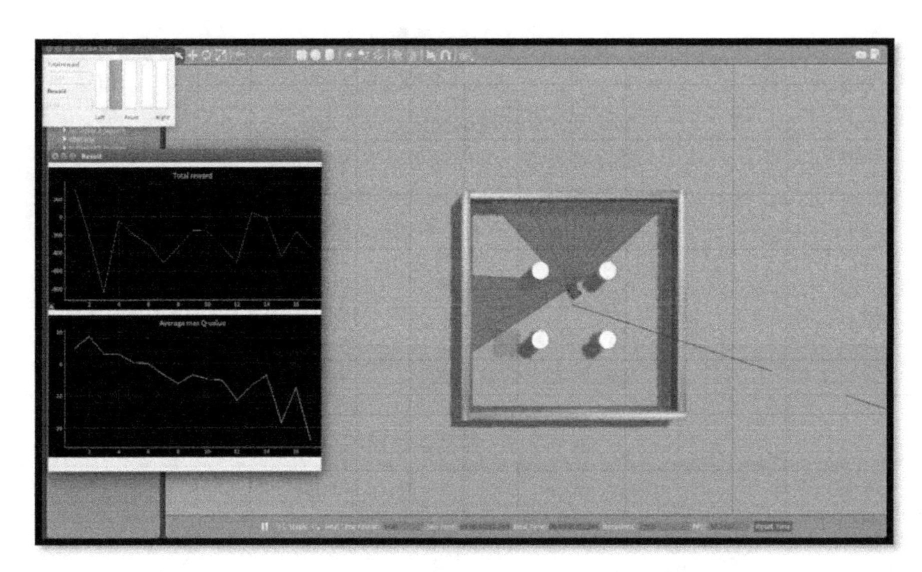

图 4.3.20 在 Gazebo 仿真环境中训练 DQN 算法示意图

趋势，这一图像也反映了随着 DQN 网络的训练，机器人逐渐学会了采取更大 Q 值对应动作，也就是通过更优越的路径到达目标区域。从图 4.3.21 中可见，在算法训练的最后，平均最大 Q 值基本从 0 收敛到 250 左右，这恰好是算法中设置的到达目的地的奖励值，这一结果说明了，在训练后期，每个 epoch 都可以到达目标点。

2）真实机器人实现

在主机中通过调用 launch 文件启动小车的控制器、传感器等硬件设备，首先针对前文所述，在基础的传统方法上完成真实机器人的方案部署。为了实现这一目标，在当前的室内环境下使用 gmapping 功能包构建地图，地图构建完成后，将地图导入到 move_base 功能包中，配置好参数，发布目标点坐标，小车可以到达目标位置，但是在有障碍的情况下，避障耗时长、效率低，在障碍物前徘徊时间过长。然后实现强化学习算法，先发布目标点坐标，获取激光数据，输入到保存好的神经网络模型当中，读取网络的输出速度，并发布给机器人，实现高效地导航与避障。

5. 小结

本技术案例从理论分析的角度出发，基于 ROS 环境下的 Lizi™ 机器人平台，首先进行了对传统方法、强化学习和 DRL 方法在机器人路径规划算法上的理论推导。随后本技术案例以 A* 算法与 DWA 算法为代表的传统算法作为对照组，实现了基于 DQN 算法的 ROS 环境下机器人路径规划算法。将设计、实现的算法部署在 Lizi™ 平台上进行了效果的评估。结果显示，ROS 中提供的导航包，全局路径规划准确，可以实现快速高效的导航功能，但避障效果不理想，虽然可以实现避障，但由于要遍历一定范围的速度，计算量过于庞大，尤其在真实环境中，机载计算机

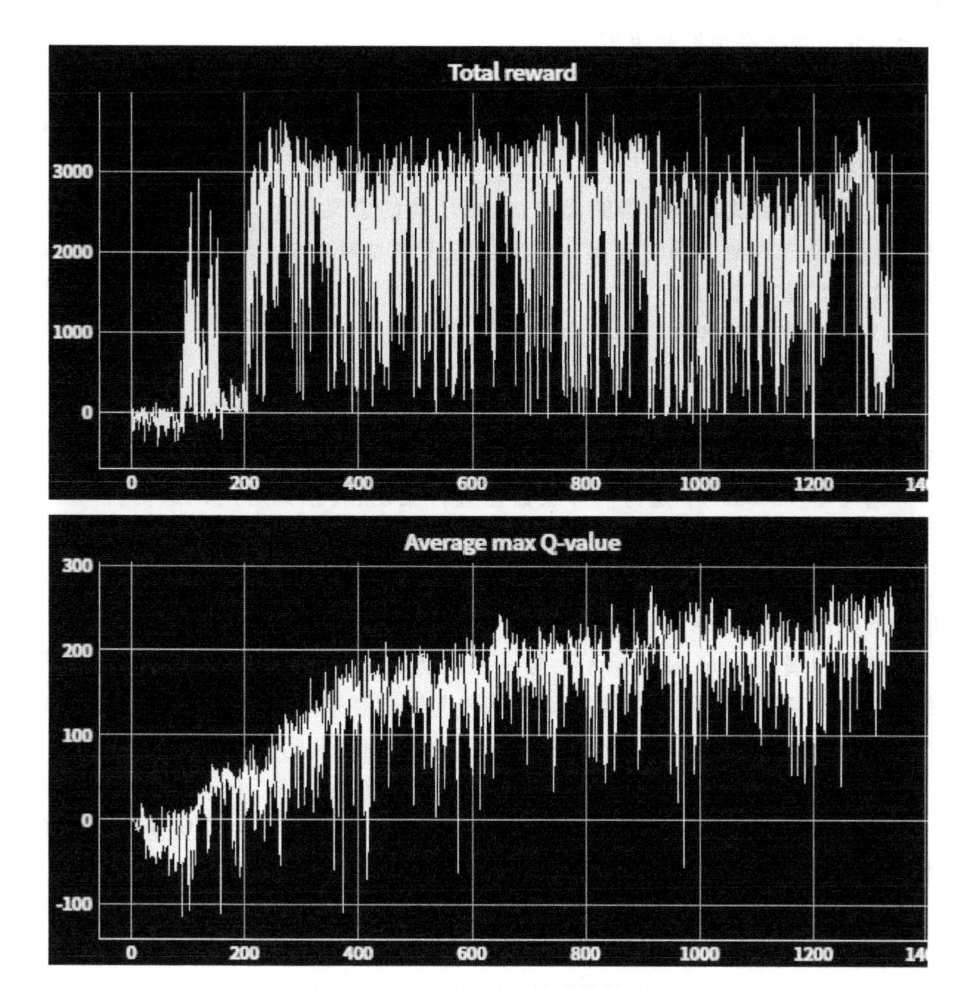

图 4.3.21 训练 DQN 算法收敛曲线

没有很强的计算能力，会导致避障时间过长，效率过低。本技术案例所实现的算法，也就是 DQN 算法下的机器人路径规划算法，提出一种端到端的解决方案，将激光数据作为输入直接映射到速度控制的输出（如前进、左转等），使得智能、高效的路径规划算法得以实现。

4.3.6 技术案例六：基于单目相机的复杂场景自主避障

1. 任务描述

本技术案例提出了一个基于视觉的深度强化学习框架，来处理移动机器人在导航过程中的碰撞避免问题，该框架仅依赖于一个 RGB 单目摄像机，且由两个模块组成：环境感知模块和控制决策模块。在环境感知模块中，对部署在移动机器人上的单目摄像机获取到的 RGB 数据进行编码得到一维伪激光数据。在控制决策模块中，采用基于深度强化学习的模型，接受环境感知模块获取到的伪激光数据,然后发布碰撞避免控制决策。

本工作的主要任务如下:

(1) 提出一种新的基于视觉的机器人导航避障方法,该方法仅依靠一个 RGB 单目摄像机作为传感器。

(2) 为了利用激光传感器的优势,挖掘环境的语义信息,提出利用 RGB 数据生成一维伪激光观测。同时提出一种新的深度图切片方式,大大提高了智能体对不规则物体的避碰能力。

(3) 为了适应提出的基于视觉的模型,引入了一种新的数据增强功能,以提高模型的稳定性,并减少仿真环境到真实环境的差距。

 **章节知识点**

编码器(encoder):是将信号或数据进行编制、转换为可用以通信、传输和存储的信号形式的设备。

解码器(decoder):是一种能将数字视音频数据流解码还原成模拟视音频信号的硬件/软件设备。

神经网络(neural networks):是一种模仿动物神经网络行为特征,进行分布式并行信息处理的算法数学模型。这种网络依靠系统的复杂程度,通过调整内部大量节点之间相互连接的关系,从而达到处理信息的目的。

深度预测(depth prediction):是一种计算机视觉任务,旨在从 2D 图像估计深度。该任务需要输入 RGB 图像并输出深度图像,包括关于从视点到图像中的物体的距离的信息。

英伟达(NVIDIA):NVIDIA 公司是全球可编程图形处理技术领袖,专注于打造能够增强个人和专业计算平台的人机交互体验的产品。

2. 相关工作

1) 全卷积网络

全卷积网络(fully convolutional networks,FCN)实现了对图像进行像素级的回归,从而解决了像素级的深度预测和图像分割问题。全卷积网络对下采样模块最后一个卷积层的特征图进行上采样操作,使它恢复到与输入图像相同的尺寸,从而对每一像素都产生一个预测,可以接受任意尺寸的输入图像。如图 4.3.22 所示,FCN 最后采用 SoftMax 分类器对特征图进行像素级分类,从而得到最后的分割图。

综上所述,全卷积网络主要包括编码器(Encoder)和解码器(Decoder)两个部分。本技术案例采用用于移动视觉的高效卷积神经网络模型(MobileNet)[59]作为深度预测和图像分割的编码器部分来减少参数量;采用线性插值作为上采样的方式;采用跳跃连接保留图像的纹理颜色信息;采用 NetAdapt 作为网络优化器使其可以嵌入到移动机器人平台。

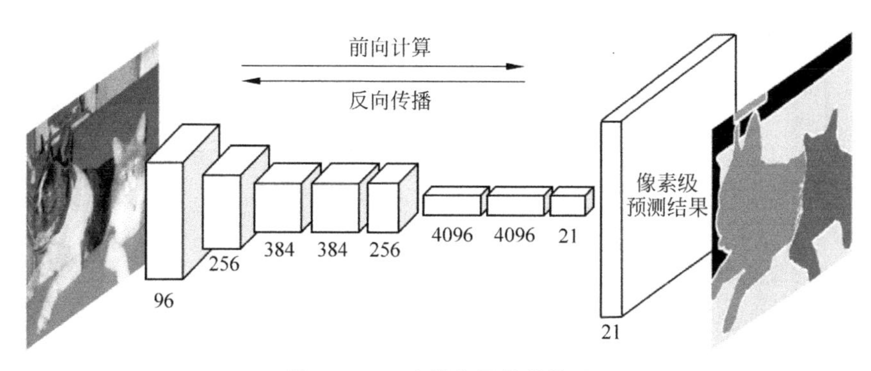

图 4.3.22 全卷积网络结构图

(1) MobileNet 网络结构：深度可分离卷积在通道进行按位相乘的计算，此时通道数不改变；然后对第一步的结果使用 1×1 的卷积核进行传统的卷积运算，改变特征的通道数，其计算方式如下定义：

$$\hat{G}_{k,l,n}=\sum_{i,j}\hat{K}_{i,j,m,n}\cdot F_{k+i-1,l+j-1,m} \tag{4.3.9}$$

深度可分离计算量计算方式如下：

$$D_K\times D_K\times M\times D_F+1\times 1\times M\times N\times D_F\times D_F \tag{4.3.10}$$

其中，D_F 为特征图尺寸大小，D_K 为卷积核尺寸大小，M 为输入特征的通道数，N 为输出特征的通道数。

实验证明，采用 MobileNet 作为 FCN 的编码器减小了网络的参数量，实现了深度预测算法和图像分割算法在移动机器人嵌入式设备的实时运行。

(2) 最近邻插值：为了提高 FCN 在解码器阶段的运行效率，提高深度预测算法和图像分割算法的运行速率，满足实验的实时性要求，本技术案例采用最近邻插值作为解码器阶段的上采样方式。最近邻插值是一种最简单的插值算法，不需要计算，将距离待求像素最近的像素的值直接赋值给待求像素。例如，假定源图像 A 的尺寸大小为 $m\times n$，经最近邻插值处理后的图像 B 的尺寸为 $a\times b$，由此可以得到缩放的倍数如下所示：

$$K=\frac{a}{m}=\frac{b}{n} \tag{4.3.11}$$

现在取 B 图像中的一点，可以知道对应在 A 图像中理论计算位置为

$$\left(\frac{x_0}{K},\frac{y_0}{K}\right) \tag{4.3.12}$$

通过得出来的在 A 中的理论位置数值可能为小数，这代表该点在 A 中无实际对应点，此时应该对求得的位置做四舍五入操作，即把图像中距离该理论点最近的一个的点当作它的值，这样的插值方式即为最近邻插值。

(3) 跳跃连接：深度预测和图像分割都是像素级的回归任务，因此通常会采用 U-Net 作为网络架构方式，因为 U-Net 是一种典型的编码-解码网络结构(如

图 4.3.23 所示)。

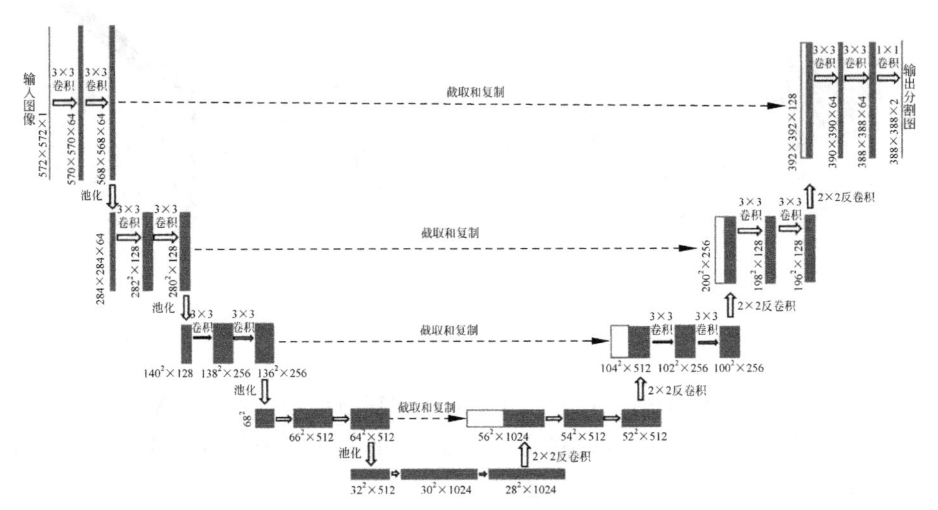

图 4.3.23 U-Net 网络结构

在编码器网络中,通常会采用许多下采样层(卷积层和池化层)来减小输入图像的空间分辨率,获取更高维的抽象特征。但是上采样的过程中很难恢复丢失的图像细节,从而导致解码器网络结构很难准确地预测一张高分辨率的结果图。为了可以获得准确的深度图和语义图,本技术案例采用了跳跃连接的方式。跳跃连接允许图像中的一些细节从高分辨的特征图中直接映射到解码器网络结构中的特征图上,这样的方式使得解码器网络结构重建出一张充满细节的高分辨输出。

跳跃连接用于 ResNet 和 DenseNet 可以有效减少梯度消失和网络退化的问题,使深层的网络更容易训练。对于神经网络而言,随着网络结构的加深,网络的表达能力也会越来越强,性能也会越来越好。但是随着网络结构的加深,也会带来各种各样的问题,例如梯度消散、梯度爆炸。残差块将网络的输出表示为输入和输入的一个非线性变换的线性叠加,打破了网络的对称性,使深度神经网络更加容易训练,其计算方式如下定义:

$$y = F(x, \{w_i\}) + x \tag{4.3.13}$$

其中,x 和 y 分别为网络的输入和输出,$F(x, \{w_i\})$代表残差块需要学习的映射。

2) 部分可观测马尔可夫决策过程

POMDP 是一种通用的马尔可夫决策过程,其模拟移动机器人的决策程序是假设系统动态由马尔可夫决策过程(MDP)决定,但是决定的过程中移动机器人无法直接观察其状态。相反,它必须根据模型的全域与部分区域观察的结果来推断状态的分布。形式上 POMDP 是如下所示的七元组:

$$(S, A, T, R, \Omega, O, \gamma) \tag{4.3.14}$$

其中,S 是一组状态,A 是一组动作,T 为状态间的一组条件转移概率,R: $S\times A\rightarrow R$

是奖励函数，Ω 是一组观察，O 是一组条件观察概率，$\gamma\in[0,1]$为折扣因子。在每一个时间段，移动机器人处于某种状态 $s\in S$，移动机器人会采取某种行为 $a\in A$，导致移动机器人从 s 状态转移到 s'状态，其状态转移概率为 $T(s'|s,a)$。同理，移动机器人接受观测值为 $o\in O$，它取决于环境的新状态，其概率为 $O(o|s',a)$。最后，移动机器人接受奖励 r 等于 $R(s,a)$，重复该过程。整个过程的目标是让移动机器人在每个时间可以预期其未来最大化折扣奖励的行为

$$E\left[\sum_{t=0}^{\infty}\gamma^t r_t\right] \tag{4.3.15}$$

其中，折扣因子 γ 决定了对于更长期的奖励有多大的直接奖励，当 $\gamma=0$ 时代表移动机器人只关心当前哪个动作会产生最大的预期即时奖励，当 $\gamma=1$ 时代表移动机器人关心最大化未来奖励的预期总和。

为了解决部分可观测马尔可夫决策过程带来的挑战，本技术案例引入了长短时记忆循环神经网络和注意力机制网络来解决视野受限问题。同时，本技术案例采用强化学习框架和演员-评论家框架，来解决移动机器人的避障问题。

(1) 长短时记忆循环神经网络：受传感器设备视野的影响，移动机器人无法完全获取周围状态，因此移动机器人在训练过程是一个部分可观测马尔可夫决策过程。为了弥补移动机器人在训练过程中视野受限的问题，一个可行的解决方案就是赋予移动机器人记忆功能，使移动机器人可以通过以往状态的记忆和当前观察到的状态对自己所处的状态进行建模，从而可以更好地理解周围的环境。

本技术案例采用循环神经网络(recurrent neural network，RNN)赋予移动机器人记忆功能。RNN 是一种专门用于处理序列数据的神经网络。相比于传统的神经网络而言，RNN 可以处理序列长度变化的数据，通过不停地将信息循环操作，保证信息持续存在来很好地解决这种包含时序信息的问题。但是 RNN 存在的长期依赖问题，由于移动机器人在训练的过程中也是一个序列过程，且探索的过程序列较长，如果采用 RNN 则无法聚合离当前观测状态时间差较远的记忆状态，不利于移动机器人对当前所处环境的理解。为了保证移动机器人在探索的过程中可以聚合当前探索序列的所有状态，采用长短期记忆网络(long short-term memory，LSTM)。LSTM 是一种特殊的循环神经网络，其结构如图 4.3.24 所示，该网络设计的目标的是解决 RNN 中存在的长期依赖问题。标准的循环神经网络中，重复模块具有非常简单的网络结构，只有单个 tanh 层。不同于标准的 RNN 的是，LSTM 也具有这种链式结构，但是它的重复单元不同于标准的 RNN 重复单元中的一个层，其内部具有 4 个网络层。

(2) 演员-评论家强化学习框架：本技术案例采用基于策略梯度的演员-评论家(actor-critic，AC)框架来实现强化学习避障策略。演员-评论家框架被广泛地应用在实际的强化学习算法中，该算法集成了值函数估计和策略搜索算法，是解决实际问题过程中最常用的强化学习框架。

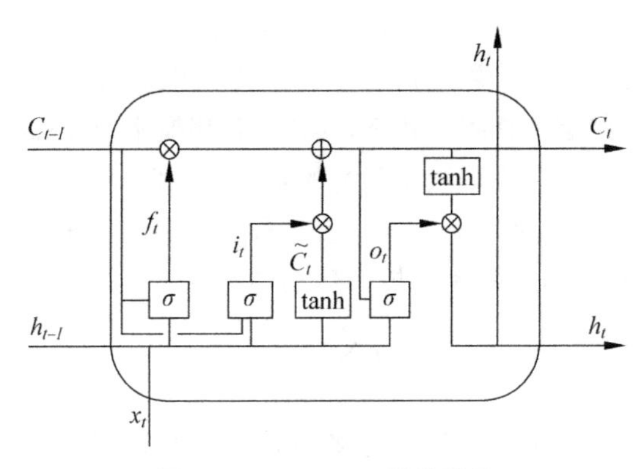

图 4.3.24 LSTM 网络结构

演员-评论家算法起源于策略搜索算法，而策略搜索算法是马尔可夫决策过程中的一个重要分支，如图 4.3.25 所示。策略搜索算法是将移动机器人的避障策略进行参数化表示，例如利用线性或非线性（如神经网络）函数对策略进行表示，然后通过策略优化的方式来寻找使得累积回报的期望最大最优的参数。

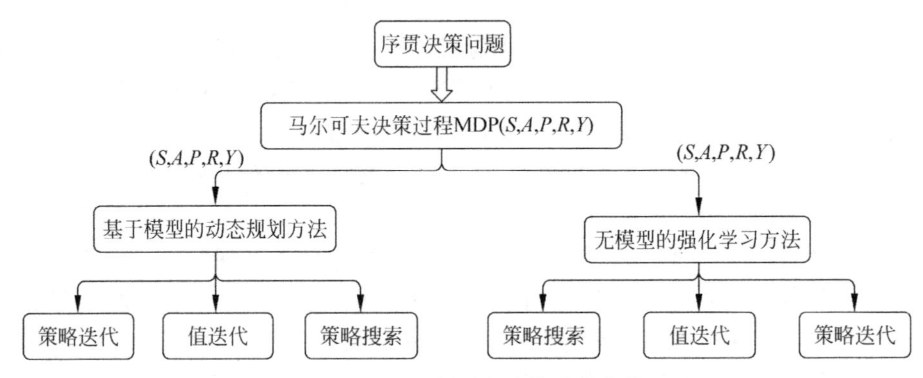

图 4.3.25 马尔可夫决策过程分类

为了提高算法的收敛速度，采用了基于演员-评论家框架的近端策略优化算法（proximal policy optimization，PPO）。相对于传统的策略梯度的算法，PPO 采用重要性采样技术实现了训练数据的重复利用，而无需在每一次参数更新后都进行训练数据的采样。同时为了约束采样策略和训练策略之间的距离，PPO 在回报函数中引入了 KL 散度，降低了强化学习算法的训练难度。

3. 技术方法

本技术方法的研究内容主要涉及两部分：环境感知模块和控制决策模块，如图 4.3.26 所示。环境感知模块主要涉及深度预测、语义分割的网络结构设计和局部动态最小池化的操作方式。控制决策模块主要涉及注意力（attention）机制和 LSTM 机制的引入对深度强化学习避障策略的影响。

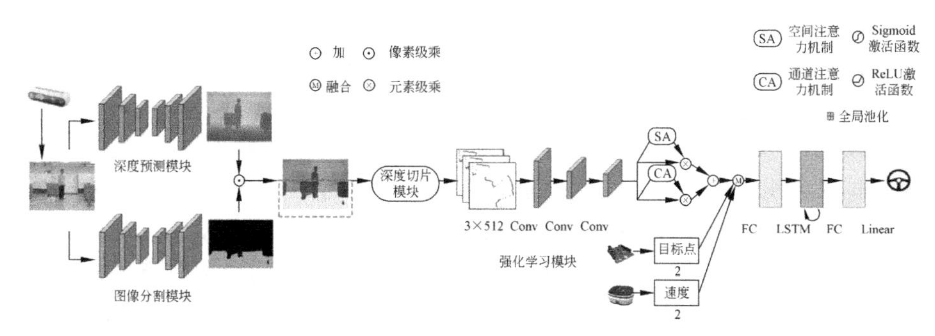

图 4.3.26　网络框架

1）环境感知模块

环境感知模块是对移动机器人捕捉到的 RGB 数据进行编码，得到包含物体轮廓信息的一维伪激光数据。为了可以获得一维伪激光数据，利用深度预测和图像处理算法来分别获得对应的深度图和 0-1 掩模图。然后利用掩模图去除深度图中的无用信息，得到无地面距离信息的深度图。最后采用本技术案例提出的局部动态最小池化操作对无地面距离信息的深度图进行切片处理，得到最后的一维伪激光数据，具体的操作如图 4.3.27 所示。

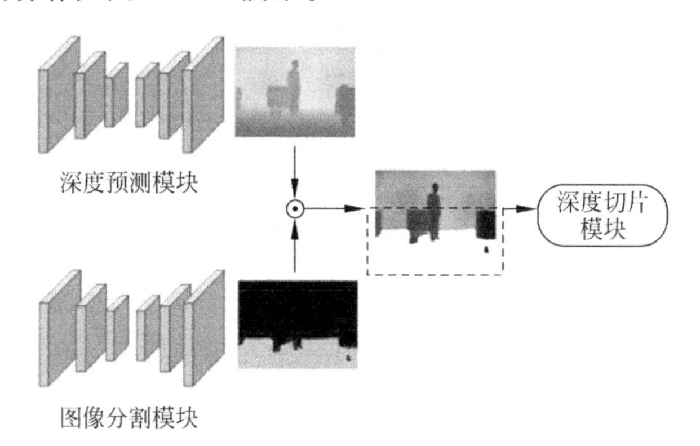

图 4.3.27　环境感知模块

(1) 深度预测模块：深度预测对于移动机器人来说是一项重要的功能，在机器人建图、定位和障碍物检测等任务中具有广泛的应用价值。目前存在的深度传感器大多具有价格昂贵、能耗高、体积大的缺点，例如激光、结构光传感器等。这些缺点导致目前存在的深度感受器很难在小型机器人平台上部署和使用，这也促进了用单张 RGB 数据来预测深度图的发展，因为这样的方式具有价格低廉、能耗低、体积小的优点。

(2) 图像分割模块：所谓的图像分割是指图像分割算法根据图像在像素色彩、灰度、几何形状、纹理等特征的表现把图像分割成若干个互补但不相交的区域。图像分割算法使得位于同一个区域内的纹理、颜色等特征表现出一致性或者相似性，而在不同的区域表现出巨大的差距。

图像分割网络结构如图 4.3.28 所示。首先图像通过一个卷积神经网络，产生一个特征图 X，其空间大小为 H×W(height、weight)。为了可以保留更多的细节(纹理、颜色)并高效地生成密集的特征映射，删除了最后的两个下采样操作，将其替换为扩张卷积。这样的方式使得输出的特征图 X 的 H 和 W 变为原输入图像的 1/8。获得相应的特征映射 X 之后，再次利用卷积层对特征图 X 进行降维处理得到 H′。然后为了可以聚合上下文信息，将特征图 H 输入到交叉注意力模块生成新的特征映射 H′，使其中的每个像素可以通过纵横交错的方式捕捉上下文信息。然而 H′仅仅聚合了水平和垂直方向的上下文信息，为了可以获得更丰富、更密集的上下文信息，再次将 H′输入到交叉注意力模块，并输出特征映射 H″。通过这样的方式，特征图 H″中的每个像素都聚合其他任意位置的像素信息。为了可以减小参数量，前后两个交叉注意力模块共享相同的参数以避免添加太多的额外参数导致运算速度降低。为了可以得到最终的分割图，将聚集了密集的上下文特征的特征图 H″与本地的特征图 X 连接起来，并用几个卷积层和激活层对其进行特征融合，直到输出最后的结果。

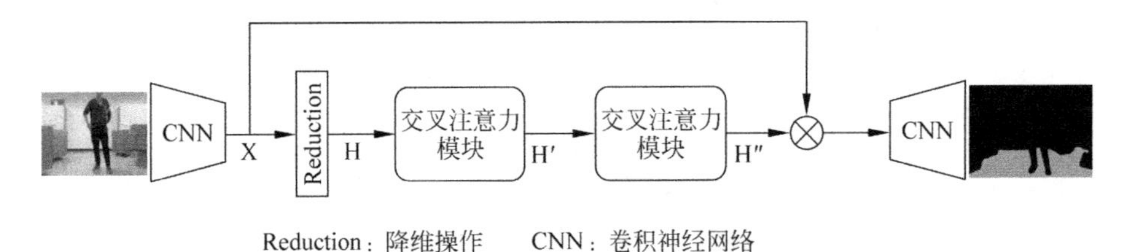

Reduction：降维操作　　CNN：卷积神经网络

图 4.3.28　图像分割网络结构

(3) 数据增强：强化学习算法训练的过程是移动机器人不断地与环境进行交互的过程，移动机器人在与环境的交互中不断收集训练数据，然后用收集到的训练数据来更新强化学习策略。为了减少深度强化学习算法训练的代价，提高算法训练的效率，强化学习算法需要首先在仿真环境训练然后迁移到真实的环境中。

但是仿真环境和真实环境存在巨大的差距，例如物体的颜色、纹理等，因此在仿真环境中训练好的算法很难迁移到真实的环境中。为了缩小仿真环境和真实环境下采集到的数据的差距，除了优化算法性能提高真实环境下采集到的数据的准确度外，另一个方式就是对在仿真环境下采集到的数据进行加噪处理，使仿真环境下收集到的数据与真实环境下采集到的数据更加接近。利用加噪后的激光数据来训练强化学习避障策略，可以提高强化学习算法对噪声的鲁棒性，提高强化学习算法从仿真到真实迁移的效果。

2）控制决策模块

控制决策模块主要是接受环境感知模块处理得到的伪激光数据、目标点的位置和移动机器人上一时刻的速度，然后回归出当前时刻应该采取的正确避障行为。为了可以帮助移动机器人在控制决策模块更好地把握和处理接收到的环境数据，本技术案例在控制决策模块引入了 LSTM 机制和注意力机制，具体的结构如图 4.3.29 所示：

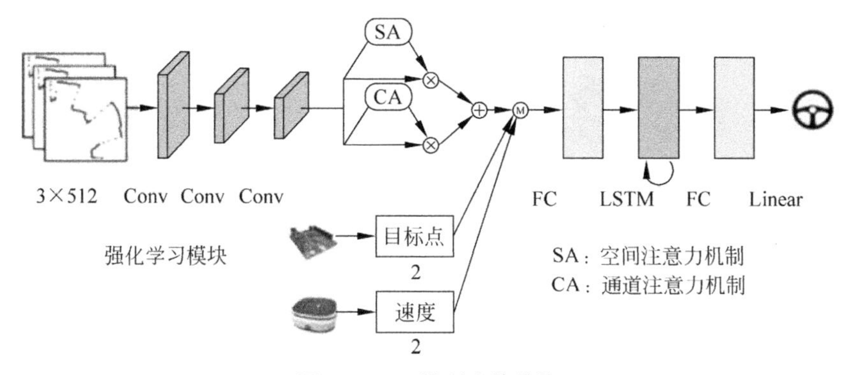

图 4.3.29　控制决策模块

(1) 循环神经网络机制：通过在模型中添加 LSTM 引入时序信息，赋予移动机器人记忆能力。因为受视野范围影响，移动智能体很难对当前的状态做出准确的判断，为了可以提高移动智能体理解周围环境的能力，引入了 LSTM。因为强化学习避障策略的训练是移动机器人与环境的不断的交互，收集经验数据，利用经验数据进行训练的过程，即移动机器人从某一个特定的状态出发，一直到任务的结束，被称为一个完整的 Episode，其数学表示如下：

$$\tau=\{s_1,a_1,s_2,a_2,\cdots,s_T,a_T\} \tag{4.6.16}$$

因此，在与环境交互的过程中，每一个序列的状态之间存在时序上的关系。本技术案例通过引入 LSTM 使移动机器人可以对当前序列上的以往状态进行记忆，把握状态之间的关系，从而使移动机器人可以根据对以往状态的记忆来更好地理解当前自己所处的状态，弥补传感器视野上的缺陷。

(2) 注意力机制模块：本技术案例引入了注意力机制，使移动机器人可以更加有效地关注到其需要关注的物体。注意力机制作为一个强有力的深度学习工具，而被当作一个重要的模块嵌入到各种模型中，来处理各种各样的任务。注意力机制是模仿了生物观察行为的内部过程，即一种将内部经验和外部感觉对齐从而增加部分区域的观察精细度的机制。例如，人在观察一幅图像的时候，会快速扫描整幅图像，然后寻找到需要重点关注的目标区域，也就是人类注意力的焦点。在找到目标区域之后，人类会对这一目标区域投入更多的注意力资源，以获得更多需要关注的目标区域的细节信息，并减小对其他无用信息的关注。

4. 结果展示

为了检查本技术案例提出的方法在现实世界中的整体性能，在由纸板箱、桌子和椅子构成的真实场景中部署了如图 4.3.30 所示的基于 ROS 的移动机器人。移动机器人可以通过自带的路由器将获取的图像传输到配有 Nvidia GTX1080 GPU 的本地主机进行图像处理和动作预测，然后再将速度信息发送给机器人，指导移动机器人避障，运算速度可以达到 10 Hz，满足实验的实时性要求。在真实场景下的实验证明，本技术案例提出的方法可以有效地规避场景中的动态障碍物和静态障碍物，并且对静态不规则物体和具有挑战性的动态行人具有良好的鲁棒性和泛化性。

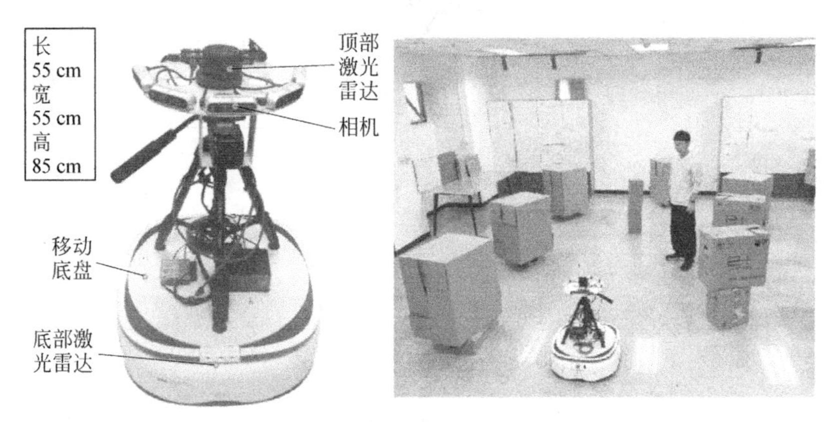

图 4.3.30 真机测试设备及场地

5. 小结

移动机器人避障技术作为移动机器人的一个基本功能，具有广泛的研究价值和应用价值。近几年来随着深度学习的发展，基于学习的避障算法开始逐渐替代以往的传统避障算法。基于深度强化学习的避障算法通过赋予每一个移动机器人独立自主的避障能力的方式，解决了基于中心控制避障算法带来的计算量大、网络延迟和定位失败问题，但是，基于深度强化学习的避障算法仍存在难训练和难迁移的问题。因为仿真环境和真实环境之间存在巨大的差距，采用视觉的方式不但会引入许多冗余的信息导致强化学习算法训练失败，而且会因为仿真环境和真实环境之间的巨大差距导致避障算法迁移失败。为了解决之前存在的问题，大多数研究者采用激光作为感受器训练强化学习避障算法，因为简单、准确的激光数据不但包括更少的冗余信息加快避障算法的收敛，而且可以忽略掉仿真环境和真实环境之间的巨大差距，实现算法的有效迁移。

本技术案例中提出的视觉避障算法，促进了视觉避障在现实场景下的应用价值，但是仍然有一些问题没有解决。例如，近距离下深度预测算法失效问题；地面为反射性较强的材料导致图像分割算法失效问题等。在将来的研究中，需要研究者不断提高相关的图像处理算法性能，并提供高仿真的虚拟环境，实现图像到行为的端到端的训练。

4.4 本章小结

本技术案例介绍了涉及机器人导航的相关任务。在定位方面，重点介绍了相机重定位的经典和基于深度学习方法的相机重定位方法，介绍了定位的概念以及它的子类任务和其间的关系，还对定位求解涉及的基础概念，包括词袋方法、随机采样一致算法等进行了介绍。相机位姿的获取是机器人了解自身位姿状态的重要任务。在成功获取了定位信息后，在面向实际应用场景时，机器人导航和避障任务是机器人进行操作的基础任务，因此作为基础的应用任务。然后对机器人导航和避障任务相关的技术进行了介绍和说明，包括路径规划的算法、机器人避障的经典方法和基于深度学习的方法。

4.5 思考题

(1) 常用的特征相似度度量方法有哪些？请尝试使用 Python 对这些度量方法进行实现，并分析它们的性能差别。

(2) 请对随机采样一致方法进行流程图绘制。

(3) 本技术案例中介绍的重定位方法均是基于静态场景进行的，请问如果是存在运动物体的动态场景，重定位的性能是否会下降？为什么？该如何解决？

(4) 请简述强化学习算法在避障导航任务中的实现过程，并设计一种高效的强化学习奖励函数。

(5) 简述 A^* 算法与 Dijkstra 算法的流程，并分析两种算法的优缺点与适用场景。

参考文献

[1] BRACHMANN E, ROTHER C. Learning less is more-6d camera localization via 3d surface regression; proceedings of the 31st IEEE/CVF Conference on Computer Vision and Pattern Recognition (CVPR), Salt Lake City, UT, F Jun 18-23, 2018 [C]. Ieee: NEW YORK, 2018.

[2] BRACHMANN E, ROTHER C. Visual camera re-localization from rgb and rgb-d images using dsac [J]. IEEE transactions on pattern analysis and machine intelligence, 2021, 44(9): 5847-5865.

[3] BRACHMANN E, KRULL A, NOWOZIN S, et al. Dsac-differentiable ransac for camera localization; proceedings of the 30th IEEE/CVF Conference on Computer Vision and Pattern Recognition (CVPR), Honolulu, HI, F Jul 21-26, 2017 [C]. Ieee: NEW YORK, 2017.

[4] 高翔. 视觉 slam 十四讲：从理论到实践 [M]. 北京：电子工业出版社，2017.

[5] SHOTTON J, GLOCKER B, ZACH C, et al. Scene coordinate regression forests for camera relocalization in rgb-d images; proceedings of the 26th IEEE Conference on Computer Vision and Pattern Recognition (CVPR), Portland, OR, F Jun 23-28, 2013 [C]. Ieee: NEW YORK, 2013.

[6] VALENTIN J, NIESSNER M, SHOTTON J, et al. Exploiting uncertainty in regression forests for accurate camera relocalization; proceedings of the IEEE Conference on Computer Vision and Pattern Recognition (CVPR), Boston, MA, F Jun 07-12, 2015 [C]. Ieee: NEW

YORK,2015.

[7] MASSICETI D, KRULL A, BRACHMANN E, et al. Random forests versus neural networks-what's best for camera localization? [J]. 2017 IEEE International Conference on Robotics and Automation (ICRA),2017: 5118-5125.

[8] CAVALLARI T,GOLODETZ S,LORD N A, et al. On-the-fly adaptation of regression forests for online camera relocalisation; proceedings of the 30th IEEE/CVF Conference on Computer Vision and Pattern Recognition (CVPR), Honolulu, HI, F Jul 21-26,2017 [C]. Ieee: NEW YORK,2017.

[9] KENDALL A,GRIMES M,CIPOLLA R,et al. Posenet: A convolutional network for real-time 6-dof camera relocalization; proceedings of the IEEE International Conference on Computer Vision,Santiago,CHILE,F Dec 11-18,2015 [C]. Ieee: NEW YORK,2015.

[10] ZHOU L,LUO Z X,SHEN T W,et al. Kfnet: Learning temporal camera relocalization using kalman filtering; proceedings of the IEEE/CVF Conference on Computer Vision and Pattern Recognition (CVPR),Electr Network,F Jun 14-19,2020 [C]. Ieee: NEW YORK, 2020.

[11] TAIRA H,OKUTOMI M,SATTLER T,et al. Inloc: Indoor visual localization with dense matching and view synthesis [J]. Ieee Transactions on Pattern Analysis and Machine Intelligence,2021,43(4): 1293-1307.

[12] GERMAIN H,LEPETIT V,BOURMAUD G,et al. Neural reprojection error: Merging feature learning and camera pose estimation; proceedings of the IEEE/CVF Conference on Computer Vision and Pattern Recognition (CVPR),Electr Network,F Jun 19-25,2021 [C]. Ieee Computer Soc: LOS ALAMITOS,2021.

[13] HUANG Z Y,ZHOU H,LI Y J, et al. Vs-net: Voting with segmentation for visual localization; proceedings of the IEEE/CVF Conference on Computer Vision and Pattern Recognition (CVPR),Electr Network,F Jun 19-25,2021 [C]. Ieee Computer Soc: LOS ALAMITOS,2021.

[14] SARLIN P E,UNAGAR A,LARSSON M,et al. Back to the feature: Learning robust camera localization from pixels to pose; proceedings of the IEEE/CVF Conference on Computer Vision and Pattern Recognition (CVPR),Electr Network,F Jun 19-25,2021 [C]. Ieee Computer Soc: LOS ALAMITOS,2021.

[15] TANG S T,TANG C Z,HUANG R,et al. Learning camera localization via dense scene matching; proceedings of the IEEE/CVF Conference on Computer Vision and Pattern Recognition (CVPR),Electr Network,F Jun 19-25,2021 [C]. Ieee Computer Soc: LOS ALAMITOS,2021.

[16] BRACHMANN E,ROTHER C. Neural-guided ransac: Learning where to sample model hypotheses [J]. Ieee I Conf Comp Vis,2019: 4321-4330.

[17] RUBLEE E,RABAUD V,KONOLIGE K,et al. Orb: An efficient alternative to sift or surf; proceedings of the IEEE International Conference on Computer Vision (ICCV), Barcelona,SPAIN,F Nov 06-13,2011 [C]. Ieee: NEW YORK,2011.

[18] BAY H,ESS A,TUYTELAARS T,et al. Speeded-up robust features (surf) [J]. Comput Vis Image Underst,2008,110(3): 346-359.

[19] LOWE D G. Distinctive image features from scale-invariant keypoints [J]. Int J Comput

Vis,2004,60(2): 91-110.

[20] FISCHLER M A,BOLLES R C. Random sample consensus-a paradigm for model-fitting with applications to image-analysis and automated cartography [J]. Commun ACM,1981, 24(6): 381-395.

[21] JEGOU H,DOUZE M, SCHMID C, et al. Aggregating local descriptors into a compact image representation; proceedings of the 23rd IEEE Conference on Computer Vision and Pattern Recognition (CVPR), San Francisco, CA, F Jun 13-18, 2010 [C]. Ieee Computer Soc: LOS ALAMITOS,2010.

[22] ARANDJELOVIC R,GRONAT P,TORII A,et al. Netvlad: Cnn architecture for weakly supervised place recognition [J]. Ieee Transactions on Pattern Analysis and Machine Intelligence,2018,40(6): 1437-1451.

[23] LLOYD S P. Least-squares quantization in pcm [J]. IEEE Trans Inf Theory,1982,28(2): 129-137.

[24] SIVIC J,ZISSERMAN A, IEEE COMPUTER S, et al. Video google: A text retrieval approach to object matching in videos; proceedings of the 9th IEEE International Conference on Computer Vision,Nice,France,F Oct 13-16,2003 [C]. Ieee Computer Soc: LOS ALAMITOS,2003.

[25] ROBERTSON S. Understanding inverse document frequency: On theoretical arguments for idf [J]. J Doc,2004,60(5): 503-520.

[26] GALVEZ-LOPEZ D,TARDOS J D. Bags of binary words for fast place recognition in image sequences [J]. IEEE Trans Robot,2012,28(5): 1188-1197.

[27] LIU C,YUEN J,TORRALBA A,et al. Sift flow: Dense correspondence across different scenes; proceedings of the 10th European Conference on Computer Vision (ECCV 2008), Marseille,FRANCE,F Oct 12-18,2008 [C]. Springer-Verlag Berlin: BERLIN,2008.

[28] GALVEZ-LOPEZ D,TARDOS J D,IEEE. Real-time loop detection with bags of binary words; proceedings of the IEEE/RSJ International Conference on Intelligent Robots and Systems,San Francisco,CA,F Sep 25-30,2011 [C]. Ieee: NEW YORK,2011.

[29] GEE A P, MAYOL-CUEVAS W. 6d relocalisation for rgbd cameras using synthetic view regression; proceedings of the 23rd British Machine Vision Conference, University of Surrey, Guildford,ENGLAND,F Sep 03-07,2012 [C]. B M V a Press: GUILDFORD,2012.

[30] GLOCKER B,SHOTTON J,CRIMINISI A,et al. Real-time rgb-d camera relocalization via randomized ferns for keyframe encoding [J]. IEEE Trans Vis Comput Graph,2015, 21(5): 571-583.

[31] SCHINDLER G, BROWN M, SZELISKI R, et al. City-scale location recognition; proceedings of the IEEE Conference on Computer Vision and Pattern Recognition, Minneapolis,MN,F Jun 17-22,2007 [C]. Ieee: NEW YORK,2007.

[32] CAO S,SNAVELY N. Graph-based discriminative learning for location recognition [J]. Int J Comput Vis,2015,112(2): 239-254.

[33] LI Y P,SNAVELY N, HUTTENLOCHER D P. Location recognition using prioritized feature matching; proceedings of the 11th European Conference on Computer Vision, Heraklion,GREECE,F Sep 05-11,2010 [C]. Springer-Verlag Berlin: BERLIN,2010.

[34] LIM H,SINHA S N,COHEN M F,et al. Real-time image-based 6-dof localization in

large-scale environments; proceedings of the IEEE Conference on Computer Vision and Pattern Recognition (CVPR), Providence, RI, F Jun 16-21, 2012 [C]. Ieee: NEW YORK,2012.

[35] SATTLER T,HAVLENA M,SCHINDLER K,et al. Large-scale location recognition and the geometric burstiness problem; proceedings of the 2016 IEEE Conference on Computer Vision and Pattern Recognition (CVPR),Seattle,WA,F Jun 27-30,2016 [C]. Ieee: NEW YORK,2016.

[36] LI Y P,SNAVELY N,HUTTENLOCHER D,et al. Worldwide pose estimation using 3D point clouds; proceedings of the 12th European Conference on Computer Vision (ECCV), Florence,ITALY,F Oct 07-13,2012 [C]. Springer-Verlag Berlin: BERLIN,2012.

[37] SATTLER T,HAVLENA M,RADENOVIC F,et al. Hyperpoints and fine vocabularies for large-scale location recognition; proceedings of the IEEE International Conference on Computer Vision,Santiago,CHILE,F Dec 11-18,2015 [C]. Ieee: NEW YORK,2015.

[38] SATTLER T,LEIBE B,KOBBELT L. Efficient & effective prioritized matching for large-scale image-based localization [J]. Ieee Transactions on Pattern Analysis and Machine Intelligence,2017,39(9): 1744-1756.

[39] GUZMAN-RIVERA A,KOHLI P,GLOCKER B,et al. Multi-output learning for camera relocalization; proceedings of the 27th IEEE Conference on Computer Vision and Pattern Recognition (CVPR),Columbus,OH,F Jun 23-28,2014 [C]. Ieee: NEW YORK,2014.

[40] BRACHMANN E,MICHEL F,KRULL A,et al. Uncertainty-driven 6d pose estimation of objects and scenes from a single rgb image; proceedings of the 2016 IEEE Conference on Computer Vision and Pattern Recognition (CVPR),Seattle,WA,F Jun 27-30,2016 [C]. Ieee: NEW YORK,2016.

[41] LI X T,YLIOINAS J,KANNALA J. Full-frame scene coordinate regression for image-based localization; proceedings of the 14th Conference on Robotics-Science and Systems,Carnegie Mellon Univ,Pittsburgh,PA,F Jun 26-30,2018 [C]. Mit Press: CAMBRIDGE,2018.

[42] LI X T,YLIOINAS J,VERBEEK J,et al. Scene coordinate regression with angle-based reprojection loss for camera relocalization; proceedings of the 15th European Conference on Computer Vision (ECCV),Munich,GERMANY,F Sep 08-14,2018 [C]. Springer International Publishing Ag: CHAM,2019.

[43] PFEIFFER M,SCHAEUBLE M,NIETO J,et al. From perception to decision: A data-driven approach to end-to-end motion planning for autonomous ground robots [J]. 2017 IEEE International Conference on Robotics and Automation (ICRA),2017: 1527-33.

[44] TAI L,LI S H,LIU M. A deep-network solution towards model-less obstacle avoidance [J]. 2016 Ieee/Rsj International Conference on Intelligent Robots and Systems (Iros 2016),2016: 2759-2764.

[45] LONG P X,FAN T X,LIAO X Y,et al. Towards optimally decentralized multi-robot collision avoidance via deep reinforcement learning; proceedings of the IEEE International Conference on Robotics and Automation (ICRA),Brisbane,AUSTRALIA,F May 21-25, 2018 [C]. Ieee Computer Soc: LOS ALAMITOS,2018.

[46] CHOI J,PARK K,KIM M,et al. Deep reinforcement learning of navigation in a complex and crowded environment with a limited field of view; proceedings of the IEEE

International Conference on Robotics and Automation (ICRA), Montreal, CANADA, F May 20-24, 2019 [C]. Ieee: NEW YORK, 2019.

[47] SOUHILA K, KARIM A. Optical flow based robot obstacle avoidance [J]. Int J Adv Robot Syst (Austria), 2007, 4(1): 13-6.

[48] BILLS C, CHEN J, SAXENA A. Autonomous mav flight in indoor environments using single image perspective cues [J]. 2011 IEEE International Conference on Robotics and Automation (ICRA 2011), 2011: 5776-5783.

[49] MUR-ARTAL R, MONTIEL J M M, TARDOS J D. Orb slam: A versatile and accurate monocular slam system [J]. IEEE Trans Robot, 2015, 31(5): 1147-1163.

[50] KIM D K, CHEN T. Deep neural network for real-time autonomous indoor navigation [J/OL] 2015, https: //doi. org/10. 48550/arXiv. 1511. 04668.

[51] LIULONG M, YANJIE L, JIAO C, et al. Learning to navigate in indoor environments: From memorizing to reasoning [J/OL] 2019, https: //doi. org/10. 48550/arXiv. 1904. 06933.

[52] BHARADHWAJ H, WANG Z H, BENGIO Y, et al. A data-efficient framework for training and sim-to-real transfer of navigation policies; proceedings of the IEEE International Conference on Robotics and Automation (ICRA), Montreal, CANADA, F May 20-24, 2019 [C]. Ieee: NEW YORK, 2019.

[53] GORDON D, KADIAN A, PARIKH D, et al. Splitnet: Sim2sim and task2task transfer for embodied visual navigation; proceedings of the IEEE/CVF International Conference on Computer Vision (ICCV), Seoul, SOUTH KOREA, F Oct 27-Nov 02, 2019 [C]. Ieee Computer Soc: LOS ALAMITOS, 2019.

[54] SAVVA M, KADIAN A, MAKSYMETS O, et al. Habitat: A platform for embodied ai research; proceedings of the IEEE/CVF International Conference on Computer Vision (ICCV), Seoul, SOUTH KOREA, F Oct 27-Nov 02, 2019 [C]. Ieee: NEW YORK, 2019.

[55] GANG C, HONGZHE Y, WEI D, et al. Learning to navigate from simulation via spatial and semantic information synthesis with noise model embedding [J/OL] 2019, https: // doi. org/10. 48550/arXiv. 1910. 05758.

[56] SZEGEDY C, LIU W, JIA Y Q, et al. Going deeper with convolutions; proceedings of the IEEE Conference on Computer Vision and Pattern Recognition (CVPR), Boston, MA, F Jun 07-12, 2015 [C]. Ieee: NEW YORK, 2015.

[57] SIMONYAN K, ZISSERMAN A. Very deep convolutional networks for large-scale imagerecognition[J/OL]2014, https://doi. org/10. 48550/arXiv. 1409. 1556.

[58] KAIMING H, XIANGYU Z, SHAOQING R, et al. Deep residual learning for image recognition; proceedings of the 2016 IEEE Conference on Computer Vision and Pattern Recognition (CVPR), Seattle, WA, F Jun 27-30, 2016 [C]. Ieee: NEW YORK, 2016.

[59] HUANG G, LIU Z, VAN DER MAATEN L, et al. Densely connected convolutional networks; proceedings of the 30th IEEE/CVF Conference on Computer Vision and Pattern Recognition (CVPR), Honolulu, HI, F Jul 21-26, 2017 [C]. Ieee: NEW YORK, 2017.

[60] ZHAO H S, SHI J P, QI X J, et al. Pyramid scene parsing network; proceedings of the 30th IEEE/CVF Conference on Computer Vision and Pattern Recognition (CVPR),

Honolulu,HI,F Jul 21-26,2017 [C]. Ieee: NEW YORK,2017.

[61] HU S X,CHEN C P,ZHANG A W,et al. A small and lightweight autonomous laser mapping system without gps [J]. J Field Robot,2013,30(5): 784-802.

[62] WULF O,ARRAS K O,CHRISTENSEN H I,et al. 2D mapping of cluttered indoor enviromments by means of 3d perception; proceedings of the IEEE International Conference on Robotics and Automation,New Orleans,LA,F Apr 26-May 01,2004 [C]. Ieee: NEW YORK,2004.

第5章

机器人抓取

5.1 概述

智能服务机器人在《国家中长期科学和技术发展规划纲要(2006—2020年)》中被列为15年重点发展的前沿技术，并且我国在2012年制定了《服务机器人科技发展“十二五”专项规划》，以支持机器人行业发展。机器人在现实生活中的应用场景越来越丰富，机器人自主抓取是机器人与真实世界交互的一个必不可少的基础功能。不论是流水线上使用的工业机器人，还是商店、家庭中使用的服务型机器人，若要完成与物体之间的交互，就离不开自主抓取功能。

机器人自主抓取分为两步：第一步是抓取姿态检测，这一步要求抓取姿态检测算法对特定物体进行分析，并生成一个可靠的抓取姿态；第二步是机械臂运动规划，这一步需要算法规划机械臂到达指定抓取姿态，完成抓取任务。抓取姿态检测是完成抓取任务的基础，这一步离不开计算机视觉算法。抓取姿态检测算法的输入数据是机器人摄像头获取到的图像，包括RGB图像和深度图像。RGB图像能提供丰富的色彩信息，但却不包含三维空间信息。随着科技的发展，深度摄像头的价格不断降低，当前很多机器人配备了RGB-D摄像头，深度图像提供的深度信息补足了RGB图像欠缺的空间信息，使机器人抓取姿态检测算法能够利用更加丰富的信息来检测物体的抓取姿态。

近年来，机器人抓取姿态检测算法得到了巨大发展。在最初的时候，科研工作者们尝试对物体进行建模，分析物体的一些几何信息和物体特征，从而计算物体的抓取姿态。但是这种方式涉及运动学与动力学，实现起来十分复杂，并且将模型上生成的抓取姿态迁移到现实世界物体上时，真实效果无法达到建模时预期的良好效果。随着深度学习以及计算机视觉的发展，涌现了许多基于深度学习的机器人抓取姿态检测算法。这些抓取姿态检测算法从人为标注的数据中进行学习，迁移到现实世界中其检测效果也较好。然而，基于深度学习的机器人抓取姿态检测算法模型离不开标注数据集的训练，如果没有充实的数据集，深度学习网络模型就无法学习到准确的参数信息。

本章首先对基于分析法和基于经验法的机器人抓取方法进行实践，使用基于物体交互动力学的方法进行抓取位姿预测。另外，对于基于深度学习的方法，本章提出了4种实践方法。

第5章资源

本章的4种实践方法中所涉及的参考文献代码和数据集如需获取，请扫描左侧二维码。

5.2 国内外主要研究工作

5.2.1 基于分析法和经验法的抓取方式检测

基于分析法的物体抓取方式检测主要利用物体的数学以及物理几何模型，结合动力学、运动学计算出当前物体的稳定抓取方式。由于机械夹爪与物体之间的交互行为很难进行物体建模，所以这种检测方法在现实世界的应用中并没有良好的效果。基于经验法的物体抓取方式检测着重于利用物体模型和过往的抓取经验。这类方法中，有一部分工作运用物体模型建立数据库，将已知物体与有效的抓取方式关联在一起，面对当前物体时，在数据库中查找类似的物体，从而获取有效的抓取方式。这种方法相比于分析法在实际环境中有相对较好的应用效果，但是仍然欠缺对于未知物体的泛化能力。方法[1]和方法[2]将物体抓取参数化，列出了分析一次抓取的4种参数：①工具中心点应对齐的物体上的抓取点；②接近向量，描述机器人手接近抓取点的三维角度；③机械手的手腕方向；④机械手的手指初始配置。

分析法为衡量上述4种抓取特性的标准提供了保证。然而，分析法通常是基于简化过的接触模型、库仑摩擦和刚体建模等假设得到的。在这些假设情况下，抓取分析具有实用性，但是由于近似性质，分析中仍存在不一致性与模糊性问题，且在抓取动力学分析尤为明显。

在这种情况下，Bicchi 和 Kumar[3]找到了一个准确且易于处理的接触合规模型，这类模型需要分析内力中有部分不受控制且静态不确定的抓取方式。比如对于欠驱动的机械手或抓取协同作用，其中受控自由度(degree of freedom，DoF)的数量小于接触力的数量。Prattichazzo 等[4]通过在触点和关节处引入一组弹簧对这样的系统进行建模，并展示了分析其灵活性的方法。Rosales 等[5]采用相同的顺应模型来合成可行且合适的抓取。在这种情况下，只考虑静态的、确定的抓取，寻找合适的手部姿态问题转化为一个约束优化问题，在其中引入柔度来同时解决接触可达性、对象约束和力可控性的约束。

与许多其他抓取综合分析方法一样，该模型仅在手部运动学和抓取对象的相对精确模型仿真中研究。在实际运用中，系统误差和随机误差是机器人系统固有的，这两类误差是由传感器噪声与机器人运动学和动力学、传感器或对象的不准确模型造成的。因此,实验中只能了解到物体与机械手的大致位置,很难确定指尖的准确位置。Bicchi 和 Kumar[3]发现当时缺乏对定位误差具有鲁棒性的合成抓取方法。这一方向的一项研究探索了 Nguyen[6]定义的独立接触区域的概念,即物体上的一组区域,每个手指都可以独立放置在任何位置,而不会失去力闭合特性。Roa 和 Suarez[7]、Krug 等[8]给出了用于计算它们的几个例子。另一项针对末端执行器定位不准确的鲁棒性研究使用了锁定式规划。Rodriguez 等[9]发现,平面物体周围有三指操纵器的锁定式配置,特别适合作为抓握它的路径点。一旦机械手处于这种配置中,无论是张开还是闭合手指,都可以保证在不需要精确定位手指的情况下实现平稳抓取。Seo 等[10]充分利用了两个手指抓取一个物体之前总有一个锁定的配置这一现象。平面物体的全身抓取是通过先找到一个两触点的锁定配置,然后使用附加触点来约束物体后合成而来。

分析方法中通常做出的另一个假设是:机器人可以使用对象的精确几何与物理模型,但实际情况并非总是如此。此外,可能不知道物体的表面特性或摩擦系数、质量、质心和质量分布。其中一些物体特性可以通过交互来检索:Zhang 和 Trinkle [11]提出使用粒子滤波器来同时估计对象的物理参数并在推动对象时对其进行跟踪的方法,对象的动态模型被表述为混合非线性互补问题。即使在物体被遮挡且无法通过视觉观察更新状态估计的情况下,随着时间的推移,物体的运动也能被准确预测。尽管这样的方法放宽了一些假设,但它们仍然仅限于模拟[5,9]或二维对象上[9-11]。

5.2.2 基于深度学习的抓取方式检测

深度学习的方法在视觉任务中有着巨大的作用,对于未知物体的抓取方式检测,基于深度学习的算法取得了许多进展。主流的抓取方式表示形式为类似目标检测的矩形框,然而这个矩形框有一个旋转角参数,利用矩形框的中心点坐标、矩形框宽度以及矩形框旋转角就可以表示一个独特的抓取姿态。迄今为止的抓取方式检测算法中大部分都遵循一个通用的检测流程:从图像数据中检测出候选的抓取位置,利用卷积神经网络对每一个候选的抓取位置进行评估,最终选择评估值最高的抓取位置作为输出。其中具有代表性的是 Chu 等提出的基于目标检测模型 FastR-CNN(FastRegion current neural network)修改得到的物体抓取方式检测模型,这种方式的网络模型参数量大,实时性相对较低。Morrison[12]等提出了一种基于全卷积神经网络的像素级别的物体抓取方式检测模型,输出 4 张与原图大小相等的图像,分别为抓取值图、宽度图、旋转角的正弦图与余弦图。该模型参数量少,实时性高。基于深度学习的抓取方式检测在实际场景中效果良好,并且对未知物体的泛化能力强。

有一些研究者希望利用三维信息更加丰富的点云进行抓取姿态的检测,Varley 等[13]利用一个三维卷积神经网络来补全当前物体的点云形状,再从补全后的点云中生成抓取姿态。Varley 等利用自己收集的不同角度三维物体数据对网络进行训练，而 Mahler 等[14]创建了一个合成点云数据集，并提出了一个抓取姿态质量评估神经网络，用于评估候选抓取姿态的质量。

还有一些研究者注意到目标检测与机器人抓取姿态检测的共通性，因此他们尝试将各种目标检测算法的网络适配到机器人抓取姿态检测问题上[12-14]。然而，相较于目标检测问题，机器人抓取姿态检测问题对于算法的速度与实时性要求更高，而一般使用滑动窗口的抓取姿态检测算法的计算时间都较长。为了降低抓取姿态检测算法的计算时间，Wang 等[15]提出的方法对候选的抓取姿态进行了预处理，并舍弃掉了一部分抓取姿态，从而减少候选抓取姿态数量。一些研究者尝试抛弃目标检测算法的框架，使用卷积神经网络直接生成一个最佳的抓取姿态，但是这种方式无法保证生成的唯一抓取姿态是一个有效的抓取姿态。有些研究者开拓思维，改变了抓取姿态检测算法的输出格式，将其修改为像素级别的热度图。Varley 等[16]使用一个热度图输出表示机器人夹爪上手指应当放置的位置，但这种方式无法直接判断一个抓取方式是否有效，需要后续的抓取规划算法进行有效性判断。Morrison 等[12]提出了一种完全回归的神经网络，对抓取姿态中的各个参数，包括抓取位置、旋转角以及宽度都生成不同热度图，并由抓取质量最高位置的坐标检索到抓取姿态的旋转角和宽度，从而生成最终的抓取姿态。

虽然基于深度学习的机器人抓取姿态检测算法已经取得了不错的效果，但是在实时性与准确率的平衡上依旧存在问题。加深神经网络的宽度与深度固然能够使网络模型进行更加精确的检测，但同时参数量的巨大增长也延长了神经网络前向传播的计算时间。而机器人抓取姿态检测问题对实时性要求很高，对神经网络结构进行精简能够保证检测的高实时性，但是需要舍弃一部分检测准确率，这将直接影响最终机器人抓取的成功率。此外，基于深度学习的算法对于标注数据有着极大的需求，如果没有充分的标注数据，深度学习算法的神经网络就无法学习到准确的参数。但是，标注一个充实的数据集需要耗费大量的资源，这对机器人抓取姿态检测算法在现实生活中的应用造成了很大的阻碍。

5.2.3 小结

本节介绍了几种研究路线的抓取方式国内外研究现状，发现传统方式分析法和经验法都有较大的局限性，唯独基于深度学习的抓取方式检测在实际场景中效果良好，并且对未知物体的泛化能力强。但是即使基于深度学习的抓取方式检测方法已经取得了瞩目的进展，该方法仍受限于深度学习对数据的大量渴求问题，主要有两个方面：一是按照传统的方式进行训练，若没有充足的已标注数据，网络模型无法得到令人满意的精确性；二是当已有模型迁移到陌生物体检测问题上时，若要对陌生物体进行数据收集与标注，将耗费大量的人力。

5.3 技术实践

5.3.1 技术案例一：基于物体交互动力学的抓取姿态检测

1. 任务描述

技术案例一相关代码

机器人运动学中，在不确定条件下实施机器人抓取姿态检测与路径规划是一项难以完成的任务，在现实世界中运作的机器人的传感器感知精确度直接影响机器人的抓取姿态检测的精度。为解决这个问题，需要一个模型来对原始传感数据进行处理。

章节知识点

抓取位姿检测(grasp configuration detecting)：在给定了物体和基本环境约束条件下，抓取位姿检测的目标是寻找抓取质量最高的夹爪姿态配置。针对抓取位姿检测问题，现有的方法通常属于以下两类之一：基于模型的方法(model-based)或无模型(model-free)的方法。

力封闭(force closure，FC)：在给定接触点处利用手指(允许具有静摩擦约束，包含无摩擦)施加的接触力与作用于物体的任意外力和外力矩相抗衡。另外，在上述有关指尖抓握的假定之下，力封闭不仅保证能够与任意外力相抗衡，而且能够让物体产生任意加速度。

运动规划(motion planning)：就是在给定的位置A与位置B之间为机器人找到一条符合约束条件的路径，为移动机器人规划出到达指定地点的最短距离，或者是为机械臂规划出一条无碰撞的运动轨迹，从而实现物体抓取等。

卷积神经网络(convolutional neural networks，CNN)：是一类包含卷积计算且具有深度结构的前馈神经网络，是深度学习的代表算法之一。卷积神经网络具有表征学习能力，能够按其阶层结构对输入信息进行平移不变分类，可以进行监督学习和非监督学习，其隐含层内的卷积核参数共享和层间连接的稀疏性使得卷积神经网络能够以较小的计算量对格点化特征，例如像素和音频进行学习、有稳定的效果且对数据没有额外的特征工程要求。

2. 相关工作

1) 抓取位姿检测

基于模型的方法[17-18]通常依赖于预先构建的通用3D对象模型抓取数据库，这些模型由GraspIt![19]等辅助工具提供的可行抓取和质量指标集标记。在执行期间，需要将传感器输入数据与数据库中的对象条目相关联以进行抓取规划，主要基于视觉和几何相似性[20-22]实现。然而,在不精确的传感器数据以及固定大小的数据库影响下,基于模型的方法可能对新物体和密集杂波中呈现的物体的泛化性能很差。与基于模型的方法相比,无模型方法通常由两个独立的部分组成,即抓取候选生成和抓取质量指标。

在抓取候选生成过程中,传感器捕获的几何信息将被用作启发式约束[23],以在给定对象上构建自适应抓取配置采样器。这些候选抓取将通过质量指标进行评估。在一些现代无模型方法中,还需要大型抓取数据集来训练基于深度神经网络的质量指标[14,24]。

2）机器人抓取中的3D计算机视觉

机器人抓取中,感知的不确定性影响较大。机器人夹爪需要与3D空间中的物体进行交互,因此精确且精细的3D视觉分析是成功抓取的关键。受深度神经网络在各种3D计算机视觉任务[25-28]中的成功推动,现在已经有一些将3D计算机视觉技术与抓取规划相结合的试验[13,14,24,29-30]。Zeng等[18]介绍了一种可以在密集杂波中探测抓取位姿的通道,他们利用多视图深度输入来抵消深度感知的缺陷,但他们提出的方法特别依赖抓取物体的CAD模型,这导致该方法将无法推广到新物体上。Varley等[13]提出对来自点云的体素化3D网格(3D-CNN)进行卷积,以获得抓取物体的几何表示。之后将该表示输入到抓取生成模型中。使用3D-CNN来改进抓取位姿的几何分析。然而,这种方法的主要缺点是运行时间和内存复杂度随着输入3D体素的分辨率增长而呈立方增长[36]。因此,输入必须限制在相当低的分辨率。此外,点云的稀疏性可能扰乱神经网络学习抓取几何的有意义特征,因为大多数体素不会被任何点占据。Ten等[29]提出的抓取位姿检测算法(grasp pose detection,GPD)在归一化点云上设计了几个投影特征,以构建基于CNN的抓取质量评估模型,并在从密集杂波中抓取物体方面得到了出色的性能。然而,受网络架构和手工制作的深度特征影响,输入点云整体稀疏时,GPD算法会出现严重的过拟合和性能下降问题。另外,在大多数现实世界的抓取情况下,可能很难获得相对全面的点云,尤其是在杂波被高度遮挡的情况下。使用2D或2.5D输入,不足以进行几何分析。通过引入用于3D表示学习的点云网络(PointNet)[31]和用于监督的精细抓取质量标签,基于点云网络的抓取位姿检测算法(PointNetGPD)在抓取性能和效率方面都优于这些结果。

3. 技术方法

1）算法流程

PointNetGPD算法流程如图5.3.1所示,给定传感器输入的原始RGB-D数据,将深度图转换为点云;之后根据必需的几何约束采样一些候选的抓取位姿,对于每一个候选抓取,裁剪夹爪内部的点云,并转换为抓取器局部坐标系;最后,将候选抓取输入进抓取质量评估网络得到各自的评分,采纳具有最高得分的候选抓取位姿并执行抓取。

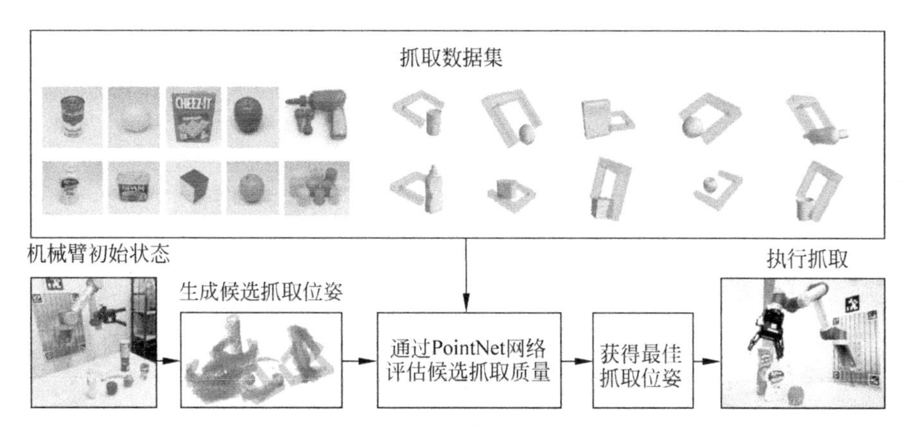

图 5.3.1 算法流程

2) 抓取评估问题描述

给定物体 o,其与夹爪间摩擦系数 r,物体几何中心为 M_0,6D 位姿 W_0,设定抓取状态 $s=(M_0,W_0,r)$;一次抓取 $g=(p,r)$,其中 $p=(x,y,z)$,$r=(r_x,r_y,r_z)$ 分别代表夹爪的抓取位置与朝向。所有的空间属性都在相机坐标系下;令抓取质量为 $Q(s,g)$,通过给定的抓取 g 和传感器观测数据 P,在点云数据中学习得到一个抓取度量 $Q_d(P,g)$的评分类别,类别通过 $Q(s,g)$赋值得到。

训练这样一个抓取度量并保障其效果与泛化性能,需要大规模的数据采样,本技术案例选择 PointNet 网络生成点云与抓取位姿数据集,并在数据集上训练评估模型。

3) 抓取数据生成

(1) 采样:通过点云数据随机寻找两个物体表面点 p_1、p_2 作为夹爪的接触点,随机采样一个 0~90°的抓取角度构建一次抓取 $g((p_1+p_2)/2,R)$;然后通过判断夹爪抓取动作是否会发生不必要的碰撞,删去不合适的抓取;最后将剩余抓取位姿由网格坐标系变换至点云坐标系。

(2) 评分:根据力封闭方法(FC)及夹爪抓取空间分析方法(grasp wrench space analysis,GWS)评估抓取分数,由于 FC 方法需要用到摩擦系数 r,本技术案例通过不断放大摩擦系数来判断一次抓取所取的两个点成为对点的最小摩擦系数 $r_{\min}$,将 $1/r_{\min}$ 作为抓取的评分。对摩擦系数抓取度量采用 GWS,最终对 FC 度量下的抓取质量 $Q_{fc}(s,g)$及 GWS 度量下的抓取质量 $Q_{gws}(s,g)$结果进行加权,得到最终结果,由于 Q_{gws} 比 Q_{fc} 大很多,本技术案例将系数(α,β)设为(1.0,0.01)。

$$Q(s,g)=\alpha Q_{fc}(s,g)+\beta Q_{gws}(s,g) \tag{5.3.1}$$

评分样例如图 5.3.2 所示,(a) 中摩擦系数值为 0.4,(b) 中摩擦系数值为 2.0，可以观察到在简单的几何物体上，不同摩擦系数对抓取鲁棒性上的差异很大。

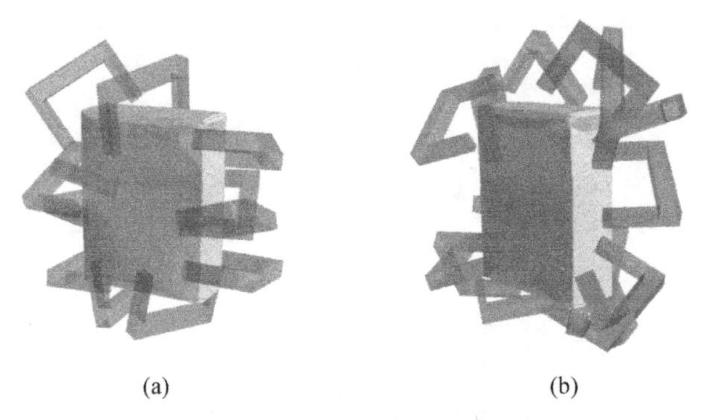

图 5.3.2　数据集标记 Q_{fc} 的实例

4）网络框架及训练

抓取质量评估网络的输入为夹爪内部空间的点云信息，而非整个点云，显著提高了网络的学习与推断效率。网络结构如图 5.3.3 所示，与其他基于 CNN 的抓取质量评估网络相比，该网络只有近似 160 万个参数，属于轻量级网络。

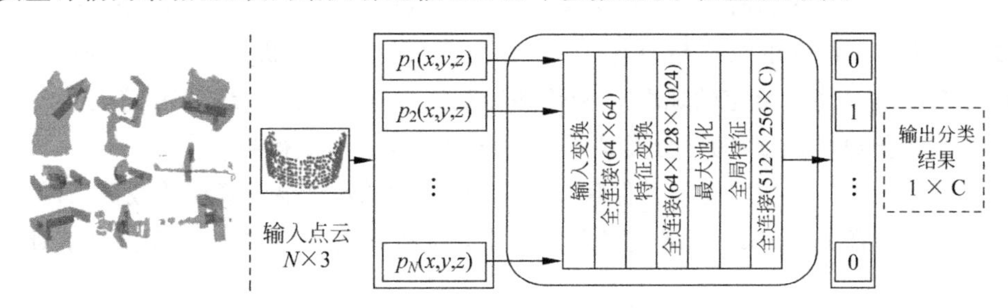

图 5.3.3　基于 PointNet 的抓取质量评估网络结构

首先将点云转换为图 5.3.4 中统一的夹爪坐标系下坐标，消除在不同实验中（尤其是相机）在参数上设置不同引起的模糊性。具体地说，将夹爪的夹爪朝向、闭合方向和正交方向分别视为 x、y、z 轴，原点位于夹爪的底部中心。在这个坐标系下，夹爪内部空间的 N 个点云坐标输入网络来估计抓取质量水平。

给定一个抓取位姿与原始点云，在原始点云中取夹爪闭合空间的点云信息代表一次抓取，将点云信息经过坐标转换至夹爪所在坐标系下，通过多个空间变换与特征提取，得到最终的全局特征用于划分抓取质量。

网络训练上，通过使用"抓取数据生成"中采样得到的多次抓取信息，作为网络输入的训练集，对每次抓取的质量评估是一个定量的结果，而非二元值，因此适合做多种类别的抓取质量分配。为平衡不同抓取质量的抓取，调用不同的摩擦系数，

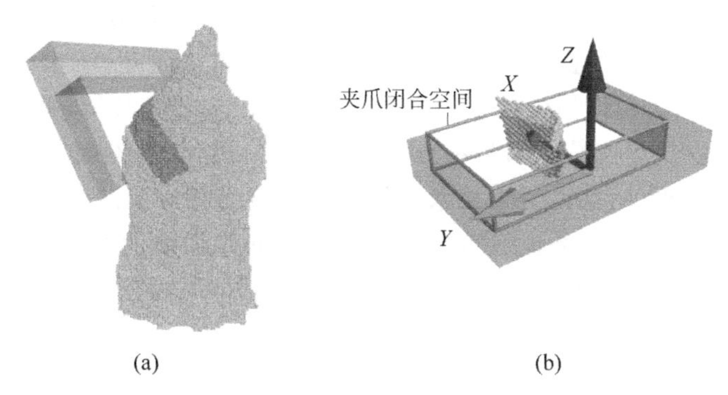

(a) (b)

图 5.3.4 夹爪坐标系下抓取点云信息表示

并采样等量次的抓取，将 Q_{fc} 设为 $\left\{\frac{1}{0.4},\frac{1}{0.45},\frac{1}{0.5},\frac{1}{0.8},\frac{1}{1.2},\frac{1}{1.6},\frac{1}{2.0}\right\}$。选用基于 47 种 YCB 物体模型生成点云而不选用 CAD 模型渲染得到的点云，保障了网络对在真实世界中抓取物体任务的泛化能力。

训练细节上，该网络通过使用 C-类交叉损失作为分类器的目标，整个网络结构使用了 Adam 优化器进行优化。网络所有参数的初始化值，由 0-均值高斯分布采样而来。在保证所有点在夹爪的可抓取区域内的前提下，在点云上添加随机偏移量来增加数据总量。

5）抓取候选生成

抓取候选生成是抓取规划的前提，本技术案例采用 GPG 算法对点云数据进行启发式抓取采样。此外，为减少生成的抓取量和支持面之间的碰撞，对原来的 GPG 算法进行了一些修改：首先，排除支撑表面太近的候选抓取；然后移除抓取过程中远离支撑表面的候选抓取；对于有碰撞的抓取，尝试沿着相反方向移动抓取点，直到碰撞消失。GPG 算法应用后如果在夹爪可抓取区域内仍然有一些点，将调整后的抓取标记为非碰撞抓取。

4. 结果展示

1）仿真实验结果

本技术案例选择 GPD 算法作为基准算法进行对比。另外，为了观察在稀疏点云上的稳定性，本技术案例提供了单视角点云和完整点云两种类型的点云输入数据；单视角点云由物体前方的相机获取，完整点云由所有视角下的点云配准而来。点云数据准备好后，去除那些抓取器之间点数目小于 50 的候选抓取，并对剩下的候选点云进行上/下采样，使点数目为 1000。分别进行 3 分类识别(3-class)和 2 分类识别(2-class)实验，对于 2 分类识别，将总得分大于 1/0.6 的作为正得分；对于 3 分类识别，正得分设置的阈值为 1/0.5 和 1/1.2。

训练中得到的测试精度如图 5.3.5 所示。其中在 200 epochs(训练轮次)中最好的结果在表 5.3.1 进行了对比。首先，PointNetGPD 算法比所有的 GPD 算法都要好，即使在最困难的单视角点云上，PointNetGPD 算法和最好的 GPD 算法相比仍然具有平均 4.79%的提升。另外，从图 5.3.5 中可以看到，GPD 算法很容易在数据集上过拟合，而且即使使用了随机丢弃(DropOut)策略，该算法和 PointNetGPD 算法也有差距。这里部分原因是参数数量的问题。PointNetGPD 算法具有更少的参数并且表现得更好，这说明本技术案例提出的网络针对稀疏点云进行几何分析更为有效。另外，在 3 分类识别实验中，具有最高抓取质量的类别的精度比 2 分类识别实验中的类别精度要高，这意味着具有更高抓取评分的抓取更容易被识别到。

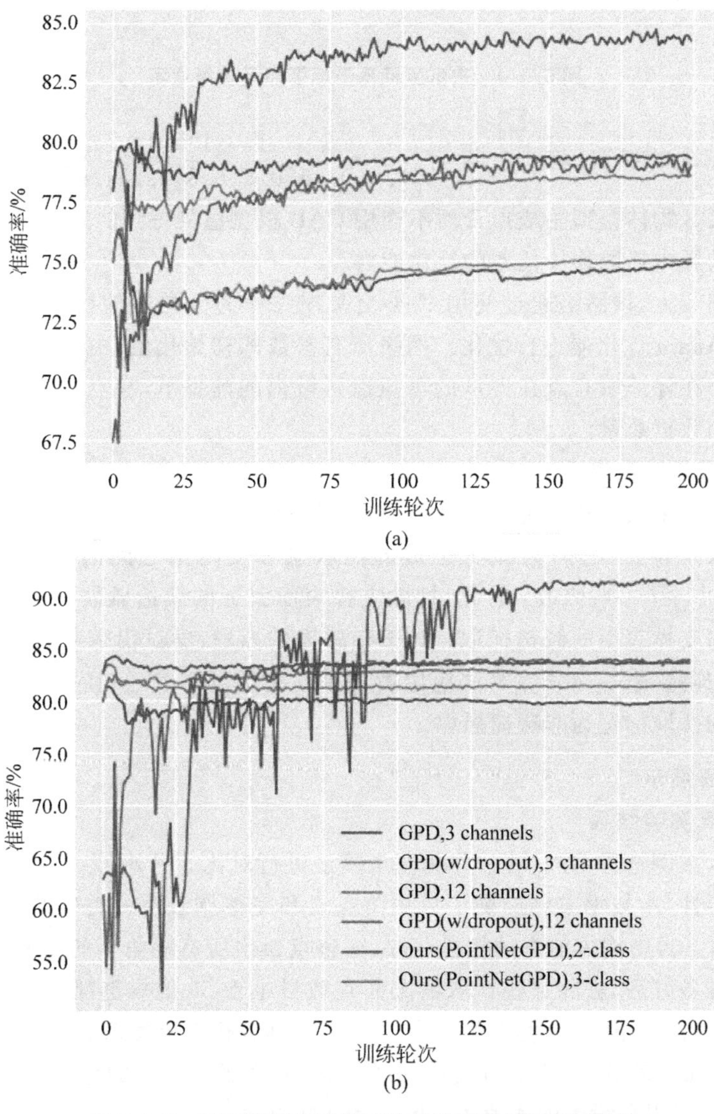

图 5.3.5 不同模型和配置下的识别精度(见文前彩图)

(a) 测试准确率(单视角点云输入)；(b) 测试准确率(全视角点云输入)

表 5.3.1 不同模型和配置下的识别准确率

模型和配置位置	GPD（3 通道）		GPD（12 通道）		PointNetGPD（2 分类任务）		PointNetGPD（3 分类任务）	
	不用随机失活	使用随机失活	不用随机失活	使用随机失活	所有类平均	最准确类	所有类平均	最准确类
#参数量	3.63M		3.64M		1.60M			
单视角点云数据	76.36%	76.42%	79.34%	79.96%	**84.75%**	86.26%	79.45%	**90.37%**
全视角点云数据	81.38%	82.50%	83.50%	84.29%	**91.81%**	**92.18%**	84.15%	89.76%

2）实际环境下机器人抓取实验

本技术案例在两个机械臂真实抓取环境下评估了 PointNetGPD 算法的可靠性和有效性：分别是物体单独放置和物体堆叠放置两种情况。实验使用的是 UR5 机械臂和 Robotiq 三指夹爪。如图 5.3.6(a)所示，夹爪夹紧物体时，只有两个接触面，实验中采用的是 Kinect2 深度传感器，只有单视角点云数据。

本技术案例从 YCB 数据集中选择了 22 个物体，其中 11 个存在于抓取数据集中，剩余 11 个是新的。从 22 个物体中选择了 16 个来构建两个用于堆叠物体移除的数据集，如图 5.3.6(b)所示。本技术案例提供了 2 分类 PointNetGPD 算法和 3 分类 PointNetGPD 算法的结果，并和 15-通道的 GPD 算法进行比较。整个系统在 ROS 框架下开发，使用了 MoveIt！内置的一个快速混合的渐进逆动力学算子 BioIK。

(1) 单独放置的物体：每个物体测试 10 次，每次物体的朝向随机。如果抓取器不能成功抓取，或者 5 min 内都找不到不发生碰撞的抓取位姿，则认为抓取失败。这里只考虑抓取成功率，表 5.3.2 展示了使用 3 种方法的抓取结果，PointNetGPD 算法得到了更高的抓取精度。

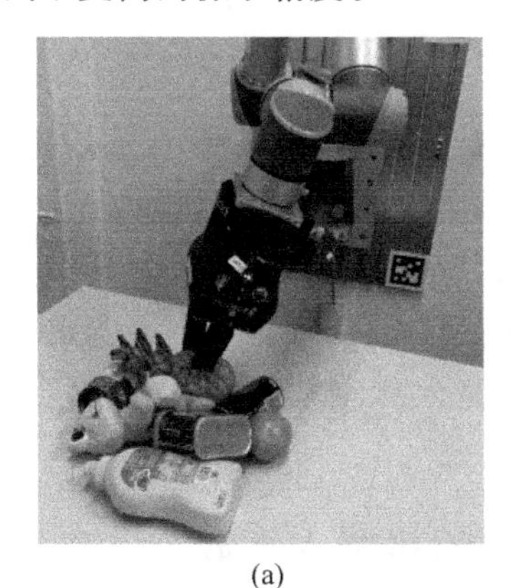

(a)

(b)

图 5.3.6 实验环境设置

(a) UR5 机械臂和 Robotiq 三指抓取器；(b) 实验中用到的物体

表 5.3.2 单个物体抓取实践结果分析

实验方法	平均成功率	洗面奶瓶	茶杯	肉罐头	番茄汤罐头	香蕉	玩具电钻	锁链	芥末瓶	木块	螺丝刀
GPD	49%	**100%**	30%	60%	90%	20%	**80%**	0%	90%	**90%**	20%
PointNetGPD 2-class	81%	**100%**	50%	**80%**	**100%**	**90%**	70%	**60%**	**100%**	**90%**	70%
PointNetGPD 3-class	**82%**	90%	**70%**	70%	**100%**	**90%**	**80%**	**60%**	90%	**90%**	**80%**

(2) 堆叠放置的物体：使用的两个数据集如图 5.3.6(b)中的绿色和蓝色所示，数据集 1 具有 6 个抓取成功率 100%的物体，数据集 2 具有 2 个抓取成功率 100%的物体。每个数据集进行 5 轮实验。本技术案例也列举了 3 类识别中的第二类。这里使用成功率和完成率，分别代表成功抓取的概率及成功移除的物体所占的比例。结果如表 5.3.3 所示。PointNetGPD 算法的结果最好，尤其在完成率方面，在数据集 2 上相比于 GPD 算法有 13.5%的提升。PointNetGPD 算法第二类的结果比第一类的结果差很多，证明了设定 3 个类别的有效性。另外，由于本技术案例只使用单视角点云，遮挡会导致实验失败；有些时候会将多个物体当成一个物体，导致抓取失败。

表 5.3.3 堆叠物体抓取实践结果分析

	GPD		PointNetGPD 2 分类		PointNetGPD 3 分类(最准确类)		PointNetGPD 3 分类(次准确类)	
	成功率	完成率	成功率	完成率	成功率	完成率	成功率	完成率
数据集 1	84.83%	95.00%	86.54%	94.08%	89.33%	100.00%	52.10%	100.00%
数据集 2	61.13%	81.50%	61.07%	84.38%	66.20%	95.00%	43.75%	37.50%

5. 小结

(1) 本技术案例介绍了可以直接处理点云数据的 PointNetGPD 算法，该算法通过生成基于 YCB 模型库的包含 35 万个真实物体点云抓取数据集训练而来，对比当前主流的 GPD 算法在抓取效果上有所提升。

(2) 候选抓取位姿生成与抓取质量评估网络集成在一起，有利于实现端到端的抓取位姿检测，在多个物体堆叠情况中引入场景分割，能够更好地在几何上分开多个物体。

技术案例二相关代码

5.3.2 技术案例二：基于主动学习的机器人抓取

1. 任务描述

机器人抓取是智能机器人的一个基础功能，也是一个具有挑战性的任务。如今研究者们提出了许多抓取姿态检测算法，然而对于这些深度学习算法而言充实的数据集必不可少。机器人可能在不同环境中移动，当环境变化时，需要创建新数据集并重训练模型以保持网络模型的性能。但是，数据集标注是一个非常消耗资源的过程。主动式学习旨在缓解深度学习算法对大量标注数据的依赖性，主要途径是选择出未标注数据集中最具有信息量的数据并进行标注，而不需要标注整个数据集。本技术案例的工作主要包含了以下几个方面。

1）判别式主动式学习策略

提出了一个面向机器人抓取的判别式主动式学习策略。该策略利用一个共享编码器来获取已标注数据和未标注数据的潜在特征，并建立一个判别器估算每个未标注数据与已标注数据集的相似度，将相似度最低的数据视为最具信息量的数据。

2）深度可分离卷积抓取姿态检测网络

当前机器人抓取姿态检测算法存在准确率和实时性之间的平衡性问题。本技术案例利用深度可分离卷积改进了抓取姿态检测网络，使网络达到更高准确率的同时限制参数量的增长，从而保证检测实时性。结合判别式主动式学习策略，本技术案例中设计了一个完整的机器人抓取训练应用框架。

章节知识点

非结构化环境（unstructured environment）：表面（地面、墙面、障碍物表面）材质性能（表面材料、粗糙度、刚度、强度、颜色、反光、温度等）不均，结构及尺寸变化不规律且不稳定，环境信息（障碍物、采光、声音、气体、辐射、风力、干扰等）非固定、不可知、不可描述的作业环境。

目标识别（target recognition）：用计算机实现人的视觉功能，它的研究目标就是使计算机具有从一幅或多幅图像或者是视频中认知周围环境的能力（包括对客观世界三维环境的感知、识别与理解）。

主动式学习（active learning）：一种机器学习框架，在这种框架中，学习算法可以交互式地查询用户以用真实标签标记新的数据点。主动学习的过程也被称为最优实验设计。

6D 位姿（6D pose）：6D 是指 6 个自由度，代表了 3 个自由度的位移（也叫平移（translation）），以及 3 个自由度的空间旋转（rotation），合起来就叫位姿（pose）。位姿是一个相对的概念，指的是两个坐标系之间的位移和旋转变换。物体 6D 位姿和相机 6D 位姿是相似的，区别在于从哪个坐标系变换到相机坐标系。

2. 相关工作

1）抓取姿态检测

机器人抓取姿态检测的目标是对于一个给定的物体，输出该物体的有效抓取姿态。虽然直观看来只需要生成一个合适的抓取方式，但其中需要考虑到多方面的因素，例如物体的形状、物理属性和机器人夹爪与物体之间的交互等。此处指出，本技术案例中涉及的机器人夹爪都默认为平行夹爪。

在早期研究中，研究者们试图从机器人夹爪和物体的物理模型以及夹爪和物体交互的动力学中寻找到生成物体抓取姿态的方法，这种方式被称为基于分析法的抓取姿态检测算法。虽然基于深度学习的机器人抓取姿态检测算法已经取得了不错的效果，但是在实时性与准确率的平衡上依旧存在问题。加深神经网络的宽度与深度固然能够使网络模型进行更加精确的检测，但同时参数量的巨大增长也延长了神经网络前向传播的计算时间，而机器人抓取姿态检测问题对实时性要求很高。对神经网络结构进行精简能够保证检测的高实时性，但是需要舍弃一部分检测准确率，这将直接影响最终机器人抓取的成功率。此外，基于深度学习的算法对于标注数据有着极大的需求，如果没有充分的标注数据，深度学习算法的神经网络就无法学习到准确的参数。但是，标注一个充实的数据集需要耗费大量的资源，这对机器人抓取姿态检测算法在现实生活中的应用造成了很大的阻碍。

2）主动式学习

主动式学习旨在减少数据标注的工作量，主要通过从数据集中选择出一部分最具信息量的数据，只标注这一部分数据用于训练神经网络，从而省下标注其余数据所消耗的资源。这个过程与弱监督学习不同，主动式学习期望的是找到数据集中的冗余部分并将它们舍弃，但是在保留下来的数据上使用的还是强监督学习的标签。如何定义某一数据的信息量是主动式学习策略的关键所在，一种最直观最天然的主动式学习策略是随机选择策略，这种策略从未标注数据中随机选择一部分数据用于训练，没有任何选择依据，该策略一般用于衡量其他主动式学习策略的性能。

除了数据本身蕴含的信息量，深度学习的神经网络中也包含了多种能够代表某一数据的信息量参数，该策略利用分类神经网络的后验概率计算出一个参数表示网络模型对于输入数据的不确定性，而这个不确定性被当作数据包含的信息量。若一个神经网络对于一个数据更加不确定，那么这个数据就应当被选择加入下一轮的训练过程中。

虽然当前已有许多主动式学习策略，但是这些主动式学习策略在应用到机器人抓取姿态检测问题上时，主要面临两个问题：一是无法适配的问题，当前大部分主动式学习策略是为分类问题设计的，而机器人抓取姿态检测算法需要输出的结果中存在图像坐标位置，导致抓取姿态检测网络都或多或少涉及回归问题，这使得专门为分类问题设计的主动式学习策略很难应用，甚至无法直接应用到机器人抓取姿态检测算法上；二是参数量的问题，因为一般的计算机视觉问题，如目标检测和语义分割，算法网络的参数量都较大，所以研究者们在设计主动式学习策略时不会过多考虑参数量的问题，很多应用于这些问题上的主动式学习策略都包含巨大的参数量。而机器人抓取姿态检测问题对实时性有着较高的要求，因此往往抓取姿态检测网络参数量都有一定的限制，如果使用一个参数量过大的主动式学习策略，反而会造成额外的资源消耗。因此，面向机器人抓取的主动式学习策略需要考虑多方面问题。

3. 技术方法

机器人抓取检测的目的是对于一个给定的物体，检测出该物体的抓取姿态。即使迄今为止已经有许多优秀的基于深度学习的机器人抓取姿态检测算法，但在面对新环境新物体时，抓取姿态检测模型的性能效果难免会有所下降，严重时可能会导致错误的抓取姿态估计结果。为了得到更准确的抓取姿态检测结果，一个可靠且常见的做法是对新物体进行数据收集以及数据标注，再用标注好的数据重新训练模型。然而，当环境与物体经常发生变动时，每次都执行一遍数据收集、数据标注以及训练的过程将耗费大量的人力资源。尤其数据标注过程需要有经验的标注者长时间工作，并且数据标注的精确度将直接影响抓取姿态检测模型的最终效果。因此，数据标注的过程是应当优化的环节。

主动式学习的思想是从未标注数据中选择出最具有信息量的数据，仅标注这部分数据供给深度学习网络进行训练，而非标注整个数据集。大量未标注数据中可能存在冗余，而冗余数据对神经网络的性能提升帮助很小。如果选择出恰当的数据，利用部分标注数据训练得到网络模型的性能也可以媲美利用整个数据集训练得到的网络模型。然而，将主动式学习思想应用到机器人抓取问题上时，主要存在两个问题。首先，当前许多主动式学习策略无法应用到机器人抓取姿态检测网络上。抓取姿态检测网络中涉及回归算法，专门为分类任务设计的主动式学习策略一般来说需要用到分类网络最终输出的概率向量，所以这些主动式学习策略无法应用到抓取姿态检测网络上。在设计面向机器人抓取的主动式学习策略时，该策略必须可以应用在回归网络上。其次，主动式学习策略需要有较小的参数量。为了抓取姿态检测的实时性，机器人抓取姿态检测网络的参数量一般比较小。若一个主动式学习策略由大量参数组成，那么将它应用到抓取姿态检测网络上时，将会消耗大量额外的计算资源。因此，面向机器人抓取姿态检测网络的主动式学习策略需要对参数量有一定限制。

基于以上两个问题，当前存在的主动式学习策略在迁移到机器人抓取姿态检测问题上时面临着困难。本技术案例中提出了一种判别式主动式学习策略，该策略与网络输出无关，不论是分类网络还是回归网络都可以进行应用，因此本技术案例中所提出的策略可以适配于机器人抓取姿态检测网络。此外，该策略的网络参数量较少，即使对于参数量很小的机器人抓取姿态检测网络来说依然是可忽略的参数量，因此本技术案例中所提出的主动式学习策略并不会消耗过多的额外计算资源。

1）网络结构设计

图 5.3.7 展示了本技术案例中提出的判别式主动式学习策略的整体网络结

构,整体网络结构分为两个部分:机器人抓取姿态检测网络和判别式主动式学习数据选择策略网络。机器人抓取姿态检测网络的输入为 RGB 图像与深度图像,输出为抓取姿态检测结果,包括抓取矩形框的中心点坐标、抓取矩形框的宽度与旋转角。机器人抓取姿态检测网络需要已标注数据对其进行训练。与之相对应,判别式主动式学习数据选择策略网络接受 RGB 图像与深度图像的输入,输出为主动式学习选择策略网络对输入数据信息量大小的判断结果。原则上,本技术案例中所提出的主动式学习策略网络可以应用到任何机器人抓取姿态检测网络上,并不限制机器人抓取姿态检测网络的结构。在本技术案例中的设计阶段以及后续的实验过程中,机器人抓取姿态检测检测网络设计参考 Morrison 等[12]提出的生成式抓取卷积神经网络(Generative Grasping CNN,GG-CNN)网络结构,其理由主要有 3 点。

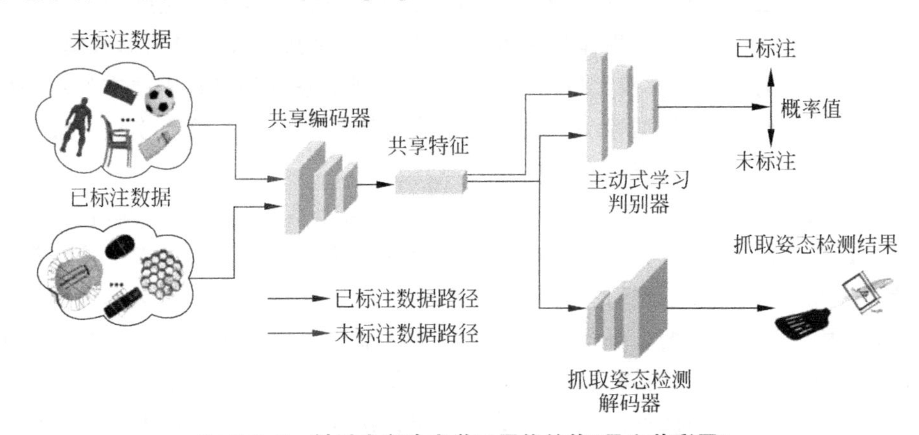

图 5.3.7 判别式主动式学习网络结构(见文前彩图)

(1) GG-CNN 的实时性很高。该抓取姿态检测网络抛弃了传统的目标检测模型的框架,使用了全卷积神经网络,把机器人抓取姿态检测问题作为一个完全回归问题来对待。因此,该抓取姿态检测网络的参数量极少,即使使用配置并不是很高的计算机来运行该抓取姿态检测网络,仍然可以得到一个速度很快的检测结果。对于一个真实场景中的机器人抓取任务来说,GG-CNN 可以满足实时检测的要求。

(2) GG-CNN 的检测准确率尚可。该抓取姿态检测网络虽然使用了较少的参数量大大提升了抓取姿态网络检测的速度,但是它的检测准确率依然可以达到较高水平。

(3) GG-CNN 拥有精简的网络结构。该抓取姿态检测网络整体结构仅包含卷积层与反卷积层的堆叠,即可对输入图像中所包含的物体的抓取姿态进行检测。受益于 GG-CNN 的精简结构本技术案例能够更加专注地对主动式学习策略的设计进行研究,并且主动式学习策略的实现以及与其他策略的对比方面上也更加有效。

上文对本技术案例中提出的判别式主动式学习策略网络结构进行了类别上的

划分。如果对判别式主动策略网络进行结构上更详细地划分，本技术案例所提出的网络结构主要分为 3 部分：共享编码器、主动式学习判别器以及抓取姿态检测解码器。本技术案例接下来将对这 3 部分结构进行更加详细的介绍。

2）共享特征编码器

对于输入数据的编码处理，本技术案例采取了共享编码器的形式，使机器人抓取姿态检测网络与主动式学习选择策略的网络共享同一个编码器。共享编码器作为网络结构的入口部分，主要作用是接受输入图像，并提取其中的潜在特征，而输入数据的潜在特征也被之后的主动式学习辨别器与抓取姿态检测解码器共享。这样设计的优势主要有两点：

首先，如上文所述，为了抓取姿态检测的实时性效果，一般的机器人抓取姿态检测网络的参数量都会比较小。利用共享特征编码器的方式，可以在很大程度上减少主动式学习选择策略网络需要额外添加的参数量。此外，利用机器人抓取姿态检测网络中使用到的数据特征，主动式学习选择策略网络能够更好把握输入数据对于抓取姿态检测网络的信息量大小，从而进行更准确的数据选择。

其次，使用共享特征编码器，可以更加充分地利用数据集中的全部数据，包括已标注数据和未标注数据。若使用分离的特征编码器，则主动式学习策略网络中的特征编码器可以使用全部已标注和未标注数据进行训练，然而机器人抓取姿态检测网络的特征编码器仅可以使用已标注数据进行训练。使用全部已标注和未标注数据对共享特征编码器进行训练，即使已标注数据池中的数据数量较少，共享特征编码器也可以获得充分的训练效果，这一点在本技术案例后续的实验部分也得到了证实。

对于本技术案例所使用的机器人抓取姿态检测网络 GG-CNN 的网络设计而言，特征编码器结构由感受野不同的卷积层组成。本技术案例网络设计以及实验中使用的共享特征编码器的具体结构和输入输出如表 5.3.4 所示，输入数据大小为 4×300×300，其中 4 代表 4 通道输入，由 RGB 图像 3 通道输入及深度图像 1 通道输入连接而成，而输入图像的大小为 300 像素×300 像素。输入图像经过第一层卷积层之后，大小变为 100 像素×100 像素，之后经过线性整流层（ReLU）的处理后，便得到了输入数据的第一个特征图，该特征图的具体参数为 32 通道 100 像素×100 像素。类似地，后续经过两个卷积层和线性整流层的组合，输入图像得到的特征图为 25 像素×25 像素，通道数为 8。主动式学习判别器与抓取姿态检测解码器的输出不同，主动式学习判别器处理的是分类问题，而抓取姿态解码器处理的是回归问题。因此，主动式学习判别器与抓取姿态检测解码器对共享特征编码器得到的特征有各自不同的处理使用方式。主动式学习判别器无法直接使用共享编码器卷积层得到的特征图，所以需要对特征图进行预处理，得到特征向量；而抓取姿态检测解码器由反卷积层组成，所以可以直接使用共享编码器卷积层得到的特征图结果。本技术案例接下来对两者的作用以及详细结构进行解释说明。

表 5.3.4 主动式学习共享特征编码器网络参数

名　称	输　入	输　出
Conv1	4×300×300	32×100×100
ReLU	32×100×100	32×100×100
Conv2	32×100×100	16×50×50
ReLU	16×50×50	16×50×50
Conv3	16×50×50	8×25×25
ReLU	8×25×25	8×25×25

主动式学习判别器是本技术案例提出的判别式主动式学习策略的核心部分，它的输出是判别式主动式学习策略对输入数据所包含信息量的判断依据。在输入数据经过共享特征编码器编码后，得到代表数据的特征向量，主动式学习判别器以该特征向量作为输入，最终输出一个 0 到 1 之间的值，该值代表了当前输入数据与已标注数据池中数据的相似度。该值越接近于 1，代表该输入数据与已标注数据池中的数据相似度越高，这意味着在已标注数据池中已经有类似的数据，该数据在后续训练中对于抓取姿态检测网络性能的提升并不会有过多帮助。相反地，主动式学习判别器输出的值越接近于 0，则代表该输入数据与已标注数据池中的数据相似度很低，该输入数据所包含的信息量会更加丰富，对于后续的抓取姿态检测网络的性能提升也会有更大的促进作用。

本技术案例所设计的主动式学习判别器的结构采用的是多层感知机(multi-layer perceptron)结构。更具体地，该判别器由 3 层全连接层组成，并且在每层之间中加入了线性整流层(ReLU)。对于本技术案例中使用的机器人抓取姿态检测网络 GG-CNN，主动式学习判别器共享该抓取姿态检测网络的特征提取层。为了更加充分地利用不同感受野的特征提取信息，本技术案例结合了 GG-CNN 的 3 层特征提取层得到的不同特征图，对它们进行了池化操作并融合成一个特征向量，再将融合了不同感受野特征图的特征向量输入到主动式学习判别器中。以上特征融合操作如图 5.3.8 所示，3 层不同的卷积层得到的特征图先经过全局平均池化层(GAP)的处理后，转换为 1×1 的特征向量，再经过全连接层的计算，得到 3 个长度相等的特征向量，最终这 3 个特征向量经过连接，融合成为一个特征向量，输入到主动式学习判别器中。

不同特征图特征融合过程的具体特征大小如表 5.3.5 所示，由共享特征提取层得到的 32×100×100、16×50×50 及 8×25×25 共 3 张通道数与大小各不相同的特征图，分别通过 100×100、50×50 和 25×25 的全局平均池化层后，转化为 32×1×1、16×1×1 和 8×1×1 大小，即 32 维、16 维和 8 维的特征向量。不同维度的特征向量再经过全连接层和线性整流层(ReLU)的处理后，统一为 16 维特征向量。最后，3 个 16 维特征向量经过连接融合，变为 48 维的特征向量。

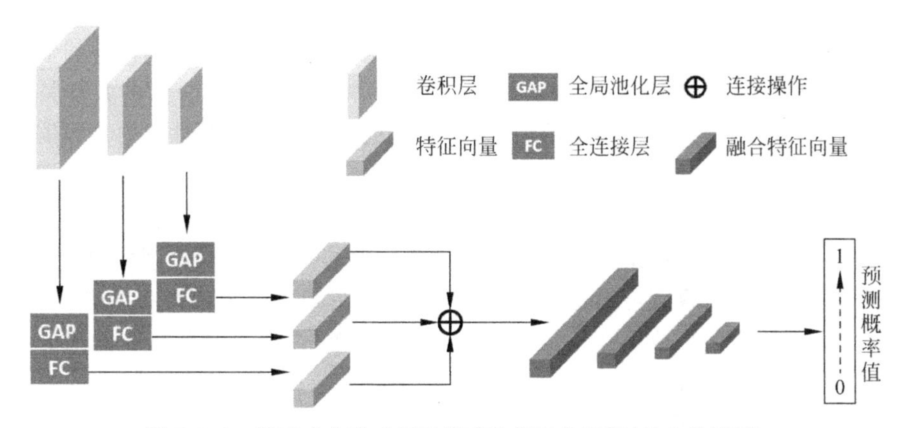

图 5.3.8 判别式主动式学习策略特征融合过程(见文前彩图)

表 5.3.5 特征图特征融合参数

名　　称	特 征 图 1	特 征 图 2	特 征 图 3
输入	32×100×100	16×50×50	8×25×25
GAP	32×1×1	16×1×1	8×1×1
FC	16×1×1	16×1×1	16×1×1
ReLU	16×1×1	16×1×1	16×1×1
连接		48×1×1	

本技术案例按照上述过程处理网络结构中的共享特征，之后将处理后的特征提供给主动式学习判别器使用。主动式学习判别器的详细结构如表 5.3.6 所示。48 维的特征向量经过 3 次全连接层与两次线性整流层的计算，最终得到一个 1×1×1 的向量，即主动式学习判别器最终的预测概率值。为了让这个输出值的范围在 0 到 1 之间，在网络结构的最后使用 S 函数即 Sigmoid 函数层对预测值进行处理，将预测结果限制到 0 到 1 之间。

即使在预处理共享特征编码器得到的特征值和主动式学习判别器中应用了参数量较大的全连接层，但因为输入特征向量的大小由共享特征编码器决定，而共享特征编码器同时又为机器人抓取姿态检测网络服务，所以主动式学习判别器的整体参数量也可以得到有效的限制，相比于参数量较少的抓取姿态检测网络 GG-CNN 来说，本技术案例提出的判别式主动式学习策略中判别器需要的参数量很少，对于计算资源并无过多消耗。

表 5.3.6 主动式学习判别器网络参数

名　　称	输　　入	输　　出
FC1	48×1×1	24×1×1
ReLU	24×1×1	24×1×1
FC2	24×1×1	12×1×1
ReLU	12×1×1	12×1×1
FC3	12×1×1	1×1×1
SIGMOID	1×1×1	1×1×1

抓取姿态检测解码器是本技术案例提出的主动式学习策略目标任务的输出组件。该解码器与共享特征编码器相对应,对由共享特征编码器得到的共享特征进行反卷积,最终还原到输入图像的大小,并输出机器人抓取姿态对应的参数值。在本技术案例所使用的机器人抓取姿态检测网络 GG-CNN 的设计中,首先使用反卷积层对特征图像进行尺度上的扩大,再用 4 个不同的卷积层对反卷积层最后得到的特征图进行处理,网络最终的输出值为 4 张单独的 1×300×300 大小的图像,分为是抓取值图像、抓取宽度图像、抓取角度正弦值图像以及抓取角度余弦值图像,300×300 对应了输入图像的大小,即 300 像素×300 像素。根据抓取值图像上的最高值点坐标,在抓取宽度图像、抓取角度正弦值图像和抓取角度余弦值图像上就能得到对应的抓取宽度与抓取角度。

更具体地,抓取姿态检测解码器的参数大小如表 5.3.7 所示,抓取姿态检测解码器仅利用共享特征编码器得到的最终的 8×25×25 大小的特征图,而并非上文提到的主动式学习判别器利用的 3 层大小不同的特征图,并且也并不需要对特征图进行预处理,就可以直接输入到抓取姿态检测解码器中。在经过多层反卷积层及线性整流层的处理后,网络输出大小为 32×300×300 的特征图,4 个不同的卷积层分别利用同一个特征图输出机器人抓取姿态检测对应的 4 张结果图。整体上,共享特征编码器与抓取姿态检测解码器形成一个全卷积神经网络。

表 5.3.7 抓取姿态检测解码器参数

名　称	输　入	输　出
Deconv1	8×25×25	8×50×50
ReLU	8×50×50	8×50×50
Deconv2	8×50×50	16×100×100
ReLU	16×100×100	16×100×100
Deconv3	16×100×100	32×300×300
ReLU	32×300×300	32×300×300
Conv1	32×300×300	1×300×300
Conv2	32×300×300	1×300×300
Conv3	32×300×300	1×300×300
Conv4	32×300×300	1×300×300

(1) 判别式主动式学习数据选择策略:上文中已经详细说明了本技术案例提出的面向机器人抓取的判别式主动式学习策略的网络结构,接下来介绍判别式主动式学习策略从未标注数据中选择出需要被标注数据的过程。为了进行更加清晰的说明,之后解释中将机器人抓取姿态检测网络与判别式主动式学习数据选择网络分为两个独立的网络进行解释。

(2) 优化器:为了保证之后进行多种对比实验时的公平性,在机器人抓取姿态检测网络的优化器选择上,使用了与原版机器人抓取姿态检测网络 GG-CNN 相同的 Adam 优化器。在判别式主动式学习网络的优化器选择上,尝试过使用相同的

Adam 优化器，但发现训练效果不佳，无法使判别式主动式学习网络正常收敛。在多次尝试后，最终选择随机最速下降法（stochastic gradient descent，SGD）作为判别式主动式学习网络中使用的优化器。

4. 结果展示

上文介绍了面向机器人抓取的判别式主动式学习策略的结构、数据选择方法、使用的数据集、训练细节、评价标准和对比方法。接下来对多组对比实验进行说明和结果展示，并对实验结果进行分析以及评价。

1）Cornell 抓取数据集结果

为了得知原始机器人抓取姿态检测网络 GG-CNN 的性能，首先测试原始 GG-CNN 在 Cornell 抓取数据集上的性能表现。如上文所述，为了实验的公平性，在训练 GG-CNN 时，未使用 GG-CNN 原文中采取的数据增强策略，因此性能测试结果存在与原版论文中的结果不相同的地方。需要强调的是，在训练原始 GG-CNN 时，使用了 Cornell 抓取数据集中的全部数据。在数据集的划分上，使用了 GG-CNN 抓取数据集中 80%的数据作为训练集，剩余 20%的数据作为测试集。

实验结果如图 5.3.9 所示，横坐标代表神经网络训练过程的轮数(epoch)，纵坐标代表当前网络模型在测试集上进行抓取姿态预测的准确率。在进行 200 轮训练之后，原始机器人抓取姿态检测网络 GG-CNN 的准确率在 80%上下浮动。因此，若面向机器人抓取的判别式主动式学习选择策略能够选择出一部分数据使得 GG-CNN 能够达到 80%及以上的性能，即可证明提出的判别式主动式学习选择策略的有效性。

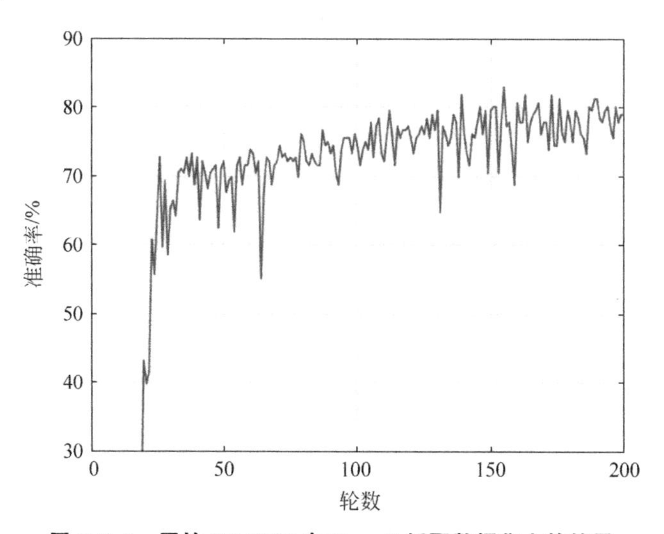

图 5.3.9　原始 GG-CNN 在 Cornell 抓取数据集上的结果

在主动式学习策略的对比实验中，使用了 Cornell 抓取数据集中的 80%作为训练集数据，剩余 20%的数据作为测试集数据。在所有训练开始之前，所有训练集中的数据都被视为未标注数据。此处定义一个主动式学习周期为主动式学习选择策略从未标注数据池中选择数据,并把这些数据加入到已标注数据池的阶段,与完整的网络训练阶段相组合。每个主动式学习选择策略在每一个主动式学习周期需要从未标注数据池中选择 60 张数据,并把它们加入到已标注数据池中,参与这个主动式学习周期的网络训练过程。为了公平地比较,需要一个相同的初始已标注数据池来对神经网络进行初始化,因此,在比较实验的实现过程中,指定了随机种子,并随机从所有未标注数据中选择了 60 张数据作为初始已标注数据池。因为网络训练的随机性,即使指定了随机种子也无法用一次实验的结果来代表每个主动式学习选择策略的性能。因此,对每个主动式学习选择策略进行 10 次实验,每次实验的随机种子相同,但不同次实验的随机种子不同,最终每一个主动式学习周期结束后网络模型的性能准确率取 10 次的平均值。用以上的方式进行不同主动式学习选择策略的比较,具有更强的公平性与稳定性。

不同主动式学习策略的实验结果如图 5.3.10 所示,其中包括,本技术案例提出的面向机器人抓取的判别式主动式学习选择策略(discriminative active learning,DAL),随机选择策略(random sampling,RS),图密度选择策略(graph density,GD),损失函数选择策略(learning loss,LL),对抗式选择策略(variational adversarial active learning,VAAL)。由实验结果图可知,本技术案例提出的判别式主动式学习选择策略几乎在每一个主动式学习周期都达到了最高的性能效果。虽然初始阶段已标注数据集中的数据数量很小,但相较于随机选择策略、图密度选择策略和损失函数选择策略,这种判别式主动式学习选择策略表现出明显的高性能。这得益于其网络结构中设计的共享特征编码器,使判别式主动式学习选择策略能够充分利用已标注数据和未标注数据的潜在特征,从而对共享特征编码器进行更加充分的训练。机器人抓取姿态检测解码器和主动式学习判别器二者也由于

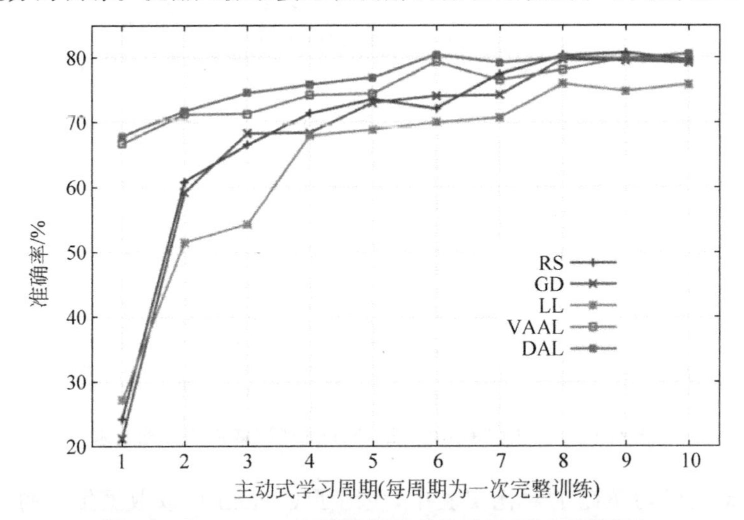

图 5.3.10 Cornell 抓取数据集对比结果(见文前彩图)

充分训练的共享特征编码器而能够进行更准确的预测，判别式主动式学习策略能够辨别出哪些数据更具有信息量，最终帮助网络整体的性能提升。

相比于其他主动式学习的选择策略，对抗式选择策略表现出了较高的性能，但是因为它在网络结构设计中忽略了天然存在的机器人抓取姿态检测网络提供的输入数据潜在特征，而使用一个独立的重建网络用于提取输入数据的特征，这些特征对于目标机器人抓取姿态检测网络的输入数据来说并不一定是具有代表性的，所以面向机器人抓取的判别式主动式学习选择策略的性能会更胜一筹。图密度选择策略与随机选择策略的性能相近，而损失函数选择策略在Cornell抓取数据集的性能表现并不好，原因可能在于Cornell抓取数据集的整体数量较少，无法对该主动式学习策略中损失函数预测模块进行充分的训练，导致该主动式学习策略选择的数据不具有足够的信息量。

此外，面向机器人抓取的判别式主动式学习选择策略的数据筛选下，在第6轮的时候机器人抓取姿态检测网络在测试数据集上的准确率就可以达到80%，而并不需要用全部标注数据对网络进行训练。其他主动式学习选择策略如随机选择策略与图密度选择策略，在第8轮时可以使机器人抓取姿态检测网络达到接近80%的准确率。

2）Jacquard 抓取数据集结果

与Cornell抓取数据集上的实验相同，本技术案例首先测试了原始机器人抓取姿态检测网络GG-CNN在Jacquard抓取数据集上的检测性能。Jacquard抓取数据集是一个非常庞大的真实物体抓取数据集，对于现实世界的抓取任务来说，收集这么大量的数据是不现实的，因此本技术案例从中创建了一个包含300个物体、1500张RGB-D数据的Jacquard抓取数据集子集，利用这个子集对本技术案例提出的判别式主动式学习策略以及其他主动式学习策略进行实验与性能比较。在数据集的划分上，不同于Cornell抓取数据集，Jacquard抓取数据集中存在着不同物体的数据组，所以在训练集与测试集的划分上，本技术案例从Jacquard抓取数据集子集的300个物体中每个物体对应的5张RGB-D数据中随机选出1张，组成一个300张RGB-D数据的测试集，剩余1200张RGB-D数据为训练集。

原始GG-CNN在本技术案例构建的Jacquard抓取数据集子集上的测试性能如图5.3.11所示。由图5.3.11可以看出，原始GG-CNN在Jacquard抓取数据集子集上更容易拟合，经过初始的50轮训练性能就已经达到了顶点，最高准确率接近于85%，而在后续的训练中性能并没有更多的提升。

在主动式学习选择策略的对比实验中，从每个物体对应的5张RGB-D数据中随机选出1张，组成一个300张RGB-D数据的测试集，剩余1200张RGB-D数据为训练集。而训练集与Cornell抓取数据集的处理方式一致，初始时认为这1200张数据都是未标注数据，在初始标注数据池的选择上，再从300个物体剩余的4张RGB-D数据中随机选择一张，组成一个300张RGB-D数据的初始标注数据池。

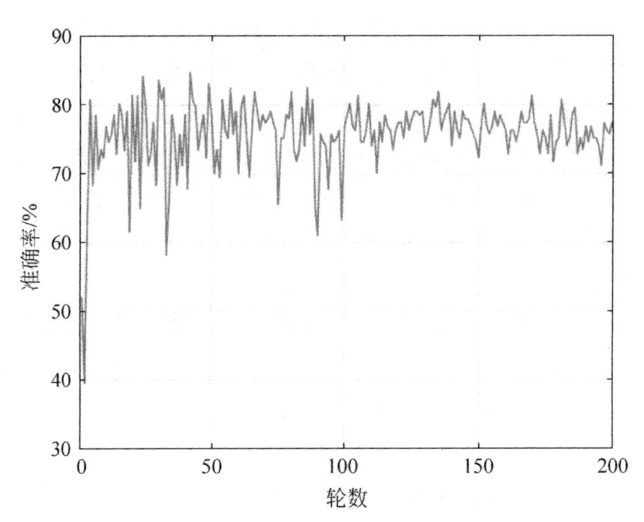

图 5.3.11 原始 GG-CNN 在 Jacquard 抓取数据集子集上的结果

在每一个主动式学习周期中,每个主动式学习策略需要从未标注数据池中选择出100个数据,并把它们加入到已标注数据池中,让它们参与下一轮的网络训练。在每个主动式学习策略中在 Jacquard 抓取数据集上进行5次实验,指定同次实验中使用相同随机种子,不同次实验间使用不同的随机种子,最终的每一轮主动式学习周期性能结果取5次实验的平均值。

图 5.3.12 展示了 Jacquard 抓取数据集上的实验结果。可以看出,在大部分主动式学习周期中,面向机器人抓取的判别式主动式学习策略的性能都超过了其他主动式学习策略。在初始阶段,所有的主动式学习选择策略都有相近的性能,这一点与 Cornell 抓取数据集上的实验结果不同。分析其原因在于 Jacquard 抓取数据集实验中提供的初始标注数据池数据量较大并且类别丰富,而 Cornell 抓取数据集的实验中仅提供了随机选取的少量数据作为初始标注数据池,因此在 Jacquard 抓取数据集的实验初期,机器人抓取姿态检测网络受到的训练会更加充分,从而在初始阶段不同主动式学习选择策略呈现出性能相近的结果。

此外,由图 5.3.12 可知,损失函数选择策略在 Jacquard 抓取数据集上的性能比在 Cornell 抓取数据集上的性能更加优秀,分析其原因在于更大的初始标注数据池对损失函数选择策略中的损失函数预估模块进行了更加充分的训练。图密度选择策略在 Jacquard 抓取数据集上性能出现了明显的下降,原因可能在于 Jacquard 抓取数据集的数据分布特征并不适合图密度选择策略选择出分散的数据样本,这也是基于数据的主动式学习选择策略的一个缺陷。

3) 噪声 Cornell 抓取数据集结果

在现实生活中,无法要求标注者提供100%精确的标注信息。尤其是机器人抓取姿态的标注过程中,标注者在工作时都是按照经验进行标注,标注的真值中难

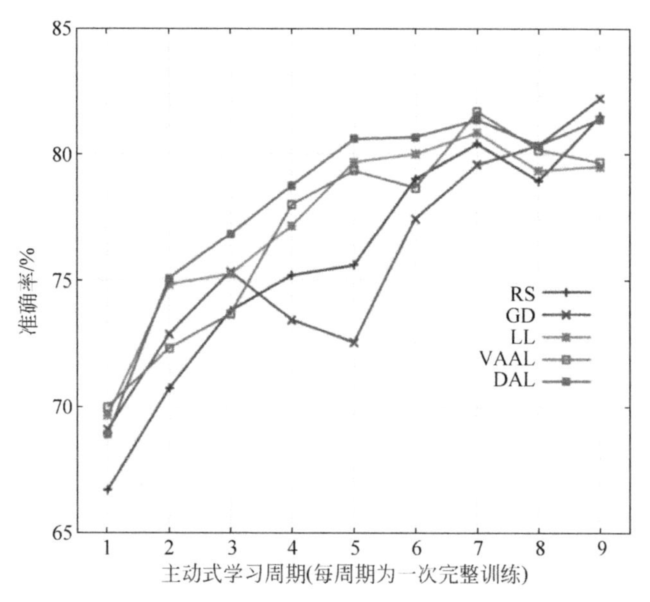

图 5.3.12 Jacquard 抓取数据集对比结果(见文前彩图)

免会存在噪声,而抓取姿态检测网络的训练也是在这些存在噪声的标注下进行的。因此,为了模拟现实生活抓取任务中标注噪声的情况,利用 Cornell 抓取数据集创建了一个带有随机噪声的 Cornell 抓取数据集,并在其上进行不同主动式学习选择策略的对比实验。

抓取姿态标注中的旋转角是最常见的存在噪声的参数。因此,对 Cornell 抓取数据集中的所有抓取姿态标注中的旋转角都加上了在$-45°$到$45°$之间的随机旋转角噪声,从而模拟一个存在标注噪声的抓取数据集。在数据集的划分上,与原始 Cornell 数据集实验中的设置相同,80%的数据用作训练集,20%的数据用作测试集。对于每个主动式学习策略,同样也进行了 10 次实验,最终的性能结果取 10 次的平均值。

图 5.3.13 展示了不同主动式学习选择策略在噪声 Cornell 抓取数据集上的表现。尽管在一定程度上标注噪声影响了所有主动式学习选择策略,但面向机器人抓取的判别式主动式学习选择策略依然在大部分主动式学习周期中呈现出更加优越的性能。如前文所述,判别式主动式学习策略更加关注共享特征编码器提取的特征,而这些特征同时被机器人抓取检测网络使用,因此由共享编码器提取的特征对输入数据有更强的代表性。此外,判别式主动式学习策略专注于从未标注数据中分辨出哪些数据与已标注数据池之间的相似度最低,而已标注数据池中不存在与这些数据类似的数据,所以即使存在标注噪声,判别式主动式学习策略仍能具有一定的鲁棒性。相反地,其他主动式学习策略比如随机选择策略,没有充分利用天然的数据特征,所以它们的性能在噪声 Cornell 抓取数据集上呈现更加不稳定的状态。

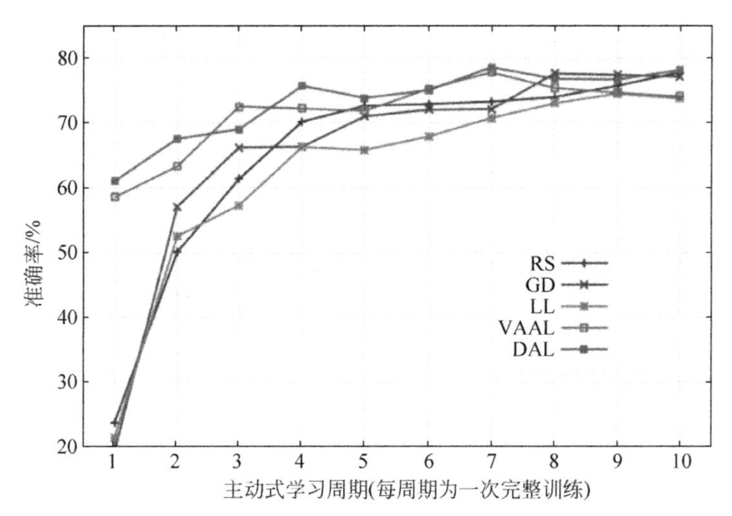

图 5.3.13 噪声 Cornell 抓取数据集实验结果(见文前彩图)

5. 小结

当前智能机器人在生活中的应用愈加广泛,机器人自主抓取是智能机器人在现实中使用时必不可缺的功能。随着深度学习和计算机视觉的发展,研究者们提出了许多用于机器人抓取姿态检测的神经网络模型。然而,环境与物体的多变性仍然限制人类将机器人应用到更多场景中。其中,对陌生物体的数据标注环节需要耗费大量资源,包括人力资源与时间资源。为了减轻数据标注带来的资源消耗,使机器人抓取检测算法能够更加便捷地应用到现实生活场景中,需要使用主动式学习策略对未标注数据进行筛选,只标注最具有信息量的数据,从而减少数据标注工作量。然而当前主动式学习策略在应用到机器人抓取姿态检测问题时面临着无法适配、参数量过大等问题,因此,本技术案例中提出了一种面向机器人抓取的判别式主动式学习策略,帮助机器人抓取姿态检测方法选择合适的数据用于训练。此外,在应用到真实场景中的机器人抓取任务时,当前机器人姿态检测算法的实时性与准确率之间的平衡性并不理想,本技术案例中设计了一种基于深度可分离卷积的机器人抓取姿态检测方法,在兼顾实时性的同时提高机器人抓取姿态检测的准确率。总体来说,本技术案例主要成果如下:

(1) 提出了一种面向机器人抓取的判别式主动学习策略。该策略可估计未标注数据样本与已标注数据集的相似度,找到与所有已标注数据最不相似的未标注数据,即最具有信息量的数据,从而帮助机器人抓取姿态检测网络快速提升性能。本技术案例中提出的判别式主动式学习策略主要分为 3 个模块,包含一个共享特征编码器,主要作用是对输入数据进行特征提取。共享式的特征编码器能够减少判别式主动式学习网络的参数量,并且判别式主动式学习策略能够使用抓取姿态检测时使用的相同数据特征,使其对输入数据与已标注数据集之间相似度的预测结果更加精确。还有两个用于输出结果的结构，一个是判别式主动式学习策略的判别器，用于输出未标注数据与已标注数据集的相似度，另一个是抓取姿态检测网络的解码器，用于输出最终抓取姿态的参数。通过两个真实物体抓取数据集以及一个噪声抓取数据集上的实验表明，采取判别式主动式学习策略能够有效地选择具有信息量的数据，并且对于标注噪声也具有一定的鲁棒性。

(2) 提出了一种基于深度可分离卷积的机器人抓取姿态检测模型。该模型加深了机器人抓取姿态检测的网络层数，并增加了特征图的通道数，从而提高了抓取姿态检测的准确率。其中使用的深度可分离卷积能够限制参数量，加快网络前向传播的速度，保证抓取姿态检测的实时性。此外，使用判别式主动式学习策略与该抓取姿态检测模型相结合，设计了一套完整的机器人抓取姿态检测网络从训练到应用的框架，使抓取姿态检测网络模型在现实生活中的应用能够更加便捷。在两个真实物体抓取数据集上进行了抓取姿态检测准确率的对比实验，表明了改进的机器人抓取姿态检测网络能够更好地平衡抓取检测实时性与准确率。此外，还在真实机器人 KinovaMOVO 上进行了抓取实验，测试了不同网络模型以及利用机器人抓取框架训练的网络模型在多个物体上的抓取成功率。实验结果表明改进的抓取姿态检测模型优于其他抓取姿态检测模型，并且证实了本技术案例设计的抓取姿态检测模型训练应用框架的现实应用价值。最后，可视化了利用抓取姿态检测网络模型的实时检测结果，表明基于深度可分离卷积的抓取姿态检测模型在不同物体上都有较准确的检测结果。

本技术案例中提出的主动式学习策略与抓取姿态检测模型仍有不足之处。判别式主动式学习策略在选择具有信息量的数据时忽略了数据的分布特征，可能会导致冗余数据的选择。而对于抓取姿态检测模型来说，在相同网络层数与特征维度下，深度可分离卷积的性能要低于传统卷积，模型的表达能力有待完善，在抓取姿态检测准确率上仍有提升的空间。在未来的工作中，可以结合数据分布特征来帮助判别式主动式学习策略选择更具信息量的数据，而对于抓取姿态检测模型，可以探究更加先进的特征提取方法，在保证实时性的同时从网络中能够提取到更加丰富的特征，从而提升抓取姿态检测的准确率。

5.3.3　技术案例三：基于 Faster R-CNN 的机器人抓取

1. 任务描述

本技术案例旨在解决在日常生活场景下对日用品的抓取问题，以 Kinect v2 相机为主要传感器，对 Cornell 抓取数据集进行处理和扩充，并训练 Faster R-CNN 多层神经网络。该神经网络以 RGB 图像文件作为输入，预测目标物体的合理抓取位置，在图像上输出物体的抓取预测矩形框。随后本技术案例中将该网络迁移到真实环境中并使用 KinovaMOVO 机器人完成抓取任务，主要工作如下：

技术案例三相关代码

1）对数据集的再加工过程

通过对 Cornell 抓取数据集中的图像数据进行裁剪、旋转以及水平和垂直方向的平移，将原先数据容量较小的数据集扩充至模型训练时所需要的数据数量。

2）基于卷积神经网络的抓取矩形框预测

实现了 Faster R-CNN 模型，并对模型的网络结构按照实验环境进行了重新调整，使用经过扩充的抓取数据集对调整后的模型进行训练，根据输入的待抓取物体图像信息给出抓取预测框。

3）将实验结果迁移应用至真实环境中

为了解决现实生活中的抓取问题，本技术案例基于 Kinect v2 以及 Kinova 机器人搭建实验环境，完成了机器人的手眼标定。然后，对桌面上的物体进行检测识别并通过 ROS 对 Kinova 机器人进行控制以完成抓取行为。

章节知识点

卷积层（convolutional layer）：卷积神经网络中每层卷积层由若干卷积单元组成，每个卷积单元的参数都是通过反向传播算法最佳化得到的。卷积运算的目的是提取输入的不同特征，第一层卷积层可能只能提取一些低级的特征如边缘、线条和角等层级，更多层的网络能从低级特征中迭代提取更复杂的特征。

RPN 层（region proposal network）：候选框提取网络，在 Fast R-CNN 这个结构中，专门用来提取候选框的单元，比传统方法 Selective Search 更快。

ROI 池化层（region of Interest）：其功能是能够将映射在卷积特征图上的不同大小的 RoI，提取相同大小的特征图（feature map）。每个 RoI 在输入时具有四个信息（r,c,h,w），其中 r 和 c 代表 RoI 方格区域左上角的顶点左边，用来表征位置坐标，h 和 w 则分别代表 RoI 区域方格的长度和宽度。

R-CNN 网络（region-CNN）：遵循传统目标检测的思路，同样采用提取框，对每个框提取特征、图像分类、非极大值抑制 4 个步骤进行目标检测。只不过在提取特征这一步，将传统的特征（如 SIFT、HOG 特征等）换成了深度卷积网络提取的特征。

2. 相关工作

1）物体识别技术

机器人对抓取姿态的规划的一个关键问题是物体的识别问题，识别问题就是让计算机以一张包含目标物体的图片作为输入，对图像中的目标物体进行识别的过程。典型的物体识别算法可以检测描述影像中的局部性特征。算法在差分高斯（difference of gauss，DoG）空间尺度中寻找极值点，并提取出其尺度、位置、旋转不变量等信息。该算法虽然具有独特性好、信息量丰富的优点，但是由于其生成的向量维度过高，存在着特征提取时间长、速度缓慢的问题。更为广泛使用的一种算法为快速定向与简要旋转算法（oriented fast and rotated brief，ORB），采用分段加速特征计算法(features from accelerated segment test,FAST)来检测特征点。FAST算法通过逐次比较的方式选择与邻近区域像素点不同的像素点。在找到特征点后采用鲁棒的二进制独立基本特征算法(binary robust independent elementary features,BRIEF),在关键点周围采用一定模式选取 N 个点对,将这 N 个点对的比较结果进行组合,再将组合生成的二进制数据作为特征点的子描述。该算法相较之前提出的尺度不变特征变换(scale-invariant feature transform,SIFT)算法在速度上提高了很多。

2）结合物体识别的机器人抓取

在最近的10年中,有两个变化引起了抓取识别方法的改进,一个是低成本的深度摄像机的应用,另一个是促进了卷积神经网络模型的搭建和训练的计算框架的出现。消费级深度摄像机的出现使得抓取模型能够编码更为丰富的特征。2011年Jiang等[32]的工作把抓取行为表示成了一个二维方向矩阵,而他们定义的这种向量表示方法如今已经被业界广泛的采用。一般来说,在此之前的方法一般使用深度摄像机来在点云上进行三维几何重建。在此之后,深度学习方法被计算机视觉领域广泛采用,避免了对工程特征空间的需求,但是与此同时更大的数据集合也带来了新的开销。通常通过在现存的计算机视觉领域的数据集上进行预训练,以及针对特定问题时通过对小数据集合的微调来减小这样的开销。同样的,2016年Wang和Li等[15]的工作先使用了一个图像范围的预处理步骤来识别候选区域,之后为每个候选区域应用卷积神经网络来进行分类。因为抓取空间是一个非凸的空间,基于回归的方法需要通过图像划分来进行补偿。2017年Kumra和Kanan等[33]的工作使用了一个两阶段的神经网络,第一阶段首先输出一个已经被学习过的特征,第二阶段再使用这个特征来输出一个抓取行为。2016年Johns等[34]采纳了一种新的神经网络,这种神经网络在一个离散的包含所有可能的抓取行为的集合中,分别预测每次抓取行为的得分。但是这上面提及的大部分深度学习方法都基于一个假设:每个图像中都包含且只包含一个待抓取的对象。但这种假设在现实条件下往往是不成立的:大部分对象具有多个合理的抓取位置,而且一个场景中往往会包含多个可抓取的对象。另外,基于强化学习的方法目前仍然存在一个比较大的缺陷:不能很好地应对环境的变化。如何使强化学习训练出来的模型较好地迁移到新的陌生环境中仍没有很好的解决方案。

3. 技术方法

基于Faster R-CNN的抓取矩形预测方法。

1）问题陈述

给定一个包含陌生物体的RGB图像,模型的目标是给出可行的抓取姿态预测。Y. Jiang等[32]使用了一个七维的向量来表示抓取矩形的特征。本技术案例采用一个简化的五维的矩阵向量来表示抓取矩形的特征。式(5.3.2)中的矩阵 $\boldsymbol{g}$ 使用 (x,y) 来描述矩阵的中心点坐标位置,使用 h 表示平行夹爪的张开宽度,使用角度 θ 来表示矩阵的方向,以及一个额外的全局参数 w 表示矩形边框的长度设置。

$$\boldsymbol{g}=\{x,y,\theta,w,h\} \tag{5.3.2}$$

该矩阵向量的前3个参数表示了预测的抓取矩形的SE(2)框架，后2个参数描述了抓取矩形的维度。

2）Faster R-CNN 网络介绍

在物体的抓取框预测算法上本技术案例中主要沿用了Chu等[35]提出的抓取矩形框预测神经网络，并基于该网络进行了网络结构的调整，该网络主要沿用了Faster R-CNN[36]的网络结构。

Faster R-CNN的网络模型如图5.3.14所示，整个网络主要分为4个部分：卷积层、RPN网络层、ROI池化层，以及一个全连接的神经网络用于分类和第二次精确的边界回归。

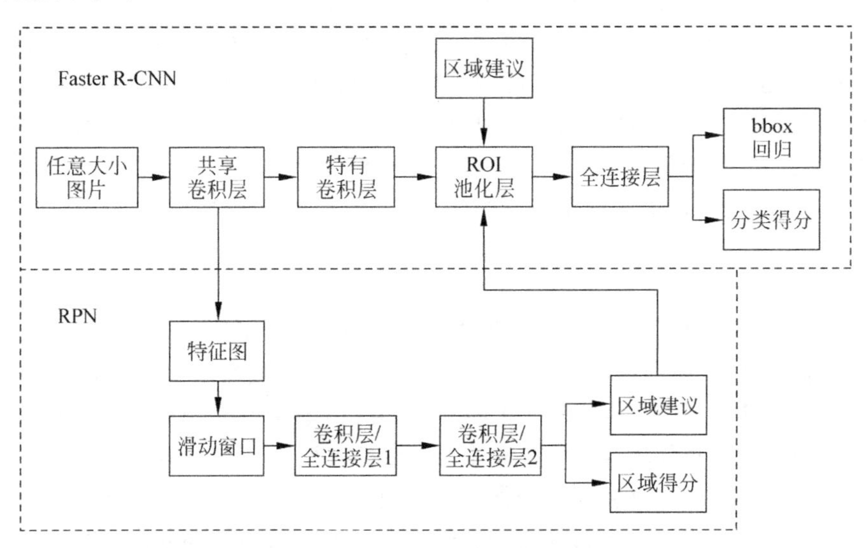

图5.3.14 Faster R-CNN的网络结构

3）RPN网络层

RPN网络用于生成检测窗口。该层通过归一化指数函数(SoftMax)回归判断Anchors属于图像文件的前景还是背景，再利用边界回归的方式修正Anchors获得精确的检测窗口。

对于矩形预测框的位置和大小的调整使用边界回归方法。使用四维向量$t_i=(x,y,w,h)$表示由上层网络输出的窗口位置以及大小。如图5.3.15所示，目标是训练出一个神经网络，使得图中蓝色的矩形框(由上层网络的输出得到)经过神经网络的映射得到跟绿色的矩形框基准值(grourd truth，GT)接近的一个回归窗口G'，即图中的红色框，即给定：$A=(A_x,A_y,A_w,A_h)$以及$\mathrm{GT}=(G_x,G_y,G_w,G_h)$，寻找一种变化$F$，使得

$$F(A_x,A_y,A_w,A_h)=(G'_x,G'_y,G'_w,G'_h) \tag{5.3.3}$$

其中

$$(G'_x,G'_y,G'_w,G'_h)\approx(G'_x,G'_y,G'_w,G'_h) \tag{5.3.4}$$

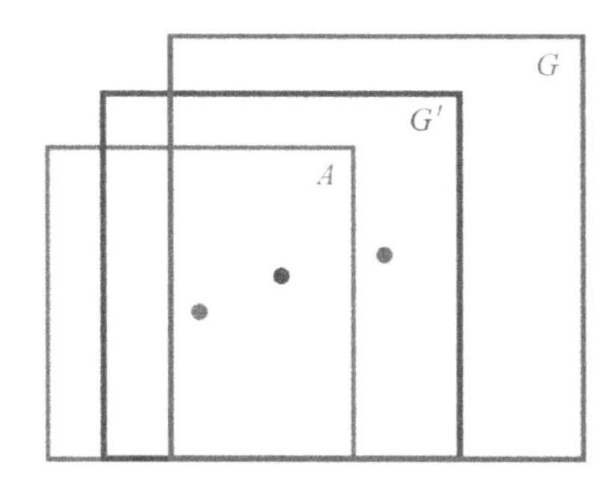

图 5.3.15 第一次边界回归的窗口示意图(见文前彩图)

一个简单的变化思路是通过平移缩放使 A 变为 G'：

先做平移：

$$G''_x = A_w \cdot d_x(A) + A_x \tag{5.3.5}$$

$$G''_y = A_h \cdot d_h(A) + A_y \tag{5.3.6}$$

再做缩放：

$$G''_w = A_w \cdot \exp(d_w(A)) \tag{5.3.7}$$

$$G''_h = A_h \cdot \exp(d_h(A)) \tag{5.3.8}$$

所以为完成平移和缩放的变换，需要学习 $d_x(A)$，$d_y(A)$，$d_w(A)$，$d_h(A)$这4个变换，当由上层网络模型输出得到的 Anchors 与 GT 相差较小时，可以近似地把这种变化看作一种线性变换，从而可以使用线性回归对窗口的位置和大小进行微调。因此问题的本质为在给定输入的特征向量 X 下，使神经网络学习一组参数 W，使经过线性回归后的值与真实值 GT 更加接近。对于该问题将输入的卷积神经网络特征图记作 $\varphi(A)$，输出为 $d_x(A)$，$d_y(A)$，$d_w(A)$，$d_h(A)$4 个变换，则目标函数可以表示为

$$d_*(A) = W_*^T \cdot \varphi(A) \tag{5.3.9}$$

其中，$\varphi(A)$是对应 Anchors 的特征图组成的特征向量，W_* 为待学习的参数，$d_*(A)$为得到的预测值，根据上文可设计损失函数：

$$\text{Loss} = \sum_i^N (t_*^i - W_*^T \cdot \varphi(A^i))^2 \tag{5.3.10}$$

函数优化目标为

$$\hat{W}_* = \underset{W_*}{\operatorname{argmin}} \sum_i^n (t_*^i - W_*^T \cdot \varphi(A^i))^2 + \lambda \| W_* \|^2 \tag{5.3.11}$$

在 Faster R-CNN 中，前景的 Anchors 与 GT 之间的平移量(t_x, t_y)和尺度因子(t_w, t_h)如下：

$$t_x = (x - x_a)/w_a \tag{5.3.12}$$

$$t_y = (x - y_a)/h_a \tag{5.3.13}$$

$$t_w = \log(w/w_a) \tag{5.3.14}$$

$$t_h = \log(h/h_a) \tag{5.3.15}$$

在边界回归的训练过程中，网络的监督信号是 Anchors 与 GT 之间的差距。输入特征图的特征向量 $\varphi(A)$时，可以得到 Anchors 的平移量和变换尺度(t_x，t_y，t_w，t_h)，从而修正 Anchors 的位置。

4）ROI 池化层

该层收集输入的特征图和检测窗口，综合这些信息后提取 proposal 特征图，送入后续的全连接层进行目标的类别判定。

对于传统的卷积神经网络模型，当网络训练完成后应输入固定值尺寸的图像，同时网络输出也应为固定大小的向量。当输入图像大小不定时，就需要从原图像中裁剪一部分传入网络，或者将图像压缩成需要的大小后传入网络。但是裁剪或压缩的操作会造成原先的图片完整结构被破坏或者丢失图像的原始形状信息的后果。由于 Faster R-CNN 中卷积层生成的特征图都可以与原图像对应起来，因此将 M×N 大小的检测窗口映射回(M/16)×(N/16)大小的特征图尺度后，将每个检测窗口对应的特征图区域水平分为 pooled_W×pooled_H 的网格，再对网格的每一份都进行最大池化处理。

经过这样的处理，不同大小的检测窗口输出结果都为固定的 pooled_W×pooled_H 大小，从而实现了固定长度输出。

5）全连接分类神经网络

利用检测窗口特征图计算窗口区域物体的类别，同时再次进行边界回归获得预测框最终的精确位置。分类神经网络部分利用已经获得的检测窗口特征图，通过全连接层计算每个检测窗口内的图像具体属于那个类别(如飞机、车、电视等)，输出其对应的概率向量；同时再次利用边界回归获得每个检测窗口的位置偏移量，用于回归更加精确的目标检测框。分类部分神经网络结构如图 5.3.16 所示。

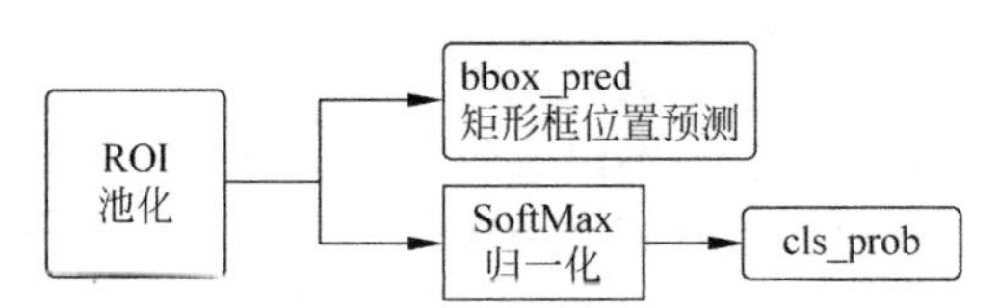

图 5.3.16 Faster R-CNN 全连接层网络结构图

4. 结果展示

1）数据集

实验选取 Cornell 抓取数据集(the cornell grasping dataset)作为本技术案例的训练和测试数据集。Cornell 抓取数据集中包含了 5 种文件信息：目标物品位于中央的图片信息，该图片对应的点云文件，图片背景图片，包含目标物体的图片与该图片中的背景图的映射关系，以及这些图片中的物体优良的及较差的抓取框信息。其中抓取框信息使用 4 行数据来描述每个图片的每个抓取矩形。4 行数据分别为矩形的 4 个顶点坐标数据，将矩形用黄蓝线连接之后的样本集如图 5.3.17 所示：

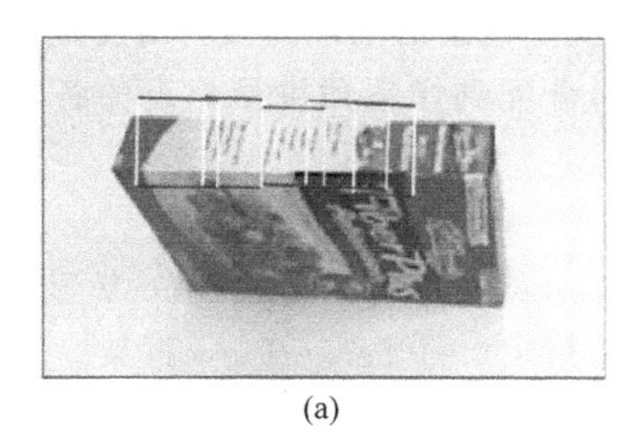

(a)

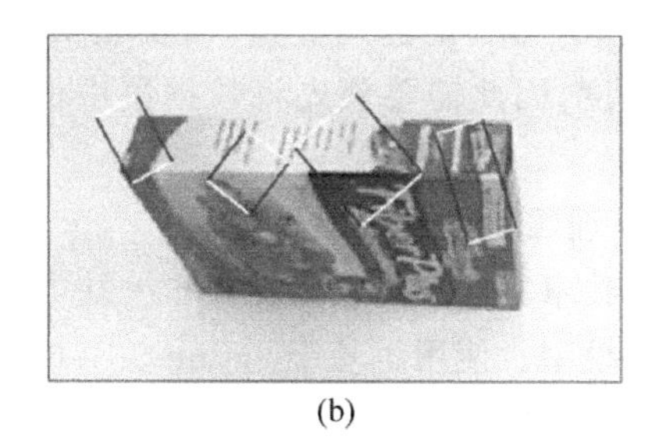

(b)

图 5.3.17　Cornell 抓取数据集上的正负预测矩形框

(a) 正预测矩形框在图像上的显示；(b) 负预测矩形框在图像上的显示

为了评估实验所采用的模型在多物体多目标下进行抓取预测的能力，在 Cornell 抓取数据集之外，也制作了一个新的数据集用于测试。本技术案例中共使用了以下两种数据集：

(1) Cornell 抓取数据集：Cornell 抓取数据集中一共包含了 244 种不同物体的 885 张图片，这些图片从不同的方向或者不同的位姿来描述对应的物体。每一组图片的配置文件中描述了对该图像中包含的物体合理抓取方式的抓取矩阵数据标记。

(2) 多物体数据集：因为 Cornell 抓取数据集中单张图像文件仅包含一个目标物体。为了实现在包含多个目标物体的单张图片中进行的抓取预测，按照 Cornell 抓取数据集的协议制作一个新的抓取数据集，新的数据集中包含 80 张图片，每张图片包含 3 个以上的不同目标物体，同样按照 Cornell 数据集制作协议为每张图片中的每个物体进行了抓取预测框的标注作为对比基准值。

2）数据集的预处理和扩展

为使用在 COCO-2014 数据集上已经有很好表现的 ResNet-101 模型，需要将 Cornell 抓取数据集进行一定的预处理，使得经过预处理之后的数据符合该神经网络模型的输入要求。与此同时，由于 Cornell 抓取数据集中的图片数量较少，所以需要对其数据集进行大量的扩充，本技术案例中采用的扩充方法如下：首先对 Cornell 抓取数据集中的图片在中心区域进行裁剪获得一个 351×351 大小的区域，然后对裁剪后的图片进行 0～360°的随机旋转，并将旋转后的图片裁剪至 321×321 的大小，之后将裁剪后的图片向随机方向移动 0～50 个像素点的位置，最后将图片裁剪至 227×227 的大小以满足 ResNet-101 模型的输入条件。

3）模型的预训练

为了避免过拟合以及加快模型的训练过程，在网络模型中直接使用训练好的 ResNet-101 模型。除去 ResNet 之外的所有网络都是从零开始训练的。

考虑到 Cornell 抓取数据集中给出的抓取矩形区域的对称性，使用取值范围在 0～180°的角度 θ 即可表示抓取矩形的倾斜方向。实验将 180°平均划分成为 R 个区域，每个区域表示矩形的不同的倾斜角度。数据集中抓取矩形的倾斜角度是从 0～180°的连续变量，而实验中网络模型输出的矩形的倾斜角度是离散的 R 个角度，因此需要预先将数据集中的矩形分配到倾斜角度最相近的各离散区域之中。

4）训练

本技术案例中的模型使用了一块 MaxWell 架构下的 NvidiaTitan-V 显卡来训练网络模型。使用了基于 cudnn-5.1.0 和 cuda-8.0 的 TensorFlow 框架。

5）评估方法

实验的评估方法采用机器人抓取领域一个已经建立的标准，如果模型给出的预测抓取框为 Gp，数据集中标注的矩形框为 Gt，则实验中判断一个矩形的预测是否成功有如下的两个条件：

（1）预测的矩形框 Gp 和数据集中标注的矩形框 Gt 之间的夹角应小于 30°；

（2）预测的矩形框 Gp 和数据集中标注的矩形框 Gt 的 Jaccard 相似度分数应大于 0.25。

$$J(\mathrm{Gp},\mathrm{Gt})=\frac{|\mathrm{Gp}\cap\mathrm{Gt}|}{|\mathrm{Gp}\cup\mathrm{Gt}|}>0.25 \tag{5.3.16}$$

6）实验平台的搭建

本技术案例中搭建的实验环境由实验主机、搭载 Jaco2 机械臂的 KinovaMOVO 移动机械手平台组成，其中 Kinect 摄像机位于 MOVO 机器人的头部。实验平台如图 5.3.18 所示，实验用主机的 CPU 为 Intel i9-9900k@3.6GHz×8，GPU 为 MaxWell 架构下的 nVidiaTitan-V 显卡，用于抓取框预测神经网络模型的训练。在 MOVO 抓取平台前放置一张高度合适的桌子以用于实际物体的抓取。

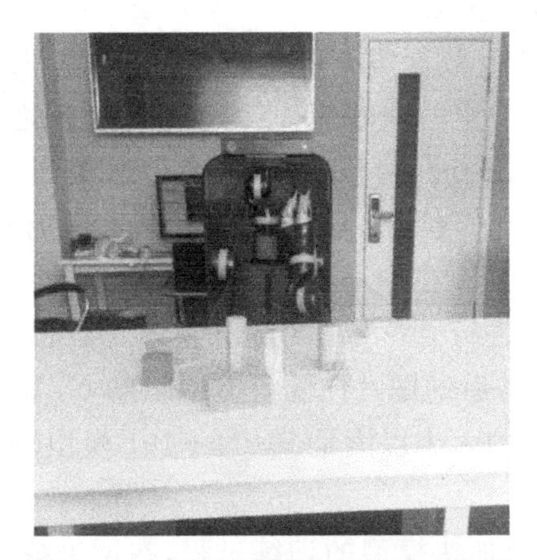

图 5.3.18 视觉抓取实验平台实物图

实验在 Ubuntu 16.04 系统环境下搭建 ROS 操作系统，由 Kinect 摄像机采集真实环境中的图像。对采集到的图像进行处理和计算之后，由实验主机通过局域网远程控制 MOVO 移动机械手平台完成抓取行为。

软件上，在 TensorFlow 深度学习框架以及 MATLAB 上实现整个系统，对 Jaco2 机械臂的操纵使用了 ROS 中的 MoveIt 模块以及 Kinova 机器人的相关 API 函数。使用 TensorFlow 框架完成了抓取框预测神经网络的搭建以及训练。抓取实验时使用 MATLAB 对 Kinect 输入的图像数据进行处理，将经过处理的图像文件作为实验主机上的抓取框预测神经网络模型的输入，经过计算后得到待抓取目标物体的所有抓取框以及各抓取框的相应得分，并按照不同的抓取框选择策略选择机器人最终执行的抓取矩形。根据映射准则将神经网络输出的最终抓取矩形的参数转化为目标物体的位置信息以及四元素表示的方向信息，并将信息发布到 ROS 节点中。Kinova 机器人收到订阅的节点信息之后，使用其对应 MoveIt 模块以及驱动环境完成夹爪的使能、机械臂的逆运动学求解以及机械臂的运动路径规划过程。整个抓取过程的实验流程图如图 5.3.19 所示。

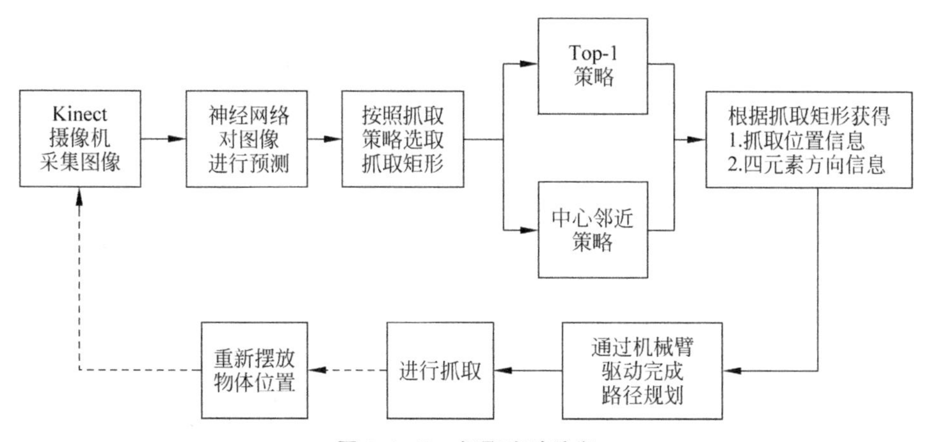

图 5.3.19　抓取实验流程

本次实践实现的神经网络对单个物体的抓取框预测结果如图 5.3.20 所示，其中为了更清晰地表示预测出的抓取框位置，图 5.3.20(b)去掉了对每个生成的预测框的分数。

对包含多个目标物体的输入，抓取框预测神经网络的输出如图 5.3.21 所示。

使用给出的评估方法，在 Cornell 抓取数据集上进行测试，测试结果如表 5.3.8 所示。

表 5.3.8　不同 Jaccard 指数下的抓取框预测准确率

图像划分方式	0.25	0.30	0.35	0.40
Image-wise	94.7%	92.5%	89.8%	81.4%
Object-wise	96.5%	91.1%	86.6%	80.3%

其中 Image-wise 以及 Object-wise 为图像数据集的两种划分方式，Image-wise

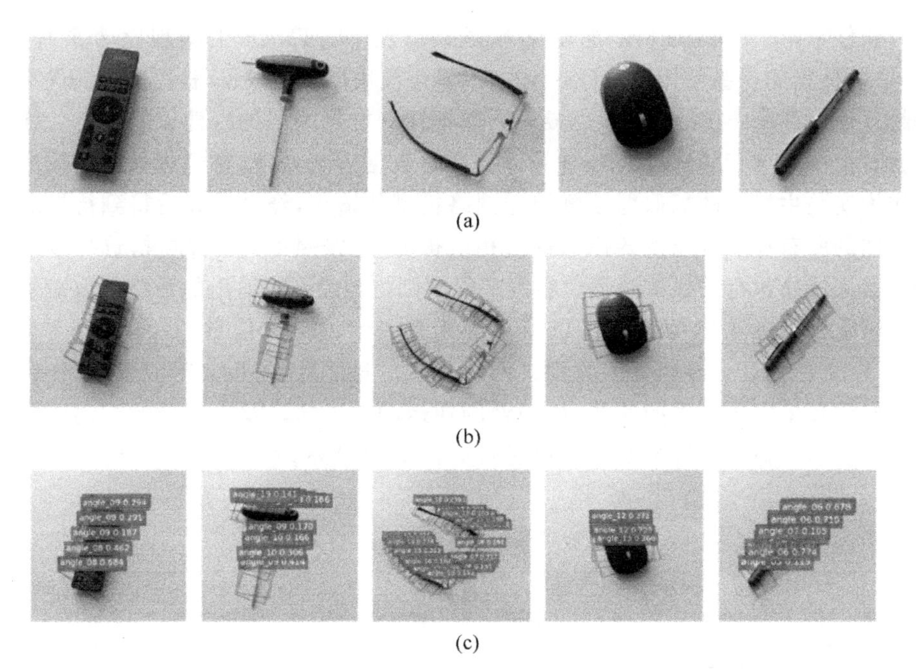

图 5.3.20 单物品下的抓取框预测结果

(a) Kinect V2 拍摄的物品原图像；(b) 未标记得分的抓取预测矩形框；(c) 标记得分的抓取预测矩形框

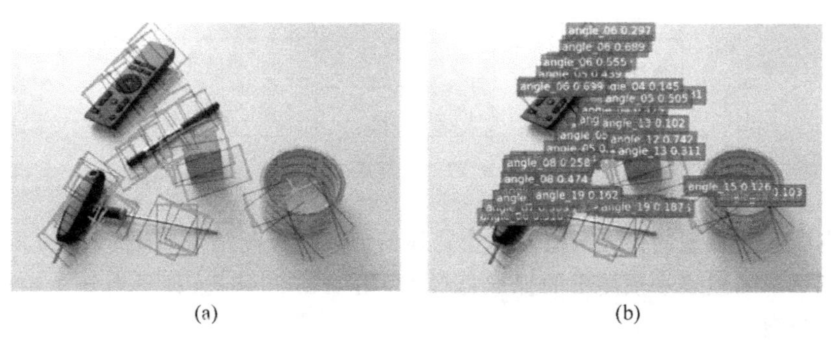

图 5.3.21 多物品下的抓取框预测结果

(a) 未标记得分的多物体抓取框预测；(b) 标记得分的多物体抓取框预测

划分方式把所有图像随机地划分到 5 个图像集中。对于抓取框预测网络模型，这种数据集划分方式可以测试该网络模型在面对处于不同的位置和姿态的已见过的物体时，对其抓取位置的预测能力。Object-wise 划分方式把所有的物品图像随机的划分，但是将一种物体所有图像放在一个图像集合中，通过这种划分方式可以测试该网络模型在面对从未见到过的新物体时，对于该物体抓取位置矩形框的预测能力。

同样适用上述评估方式，在 Cornell 抓取数据集上进行测试，在 Jaccard 指数取 0.25 时，与 Guo[24] 等以及 Chu[35] 等的对比测试结果如表 5.3.9 所示。

表 5.3.9 抓取框预测准确率

方　　法	Image-wise	Object-wise
文献[24]中方法	93.2%	89.1%
文献[35]中方法(RGB)	94.4%	95.5%
本技术案例模型(RGB)	94.7%	96.5%

由表 5.3.9 可知，本技术案例中实现的网络模型基本复现了 Chu 等[35]设计的网络模型的精度，同时由于采用了网络层数更深的 ResNet-101 模型，在 Object-wise 的图像划分方式下，准确率优于 Chu 等的模型。在本技术案例的硬件环境下，处理一张图像文件的平均时间约为 0.18 s，即约为 5.6 fps 的处理速度。这样的处理速度已达到实时地抓取预测问题的标准。

在真实环境下的一次完整的抓取流程如图 5.3.22 所示，KinovaMOVO 通过其头部的 KinectV2 摄像机对待检测目标进行识别，将图像输入到抓取框预测神经网络生成预测结果。然后根据生成的预测结果，通过映射规则控制机器人完成物体的抓取。

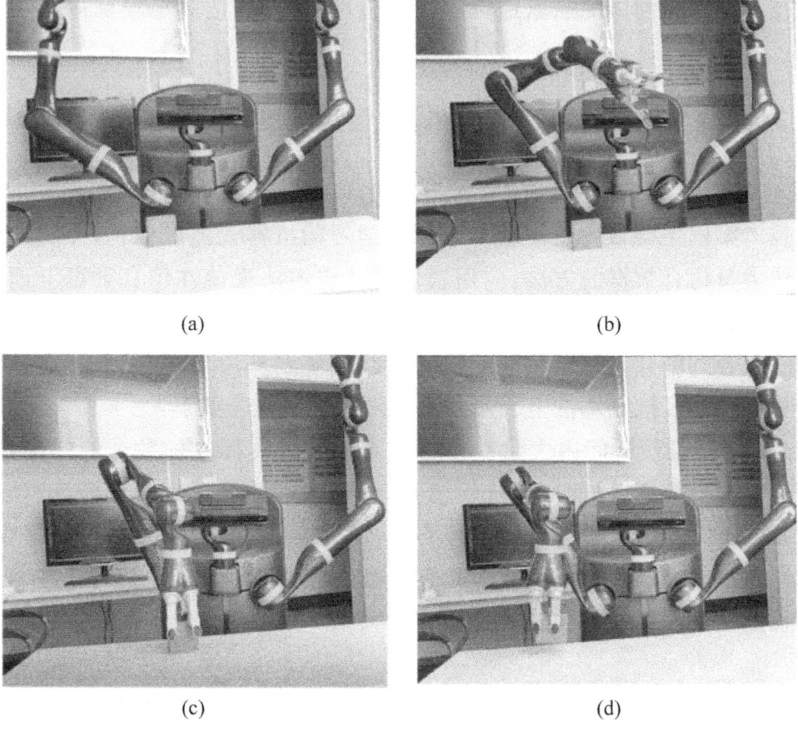

(a)　(b)　(c)　(d)

图 5.3.22 真实环境下的抓取过程

(a) 识别；(b) 接近；(c) 抓取；(d) 提升

5. 小结

本技术案例基于RGB图像实现了机器人对物品的视觉抓取。首先,研究复现并改良了一种抓取预测矩形框生成网络,然后在真实环境下对模型的可行性进行验证。主要的研究工作有以下几个方面:

(1) 实现并调优了一种基于卷积神经网络的抓取框预测神经网络模型。对Cornell抓取数据集进行处理扩充。将数据集按照两种不同的划分方式随机划分为训练数据集和测试数据集。模型在测试数据集上的矩形框预测成功率在两种不同的划分方式下分别为94.7%和96.5%,抓取矩形框预测准确率较高,可用用于真实环境下的抓取位置预测。

(2) 使用搭载Jaco2机械臂的KinovaMOVO机器人和Kinect v2相机搭建实验平台,进行模型可行性的验证。首先,利用空间里不同的点组,使用最小二乘法得到摄像机坐标系到机器人坐标系的变换矩阵,完成机器人的手眼标定。然后,根据映射准则,将矩形框所表示的位置参数映射到机械臂的抓取参数。最后,选择10个生活中的日常用品,以不同的位置和方向随机的在桌子上重复摆放5次,进行抓取实验。

本技术案例对物体的抓取进行了一定程度的研究,达到了较高的成功率和处理速度。

5.3.4 技术案例四:基于弱监督语义分割网络的机器人抓取

技术案例四
相关代码

1. 任务描述

本技术案例主要目的是搭建基于深度学习的机器人抓取系统,寻找在仿真平台上合成大量仿真数据的方法,应用领域自适应方法来使在仿真数据上训练的网络可以泛化到真实场景中去让算法具有一定的实际应用价值。应用无监督语义分割的方法来分割图片。总结目前的机械臂路径规划算法,并把重点放在基于深度学习的机械臂路径规划算法上。本技术案例的主要内容如下:

(1) 针对很难短时间内大量获得带有高质量位姿标签的数据的情况,使用仿真平台合成大量数据,并使用对抗领域适应的方法使网络可以泛化到真实场景中。

(2) 设计位姿估计网络架构。位姿估计网络架构由仿真数据生成模块、领域适应模块、位姿估计模块、弱监督语义分割模块组成。每个模块都可以在不影响其他模块性能的情况下被替换为性能更好的模块,从而增加整个系统估计位姿的准确度。

(3) 在传统路径规划算法基础上,采用基于深度学习的路径规划算法,屏蔽和置换预训练网络(masked and permuted pre-training net, MPNet),此规划算法不仅可以缩短路径规划时间,还可以根据以往的规划经验来增加规划的成功率。

章节知识点

位姿估计(pose estimation)：位姿估计问题就是确定某一三维目标物体的方位指向问题。姿态估计在机器人视觉、动作跟踪和单照相机定标等很多领域都有应用。在不同领域用于位姿估计的传感器是不一样的。

图像分割(image segmentation)：图像分割就是把图像分成若干个特定的、具有独特性质的区域并提出感兴趣目标的技术和过程。它是由图像处理到图像分析的关键步骤。从数学角度来看,图像分割是将数字图像划分成互不相交的区域的过程。图像分割的过程也是一个标记过程,即把属于同一区域的像素赋予相同的编号。

路径规划(path planning)：为了保证机械臂的所有连杆在运动过程中不与障碍物发生碰撞,需要规划出一条从起点到终点的路径。这条路径应该在机械臂的工作空间中,并且考虑到机械臂所有关节的运动范围。

2. 相关工作

1）位姿估计

有关物体位姿估计的研究大多采用了深度学习的方法。PoseCNN 的神经网络采用了不同分支分别预测物体的中心、平移矩阵、旋转矩阵来预测物体的位姿[37]。这种方法在训练神经网络时都需要大量真实场景下的标注数据,而标注数据所需要的大量时间加大了训练网络的难度。其他一些方法采用了图像分割网络来分割图片以定位图片中的物体,图像分割网络可以使用合成数据来训练,但是合成数据的分布与真实数据的分布之差使得训练的网络无法应用到真实环境中去。

总体而言,物体位姿估计领域的各种优秀的方法被大致分为两种类型：一种是基于模板匹配的方法,另一种是基于模型回归的方法。两种方法各有优势也各有短处。一直以来,物体的六维位姿估计是机器人领域的一个基础问题。早期物体位姿估计的算法研究都是基于工业相机展开的。其中较为成功的几种算法有Jones[38]提出的一种基于全局表面特征的位姿估计方法,以及一些基于局部表面特征的位姿估计方法。随后,Thachasongtham[39]等提出一种适合性更强的算法框架,通过事先仿真物体在二维空间中的各个位姿,并通过训练筛选出各个空间位姿下该物体具有的最为稳定的特征点以及相应的特征描述,最后在线测试时通过这些稳定的特征点进行三维位姿匹配,这样的算法在当时具有一定的大角度变动适应性以及对一些遮挡情况有较好的表现。近年来,随着深度相机的不断发展,各种新型的深度传感器给机器视觉带来了更丰富的信息来源,深度相机引发了一次物体位姿估计的研究热潮。Hinterstoisser[39]等直接利用深度图像计算其对应的梯度响应图作为其特征匹配的基础,得到了非常好的位姿估计效果,同时其计算实时性也非常高。随着深度学习的出现和流行,一些基于深度学习的物体位姿框架也逐渐被提出。Wohlhart 等[41]提出的一种深度学习特征提取框架能够得到相比 LINE-MOD 特征更好的特征表述。Wong 等[42]基于深度学习框架提出了一种集成深度语义分割和姿态估计的算法框架(SegICP),实现了鲁棒的像素语义分割以及物体六维位姿估计,但受限于深度学习框架的庞大性,很难实现高效便捷的算法部署,因此类似的利用深度学习框架进行位姿估计的算法的研究成果大都不是特别理想。

2）语义分割

把图像分割过程划分为特征提取和模式分类是出于实践的考虑,而非理论的原因。深度神经网络可以自动学习数据中的多层特征,并把特征提取和模式分类结合到一个框架中。随着近年来深度神经网络在图像分类、物体检测等领域的飞速发展,深度学习的方法也在语义分割任务中被广泛应用。

在图像分类的任务中,通过卷积神经网络多次下采样以形成一个局部到全局的金字塔,提取更加抽象和多尺度的特征,达到一定的局部不变性。这样会导致最后输出的图片分辨率太小,虽然对分类无影响,但是应用到语义分割时会引起无法精确定位的问题。全卷积神经网络提出使用端到端、像素到像素的方法进行训练,对于最后卷积层特征图分辨率小的问题,采用了跳跃结构来结合千层的信息和深层的信息。此外,在预训练图像分类网络上进行微调可以获得更好的分割效果。

3）路径规划

机械臂路径规划,可以根据环境未知和已知分成两类：一类是基于模型的路径规划(model-based path planning),该模型也叫离线路径规划,机械臂的模型和环境的模型是已知的,路径规划在机械臂开始动作之前就完成了路径规划,机械臂沿着其路径行动；另一类是基于传感器的路径规划(sensor-based path-planning)。机械臂实时从传感器获取对外界环境的信息,从而进行实时的路径规划。其中基于模型的路径规划,根据机械臂清楚环境的障碍物的程度,又可以细分成两种：清楚全部障碍物信息和清楚部分障碍物信息,分为全局路径规划和局部路径规划。

机械臂基于模型的路径规划算法总结如图 5.3.23 所示。

以快速探索随机树(rapidly-exploring random tree,RRT)算法为例,路径规划中的 RRT 算法[43]由 Lavalle 提出,已经广泛应用于机器人领域,其特点是快速建立随机树。RRT 算法包括两部分,分别是单重 RRT(single-RRT)[43]和多重 RRT (Bi-Directional RRT)[44]。Salzman 等[46]提出的启发式节点扩展方法,该算法引入了启发式函数,过程中计算生成的节点的启发函数值,提高 RRT 搜索效率,路径规划中首先需要设定一个阈值。在搜索过程中如果启发值超过该阈值,就将该点加入到随机树中。Karaman 等[47]提出了嵌套 RRT 算法,该算法解决冗余机械臂的路径规划有比较好的表现。Janson 等[48]针对 RRT 算法缺乏稳定性和收敛速度慢的问题,对 RRT 算法进行了改进提出了 RPP 快速行进采样树(Fast Malching

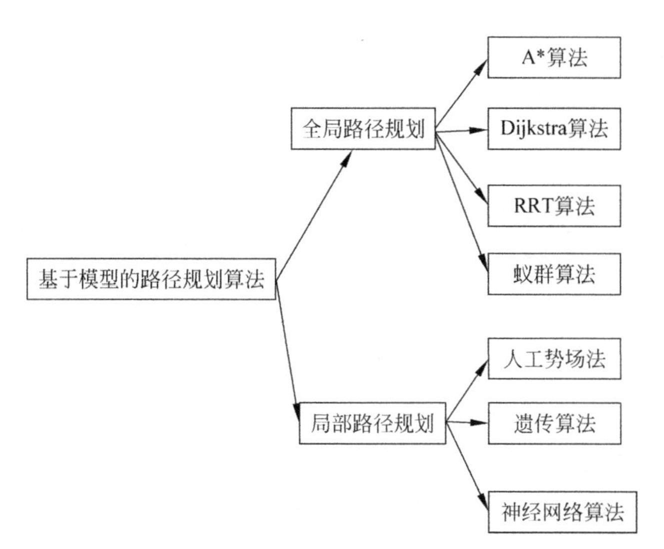

图 5.3.23 机械臂路径规划算法

Tree,FMT)算法。Boor 等[49]将 RRT 搜索算法应用于六轴机械臂避障路径规划。

3. 技术方法

1）搭建图片生成平台

卷积神经网络为了获得优异的性能往往需要大量的训练数据。如果对每个新物体制作数据集,工作量会非常大。因为训练数据集中需要考虑光照、视角等各个因素以包括机器人在实际应用中的场景,而且位姿不能通过肉眼观察得到,很难标注。对于一个非专业人士,获得这样的数据库会更加困难。本技术案例的目标是减少人工标注(包括检测框、分割和位姿的标注)的工作量。所以需要搭建一个仿真平台,可以在很少的人工干预下生成大量仿真图片以供训练。

本技术案例中采用的图片合成方法为域随机化技术。域随机化技术通过在合成图片中加入大量随机噪声以使模拟器生成的图片更具有真实性。域随机化技术旨在在合成的训练图片中加入大量的随机干扰,以便训练的网络可以泛化到真实场景中去。在以下方面引入随机性：①增加图片中干扰物体的数量；②改变图片中所有物体的纹理和位置；③改变桌子、椅子和机器人表面的纹理；④改变相机的位置、角度；⑤改变场景中光源的位置和方向；⑥向图片中增加随机噪声,合成图片中所有物体的纹理都要随机选择。使用可接触多关节动力学仿真物理引擎(multi-joint dynamics with contact,MuJoCo)[50]内置的渲染器渲染图片。每个场景都随机增加 0～10 个干扰物体。仿真器中相机离物体的距离为实际场景中 Kinect 摄像头到物体的距离,一般为 80 cm,随后在半径为 80 cm 的球体中平均选取 1000 个视角作为相机的视角来采集图片。得到不同视角的以黑色为背景的渲染图片后,随机取 SUN 数据集中不同的图片作为背景后,得到大量新的合成图片(见图 5.3.24)。

(a)

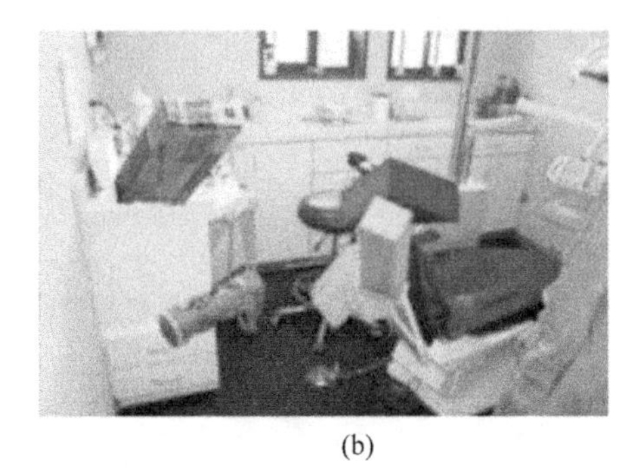
(b)

图 5.3.24 合成图片

(a) 合成图片 1；(b) 合成图片 2

2）位姿估计网络结构设计

位姿估计网络架构如图 5.3.25 所示，其主要由弱监督语义分割网络（weakly superviesed lerning of deep convolutional neural network，WILDCAT）、位姿估计网络 StoCS 和多模态对抗领域适应（multi-adversarial domain adaptation，MADA）网络组成。预测时，WILDCAT 输出每类物体的概率分布图，StocC 根据此概率分布选点并使用点对特征来进行位姿估计。在训练时，使用对抗的方式来训练特征提取器，本技术案例采用的对抗网络是 MADA。下面几节分别详细介绍各个组成模块。

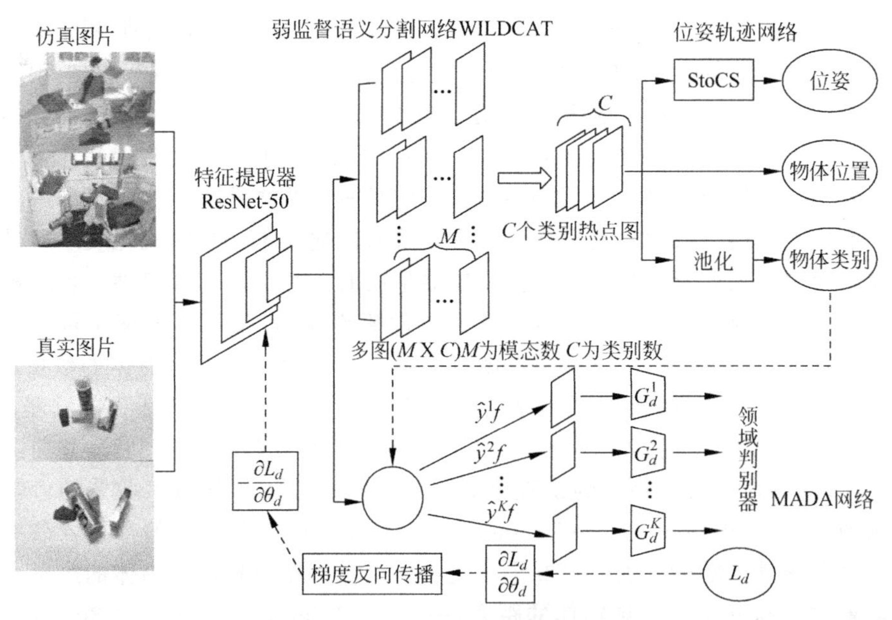

图 5.3.25 位姿估计网络架构

（1）弱监督语义分割网络 WILDCAT：弱监督语义分割网络 WILDCAT 的网络架构如图 5.3.26 所示。

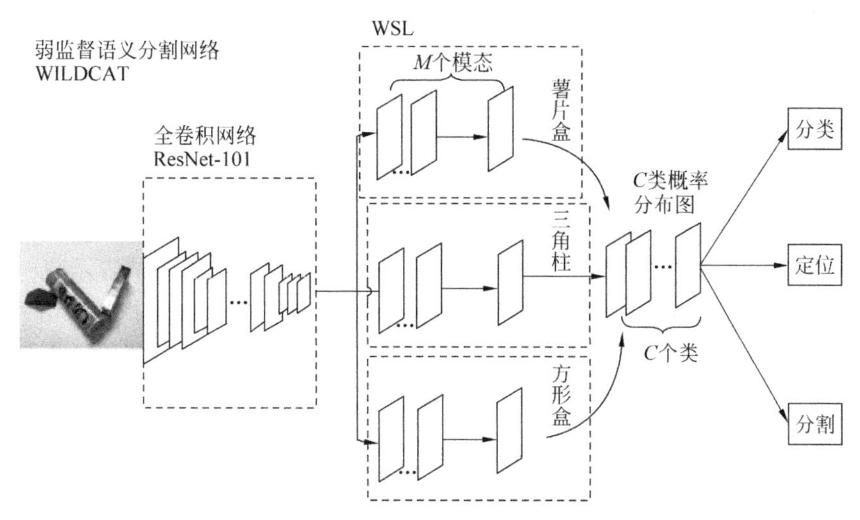

图 5.3.26 弱监督语义分割网络架构

基于弱监督的语义分割与基于监督的语义分割不同,弱监督语义分割只需要图片的类别标注信息就可以进行训练,而且训练的网络可以用对彩色图片进行语义分割。在训练网络识别图中物体类别时,网络会自动学到每个类别物体的定位信息和概率分布,弱监督语义分割网络正是利用了这个特性,使用类别标注数据训练后的网络可以进行对图片进行语义分割。用于训练弱监督语义分割网络的图片数据都是粗粒度标注的,每张图片只需标注此图片出现几类物体即可,不需要逐像素点标注类别信息。本技术案例采用了弱监督学习中表现比较出色的 WILDCAT 框架来作为弱监督学习框架,WILDCAT 框架不仅可以对图片中的物体进行分类,还可以定位物体并对图片进行语义分割。WILDCAT 框架只需要使用图片标签来就可以训练并且高效完成 3 个主要的视觉任务:图像分类、物体定位和语义分割。

(2) StoCS 位姿估计算法:大多数的位姿估计算法先使用分割方法分割红绿蓝颜色(RGB)图片,根据对应的深度图,得到分割物体对应的 3D 点云,最后与实际的 3D 模型校准得到精确的位姿。分割的结果一般具有噪声,而且分割网络在仿真图片上训练时,结果的噪声更严重。噪声会使分割结果变差,导致得到的 3D 模型有误差,使校准的精度变差,最终无法得到准确的位姿。

本技术案例中提出了随机优化过程,使分割结果图片的每个像素点代表置信度,然后尽量选择置信度较大的区域。根据置信度大的物体分割区域并根据深度图在 3D 点云中找到对应的点。使用这些点来对场景中的 3D 点云和物体的 3D 模型进行配准来得到物体位姿。本技术案例中提出的方法需要概率图和预处理过的物体模型集合。预处理过程为构造全局描述来描述方向点对特征。使用这个特征,不仅使采样的点都集中在物体边界,而且可以简化一致点集的搜索。使用此方法的优势有两个：第一，此方法不需要得到高精度的分割结果，只需要分割后得到每个类的置信度概率分布即可；第二，结合点对特征和分割结果来提高分割精度并改善校准匹配过程不会带来计算负担的加重。由于分割网络是在仿真数据上训练的，当泛化到真实数据上时，分割结果会有很大的噪声，但是仍然可以得到较高的位姿估计准确度。

根据获得的 RGB 图片、深度图片和 N 个物体的几何三维模型 $\{M_1, M_2, \cdots, M_N\}$，估计已知 N 个物体 $\{O_1, O_2, \cdots, O_N\}$ 的位姿，估计的位姿被表示成一系列齐次坐标转换 $\{T_1, T_2, \cdots, T_N\}$，$T_i=(R_i, t_i)$，$R_i$ 和 t_i 分别代表相对于相机坐标系的旋转变换和平移变换。对每个物体计算机辅助设计(computer aided design，CAD)模型进行泊松采样来把 CAD 模型转化为点云。

StoCS 位姿估计算法的流程如图 5.3.27 所示。

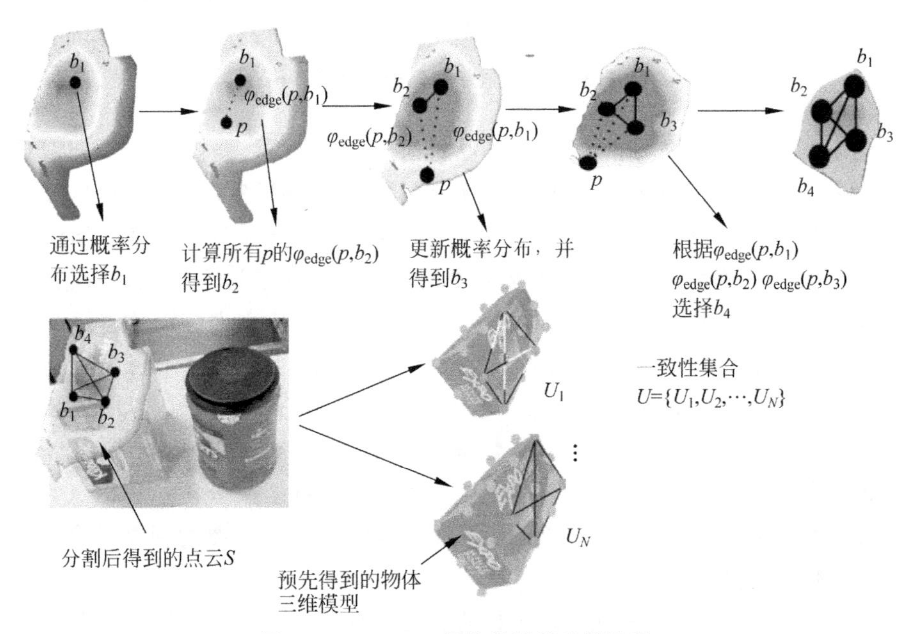

图 5.3.27 StoCS 位姿估计算法的流程

MADA 网络：由于本技术案例中的语义分割模型使用仿真生成的大量数据与真实数据共同进行训练，且真实的数据分布和仿真数据分布会出现差异，在迁移学习的过程中不可避免地会出现负迁移现象。

本技术案例中使用了 MADA 网络来解决真实数据的分布与仿真数据的分布的差异性问题。MADA 对领域对抗神经网络 DANN 进行了改进，给每一个类别都增加了领域判别器，这样让判别器中的两个输入真实数据的概率分布和仿真数据的概率分布都对应同一个类，成功阻止了迁移学习中的负迁移现象的发生。

本技术案例中采用的对抗领域自适应网络结构如图 5.3.28 所示。

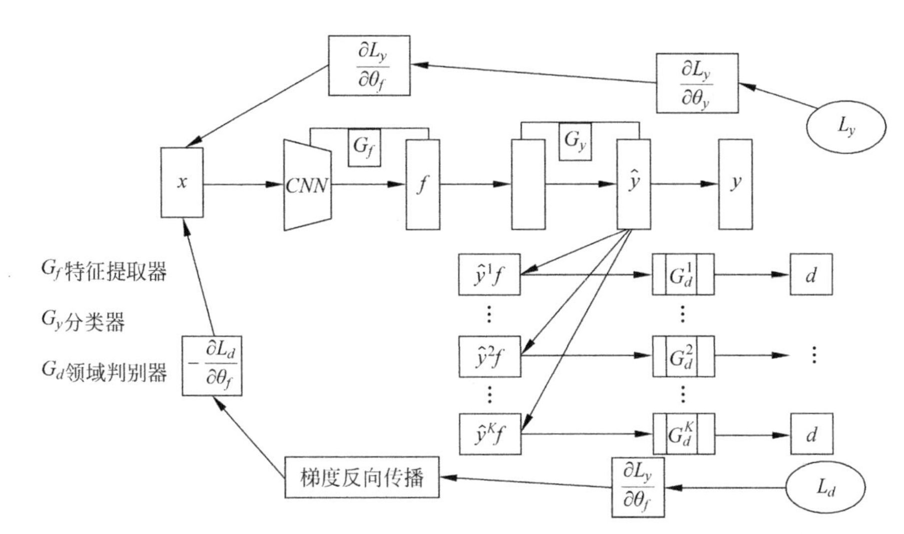

图 5.3.28　多模态对抗领域自适应网络

领域自适应网络通过提取迁移特征来减少目标领域之间的数据分布差异性。对抗学习过程为两个玩家相互对抗的过程：第一个玩家是领域区分器 G_d，被训练用来区分源领域和目标领域；第二个玩家是特征提取器 G_j，用于提取仿真图片和深度图片的共同特征来混淆领域判别器。为了提取领域不变性特征 f，G_j 的参数 θ_j 通过最小化领域判别器损失函数得到，而 G_d 的参数 θ_d 通过最小化领域判别器的损失函数获得。另外，标签预测器 G_y 的参数也可以通过最小化损失函数来得到。训练之后得到 G_j、G、G_d 的参数分别为 $\hat{\theta}_j$、$\hat{\theta}_y$、$\hat{\theta}_d$，会到达鞍点。

3）基于深度学习的机械臂路径规划

本技术案例中采用的基于神经网络的路径规划算法 MPNet 分为两部分：第一部分是神经网络的离线训练；第二部分是规划路径的在线生成。

MPNet 的离线部分由两个神经网络模块组成：第一个神经网络模块用于理解整个规划场景；第二个神经网络模块根据上一步对于场景的理解来做出规划，得到组成规划路径中的一个点。本技术案例中采用自编码器直接根据物体的点云来编码，把障碍物点云 x_{obs} 编码到一个隐空间中，并称这个网络为编码网络(ENet)。规划网络模块根据上一步对障碍物的理解和空间中的起点位置和目标位置来得到规划路径。MPNet 的离线训练部分如图 5.3.29 所示。

规划网络(PNet)中，细节处理上使用了参数为 θ 的前馈深度神经网络作为规划器。根据编码器从障碍物点云中学习到的特征 Z 和当前状态 x_t 以及目标状态 x_T，PNet 会生成状态 $x_{t+1} \in x_{\text{free}}$ 作为规划路径中的下一个状态，从而引导机器人更接近目标区域。可以用如下数学公式描述：

$$\hat{x}_{t+1} = \text{PNet}((x_t, x_T, Z);\ \theta) \tag{5.3.17}$$

MPNet 的在线规划路径生成的简要流程图如图 5.3.30 所示。在线路径规划

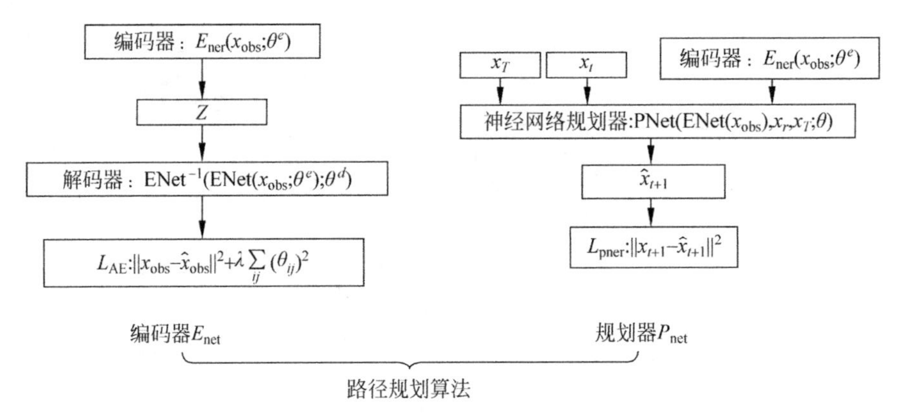

图 5.3.29 MPNet 离线训练部分

是为了探索离线训练网络在杂乱且复杂的环境中实际规划效果。为了端到端地产生连接起始位置和目标位置的路径，本技术案例中采用了增量双向启发式路径生成算法。图 5.3.30 说明了算法中路径生成的整个过程。

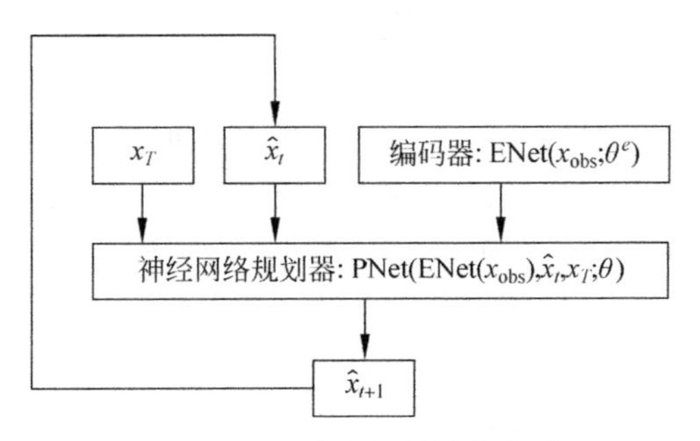

图 5.3.30 在线规划路径生成

离线训练获得编码网络 $ENet(x_{obs})$，可以把障碍物三维点云 $x_{obs}\in X_{obs}$ 编码到一个 m 维的特征空间 Z 中。

PNet 是经过离线训练的前馈神经网络，可以根据特征空间 Z、起始状态 x_t 和目标状态 x_T，来预测得到下一个状态 $\hat{x}_{t+1}$。

神经网络规划器(neural planner)。这是一个启发式递增双向路径生成算法。输入为障碍物点云的特征表示 Z、起始状态、目标状态，输出连接两个给定状态的路径。

4. 结果展示

1) 领域适应网络实验结果与分析

比较领域适应对网络性能的影响。设计了两组试验，每组试验比较 3 个不同网络的效果。第一组实验为分类实验，要比较的 3 个网络分别为不使用领域适应的网络(no adaptation)、使用领域对抗神经网络(DANN)和使用多模态对抗领域适应网络(MADA)。第二组实验为检测实验，要比较的 3 个网络与第一组实验相同。

在分类网络中，需要查看网络是否能够分清网络中到底存在哪几类物体，本技术案例中使用阈值 0.5 来判断此物体是否出现在图片中。在检测时，使用逐点定位评测方法，是用于评测弱监督学习定位物体的标准评测方法。对于物体中的每一个类，根据类的热点图中概率最大的位置去物体图片中去找对应像素的位置。如果这个像素在物体感兴趣区域检测框中，那么这个物体定位就是一个好的物体定位。分类和检测的结果如图 5.3.31 所示。

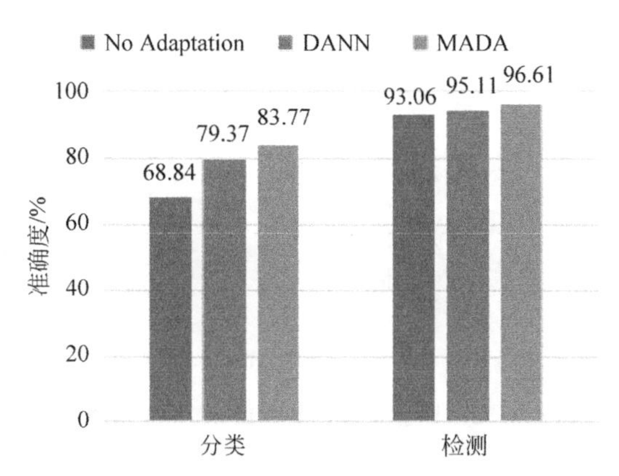

图 5.3.31 领域适应实验结果(见文前彩图)

根据图可以得出以下 2 点结论：第一，使用适应网络来缩小合成数据与真实数据的数据差异十分有必要；第二，使用多模态领域适应网络要比单模态领域适应网络会带来更好的效果。

2）弱监督网络实验结果与分析

本技术案例中设计了 2 组对比试验来证明弱监督语义分割的高准确度。

第一组对比实验采用的 2 个训练方法是只使用弱标签真实图片进行训练和使用合成图片训练并且在弱监督标签上进行微调(fine-tuning)。第二组对比实验采用的 2 个训练方法是使用合成图片训练并且在弱监督标签上进行微调(MADA+fine-tuning)、使用合成图片和弱监督标签(semi-supervised)同时训练(MADA+semi-supervised)。实验结果如图 5.3.32 所示。

第一组实验结果可以说明，使用仿真图片预训练网络并在真实图片上进行微调的性能要远远好于直接在真实图片上训练的效果。第二组实验表明 MADA+semi-supervised 的效果要略微好于 MADA+fine-tuning。

3）位姿估计实验结果与分析

使用 YCB 和 LINEMOD 数据集中的测试数据集作为本技术案例的测试数据。YCB 数据集包含 21 类物体和相应的三维模型，而且对 113198 张训练图片和 20531 张测试图片进行了物体位姿和物体位置的标注。YCB 还提供了更具有挑战性的 2949 张关键帧测试图片，本技术案例选用 20531 张训练图片作为测试集。

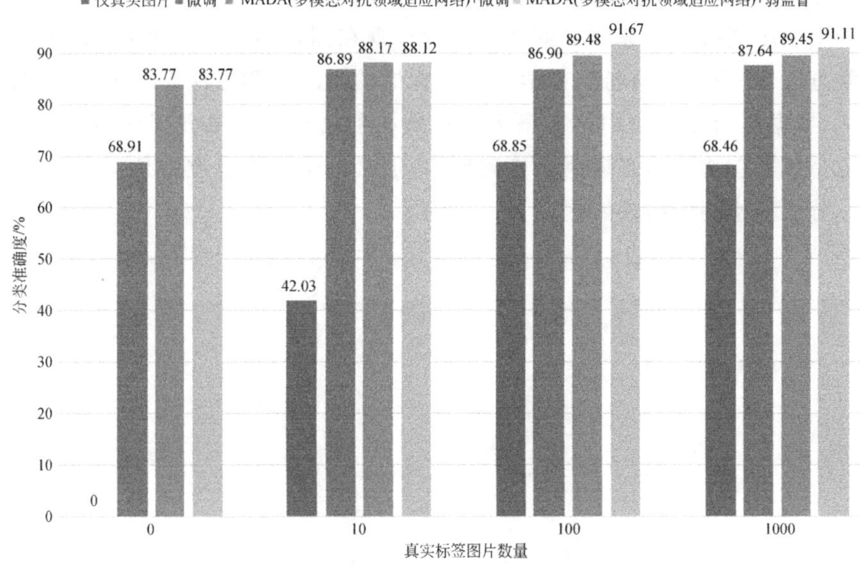

图 5.3.32 弱监督网络实验结果(见文前彩图)

本技术案例对网络迭代了 20 次,每次迭代需要 500 次循环。批处理大小为 4,即仿真图片选 4 张,真实图片选 4 张。本技术案例使用学习率为 0.001,动量为 0.9 的随机梯度下降法来优化网络。使用在 ImageNet 预训练好的 Resnet50 作为特征提取器,Resnet50 的前两层参数被冻结。

不同位姿估计方法的准确度如表 5.3.10 所示。

表 5.3.10 不同位姿估计方法准确度

方法	输入数据	标签数据	是否使用全部数据集	YCB 数据集准确度	LINEMOD 数据集准确度
PoseCNN	RGB	分割+位姿	是	75.9	54.9
PoseCNN+ICP	RGB-D	分割+位姿	是	93.0	78.0
DeepHeatmaps	RGB	分割+位姿	是	81.1	28.7
FCN+Drost	RGB-D	分割	是	84.0	—
FCN+StoCS	RGB-D	分割	是	90.1	—
Branchman	RGB-D	分割+位姿	是	—	—
Michel	RGB-D	分割+位姿	是	—	76.7
本技术案例方法	RGB-D	分割+位姿	否	93.6	76.6

实验结果表明,本技术案例的位姿估计精度相比以往的位姿估计算法精度有所提高,但是位姿估计算法推断时间比以往的算法时间略长。

4) 机械臂轨迹规划结果及分析

在 Kinova 机器人平台上进行实验,验证 MPNet 生成的运动路径是否可以成功地避开障碍物,并把无碰撞轨迹的关节角位置发送给 Kinova 机械臂的各个电机,避障过程如图 5.3.33 所示。图 5.3.33(a)为机械臂的起始位姿。此时,机械臂末端处在黑色障碍物左侧，关节离障碍物比较近，处于较危险状态。Kinova 机械臂开始运动，其中间 2 个时刻的构型如图 5.3.33(b)和(c)所示，机械臂先上移一段距离，然后再侧移一段距离。此时到达障碍物右侧，已成功避开障碍物，然后构型如图 5.3.33(d)和(e)所示，调整机械臂的位置使其更好抓取物体。最后在图 5.3.33(f)中机械臂末端运动到物体处，闭合夹钳抓取物体。使用 MPNet 的规划总耗时为 0.4 s，成功抓取物体并且没有与黑色障碍物发生碰撞。

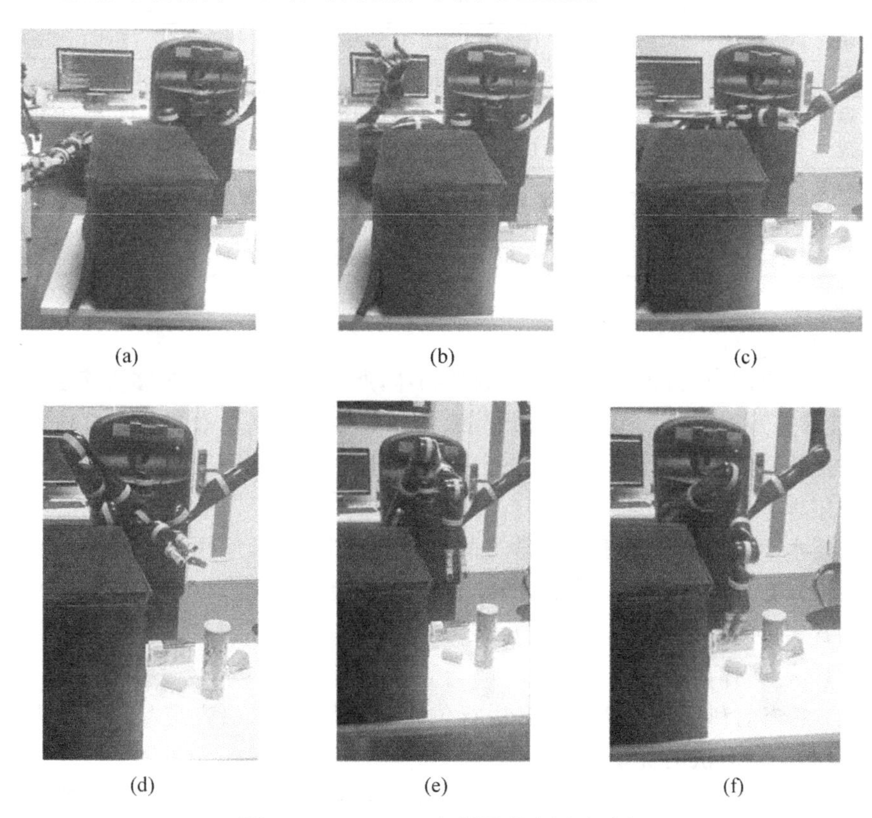

(a) (b) (c)

(d) (e) (f)

图 5.3.33 Kinova 机械臂整个避障过程

(a) 起始位姿；(b) 中间位姿 1；(c) 中间位姿 2；(d) 中间位姿 3；(e) 中间位姿 4；(f) 目标位姿

本技术案例还分别比较了以下几个轨迹规划算法的性能，使用神经网络规划器的 MPNet 算法(MPNet：NR)、使用混合规划器的 MPNet 算法(MPNet：HR)和目前的传统路径规划算法如 Informed RRT* 算法[51]和 BIT* 算法[52]。分别在不同的工作空间测试以上算法性能，工作空间包括简单的二维空间、复杂的二维空间、复杂的三维空间和刚体空间。表 5.3.11 展示了不同算法在不同工作空间的 CPU 规划时间，单位为 s。其中新场景代表训练数据集中不存在的场景，旧场景代表训练数据集中存在的场景。从表中的数据可以看出，除刚体场景外，在其他场景下，MPNet：NR 和 MPNet：HR 的规划时间均小于 1 s，Informed RRT* 和 BIT* 的规划时间会随着空间维度的增加急剧增大，而 MPNet：NR 和 MPNet：HR 规划时间均不受工作空间维度影响，比较稳定。平均来说 MPNet 的规划速度是 Informed RRT* 和 BIT* 的 20～40 倍。

表 5.3.11 MPNet 实验结果

测试场景	新/旧场景	MPNet：NR/s	MPNet：HR/s	Informed RRT* /s	BIT* /s	BIT/MPNet：NR
简单二维场景	旧场景	0.12±0.03	0.19±0.14	5.36±0.34	2.71±1.72	24.66
	新场景	0.12±0.02	0.34±0.21	5.39±0.18	2.63±0.75	23.89
复杂二维场景	旧场景	0.17±0.06	0.61±0.35	6.18±1.63	3.77±1.62	22.24
	新场景	0.18±0.27	0.68±0.41	6.31±0.85	4.12±1.99	22.93
复杂三维场景	旧场景	0.48±0.10	0.34±0.14	14.9±5.39	8.57±4.56	17.90
	新场景	0.44±0.11	0.55±0.22	15.54±2.25	11.1±5.61	20.22
刚体场景	旧场景	0.32±0.27	1.92±1.2	30.2±27.59	11.1±5.59	35.01
	新场景	0.33±0.13	1.98±1.79	30.4±12.34	11.9±5.36	35.99

5. 小结

在工业应用中，机器人时常会遇到新物体，所以需要机器人能够快速适应新物体，即能够在短时间内训练出能够预测新物体位姿的网络。而目前的算法并没有快速适应新物体的能力，本技术案例主要针对此问题来进行研究，从而增加机器人实际应用价值。

本技术案例搭建了基于深度学习的机器人抓取系统，应用了在仿真平台上合成大量仿真数据的方法，并应用领域适应方法来使在仿真数据上训练的网络可以泛化到真实场景中去，应用弱监督语义分割的方法来分割图片。应用了机械臂路径规划算法，具体内容如下：

(1) 对当前利用卷积神经网络进行位姿估计的方法、研究现状进行了归纳和总结，分析了各方法的优缺点。

(2) 使用仿真平台合成大量标注数据，为缩减仿真数据分布与真实数据分布之间的差异，使用了多模态对抗领域适应。

(3) 研究了图片合成平台、领域适应、弱监督学习的国内外研究现状，使用虚拟仿真平台合成大量仿真数据，并使用数据训练本技术案例提出的基于弱监督和领域适应的位姿估计网络。

(4) 在传统的路径规划算法的基础之上，采用了基于深度学习的路径规划算法 MPNet，此规划算法不仅可以缩短路径规划时间，还可以根据学到的规划经验来增加规划的成功率。

综上所述，本技术案例提出的物体位姿检测算法通用性强、泛化能力强、精度高而且具有一定的工程实用性。本技术案例提出的路径规划算法成功率高而且规划时间短。通过以上两个部分构成了机器人实时抓取系统。

5.3.5 技术案例五：基于生成式的抓取姿态检测

1. 任务描述

技术案例五
相关代码

虽然抓取对于人类来说是一个非常简单的动作，但对于机器人来说仍然是一项具有挑战性的任务，它涉及感知、规划和提取等子任务。为了完成机器人的抓取任务，机器人首先需要感知物体。随着传感器设备的不断发展，目前的机器人都配备了红绿蓝图像(RGB)摄像机和深度摄像机来获取丰富的环境信息。然而，原始的深度彩色(RGB-D)图像对于机器人来说是简单的数字网格，在那里需要提取高层次的语义信息来实现基于视觉的感知。要抓取的目标对象的高层信息通常包含位置、方向和抓取位置。然后计算抓取规划以执行物理抓取。赋予机器人感知能力一直是计算机视觉和机器人学科的一个长期目标。机器人抓取不仅意义重大，而且早已有相关研究。机器人抓取系统由抓取检测系统、抓取规划系统和控制系统组成。其中，抓取检测系统是关键的入口点，抓取检测是机器人在非结构化环境中执行抓取和操纵任务的基本技能。为了在真实世界的非结构化环境中执行抓取和操纵任务，机器人应具备以下功能：

(1) 为所有物体计算抓取姿势。

(2) 在动态环境中依然可工作，包括：机器人工作空间变化、传感器噪声和误差、机器人控制的不精确、机器人本身的扰动等。

机器人抓取检测的研究已经进行了几十年，产生了许多不同的技术。深度学习的发展为未知物体的合成抓取带来了很大的进展。基于深度学习的抓取方法允许机器人学习与高质量抓取相对应的特征，而单靠人类的设计能力是无法达到同样的效果的。

但目前基于深度学习的抓取检测方法几乎都是采用之前为目标识别所设计的网络的改进版，对抓取候选框进行采样和排序，耗时数秒，几乎没有闭环系统，且依赖于精确的视觉传感器和机器人控制，多用于静态环境中。因此，需要一种实时、轻量、可进行扩展物体抓取的闭环抓取检测算法。

章节知识点

深度学习(deep learning，DL)：机器学习领域中一个新的研究方向，它学习样本数据的内在规律和表示层次，这些学习过程中获得的信息对诸如文字，图像和声音等数据的解释有很大的帮助。它的最终目标是让机器能够像人一样具有分析学习能力，能够识别文字、图像和声音等数据。深度学习是一个复杂的机器学习算法，在语音和图像识别方面取得的效果，远远超过先前相关技术。深度学习在搜索技术，数据挖掘，机器学习，机器翻译，自然语言处理，多媒体学习，语音，推荐和个性化技术，以及其他相关领域都取得了很多成果。深度学习使机器模仿视听和思考等人类的活动，解决了很多复杂的模式识别难题，使得人工智能相关技术取得了很大进步。

目标识别(target recognition)：用计算机实现人的视觉功能，它的研究目标就是使计算机具有从一幅或多幅图像或者是视频中认知周围环境的能力(包括对客观世界三维环境的感知、识别与理解)。

闭环系统(closed-loop system)：亦称“反馈系统”，是指系统的输入影响输出同时又受输出的直接或间接影响的系统。该类系统有若干个闭合的回路结构。在一个闭环系统中，反馈信息取自系统状态，是做决策的依据；通过决策控制改变系统状态，而这个状态又影响到未来的决策。这个作用过程是连续的、循环的，很难准确说出这个闭环作用是从哪里开始到哪里结束。

2. 相关工作

1）抓取未知物体

抓取检测方法主要分为经验法和分析法。分析法使用几何、运动学和动力学的数学和物理模型计算稳定的抓取，但由于难以模仿机械手和物体之间的物理相互作用，所以往往无法转移到现实世界。经验法侧重于使用模型和基于经验的方法，其中一些方法将已知物体的模型与抓取点相关联，但无法检测新物体。

近年来，基于视觉的深度学习方法取得了巨大进展，其中很多方法流程大致一样：提取候选抓取框→使用神经网络对候选抓取框排序→得到最优候选抓取框→运行抓取。但上述流程需要精确的视觉传感器和机器人控制、完全静态的工作环境。并且上述流程为开环控制，主要原因是以前的神经网络参数都为百万级，并通过偏移和旋转的离散间隔的滑动窗口来处理候选抓取，计算消耗很大，检测时间通常为数秒，无法进行闭环控制。一些方法通过使用预处理精简候选框[15,53]或将提取候选框和预测置信度同步进行[34,54]来缩减时间，但会忽视潜在的抓取位姿。还有些方法使用回归的方法得到最优结果[33,55]，但结果可能是候选框的均值，可能是无效抓取。

2）闭环系统

通过视觉反馈和闭环控制使机器人运动到指定的位姿称为视觉伺服。视觉伺服的优点是不依赖精确的视觉传感器和控制即可在动态环境中执行任务。许多工作直接将视觉伺服应用于抓取应用。然而，视觉伺服方法的本质是：它们通常依赖于手工标定的图像特征来进行物体检测[56-57]或物体姿态估计[58]，因此不执行任何在线抓取检测，而是收敛到预先确定的目标姿态，因此不适用于未知物体的抓取。

基于卷积神经网络的抓取控制器将深度学习与闭环抓取相结合[59-60]。系统不是明确地执行抓取检测，而是学习控制器在执行控制之后将控制命令映射到预期的抓取置信度和距离，需要在每个时间步骤对许多潜在命令进行采样。

3. 技术方法

文献[57]中提出了一种实时、轻量、可进行扩展物体抓取的检测算法，并使用了较小的网络和为每个像素都生成一个抓取位姿来解决耗时长、提取候选抓取框的问题,实现了闭环抓取。

1) 抓取表示

如图 5.4.34 所示,该算法采用全卷积网络,使用

$$g=(P,\Phi,w,q) \tag{5.3.18}$$

其中,表示抓取,灵巧手伸入方向与 x-y 平面垂直,其中 P 是抓取器的中心位置,P 表示为(x,y,z),Φ 是抓取器沿 z 轴的偏转角度,w 是抓取器张开的宽度,q 是抓取置信度。

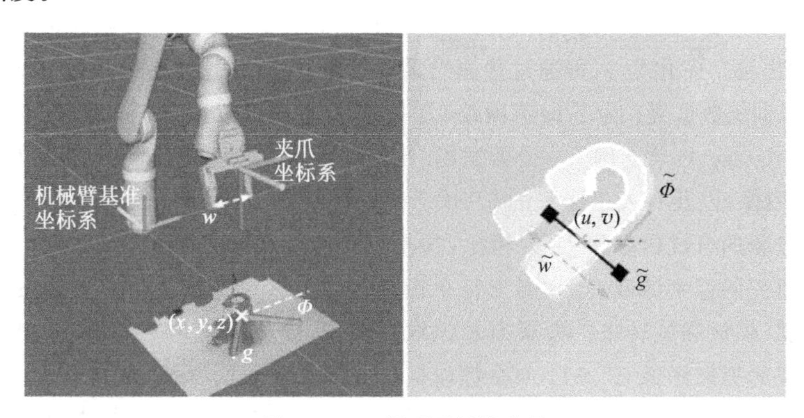

图 5.3.34 灵巧手抓取表示

该算法从大小为 $H*W$ 的深度图(相机内参已知)中得到平面中的抓取位姿:

$$\tilde{g}=(s,\tilde{\Phi},\tilde{w},q) \tag{5.3.19}$$

其中,s 是抓取中心点的像素坐标,s 表示为(u,v); $\tilde{\Phi}$ 是相机参考坐标系沿 z 轴的旋转角度; $\tilde{w}$ 是抓取器的张开宽度,则 $\tilde{g}$ 可通过

$$g=\boldsymbol{t}_{\mathrm{RC}}(\boldsymbol{t}_{\mathrm{CI}}(\tilde{g})) \tag{5.3.20}$$

转化为真实世界中的抓取位姿 g。其中,$\boldsymbol{t}_{\mathrm{CI}}$ 是从深度图平面坐标系到相机坐标系的转换矩阵,$\boldsymbol{t}_{\mathrm{RC}}$ 是从相机坐标系到机器人(世界)坐标系的转换矩阵。

由于深度图每个点的平面坐标已知,所以接下来的工作就是:给定一个深度图,得到每个点上的 Φ、w、q。这样神经网络的输入输出也明确了:输入为 1 张深度图,输出为 3 张等大小的图,对应坐标上的值分别表示旋转角 Φ、宽度 w、置信度 q。最后置信度最大的那个位置上的 Φ、w、q 坐标 s 就是所求的最优 $\tilde{g}$,再通过上述两个转换矩阵,就得到了机器人坐标系中的最优抓取位姿 g。

2) 抓取卷积神经网络

该神经网络能近似复杂函数:$M=I\rightarrow G$,

$$M_\theta(I)=(Q_\theta,\Phi_\theta,W_\theta)\approx M(I) \tag{5.3.21}$$

上式可以通过训练一组输入 I_{r},对应输出 G_{r},损失函数为 L2,即

$$\theta=\operatorname{argmin}_\theta \mathcal{L}(G_{\mathrm{r}},M_\theta(I_{\mathrm{r}})) \tag{5.3.22}$$

(1) 抓取表示：G 估计在笛卡尔点 p 处执行的一组抓取的参数，其对应于每个像素坐标 s。将抓取图 G 表示为 3 个一组的图像，即 Q，Φ 和 W。其表示如下：

Q：描述在每个点(u,v)执行抓取的置信度。该值范围是[0,1]值越大表示抓取成功率越大。

Φ：描述在每个点执行抓取的旋转角，由于二指抓取是对称于$\pm\frac{\pi}{2}$的，所以 Φ 的取值范围为$\left[-\frac{\pi}{2},\frac{\pi}{2}\right]$。

W：描述每个点中的抓取的夹爪宽度，范围是[0,150]。后面在真正训练的时候，将输出都归一化为 1，再通过预测结果反推出真实值，这也是常用的方法。

(2) 训练数据集：为了训练网络，本技术案例基于康奈尔抓取数据集(cornell grasping dataset)[53]创建了一个数据集。康奈尔抓取数据集包含 885 个真实物体的 RGB-D 图像，以及有人工标记的 5110 个有效抓取框和 2909 个无效抓取框。虽然与一些较新的合成数据集[14,61]相比，这是一个相对较小的抓取数据集，但却是最适合本研究的像素抓取表示，因为每个图像提供了多个抓取框。本技术案例使用随机裁剪、缩放和旋转来扩大康奈尔抓取数据集，使数据集增大到 8840 个深度图像和相关的抓取图像 G_{T}、51100 个抓取框。

康奈尔抓取数据集在像素坐标系中将二指抓取表示为矩形，与夹爪的位置和旋转对齐[53]。为了将康奈尔数据集改为适合本实践中抓取表示的数据集，提取康奈尔标注的矩形框的中间 1/3 部分的矩形，如图 5.3.35 所示。

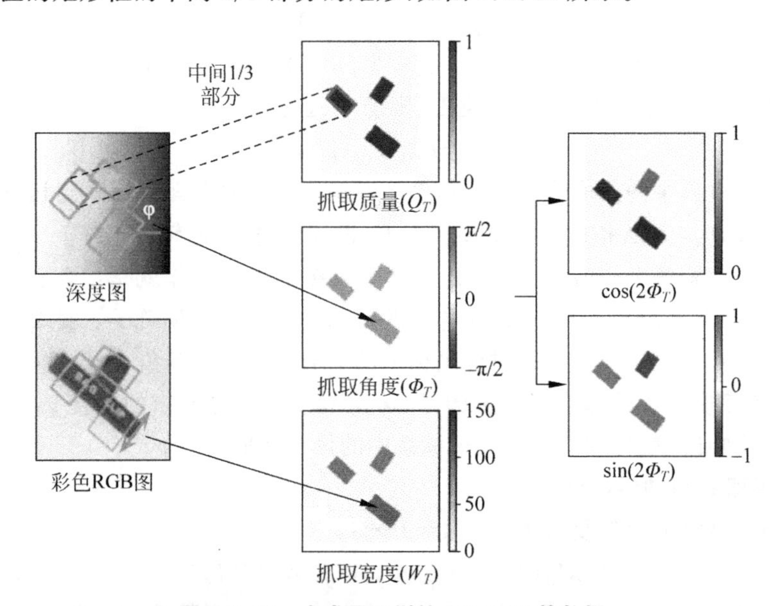

图 5.3.35 生成用于训练 GG-CNN 的数据

本方法只考虑用于训练网络的有效抓取框并假设任何其他区域中的抓取为无效抓取。各个图片含义如下：

① 置信度：将康奈尔抓取数据集中的每个有效抓取框视为二进制标签，并将 Q_r 的相应区域设置为 1，所有矩形外的区域的置信度为 0。

② 旋转角：训练时，将旋转角 Φ 编码为单位圆内的两个向量 $\sin(2\Phi)$ 和 $\cos(2\Phi)$，则预测值被限制在[−1,1]之间，再将预测值通过反推出真实旋转角。这样做的好处是消除数据的不连续性。

③ 抓取宽度：计算每个抓取框的每个像素点的抓取宽度(最大 150)，表示夹爪的宽度，并设置对应的 W_r。在训练期间，将 W_r 的值缩放 1/150，使其在[0,1]范围内。可以使用摄像机的参数和测量的深度来计算物理夹爪宽度。

④ 输入深度图：由于康奈尔抓取数据集是使用真实相机采集的数据，已经包含真实的传感器噪声，因此不需要添加噪声。通过 OpenCV 去除深度无效值 NaN，将每个深度值减去图像所有深度值的平均值，使其值以 0 为中心来获得深度不变形。

⑤ 网络结构：GG-CNN 采用全卷积网络，全卷积网络已被证明能很好地执行计算机视觉任务，例如图像分割[61]和轮廓检测。如图 5.3.36 所示。

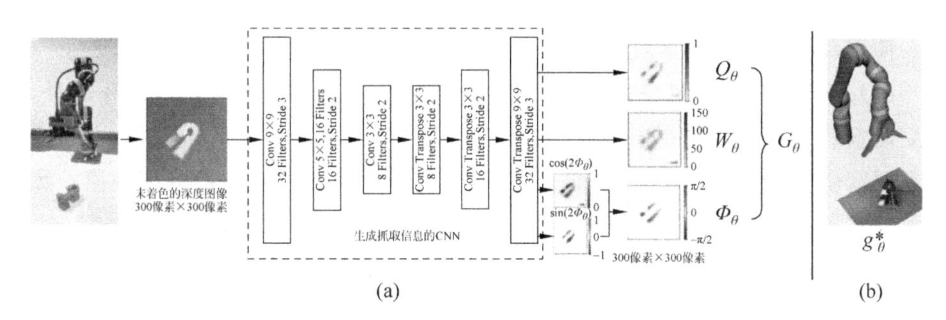

图 5.3.36 GG-CNN 结构

(a) GG-CNN 的整体网络结构；(b) 由 GG-CNN 生成的最佳抓取点

网络最后一层卷积后输出 4 个等大小的图，即原来的角度 Φ 先输出 2 张图 $\sin(2\Phi)$ 和 $\cos(2\Phi)$，再经过反正切公式得到 1 张图，最后一共 3 张图。

⑥ 训练：数据集的 80%为训练集，20%为验证集，设计了结构之后，通过改变卷积大小、步长等超参数共得到 95 个网络，每个网络训练 100 个轮次，挑选在验证集上表现最好的网络为最终网络。

4. 结果展示

1）实验机器人及测试对象

用 Kinova 机械臂和二指灵巧手进行实验，实验抓取对象(图 5.3.37)有两组，一组是 8 个形状复杂的 3D 打印件，另一组是 12 个常用物品。

图 5.3.37 实验抓取对象

2）抓取检测流程

先将深度图尺寸裁剪到 300 像素×300 像素并用 OpenCV 去除无效值；然后送入网络，使用高斯滤波器对预测的置信度进行滤波，可以去除离群点和局部最大值，提高鲁棒性；选置信度最高的位置处的参数与为最优抓取参数，并通过转换矩阵恢复出机器人坐标系下的抓取位姿，最后机器人运行实现抓取。

3）抓取运行

使用两种方法评估系统。

(1) 开环抓取：相机(机械臂手腕上的相机)最开始在桌面上方 350 mm 处，并与桌面垂直。物体放置在相机视野内，计算得到最优抓取位姿后，机器人灵巧手移动到抓取位姿上方 170 mm 处，垂直下降，直到达到抓取位姿或检测到碰撞。灵巧手关闭并提升，如果成功提升到开始的位姿，记这一次实验成功。

(2) 闭环抓取：相机(机械臂手腕上的相机)最开始在桌面上方 400 mm 处，并与桌面垂直。物体放置在相机视野内，深度相机以 30 Hz 的频率拍摄深度图，抓取检测系统实时计算抓取位姿。由于一张图像上可能会有多个最优抓取位姿，为了避免在抓取过程中，系统不断切换抓取目标，造成系统混乱，在每张深度图中选置信度最高的 3 个抓取位姿，并从中选择与前一帧的最优抓取位姿最接近的抓取位姿，作为下一步抓取的目标，最开始的最优抓取位姿为全局最大值。为使在距目标远时运动快，越接近目标运动越慢，设置运动速度 V 如下：

$$V=\lambda(T_{g_\theta^*}-T_f) \tag{5.3.23}$$

其中，$T_{g_\theta^*}$ 和 T_f 分别为最优抓取位姿和灵巧手的位姿，用$(x,y,z,\alpha,\beta,\gamma)$分别表示 3$D$ 坐标和欧拉角。λ 为速度尺度，常量。

4）实验结果

实验测试了两组物品在动态环境和静态环境下分别使用开环抓取和闭环抓取的抓取成功率。实验结果如表 5.3.12 所示：

表 5.3.12 各个实验条件下的抓取成功率

实验条件	抓取成功率
3D 打印件、静态环境、开环抓取	84%(67/80)
3D 打印件、静态环境、闭环抓取	81%(65/80)
3D 打印件、动态环境、闭环抓取	83%(66/80)
常用物品、静态环境、开环抓取	92%(110/120)
常用物品、静态环境、闭环抓取	91%(109/120)
常用物品、动态环境、闭环抓取	88%(106/120)

除了以上实验，通过设计不精确运动模型来测试系统在传感器和机器人控制不精确情况下的抓取成功率。由于 Kinova 机器人的精确率很高，所以为了模仿不精确控制，设置了 x、y、z 方向速度干扰矩阵：

$$V_c = V \cdot \begin{pmatrix} 1+c_{xx} & c_{xy} & c_{xz} \\ c_{yx} & 1+c_{yy} & c_{yz} \\ c_{zx} & c_{zy} & 1+c_{zz} \end{pmatrix}$$

其中，$c \sim N(0,\sigma^2)$为不同轴之间的速度干扰比例，在每次检测到最优抓取位姿后，给最优位姿各个轴加上干扰。结果如图 5.3.38 所示。

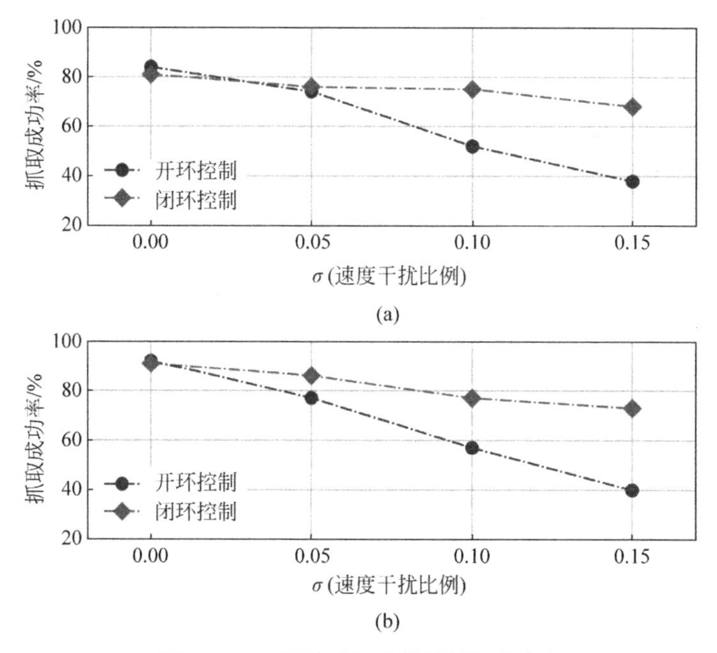

图 5.3.38 不精确运动模型抓取成功率

(a) 3D 打印件；(b) 常用物品

5. 小结

在本技术案例中，介绍了一种基于生成式的抓取姿态检测算法。该算法使用较小的网络和为每个像素都生成一个抓取位姿来解决耗时长、提取候选框复杂的问题。通过向网络输入一张深度图来得到3张等大小的图，对应坐标上的值分别表示旋转角、宽度和置信度。最后置信度最大的那个位置上的坐标就是所求的最优抓取位姿，再通过转换矩阵便可以得到机器人坐标系中的最优抓取位姿。该算法不对候选框进行采样，采用全卷积神经网络直接端到端输出每个像素上的抓取位姿，且参数更少，运行时间为19 ms，完全可实现闭环控制。经过实验可知，该算法在复杂几何物体上的成功率为83%，在运动着的常见物品上的成功率为88%，多个物体混乱堆叠且运动时的成功率为81%。由此可见，该算法在目标运动和机械臂控制不够精确时依然有很高的成功率。

5.4 本章小结

本章首先对机器人交互中的抓取问题进行了简单的概述，随后分别从分析法、经验法和基于深度学习方法3个研究角度介绍了机器人抓取的国内外研究现状，发现传统的分析法和经验法均有较大的局限性，只有基于深度学习的方法能够在实际场景中表现效果良好，并且对未知物体的泛化能力强。接下来分别从以上几个方面对机器人抓取展开实践。首先基于分析法和经验法，使用基于交互动力学的方法进行实践，随后跟随时下研究热点，提出4种基于深度学习的抓取检测方法，分别进行讨论与实践。

5.5 思考题

(1) 请说出抓取位姿检测的基本概念，评估抓取位姿有哪些指标，主流方法为哪几种？

(2) 请分析非结构环境有哪些特点？

(3) 请简述机械臂路径规划的基本概念和图像分割的作用。

(4) 请简述ROI池化层的基本概念及作用。

(5) 请简述本章基于主动式学习抓取中的主动式学习策略。

(6) 实践：基于生成式机器人抓取网络，手动实现一个全卷积姿态估计网络。

(7) 实践：请参照本章的主动式学习策略，尝试构建一个基于池的主动式学习网络，判别数据集中未标注数据的信息量大小。

参考文献

[1] EKVALL S, KRAGIC D. Learning and evaluation of the approach vector for automatic grasp generation and planning[C]//Proceedings 2007 IEEE International Conference on Robotics and Automation. IEEE, 2007: 4715-4720.

[2] MORALES A,ASFOUR T, Azad P, et al. Integrated grasp planning and visual object localization for a humanoid robot with five-fingered hands[C]//2006 IEEE/RSJ International Conference on Intelligent Robots and Systems. IEEE,2006: 5663-5668.

[3] BICCHI A,KUMAR V. Robotic grasping and contact: A review[C]//Proceedings 2000 ICRA. Millennium conference. IEEE international conference on robotics and automation. Symposia proceedings (Cat. No. 00CH37065). IEEE,2000,1: 348-353.

[4] PRATTICHIZZO D,Malvezzi M,GABICCINI M,et al. On the manipulability ellipsoids of underactuated robotic hands with compliance[J]. Robotics and Autonomous Systems,2012, 60(3): 337-346.

[5] ROSALES C,SUAREZ R,GABICCINI M,et al. On the synthesis of feasible and prehensile robotic grasps[C]//2012 IEEE International Conference on Robotics and Automation. IEEE,2012: 550-556.

[6] NGUYEN V D. Constructing force-closure grasps[J]. The International Journal of Robotics Research,1988,7(3): 3-16.

[7] ROA M A, SUAREZ R. Computation of independent contact regions for grasping 3D objects[J]. IEEE Transactions on Robotics,2009,25(4): 839-850.

[8] KRUG R,DIMITROV D,CHARUSTA K,et al. On the efficient computation of independent contact regions for force closure grasps[C]//2010 IEEE/RSJ International Conference on Intelligent Robots and Systems. IEEE,2010: 586-591.

[9] RODRIGUEZ A,MASON M T,FERRY S. From caging to grasping[J]. The International Journal of Robotics Research,2012,31(7): 886-900.

[10] SEO J, KIM S, KUMAR V. Planar, bimanual, whole-arm grasping[C]//2012 IEEE International Conference on Robotics and Automation. IEEE,2012: 3271-3277.

[11] ZHANG L,TRINKLE J C. The application of particle filtering to grasping acquisition with visual occlusion and tactile sensing[C]//2012 IEEE International Conference on Robotics and Automation. IEEE,2012: 3805-3812.

[12] MORRISON D,CORKE P,Leitner J. Closing the loop for robotic grasping: A real-time, generative grasp synthesis approach[J]. arXiv preprint arXiv: 1804.05172,2018.

[13] VARLEY J,DECHANT C, RICHARDSON A, et al. Shape completion enabled robotic grasping[C]//2017 IEEE/RSJ international conference on intelligent robots and systems (IROS). IEEE,2017: 2442-2447.

[14] MAHLER J,LIANG J,NIYAZ S,et al. Dex-net 2.0: Deep learning to plan robust grasps with synthetic point clouds and analytic grasp metrics[J]. arXiv preprint arXiv: 1703.09312,2017.

[15] WANG Z,LI Z,WANG B,et al. Robot grasp detection using multimodal deep convolutional neural networks[J]. Advances in Mechanical Engineering,2016,8(9): 1687814016668077.

[16] VARLEY J,WEISZ J,WEISS J,et al. Generating multi-fingered robotic grasps via deep learning[C]//2015 IEEE/RSJ international conference on intelligent robots and systems (IROS). IEEE,2015: 4415-4420.

[17] MAHLER J,POKORNY F T,HOU B,et al. Dex-net 1.0: A cloud-based network of 3d objects for robust grasp planning using a multi-armed bandit model with correlated rewards[C]//2016 IEEE international conference on robotics and automation (ICRA).

IEEE,2016: 1957-1964.

[18] ZENG A, YU K T, SONG S, et al. Multi-view self-supervised deep learning for 6d pose estimation in the amazon picking challenge[C]//2017 IEEE international conference on robotics and automation (ICRA). IEEE,2017: 1386-1383.

[19] MILLER A T, ALLEN P K. Graspit! a versatile simulator for robotic grasping[J]. IEEE Robotics & Automation Magazine,2004,11(4): 110-122.

[20] BOHG J, MORALES A, ASFOUR T, et al. Data-driven grasp synthesis—a survey[J]. IEEE Transactions on robotics,2013,30(2): 289-309.

[21] BROOK P, CIOCARLIE M, HSIAO K. Collaborative grasp planning with multiple object representations[C]//2011 IEEE international conference on robotics and automation. IEEE,2011: 2851-2858.

[22] HINTERSTOISSER S, HOLZER S, CAGNIART C, et al. Multimodal templates for real-time detection of texture-less objects in heavily cluttered scenes[C]//2011 international conference on computer vision. IEEE,2011: 858-865.

[23] TEN PAS A, PLATT R. Using geometry to detect grasp poses in 3d point clouds[J]. Robotics Research: Volume 1,2018: 307-324.

[24] GUO D, KONG T, SUN F, et al. Object discovery and grasp detection with a shared convolutional neural network[C]//2016 IEEE International Conference on Robotics and Automation (ICRA). IEEE,2016: 2038-2043.

[25] CHEN X, MA H, WAN J, et al. Multi-view 3d object detection network for autonomous driving[C]//Proceedings of the IEEE conference on Computer Vision and Pattern Recognition,2017: 1907-1915.

[26] SONG S, XIAO J. Deep sliding shapes for amodal 3d object detection in rgb-d images [C]//Proceedings of the IEEE conference on computer vision and pattern recognition, 2016: 808-816.

[27] ZHOU Y, TUZEL O. Voxelnet: End-to-end learning for point cloud based 3D object detection[C]//Proceedings of the IEEE conference on computer vision and pattern recognition,2018: 4490-4499.

[28] LI J, CHEN B M, LEE G H. So-net: Self-organizing network for point cloud analysis [C]//Proceedings of the IEEE conference on computer vision and pattern recognition, 2018: 9397-9406.

[29] TEN PAS A, GUALTIERI M, SAENKO K, et al. Grasp pose detection in point clouds [J]. The International Journal of Robotics Research,2017,36(13-14): 1455-1473.

[30] YAN X, HSU J, KHANSARI M, et al. Learning 6-dof grasping interaction via deep geometry-aware 3d representations[C]//2018 IEEE International Conference on Robotics and Automation (ICRA). IEEE,2018: 3766-3773.

[31] QI C R, SU H, MO K, et al. Pointnet: Deep learning on point sets for 3d classification and segmentation[C]//Proceedings of the IEEE conference on computer vision and pattern recognition,2017: 652-660.

[32] JIANG Y, MOSESON S, SAXENA A. Efficient grasping from rgbd images: Learning using a new rectangle representation[C]//2011 IEEE International conference on robotics and automation. IEEE,2011: 3304-3311.

[33] KUMRA S,KANAN C. Robotic grasp detection using deep convolutional neural networks [C]//2017 IEEE/RSJ International Conference on Intelligent Robots and Systems (IROS). IEEE,2017: 769-776.

[34] JOHNS E, LEUTENEGGER S, DAVISON A J. Deep learning a grasp function for grasping under gripper pose uncertainty[C]//2016 IEEE/RSJ International Conference on Intelligent Robots and Systems (IROS). IEEE,2016: 4461-4468.

[35] CHU F J,XU R, VELA P A. Real-world multiobject, multigrasp detection[J]. IEEE Robotics and Automation Letters,2018,3(4): 3355-3362.

[36] REN S,HE K, GIRSHICK R, et al. Faster r-cnn: Towards real-time object detection with region proposal networks[J]. Advances in neural information processing systems,2015,28.

[37] XIANG Y, SCHMIDT T, NARAYANAN V, et al. Posecnn: A convolutional neural network for 6d object pose estimation in cluttered scenes[J]. arXiv preprint arXiv: 1711.00199,2017.

[38] ASTHANA A, MARKS T K, JONES M J, et al. Fully automatic pose-invariant face recognition via 3D pose normalization[C]//2011 International Conference on Computer Vision. IEEE,2011: 937-944.

[39] THACHASONGTHAM D, YOSHIDA T, DESORBIER F, et al. 3D object pose estimation using viewpoint generative learning[C]//Image Analysis: 18th Scandinavian Conference, SCIA 2013,Espoo,Finland,June 17-20,2013. Proceedings 18. Springer Berlin Heidelberg, 2013: 512-521.

[40] TEJANI A,TANG D, KOUSKOURIDAS R, et al. Latent-class hough forests for 3D object detection and pose estimation[C]//Computer Vision-ECCV 2014: 13th European Conference,Zurich,Switzerland,September 6-12,2014,Proceedings,Part VI 13. Springer International Publishing,2014: 462-477.

[41] WOHLHART P,LEPETIT V. Learning descriptors for object recognition and 3d pose estimation[C]//Proceedings of the IEEE Conference on Computer Vision and Pattern Recognition. 2015: 3109-3118.

[42] WONG J M,KEE V,LE T,et al. Segicp: Integrated deep semantic segmentation and pose estimation[C]//2017 IEEE/RSJ International Conference on Intelligent Robots and Systems (IROS). IEEE, 2017: 5784-5789.

[43] YAN R J,WU J,LEE J Y. Motion planning of unicycle-like robot using single RRT with branch and bound algorithm[C]//2013 10th International Conference on Ubiquitous Robots and Ambient Intelligence (URAI). IEEE,2013: 599-601.

[44] MARTIN S R,WRIGHT S E,Sheppard J W. Offline and online evolutionary bi-directional RRT algorithms for efficient re-planning in dynamic environments[C]//2007 IEEE International Conference on Automation Science and Engineering. IEEE,2007: 1131-1136.

[45] MOON C,CHUNG W. Kinodynamic planner dual-tree RRT (DT-RRT) for two-wheeled mobile robots using the rapidly exploring random tree[J]. IEEE Transactions on industrial electronics,2014,62(2): 1080-1090.

[46] SALZMAN O, HALPERIN D. Asymptotically near-optimal RRT for fast, high-quality motion planning[J]. IEEE Transactions on Robotics,2016,32(3): 473-483.

[47] KARAMAN S,WALTER M R,PEREZ A,et al. Anytime motion planning using the RRT

[C]//2011 IEEE international conference on robotics and automation. IEEE, 2011: 1478-1483.

[48] JANSON L, SCHMERLING E, CLARK A, et al. Fast marching tree: A fast marching sampling-based method for optimal motion planning in many dimensions [J]. The International journal of robotics research, 2015, 34(7): 883-921.

[49] BOOR V, OVERMARS M H, VAN DER STAPPEN A F. The Gaussian sampling strategy for probabilistic roadmap planners[C]//Proceedings 1999 IEEE International Conference on Robotics and Automation (Cat. No. 99CH36288C). IEEE, 1999, 2: 1018-1023.

[50] TODOROV E, EREZ T, TASSA Y. Mujoco: A physics engine for model-based control [C]//2012 IEEE/RSJ international conference on intelligent robots and systems. IEEE, 2012: 5026-5033.

[51] KIM M C, SONG J B. Informed RRT* with improved converging rate by adopting wrapping procedure[J]. Intelligent Service Robotics, 2018, 11: 53-60.

[52] GAMMELL J D, SRINIVASA S S, BARFOOT T D. Batch informed trees (BIT *): Sampling-based optimal planning via the heuristically guided search of implicit random geometric graphs[C]//2015 IEEE International Conference on Robotics and Automation (ICRA). IEEE, 2015: 3067-3074.

[53] LENZ I, LEE H, SAXENA A. Deep learning for detecting robotic grasps [J]. The International Journal of Robotics Research, 2015, 34(4-5): 705-724.

[54] PINTO L, GUPTA A. Supersizing self-supervision: Learning to grasp from 50k tries and 700 robot hours[C]//2016 IEEE international conference on robotics and automation (ICRA). IEEE, 2016: 3406-3413.

[55] REDMON J, ANGELOVA A. Real-time grasp detection using convolutional neural networks[C]//2015 IEEE international conference on robotics and automation (ICRA). IEEE, 2015: 1316-1322.

[56] KOBER J, GLISSON M, MISTRY M. Playing catch and juggling with a humanoid robot [C]//2012 12th IEEE-RAS International Conference on Humanoid Robots (Humanoids 2012). IEEE, 2012: 875-881.

[57] VAHRENKAMP N, WIELAND S, AZAD P, et al. Visual servoing for humanoid grasping and manipulation tasks[C]//Humanoids 2008-8th IEEE-RAS International Conference on Humanoid Robots. IEEE, 2008: 406-412.

[58] HORAUD R, DORNAIKA F, ESPIAU B. Visually guided object grasping [J]. ieee Transactions on Robotics and Automation, 1998, 14(4): 525-532.

[59] LEVINE S, PASTOR P, KRIZHEVSKY A, et al. Learning hand-eye coordination for robotic grasping with deep learning and large-scale data collection[J]. The International journal of robotics research, 2018, 37(4-5): 421-436.

[60] VIERECK U, PAS A, SAENKO K, et al. Learning a visuomotor controller for real world robotic grasping using simulated depth images[C]//Conference on robot learning. PMLR, 2017: 291-300.

[61] LONG J, SHELHAMER E, DARRELL T. Fully convolutional networks for semantic segmentation[C]//Proceedings of the IEEE conference on computer vision and pattern recognition, 2015: 3431-3440.

第6章

综合项目实践：面向机器人任务的三维场景建模与理解

6.1 项目实践背景

客观世界中的特定场景理解是在对场景分析的基础上解释场景里的内容（解释场景中有什么物体、物体在什么位置、物体间有什么关系等），从而实现对场景的有效分析。近年来国内外学者密切关注这一具有挑战性的研究热点，并且对机器人的场景理解技术的研究已经取得了巨大的进展。

20 世纪 60 年代，斯坦福研究院人工智能中心的 Nilsson[1] 研制出的 Shakey 机器人通过发送图像的无线信号给主计算机，然后主计算机返回无线信号以实现控制机器人的运动，该研究院提出的视觉导航为今后的机器人视觉研究打下基础。

20 世纪 80 年代中后期，视觉研究开始与移动机器人相结合，采用了多传感器融合等技术，引入空间几何的方法以及物理知识实现道路跟踪。Martin Marietta 公司利用视觉和范围传感器构建道路和障碍的界限，于 1986 年成功演示了道路跟踪[2-3]，较早地实现利用视觉信息研究在非结构化道路自主行驶的机器人。卡内基梅隆大学研制了导航实验室（navigation laboratory，Navlab）[4-5]，保存了不同道路和非路的彩色模型库，利用颜色分类模型和神经网络对道路特征进行学习，研究了 3 种道路识别系统：应用于道路跟随的监督分类系统（supervised classification applied to road following，SCARF）、额外道路跟随者系统（yet another road follower，YARF）和基于神经网络的自主陆地车辆系统（autonomous land vehicle in a neural network，ALVINN），这 3 种系统在实际应用中表现出良好的导航性能。

由于采集技术的限制，之前的很多研究工作通常基于图像、双目视觉等相关技术展开。传统的场景标记大都是基于二维彩色图像的，由于无法获取深度信息，所以难以利用其实现三维场景的重建和理解。随着三维数据采集技术的快速发展，当前已经能够通过普通三通道彩色图像＋深度图（red green blue depth map，RGB-D）传感器等方法，快速构建出一个高质量的三维场景模型。

近年来,三维数据采集手段的多样化以及制作软件的丰富,使三维数据呈现爆炸式增长,使基于大数据的三维场景理解成为可能,它结合数据学习、生物理解和统计建模等方法为三维物体形状分析和标记提供了新的解决方案。

三维场景标记技术,其主流研究方向是自动标记技术,手动标记技术由于效率较低较少有人采用。近几年,研究人员们开始逐步将发展成熟的机器学习技术引入三维场景标记的研究中,最常见的应用就是基于监督学习的模型分割和标注。Kalogerakis 等[6]提出了数据驱动的模型分割与标注学习,该方法采用条件随机场模型(conditional random field model,CRF)建立学习目标函数,有几百种基于几何和上下文的标注特征,采用先进的 Joint Boost 方法训练网格模型三角形单元的分类器。Sidi 等[7]采用了类似的方法进行分割与标注的学习,将内容驱动的分析与知识驱动的学习结合起来,得到了较好的分割结果。这里的内容驱动分析主要是指匹配形状之间的几何相似性分析。Sunkel 等[8]研究了基于监督学习的大规模扫描点云数据中的线形特征(Line Feature)识别,用户交互式地在输入点云上勾勒出若干线形特征,作为训练数据,该方法自动学习和识别输入数据上的其余特征。Xu 等[9]提出了一种基于聚焦点分析的方法,将三维场景模型表示成图结构,聚焦点则是一种在大量彼此相关的场景图结构中频繁出现的子图结构,通过自动提取这种上下文相关的子图结构,可以实现对大规模场景数据集的结构分析和结构化组织。Lai 等[10]提出一种 HMP3D(hierarchical matching pursuit-3D)算法,该算法自动从 RGB-D 图像以及点云数据中提取特征,无需手动设计,通过学习实现对小型桌面类场景中对象的标识。

目前,已有的三维模型数据库[11-15]主要分为两种:

一种是以视角为中心,这类标记技术只是基于大量二维图像进行物体标注,因为 RGB-D 图像只包含现实世界中物体样本的一部分视角,所以包含的信息有限,如纽约大学的深度数据集[14],它们包含对大量场景的扫描信息。尽管如此,它仍然是一个基于视角的数据集。类似“从这个物体后面看上去是什么样的?”以及“从现实中特殊的视角上看,整个空间是什么样的?”这类的问题便不能得到解答。

另一种是以位置为中心的方法,它对三维的场景模型进行标注,这种标注结果是空间层面的,可以从各个视角得到需要的信息。然而,目前已有的方法大多基于人为对象模型的学习结果,这种方法对重建的场景模型要求很高,且因为现实世界中同类对象的形状变化较大,在实际应用中有一定偏差。还有一种借助二维图像对三维模型进行标注的方法,这种方法鲁棒性较强,但还需要扫描相机的角度和位置等信息,在大范围场景空间中准确地估算它们非常困难。

尽管如此,仍然有越来越多的专家学者投身在三维场景理解的技术改革中,对数据量的大小、场景复杂性、场景模型的质量、计算过程等进行逐步地改善。

6.2 项目实践概述

人类可以在场景中快速识别出的物体，机器人却受到视觉问题本身复杂、场景理解信息丰富、计算量较大等因素的制约，很难达到人类的理解能力。作为机器人场景理解的一个重要部分，三维场景的构建与理解是机器人感知周围环境的重要来源，视觉信息能否被准确、实时地处理直接影响机器人的行为，这在具有随机性和复杂性的环境中显得尤为重要。因此，三维场景理解技术是机器人研究领域的一项关键技术。在这里，"三维场景理解"一词意味着对环境从局部到全局、从图像外观到几何形态的鲁棒感知，从低层次数据到有含义实体的抽象，和通过对这些实体的解释来推断环境状态的信息，这些信息将有助于机器人完成操纵、移动等任务。三维场景理解是高层次视觉技术，它对于研究机器人的理解能力具有重要作用，但是因为其对数据量的大小、场景复杂性、计算过程等都有较高地要求，所以在以往的机器人视觉系统中并没有被广泛研究与应用。

本项目实践的目的在于对机器人视觉理解计算方法进行拓展应用，面向可能存在信息不完整的重建场景，建立机器人进行场景视觉理解的主体框架。通过本项目实践的实施，使机器人更加准确地理解三维场景，最终使机器人能够根据所处环境的视觉理解程度完成移动和识别任务。

6.3 项目实践结构

基于机器人技术的三维场景理解体系，本质上是一个体系的概念，它既牵涉到机器人的控制和平台的搭建使用，也牵涉到计算机视觉方面从二维到三维的转化与处理。根据项目的操作流程，可将基于机器人技术的三维场景理解体系分为4个部分：

(1) 多个RGB-D相机驱动与信息采集。为了实现多相机、多视角的融合，首先需要解决在同一环境下，多RGB-D相机的同步与信息采集问题。

(2) 基于多RGB-D相机融合的室内场景三维重建。三维重建是整个场景理解系统的前提，是机器人控制和三维模型建立的体现。

(3) 基于RGB-D序列的场景标记技术方法。在捕获的RGB-D序列中选择关键帧，对其进行人工标注，然后通过云进行帧传递，并将标记结果映射到三维场景模型中。

(4) 仿真平台设计。仿真平台包括信息采集、三维场景重建、场景云标注和设置模块，其中，信息采集模块包含实时显示并存储机器人实时路径显示子模块。

6.4 主要模块设计与实现

6.4.1 多个 RGB-D 相机的驱动与信息采集

1. 设备与环境

图 6.4.1 是项目组设计的全景视野室内机器人平台的概念图，图 6.4.2 是平台的实际照片。平台使用搭载开源机器人操作系统(robot operating system, ROS)的 TurtleBot2 机器人，并在机器人上放置一个华硕迷你主机。迷你主机连接 TurtleBot2 机器人，负责机器人的控制与多个 RGB-D 相机的驱动，迷你主机搭载 Ubuntu 系统，并配置必要的环境。机器人顶端放置 4 个 Xtion Pro Live 相机，4 个相机以不同仰角、不同方向构成相机阵列，并与迷你主机通过通用串行总线(universal serial bus, USB)端口相连。安装相机的驱动后，可以完成相机对室内场景的信息采集与信息处理任务。在本节中，称这一迷你主机为下位机，下位机通过无线网络连接计算平台，计算平台称为上位机，负责接收下位机传送的 RGB-D 序列，完成对 RGB-D 序列的三维场景重建工作。

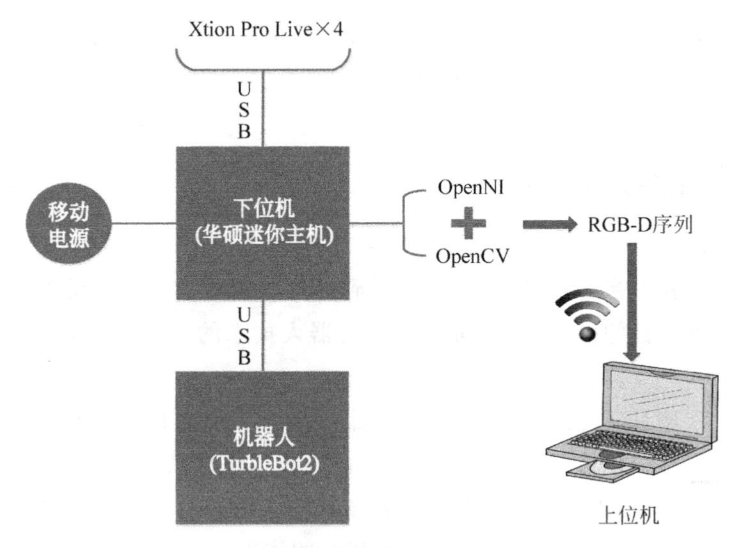

图 6.4.1 全景视野室内机器人平台概念图

1) TurtleBot2 与 ROS

TurtleBot 是 Willow Garage 公司在 2010 年制造的廉价、配有开源软件的个人机器人，用户可以方便地在 ROS 维基网站上下载 TurtleBot 软件开发工具包(TurtleBot Software Development Kit)用于开发。TurtleBot 作为一款入门级的移动机器人平台，有着易于购买、制作和安装，并且很容易与其他设备组合的特点。

TurtleBot平台可以被用来实现实时避障、自动导航、实时定位与地图构建(SLAM)等功能算法，并且可以通过笔记本电脑或智能手机来控制。

本项目选取第二代TurtleBot机器人作为机器人平台，用于场景的扫描。TurtleBot2机器人(见图6.4.3)的可调整支架可以方便地放置迷你主机和摄像头，底盘的移动与旋转功能可以满足机器人在室内的移动需求。

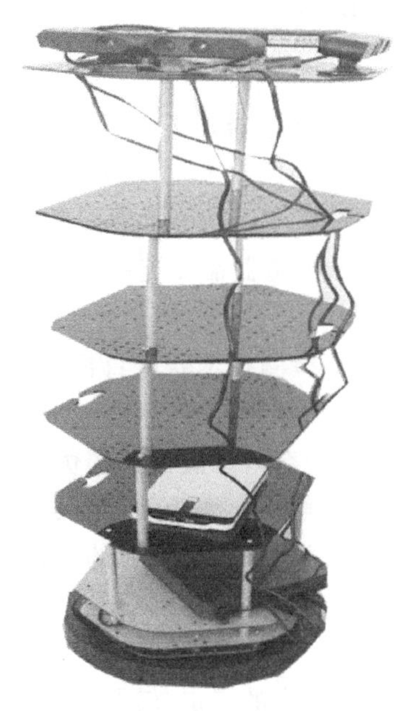

图6.4.2　全景视野室内机器人平台照片

图6.4.3　机器人TurtleBot2

TurtleBot2机器人搭载机器人界著名的ROS。ROS同样是Willow Garage公司发布的专为机器人软件开发而设计的开源操作系统。ROS包含大量软件库和工具，可以帮助用户搭建自己的机器人应用。丰富的驱动程序，强大的开发工具，ROS的诞生简化了机器人程序的开发与测试。

本项目采用在下位机(即TurtleBot2机器人支架上携带的华硕迷你主机)上安装Ubuntu 14.04，并在Ubuntu 14.04中控制ROS，实现机器人移动的操作程序。Ubuntu是一个安装在个人计算机上的Linux操作系统，是一个免费开源的操作系统。该系统通过配置环境，可以方便地驱动相机并做应用开发。

2) Xtion Pro Live与相机阵列

时下流行的几款RGB-D相机是微软Kinect1.0相机、微软Kinect2.0相机和华硕Xtion Pro Live相机(见图6.4.4)，相比于微软Kinect相机，华硕Xtion Pro Live相机体积小，更便携，而且不用电源转接器，可直接通过USB2.0接口供电，并且可以直接以开放自然交互(Open Natural Interaction，OpenNI)的驱动程序，在跨平台的OpenNI环境下使用。因此本项目的机器人平台中使用华硕Xtion Pro Live来采集室内场景的深度与彩色信息。

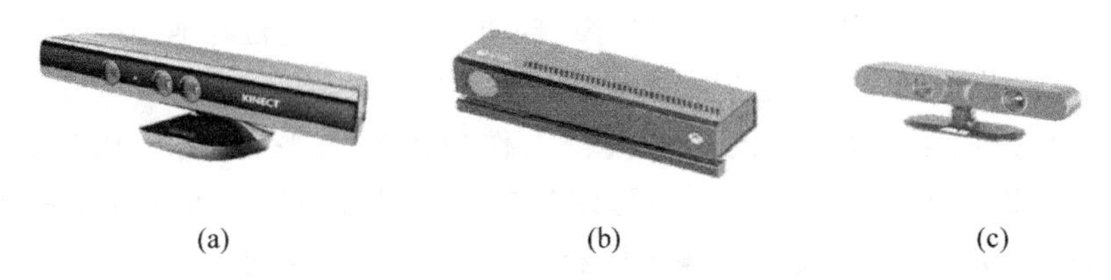

(a) (b) (c)

图 6.4.4 时下流行的 RGB-D 相机

(a) Kinect 1.0；(b) Kinect 2.0；(c) Xtion Pro Live

(1) Xtion Pro Live 传感器介绍：Xtion Pro Live 传感器是华硕集团发布的一种低成本的深度传感器，采用以色列的 PrimeSense 公司的获取三维数据的技术方法，同微软公司的类似的深度传感器 Kinect 对比来说，Xtion 传感器具有体积更小、重量更轻、使用更加方便等优势。而使用 Kinect 传感器需要连接接口转换器以及外接电源，十分不便。

Xtion 深度传感器采用红外相机并通过深度调整检测技术获取目标物体的深度数据，它的最初开发目的是实时地获取人体的肢体动作，并支持精确获取人体动作的动态变化，可用于体感游戏等。但由于其具有快速获取深度信息的优势，越来越多的研究人员开始用其来获取环境信息。它的开发解决方案为使用者提供一组开发工具，让使用者无需编写底层代码便可轻易地完成手势识别平台的搭建工作。目前，Xtion 传感器系统提供了两种功能技术，一种用于手势检测，Xtion 传感器可以准确地获取人体的手部动作，并且不会有任何的延迟，从而使玩家可以使用自己的手臂代替游戏杆完成操控工作，同时也可以检测到玩家的点击、转圈等各种游戏动作，还可以嵌入应用程序的控制界面，可以有效地进行多种应用的开发；另一种功能技术为全身检测，传感器可以对人全身整体的运动进行追踪，可用于全身设计的项目开发。因此，Xtion 传感器可以被用于开发各种交互设备应用，比如体感游戏、医疗、在线会议等。并且，由于 Xtion 传感器的开发套件是完全开源的，使用其进行开发非常方便。

为了将抽象信息转化为数据信息，Xtion 传感器需要激光输出和接受输入的组件，如图 6.4.5 所示。Xtion 传感器可以分为几个部分：红外线激光发射器与接收器部分，进行数据处理的芯片部分，甚至为了完善的功能组合而需要的声音和色彩等处理部分，例如麦克和 RGB 彩色摄像头组件等。由于需要将抽象信息和实际数据信息进行转化处理，Xtion 传感器需要对通过红外线发射器获取的空间抽象信息进行一系列芯片处理，从而得到图像的深度数据，这实际上类似于一种传感器。

Xtion 传感器的广泛应用也在于它可以加入多元化的信息综合处理，例如前面提到的声音和色彩，也可以加入语音信息等使其在体感游戏等新型人机交互方面更加趣味化、真实化。Xtion 传感器本身固有的一些参数：横向视角 57°和纵向视角 43°。输出参数有深度位数和灵敏度。其输出得到的 RGB 图像和转化后的深度图频率为 30 Hz，图像分辨率一般为 640×480 规格，其得到的深度图指代的真实

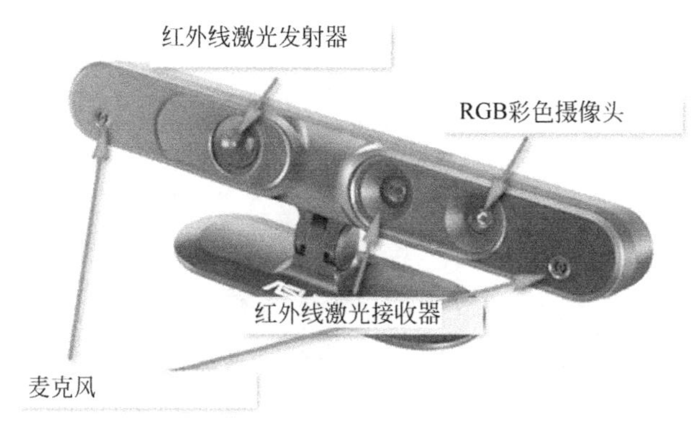

图 6.4.5　Xtion 结构图

距离为 80～350 cm。

（2）Xtion Pro Live 工作原理及架构支持：Xtion 传感器需要将红外抽象图像转化为深度图像，这就需要使用一定的编码技术将抽象特征转化为机器能够处理的信息。Xtion 传感器使用的技术是光编码技术，具体是指通过发射器将光源发出的激光散斑发射到三维空间的物体上，在物体表面生成随机的衍射光斑。随机生成的衍射光斑在物体的不同表面、不同位置具有唯一性。正因为其唯一性才能够区分出同一个物体不同位置的特性。也就是说正因为其特征点的唯一性才能识别出某一指定物体的三维信息。而该设备的核心处理芯片的任务就是对之前获取的三维信息做反编码处理，即可得到最终转化的目标深度图。综上所述，Xtion 传感器就是利用光编码和反编码处理将真实世界图像转化为能够被机器识别的深度图像。

华硕 Xtion Pro Live 相机正面有 3 个镜头，最左边的是红外线发射器，最右边是红外线接收器，两者组合用来感应深度信息，中间的则是 RGB 摄像头，用于获取彩色图像。Xtion Pro Live 相机的有效视距为 0.8～3.5 m，且深度相机在 1 m 左右有 3 mm 的精度，并随着距离增加精度骤减，在 3 m 处精度约为 3 cm。深度相机的有效视角为水平 58°、竖直 45°、对角 70°。这样的视距和视角参数决定了在单个相机扫描整个室内场景时，要在同一位置改变相机的朝向与仰角，这显然大大降低了信息的采集效率，增加了机器人工作的时间与移动路径的长度，增加了室内扫描成本。

基于以上考虑，采用多个华硕 Xtion Pro Live 相机组成 RGB-D 相机阵列，从而“增大”机器人的视野。如图 6.4.6 所示，由于室内高度一般为 3～4 m，为了获得整个室内场景的三维信息，考虑到 Xtion Pro Live 传感器 0.8～3.5 m 的有效视距，平台通过支架将 TurtleBot2 机器人抬高到 1.3 m，并在机器人最顶端的平板上放置相机，使扫描距离满足室内场景的高度。

为了获取更宽阔的视野，平台在机器人顶端放置 4 个华硕 Xtion Pro Live 相

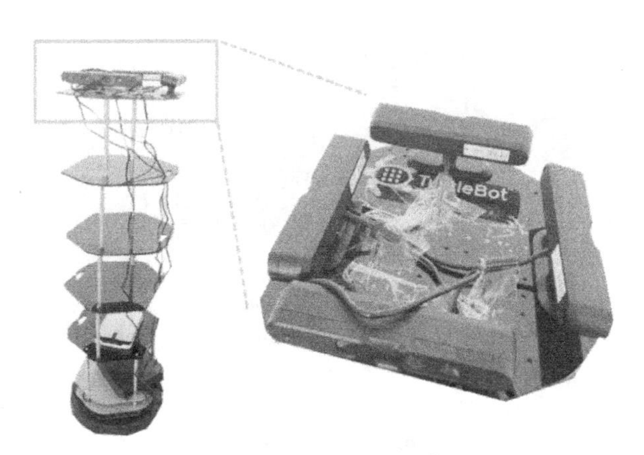

图 6.4.6 RGB-D 相机阵列

机，构成一个 RGB-D 相机阵列，4 个相机分别朝向不同角度，相机中心的对角线互相垂直，Xtion Pro Live 相机的相机倾角是可以进行无段式调整的，通过调整上下倾角可以获取垂直方向上不同视区的信息。该搭建平台分别取 4 个华硕相机的倾角为上倾角 5°，下倾角 10°，下倾角 25°，下倾角 40°。这样设计的原因是因为在实验中发现，仰角的视野里多为墙面、棚面等结构简单的对象，而俯视所获得的视野里多为杂乱的物体。因此在相机俯视的视野里需要有更多的重叠区域，来获得更精确的场景重建结果。通过这样的倾角排列，可以在两个相邻倾角的相机视野里获得 30°的重叠区域，这将有利于场景构建过程中闭环过程的实现。

基于不同倾角、不同朝向的 4 个华硕 Xtion Pro Live 相机组成的相机阵列，机器人旋转一周即可获得该位置的全景视野，在相邻相机视野中还有 30°的重叠，这无论对信息采集效率还是对场景重建结果的精确度都有明显的提升。

2. 机器人全景视野扫描

1）扫描路径

为了获得更宽广的视野，使得重建结果更加精确，需要让机器人带着相机阵列旋转来获得全景视野以及相邻视野间的重叠区域。系统首先需要把人为设定扫描的区域作为一个分场景，这样可以将一个室内分为多个分场景。设计机器人的扫描路径为每前行 30 cm，就停下来原地转动两圈，然后继续前行。通过在上位机中向下位机传送指令，使下位机控制机器人按这一简单路径行走与采集信息，从而可以完成室内每个分场景的扫描。而至于机器人移动到每个分场景的控制，本项目的系统中还需要人为的操作命令来实现。

2）手动操控

软件实现了远程手动控制机器人运动，具体包括旋转指令和直走指令。上位机作为套接字服务端（socket server）给下位机机器人电脑套接字客户端（socket client）发出字符串指令，下位机接收字符串并分析是旋转指令还是直走指令，驱动移动平台进行相应的运动。上位机每次发送命令后，机器人旋转 10°或直走 10 cm。

3）自动移动

机器人在前期采集场景深度图自动按照规定的路径移动。下位机对机器人的路径进行了规划，机器人每旋转 720°前进 0.3 m，这样能达到较好的场景扫描效果。

4）定点移动

重建完三维场景图后，机器人将根据坐标到达某个物体的位置。机器人坐标系为平面坐标系，以机器人中心为坐标系原点，坐标系的正前方为 x 轴，左侧为 y 轴，即只需传入目标物的坐标(x, y)就可驱动机器人移动到指定点。为了使行驶的路径尽量短，采取的策略是让机器人先进行旋转，将 x 轴正方向调至面对目标物之后再进行直线运动。通过三角函数运算求出旋转角，再用勾股定理求得目标距离，将里程计传回的数据和目标距离进行对比，判断是否到达指定位置，如果到达则停止运动。

5）避障

为了提高机器人对环境的适应性，增加了机器人不依赖于地图进行简单避障的功能，主要包括深度摄像头测距和路径规划。

6）深度摄像头测距

真实场景中环境十分复杂，先考虑一种简单的情况，让机器人在无地图的情况下躲避障碍物。首先，设置一个危险距离值 $D_{\min}$，将目标物的坐标传给机器人之后，机器人在行进过程中不断地获得最近物体的距离值 D，在未到达目标物之前，若机器人遇到障碍物(即 $D \leqslant D_{\min}$)，则旋转以寻找其他路径直到 $D > D_{\min}$，重新计算与目标物的旋转角度和距离，按照定点移动的方式继续前进，如果遇到障碍物则采用重复的方法躲避。

7）多相机同步采集的实现

(1) 环境设备的列举：由于需要在同一主机上连接多个 RGB-D 相机，因此在创建设备环境后，等同于同一环境中有多个设备结点，需要对设备进行列举和编号，方便管理。首先，根据指定条件列举出该条件下的所有结点，然后将列举出来的结果放入列表中。同时需要把列表中的结果建立成环境中的结点用于生成数据流，最后根据列表中的结点信息创建设备结点。分别根据相应条件创建了深度设备结点和 RGB 设备结点后，获取对应的生成器，通过设置生成器的模式即可完成环境中所有设备结点的列举、深度生成器与 RGB 生成器的创建。本项目所使用的平台在机器人采集过程中获取深度信息与 RGB 信息的模式都是分辨率 640×480，帧率 30 fps。

(2) 数据更新：在创建了环境中的所有深度生成器和 RGB 生成器后，将它们分别放入两个容器中，通过 API 接口来启动环境中的所有生成器，即启动数据流。

然后等待数据的更新，使用容器中的生成器来获取元数据，通过当前帧号与上一帧号的比较即可判断帧的有效性。

(3) 数据格式：为了更好地完成接下来的场景构建算法，需要一个统一的、方便处理的数据格式。本项目所使用的 RGB 图是开源计算机视觉库(open source computer vision library，OpenCV)能够处理的 Mat 型数据，并在上位机存储为联合摄影组(joint photographic group，jpg)格式。分辨率为 640×480，由元数据按生成器模式转换获得。深度图采用 16 位便携式网络图形(portable network graphics，png)格式，并为了显示时更容易看清楚，整体漂移 3 位。同样，在场景构建算法的预处理中，需要反向漂移 3 位。在数据采集过程中，需要记录每一帧的帧序号和时间戳，方便场景构建算法的处理。

3. RGB-D 序列的传送与处理

通过多相机的设备结点与生成器的创建，可以在机器人移动过程中获取不同视角下的连续帧的深度图序列和 RGB 图序列。然而，多个相机不同视野的 RGB-D 序列需要被合理地传送到上位机，上位机需要对接收到的序列做处理并保存到上位机本地，用于线下的场景构建算法。

(1) 信息传送：本项目中所使用的平台在无线连接下，下位机与上位机通过传输控制协议/网际协议(transmission control protocol/internet protocol，TCP/IP)协议传送信息。对于每一次数据更新，使用生成器容器中的每个生成器依序获取元数据并做图像处理，这样在拥有 4 个 RGB-D 相机的环境里，每一次数据更新需要传送 8 帧数据，在 30 fps 的帧率下，每秒需要传送将近 50 M 的数据。为了保证信息传送的稳定，在传送前对图像数据做压缩，并在上位机的接收端解压。对于每一帧数据，传送的规则是：首先传送图片的大小，然后传送图片的保存路径和图片名，用于上位机的存储路径设置，最后传送图片数据。

(2) RGB-D 序列处理：下位机传送的保存路径根据不同生成器放在不同的文件夹里，而传送的图片名对 RGB-D 信息的处理至关重要。无论是深度图还是 RGB 图，其命名规则为“帧序号-时间戳”。帧序号和时间戳都可以在下位机获取元数据时通过生成器得到。上位机按照这一命名规则解压接收到的图片，并保存在相应路径下，这些图片即可作为接下来的场景构建算法的输入。

4. 扫描采集结果

本项目将 4 台华硕 Xtion Pro Live 相机放置在机器人 TurtleBot2 的顶端，并与底部的华硕迷你主机 ROG GR8 相通信，该迷你主机拥有 i7 处理器和 16G 内存，完全可用于 RGB-D 信息的采集和传送。需要特别注意的是，由于需要将主机与机器人和 4 个 RGB-D 相机相连，因此至少需要 5 个 USB 插口，而且在 OpenNI 环境中，1 个 USB 端口下只能识别 1 个设备，因此使用 USB 扩展坞等工具是无效的，这也限制了一般下位机的选择。平台中，4 个 RGB-D 相机与机器人都需要迷你主机通过 USB 端口供电，本项目为迷你主机(即下位机)配备移动电源，方便与机器人共同完成扫描工作(机器人平台可见图 6.4.3)。

如前文所述，本项目所搭建的平台分别取 4 个华硕相机的倾角为上倾角 5°、下倾角 10°、下倾角 25°、下倾角 40°。在实验室内实验时，将教研室分为 3 个直线过道分别扫描，将采集到的 RGB-D 图传动到上位机中。

在上位机中，对接收到的图片用 OpenCV 解压处理并保存到本地，图 6.4.7 是在教研室场景中，4 个 RGB-D 相机同步得到的第一帧深度图和彩色图。

图 6.4.7　多 RGB-D 相机同步显示

从图 6.4.7 中可以看到两个不同的相机视野，同一视野中有 RGB 图提供彩色信息，深度图则提供相对相机平面的距离信息。

6.4.2　基于多 RGB-D 相机融合的室内场景三维重建

随着消费级深度相机走入大众视野，三维的场景重建已是时下热门的研究问题。面向大范围的室内场景时，现有的方法仍然存在信息采集效率低下、场景构建范围受内存限制、难以直接应用于机器人等问题。该项目提出了一种基于多 RGB-D 相机融合的室内场景三维重建方法，对于大范围、一般化的室内场景，首先融合多个 RGB-D 相机的视野提高信息采集效率；其次，基于所采集的 RGB-D 序列帧，应用数据驱动算法，即从运动图像中恢复三维结构(structure from motion，SFM)算法实现场景的构建；最后，基于最近点迭代的点云拼接算法实现以场景为中心的三维表示。

该项目实践以实现大范围室内场景重建为目的，通过线上多相机同步扫描、线下场景构建与拼接的模式，在机器人 TurtleBot2 上成功实现了室内场景的重建，并验证了系统的信息采集效率与场景构建结果在范围上的优越性。

1. 研究内容

本项目实践的研究内容是基于多 RGB-D 相机融合的室内场景三维重建，对于大范围、一般化的室内场景，从多个 RGB-D 相机的驱动与信息采集、基于 RGB-D

序列帧的场景构建、多相机视角校准与融合这3个方面，以场景为中心的场景表示为基本，以实现大范围室内场景重建为目的，完成机器人对室内场景的感知与建模。

1）多个 RGB-D 相机的驱动与信息采集

信息采集是室内场景重建的前提。为了让机器人在信息采集过程中获得全景视角，加快信息采集的速度和效率，该项目研究了如何进行面向机器人的多个RGB-D相机同步扫描，并能够针对相机采集到的RGB-D帧，实现格式化输出，进而完成整个室内的RGB-D信息采集。具体包括以下两点：

第一，研究如何设定机器人扫描室内场景时的行进路径，以达到全场景的覆盖；

第二，研究如何驱动多个RGB-D相机，并对采集到的视觉信息做处理。该项目研究内容已在“多个RGB-D相机的驱动与信息采集”中介绍。

2）基于 RGB-D 序列帧的场景构建

场景构建是室内场景重建的关键。为了对基于RGB-D相机采集到的图片做场景重建，实现以场景为中心的场景表示，该部分实现了数据驱动的SFM算法，对于多个相机采集到的RGB-D序列，计算每个相机的位姿，进而完成多相机分场景的构建。具体包括以下两点：

第一，研究如何通过采集到的RGB-D序列，通过检测相邻帧之间的矩阵转换关系完成相机位姿的估算；

第二，研究如何通过数据驱动的方法，基于RGB-D序列和估算的相机位置实现三维场景的构建。

3）多相机视角校准与融合

多视角的融合是提高室内场景重建的范围和精度的有效方法。为了获得全范围室内场景的三维模型，实现多个分场景的合理融合，该项目实践研究了如何对多RGB-D相机进行位姿校准，对于多个相机视野得到的RGB-D序列，通过光束平差法(bundle adjustment)对相机初始位姿进行校正，完成多相机视野的对齐，进而实现多场景的融合。具体包括以下两点：

第一，研究如何实现多个相机视野的校准，并能够对多个相机的相机内外参数，和相机之间的相对位置角度信息等进行初始化校准，通过光束平差法来实现RGB-D帧的对应相机位姿的全局优化，提高场景重建的准确度。

第二，研究如何实现分场景的对齐与拼接，并通过分场景的拼接实现大范围复杂室内场景的三维表示。

综上所述，本项目实践的研究目标是使机器人连接多个RGB-D相机，并做到相机视野的同步，通过多视角的同步采集，更快速地获取室内场景的视觉信息。基于多相机采集的RGB-D序列，融合每个相机视野里的分场景并进一步校正，提高精度，进而得到整个室内场景的三维表示，最终实现机器人在简单路径规划下任意范围的室内场景重建，满足室内服务机器人的扫描与三维地图构建需求，因此本项目具有实际的意义和应用价值。

2. 基于 RGB-D 序列帧的场景构建方法

对于相机采集到的大量二维图片，需要通过鲁棒的算法构建出三维点云。由于 KinectFustion 算法只应用深度信息，无法通过点云融合的方法对 RGB-D 相机所获得的彩色图进行实时构建，而且对于室内场景巨大的信息量，这样的算法并不适用。因此，在现阶段，一个线上扫描、线下计算的模式更适用于机器人的室内场景构建。

线下计算大量图片的三维信息的方法正是传统的 SFM 算法。该算法能够在二维图片中预测三维的场景结构和相机位置。由于机器人在室内扫描过程中获得的每一帧图片是连续的，而且所获得的深度信息可以辅助 RGB 图中点位置的计算，因此这样的 RGB 序列可以使得 SFM 算法更精确、更快速。基于 RGB-D 序列的数据驱动的 SFM 算法，能够针对相机采集的连续 RGB-D 信息，构建出对应的三维场景模型。

该方法通过检测相邻帧之间的重叠区域来计算图片之间相机的刚性转换，并通过连续帧间刚性转换的连乘获得每一 RGB-D 帧对应的相机的初始位姿，最终通过深度信息在相机坐标系上的转换，实现场景模型的构建。由于在信息采集过程中，深度图与 RGB 图一一对应，算法最终生成的是具有 RGB 信息的三维模型，并用多边形文件格式(polygon file format，PLY)格式保存。算法研究路线及其目标如图 6.4.8 所示。

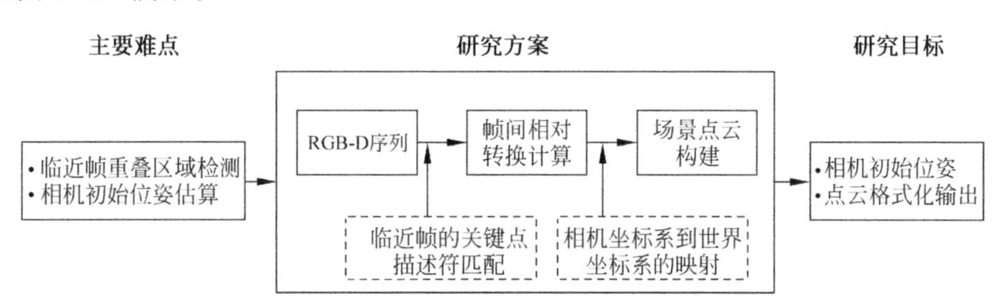

图 6.4.8　基于 RGB-D 序列帧的场景构建研究路线

1）场景的两种表示

在人类的视觉理解中，对于所获得的视觉信息，有两种场景与空间布局的表示方式。一种是基于视野的表示，一种则是以场景为中心，这在神经系统科学的研究中[16]已被证实，人类大脑存在相应区域对这种布局做情景记忆、导航、路线学习等。机器人的视觉其实也是如此，机器人可以基于视野中的信息获取当前视野里存在的目标与目标的关系，也可以以场景为中心，建立场景中的空间布局，掌握整个场景中所存在的目标及其位置，当机器人想要到达某一目标时，可以通过路径规划与导航到达目标处。本项目所使用的场景表示正是以场景为中心的，通过采集整个场景的所有信息，建立场景三维点云。通过这一表示，空间中所有对象都在同一模型中，为接下来的场景理解打下基础。

2）三维信息的快速存储与组织

在对场景进行三维建模的过程中，需要在存储系统中快速组织所采集到的三维信息，才能保证几何面片构建的速度和准确性。传统的方法使用三维数组的场景空间表示方式，一方面在场景物体稀疏的情况下浪费了内存，另一方面在场景过大时无法动态适应，进而限制了机器人可处理的场景规模。

基于此，提出了基于 GPU 并行构建的八叉树结构。八叉树结构能更加灵活地分配内存，有效避免内存的浪费，降低算法对内存的需求，使得机器人可以重建更大规模的场景。此外，八叉树结构适合 GPU 并行处理，从而保证算法可以快速处理场景信息。如图 6.4.9 所示，上半部分为 KinectFusion 算法的示意图，下半部分为基于八叉树的三维重建，红色虚线框内为所提出算法的核心部分。

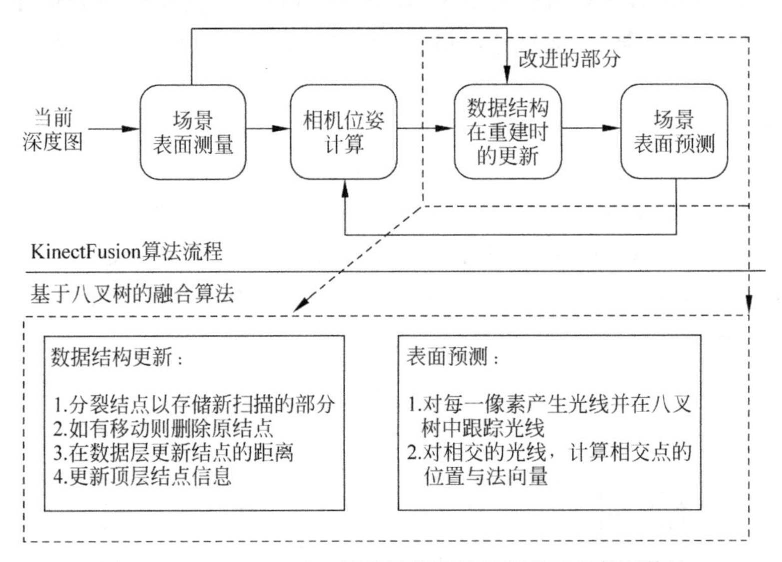

图 6.4.9　KinectFusion 算法及基于八叉树的数据管理算法

这里将八叉树结构划分为 4 层：顶层、分支层、中间层与数据层。顶层用于加速光线投射(光线投射用于根据现有模型和当前相机位姿预测出当前深度传感器观察到的环境点云，提供给系统进行匹配与融合)；分支层中的结点可作为相对应子树的根结点。中间层存储相对于分支层与中间层的所有结点，同时需要维护一个指向其第一个孩子结点的索引，该索引用于广度优先遍历八叉树；数据层中存储其他相关信息，如结点中心到场景的距离。

八叉树在场景构建时更新过程如下：

(1) 分裂结点。通过分支层广度优先遍历八叉树，且按需自适应分裂结点。可以选择并行预测结点是否需要进一步分裂。具体判断过程如下：首先，判断该结点是否在视锥体中，计算结点中心到当前深度图的距离。其次，判断该结点是否包含场景信息且是否需要进一步分裂。判断原理如下图 6.4.10 所示：

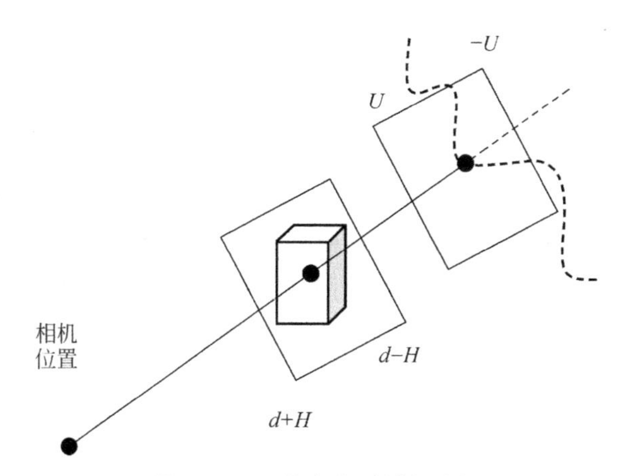

图 6.4.10　结点分裂判断过程

其中，d 表示结点中心和预计表面的距离，H 表示结点的外接球半径，则结点中任意点到预计表面的距离在区间$[d-H,d+H]$中。U 表示截取 d 的最大值，那么距离在区间$[-U,U]$之外的结点不被考虑，即不需要分裂。因此，满足在区间$[d-H,d+H]$与$[-U,U]$有交集的结点需要进一步分裂。采用文献[17]中并行前缀扫描基元的方法计算孩子结点并存储，同时维护一个记录分裂结点数量的变量。

(2) 删除结点需要考虑到场景可能存在动态的运动物体，运动后的物体原先所在的结点则需要删除，以节省内存。结点的删除可视为结点分裂的逆向过程，可以通过从数据层自底而上遍历至分支层。

(3) SDF 更新。当八叉树结构更新之后，采用文献[18]的融合算法更新数据层的距离信息，根据叶子的坐标，计算叶子结点中心至场景的距离，并更新权值。

(4) 最后，在对场景几何数据完成八叉树构建后，通过基于 GPU 的光线跟踪方法，在八叉树上计算并构建在当前视角下的场景表面，最终完成三维几何数据的场景快速构建。

3）基于 RGB-D 数据驱动的 SFM

传统的 SFM 使用乱序的 RGB 图来计算相机位姿，并通过光束平差法校正，通过相机位姿利用摄影原理计算 RGB 点的三维坐标，并通过稀疏的点云做稠密化和泊松表面重建。由于没有深度图，因此通过计算相机位姿来计算点的三维位置，精度较低。基于 RGB-D 序列实现针对连续帧的相机位姿计算，相比之下更加精确，而通过深度图对三维坐标计算的辅助，降低了计算量，并进一步提高结果的精度。本项目正是针对下位机采集的多个 RGB-D 序列，实现了这一数据驱动的 SFM。下面对这一算法与实现过程做介绍。

运动恢复结构是一种范围成像技术，在计算机视觉中，它是指不断地分析物体的运动从而获得物体的完整三维结构信息的一个复杂的过程，通俗来说就是通过采集以及读取现实场景的二维图片序列，并通过相应的矩阵转换算法来推定对应场景的完整的三维结构的过程。

人类可以通过自身的移动来感知并获取很多自身所处环境中的三维结构信息。当观察者移动或者观测物围绕着观察者移动时,三维信息是从随时间推移过程中不断变化的二维图像信息中获取的。从运动中寻找结构与从立体视觉中寻找结构基本类似,重点都要找到二维图像中的点在三维模型中的体素之间的对应关系。

在计算机视觉中,可以使用摄像机模型来将三维模型中的点和二维图像中的点联系起来,目前大多数三维重建方法都是采用针孔模型作为摄像机模型的基本模型。为理解这一模型首先要理解 4 个坐标系的概念[9],即图像像素坐标系、图像物理坐标系、摄像头坐标系以及世界坐标系。

(1) 图像像素坐标系:单位为像素的平面直角坐标系。图像左上角为原点位置,每个像素的坐标(u,v)分别对应图像中的行数和列数。

(2) 图像物理坐标系:单位为毫米的平面直角坐标系。以透镜光轴与成像平面的交点为原点。其中 x 轴平行于图像坐标系的 u 轴,y 轴平行于 v 轴。

(3) 摄像头坐标系:以摄像机光心为原点 O_c 的三维坐标系(X_c,Y_c,Z_c)。其中 X_c、Y_c 轴分别与图像物理坐标系的 x、y 轴平行,Z_c 轴为摄像头光轴,垂直于图像平面。以摄像头的聚焦中心为原点,从而构成了摄像头坐标系。

(4) 世界坐标系:在空间中选择一个基准坐标系来表示摄像头的空间位置,并借助它来表示空间环境中任意物体的位置。世界坐标系是可以由用户任意定义的三维空间坐标系,是客观世界的绝对坐标。规定原点 O_w,X_w 轴水平向右,Y_w 垂直向下,Z_w 由右手法则确定。世界坐标系与摄像头坐标系的关系可通过旋转矩阵和平移向量来表示。设世界坐标系的 3 个坐标轴为(X_w,Y_w,Z_w),则有

$$\begin{bmatrix} X_c \\ Y_c \\ Z_c \\ 1 \end{bmatrix} = \begin{bmatrix} R & T \\ 0 & 1 \end{bmatrix} \begin{bmatrix} X_w \\ Y_w \\ Z_w \\ 1 \end{bmatrix} \tag{6.4.1}$$

其中,R、T 分别代表摄像机的旋转矩阵和平移向量。而相机的成像过程需要通过这 4 个坐标系间的 3 次变换来完成。首先,需要将世界坐标系中的信息转换到摄像头坐标系中;接着需要完成摄像头坐标系到图像物理坐标系的转化;最后就是将图像物理坐标系中的信息转换到图像像素坐标系中去。

对于重建过程,有传统的矩阵重建方法,以及顺序重建的方法。顺序式重建的每一步都要首先恢复摄像机的运动,即投影矩阵,然后再用三角测量方法恢复场景的结构,因此顺序式重建方法也称为从运动恢复结构。

(1) 相机位姿计算。由于在采集过程中相邻的 RGB-D 帧之间有大部分的重叠区域,关键点描述子的距离较小,此时关键点匹配效果较好。而在同一视角下的 RGB-D 图不止出现一次,因此在闭环过程中可以匹配近乎完全相同的所有 RGB-D 帧对,来帮助有效闭环。这是对其他在计算机视觉问题中的数据驱动方法的延伸。

如图 6.4.11 所示，x-y 平面代表深度传感器所在平面，k 点表示传感器所处位置，即坐标原点，二维图片的中心则投影到传感器所在平面的对应点上，而深度图上每一点所对应的深度值就是它到传感器所在平面的距离，也就是说深度值就是其 z 轴的坐标。而 z 轴所指方向也就是传感器镜头所指的方向。

为确定传感器所处世界坐标的相机参数，首先需要确定相机的初始视角值，即传感器的水平和垂直视角。如图 6.4.12 所示，角 α 和角 β 分别代表传感器的水平视角的角度值和垂直视角的角度值。在获得角 α 和角 β 的数值后，根据图 6.4.13，则二维图像宽度值 W 与距离 d 的比值就为 $2\tan(\alpha/2)$，同理高度值 H 与距离 d 的比值便为 $2\tan(\beta/2)$。而相机的参数矩阵格式为

$$K=\begin{bmatrix}A & 0 & B\\ 0 & C & D\\ 0 & 0 & 1\end{bmatrix} \tag{6.4.2}$$

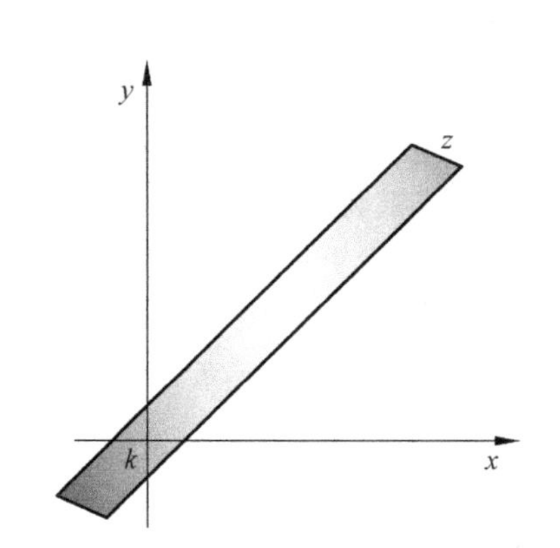

图 6.4.11 以传感器为原点的三维坐标

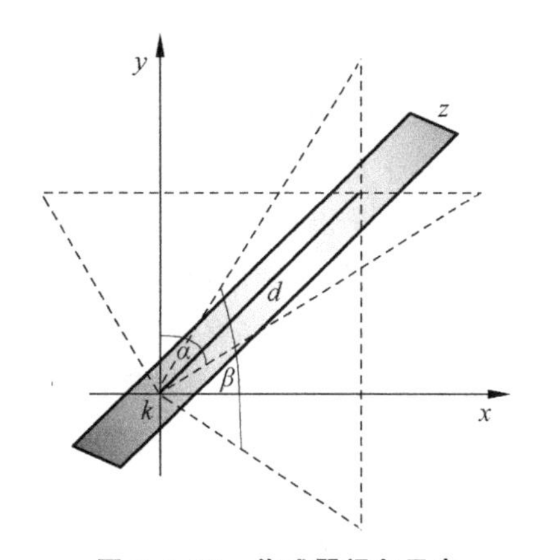

图 6.4.12 传感器视角示意

式(6.4.2)中，A 表示二维图像的像素宽度与 $2\tan(\alpha/2)$ 的比值，B 为像素宽度的一半，C 为像素高度与 $2\tan(\beta/2)$ 的比值，D 为像素高度的一半。到此便可正确地计算出相机的参数矩阵。

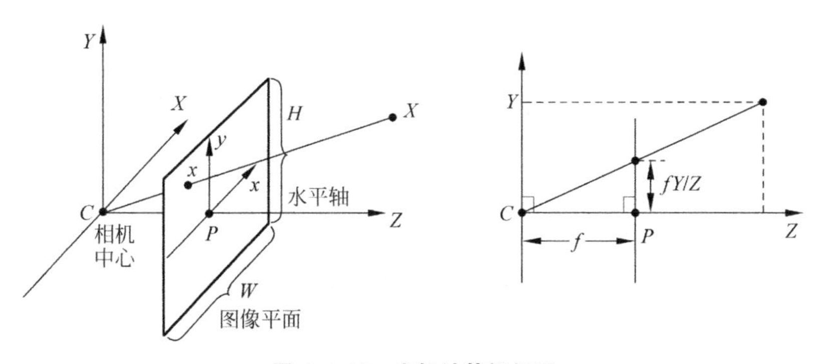

图 6.4.13 坐标计算解析图

① 临近帧登记：由于采集的 RGB-D 序列是连续的，因此相邻帧之间的重叠区域较为明显，可通过特征点的匹配来对齐临近帧。算法首先使用尺度不变特征变换(scale-invariant feature transform，SIFT)来匹配连续帧对的关键点，SIFT 关键点可用于检测和描述图片的局部特征，广泛应用于目标识别、三维建模、图像拼接等问题。然后，通过比率鉴定剔除较差的匹配，并在尺度不变特征转换的关键点集合中，选择有效的深度值。最终使用三点的随机采样一致性算法找出帧对的相对转换，并用于相机位姿的估算。

② 闭环：为了检测闭环，使用"词袋"模型来为每一帧计算特征向量。首先，对每一个 RGB-D 序列，使用 K-均值算法来训练"词袋"模型的编码书。对于序列中的每一给定帧，使用尺度不变特征转换来表示特征，并计算一个视觉的词直方图(其中直方图以词在 RGB-D 序列中出现频率的倒数作为权重，这是标准的词频-逆文本频率指数(term frequency-inverse document frequency，TF-IDF)方法)。其次，计算特征向量中所有帧对的点积，用来获取可能的闭环对的分值矩阵。基于分值矩阵，可以使用高斯平滑和非最大值抑制，从而扩大并挑选出可能闭环对的列表。最后，对于每一帧对，运行上文提到的临近帧登记算法。登记过程中，如果在匹配中出现 25 个以上尺度不变特征转换关键点，那么就将特征轨道进行合并。由于这是一个非常保守的阈值，因此闭环拥有更高的精度和更低的回溯率。

通过帧对的对齐，能够获得内点的对应关系，这将用于下文中多相机视角校准与融合内容中提及的光束平差算法。而估算的相机位姿相对转换可以用于接下来坐标的转换，从而通过数据融合来生成场景的三维点云模型。

(2) 三维点的计算。重建的最终目的是生成一个三维点的集合，也就是体素的集合，即点云文件。点云就是指在同一空间坐标系下表达目标空间分布和目标表面特性的海量数据点的集合。获取点云数据的原理主要有两种，即激光测量原理和激光摄影原理。激光测量原理获取了测量物体的三维坐标信息(XYZ)以及激光的反射强度；而激光摄影原理则获取了三维坐标信息(XYZ)还有彩色信息(RGB)。通过这两种方法的结合，便可以同时获取完整的三维坐标信息(XYZ)和激光强度信息，同时还能获得彩色信息(RGB)。点云的数据信息主要包括：空间分辨率和点位精度、表面法向量，等等。采集并计算出物体整个表面的每个采样点的三维坐标后，便得到一个海量的三维点的集合，称为"点云"。

相机在世界坐标系中采集信息并将其转化到自身存储的图像像素坐标系中，由于二维图像坐标系的分辨率为 640×480，所以对应 X 轴坐标范围为[0,640]，Y 轴坐标范围为[0,480]。通过数学计算将图像像素坐标系中的 X 轴坐标与 Y 轴坐标转化到以 Xtion 传感器为参考系的世界坐标系中的 X 轴坐标与 Y 轴坐标中(因为初始传感器坐标与世界坐标系原点重合，所以摄像头坐标系与世界坐标系重合)。图像像素坐标系和以 Xtion 传感器为原点的摄像头坐标系同时也是世界坐标系的示意图，如图 6.4.14 和图 6.4.15 所示。

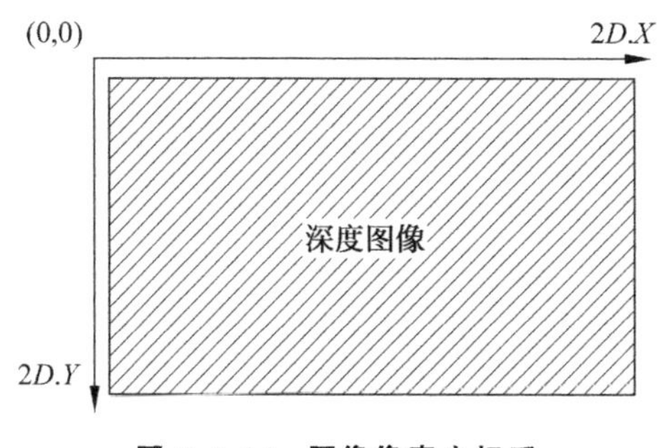

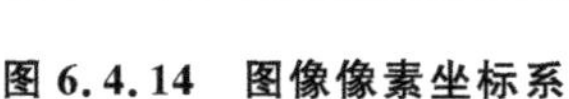
图 6.4.14　图像像素坐标系

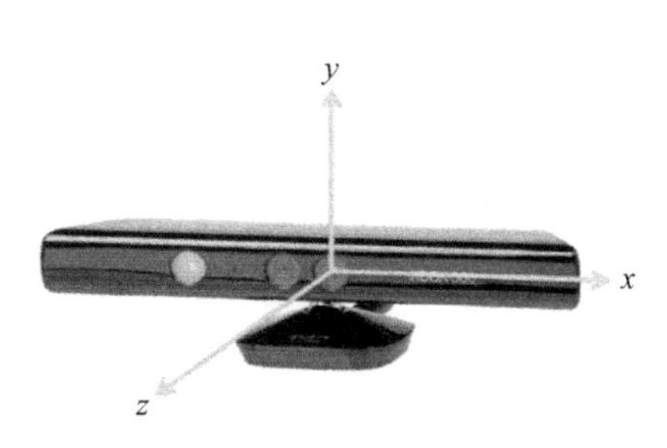

图 6.4.15　以 Xtion 为原点的世界坐标系

为实现三维重建，必须完成图像中的各个点在两个坐标系中的转化，而这一转化可通过如下两个公式实现：

$$3D.X=(2D.X-cx_z)\times 3D.Z\times\frac{1}{f_{x_z}}\tag{6.4.3}$$

$$3D.Y=(2D.Y-cy_z)\times 3D.Z\times\frac{1}{f_{y_z}}\tag{6.4.4}$$

式中，$3D.X$、$3D.Y$ 和 $3D.Z$ 分别代表以 Xtion 传感器为原点的世界坐标系中的 X、Y、Z 轴，同理 $2D.X$ 和 $2D.Y$ 则分别代表图像像素坐标系中的 X 轴和 Y 轴。而 f_{x_z} 和 f_{y_z} 则表示深度传感器的焦距。cx_z 和 cy_z 则对应摄像头中心的 X 轴和 Y 轴坐标。本项目中由于其对应二维图像的中心，则其坐标是 $X=320$，$Y=240$。经过公式变换以后便可以转化为世界坐标中的三维点。

(3) 三维场景建模。有了相机位姿，就可以通过相对转换来计算像素点的世界坐标，并通过世界坐标系的点坐标构建三维场景模型。

① 三维场景点云构建：通过上述的临近帧对齐可以将所有的连续帧对齐到初始帧上，从而算出相机初始位姿。对于每一帧，记录机器人的位置、转角以及相机的转换矩阵。对于任意一帧 RGB-D 图，首先通过像素点的深度值以及所在图片中的 (x,y) 坐标，根据相机自身成像参数将其转化为相机坐标系下的三维点云，然后根据记录的参数即可计算出世界坐标系下，该像素点的三维坐标。计算的公式如下：

$$X'=R_y(\theta_n)(R_cX+t_c)+[x_n,0,z_n]^{\mathrm{T}}\tag{6.4.5}$$

其中，(x_n,z_n) 为机器人在地平面上的距离，由于机器人在 y 方向高度一定，则设定机器人高度的水平面的 y 坐标为 0。$R_y(\theta_n)$ 为机器人相对 y 轴转动的角度，(R_c,t_c) 为 RGB-D 相机相对于机器人基座的旋转和平移矩阵。

② 场景的划分：由于需要采集整个室内场景的 RGB-D 数据，因此数据量异常庞大。另外室内环境复杂，机器人不可能沿着一条直线移动就完成一般化场景的扫描工作。因此本项目除了在机器人扫描过程中，人为地将场景分成子场景之外，还在场景构建算法中将子场景继续分解。本项目将每 1000 帧 RGB-D 序列分解为

一个子序列,这样会加快长序列的重建速度。而对于相邻子序列构建得到的三维点云,由于两个子序列相邻的那两帧 RGB-D 图是连贯的,因此存在重合区域,可通过最近点迭代算法(iterative closest point,ICP)实现两个点云的对齐,进而实现点云的拼接,如图 6.4.16 所示。

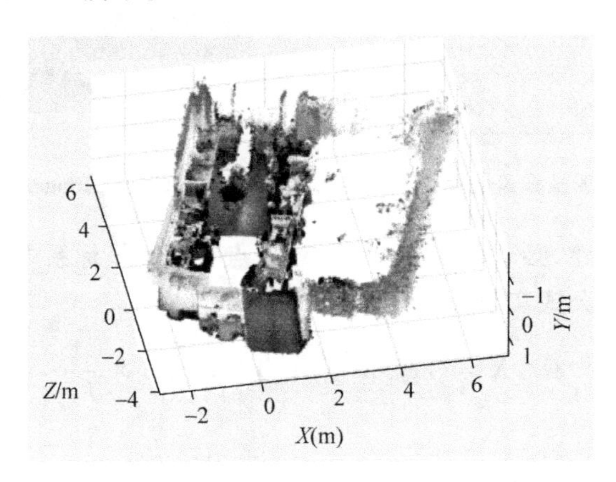

图 6.4.16 单相机扫描序列上运行结果

3. 多相机视角校准与融合

多相机视角的校准与融合需要解决两个问题。第一,在获取了每个相机视野的分场景后,需要通过相机视角的校准来对齐不同朝向、不同仰角的相机采集的 RGB-D 序列,使得不同 RGB-D 序列能够在同一世界坐标系下构建场景的点云模型;第二,由于在复杂的室内环境中,机器人不可能在一条直线路径上完成整个室内的扫描,因此在机器人扫描之前,人为将场景划分为几个分场景,这在前文中已有陈述,而对于机器人扫描的每个分场景,需要进行点云的拼接来扩大构建的场景范围,以获得整个室内场景的三维模型表示。

对于第一个问题,本项目采用光束平差法算法来对上一阶段初始化的相机位姿做全局优化,通过最小化光束平差法的目标函数来校正相机的刚性转换。而在分场景点云的拼接中,采用经典的基于 ICP 的点云拼接。该算法通过将点云的差异最小化,来实现配准,但由于在重建过程中,生成的点云较粗糙,会降低校准的精度,基于这点考虑,本项目首先使用网格过滤器来做点云的预处理,网格过滤器将参照点云和当前点云分解为无数个小立方体,每一个小立方体通过平均化内部点的空间坐标合并为一个点;其次,经过网格过滤后的两个点云通过 ICP 来估算刚性转换;最后,通过刚性转换将当前点云对齐到参照点云的重叠区域上,并在参照点云的坐标轴上,完成点云的合并,作为新的参照点云,用于下一个输入点云的拼接。多相机视角的校准与融合的研究路线与目标可见图 6.4.17。

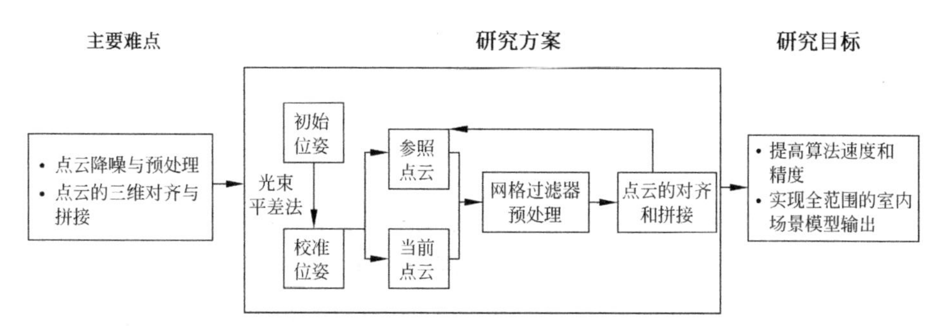

图 6.4.17　多相机视角校准与融合研究路线

1）相机的位姿校准

（1）多相机的初始校准。在数据驱动 SFM 算法中，可以得到 4 个相机采集到的 RGB-D 序列中每一帧所对应的相机位姿，其中初始相机位姿为[E O]，表示旋转矩阵为单位矩阵，而平移参数均为 0。但由于不同相机的朝向不同、仰角不同，则它们的相机坐标系也不同，因此需要校准相机的初始位姿，以达到每个相机的每一帧 RGB-D 都可以通过相对转换校准到同一坐标系下。

由于在本项目实践的系统中，4 个 RGB-D 相机都放置在 TurtleBot2 机器人顶端的平板上，重心方向的高度相同，因此在 4 个相机的相机坐标中，y 方向的坐标不需要进行校准。对于 4 个 RGB-D 相机组成的相机阵列，4 个相机分别朝向不同角度，相机中心的对角连线互相垂直，并且 4 个相机的倾角分别为上倾角 5°、下倾角 10°、下倾角 25°、下倾角 40°。这样，相邻相机的旋转矩阵可通过绕 y 轴旋转 90°，绕 x 轴旋转 15°求得，而平移矩阵通过在 x 方向和 z 方向分别平移对角线的 1/2 即可实现相邻两个相机的刚性转换。

本项目实践以其中一台 RGB-D 相机为参照相机，设定其第一帧的相机位姿为[E O]（旋转矩阵为单位矩阵，平移矩阵为 0），其余相机通过相机矩阵中的空间关系，计算相对参照相机的空间转换，并更新其余帧的相机位姿。通过以上初始校准的相机 RGB-D 序列，每一帧都可以通过对应的相机位姿转换矩阵来完成到参照相机初始帧的坐标系的转换，这些相对位姿转换的准确度并不高，需要光束法平差算法做进一步的全局优化。

（2）光束平差法。光束平差法是一种解析摄影测量的方法，在解析中，以共线方程式作为数学模型，通过线性化像点的像平面坐标观测值，来应用最小二乘法计算并提供一个近似解，最终逐次迭代来趋近于最佳值，以达到全局优化的目的。

虽然在上一阶段中能够获得每个 RGB-D 帧对应的相机位姿，通过相机位姿来做数据的融合也可以生成三维点云，但这样得到的结果是非常不准确的。这是因为对于重建后得到的三维点云，投影成图像后，需要保证与原 RGB-D 图保持尽量一致。因此，需要光束平差法来进行全局优化，来保证像点与观测值全局上最接近。

由于本项目实践中采用的 RGB-D 序列是连续的，SIFT 特征的对应关系在多帧中存在，通过链接在每一帧中共享相同位置的关键点，来获得更长的特征轨迹。通过重新投影三维点云迭代获取全局最小化的目标函数如下：

$$\min\sum_{c}\sum_{p\in V(c)}(||\tilde{x}_p^c-K[R_c\mid t_c]X_p||^2+\lambda||\widetilde{X}_p^c-[R_c\mid t_c]X_p||)^2 \tag{6.4.6}$$

其中，K 为 RGB-D 相机的固有矩阵，相同相机的固有矩阵参数相同，R_c 和 t_c 分别表示第 c 帧所对应相机位姿的旋转变换矩阵和平移变换向量。X_p 为在该相机位姿下可见的三维点的坐标，$\tilde{x}_p^c$ 和 $\widetilde{X}_p^c$ 则为在相机坐标系中观察的二维像素和对应的三维点的坐标。

通过光束法平差算法对每一帧相机位姿进行全局优化，可以使生成的点云与投影后观察的点云更加接近，从而使经过校准的多相机位姿在全局上，更能体现相机坐标系与世界坐标系的转化。经过校准和优化后的相机位姿，可以应用于数据融合生成场景点云，这在上一小节已有介绍，由于本项目实践是将校准后的 4 个相机的位姿一起做光束法平差的迭代。因此，最终可以生成 4 个相机视角融合的全局优化的场景点云模型。

2）基于 ICP 的点云对齐方法

(1) 降噪与预处理。由于在重建过程中，生成的点云是较粗糙的，而点云登记的质量决定于数据的噪声和 ICP 算法的初始化设置。因此，需要一定的预处理来过滤噪声数据。本项目实践采用网格过滤器来做降噪与预处理。网格过滤器通过设置一定大小的网格包围盒，在网格边长(本项目实践取 10 cm)的步长下，将整个点云空间划分为无数个同样大小的小方格，方格内包含数量不等的三维点，取方格内所有三维点(x,y,z)坐标的均值作为一个新的三维点，而剔除方格内的其他点。通过网格过滤器，可以将局部空间相近的点合并为一个点，减少了点云中的点数量，同时也降低了噪点的比例。相比未处理过的点云，既加快了点云登记过程，又提高了 ICP 算法的精度。

(2) ICP 算法与点云对齐。ICP 算法是一个用来将两个点云的差异性最小化的算法，通常用于在不同视角扫描下的二维和三维表面重建中。在本项目实践的 ICP 算法中，使用网格过滤器处理过的点云做输入，以第一个点云作为参照点云，并将下一个点云作为当前点云。首先，对于当前点云的每一点，在参照点云中寻找最近点；其次，使用均方差价值函数估算旋转与平移的组合，来最佳化地把当前点对齐到上一步，在参照点云中寻找到的最近点；最后，使用估算的旋转与平移来转换当前点云中的点，并继续迭代。

3）分场景的点云拼接

通过这样的 ICP 算法，可以最终获得当前点云到参照点云的刚性转换，通过这一刚性转换将当前点云转换到参照点云坐标下，即可完成点云的对齐。

在对齐了两个点云后，需要将两个点云的重叠区域融合，进而完成两个点云在参照点云坐标系下的拼接。同样使用网格过滤器来处理重叠区域，本项目实践设置的网格包围盒边长为 2 cm，把重叠区域划分为无数个 2 cm 边长的小方格，方格内的所有点都合并为一点(空间坐标为所有点坐标的均值)。通过网格过滤器的处理，可以将重叠区域融合，形成一个拼接的点云，该拼接点云成为新的参照点云，等待下一个当前点云的对齐与拼接。通过多个点云的拼接，可以将小范围的场景点云融合成一个更大范围的三维模型，进而实现大范围室内场景的构建。

4. 实验结果

使用全局优化后的相机位姿来做数据融合，可以得到场景更精确的场景模型，优化前与优化后的对比如图 6.4.18 所示。

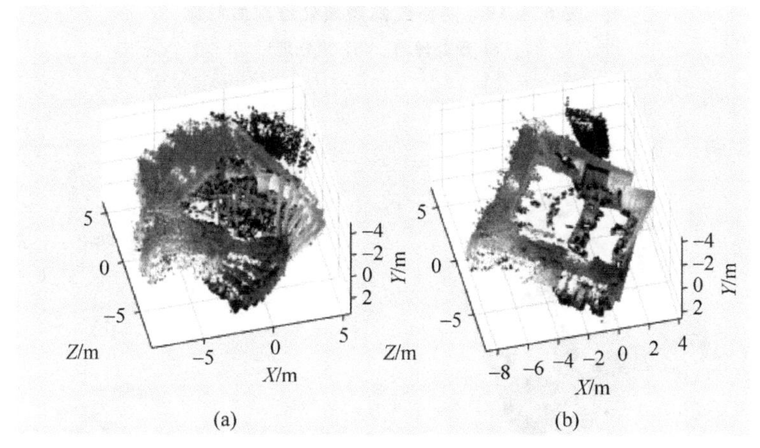

图 6.4.18　光束平差法优化前后的效果对比

(a) 校准前；(b) 使用光束平差法后

从图中可以看出，光束平差法能够明显地优化全局的相机位姿，从而得到更加准确的三维模型。

在获得了各个分场景模型后，系统需要线下运行点云对齐和拼接算法，以实现模型在范围上的延伸。

算法起始于对点云数据做网格过滤器的预处理，通过预处理来提高登记的速度与精度，为显示方便，本项目实践只展示了两个点云的拼接过程，点云预处理前后对比如图 6.4.19 所示；然后，通过 ICP 来对齐处理后的点云，本项目实践中选取两个点云做参照坐标系的对齐结果如图 6.4.20 所示；最终得到两个点云的拼接结果可见图 6.4.21。

从图 6.4.18 中可以看出，系统能够对初始噪点较多的点云做降噪处理并减少样点量，对于处理后的点云可以很好地完成对齐算法。在点云对齐后，为了保证与原场景的一致性，使用起初输入的两个点云(即未处理的点云)进行融合，最终得到两个点云的拼接结果(图 6.4.21)。

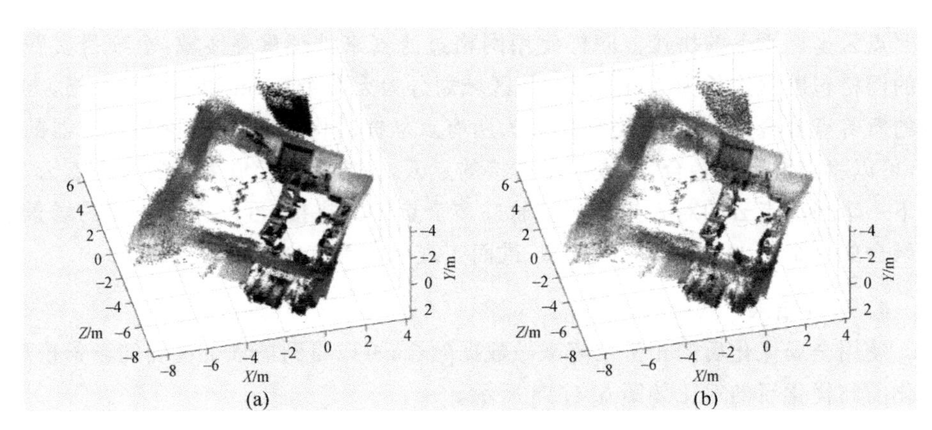

图 6.4.19 网格过滤器预处理前后对比

(a) 预处理前；(b) 预处理后

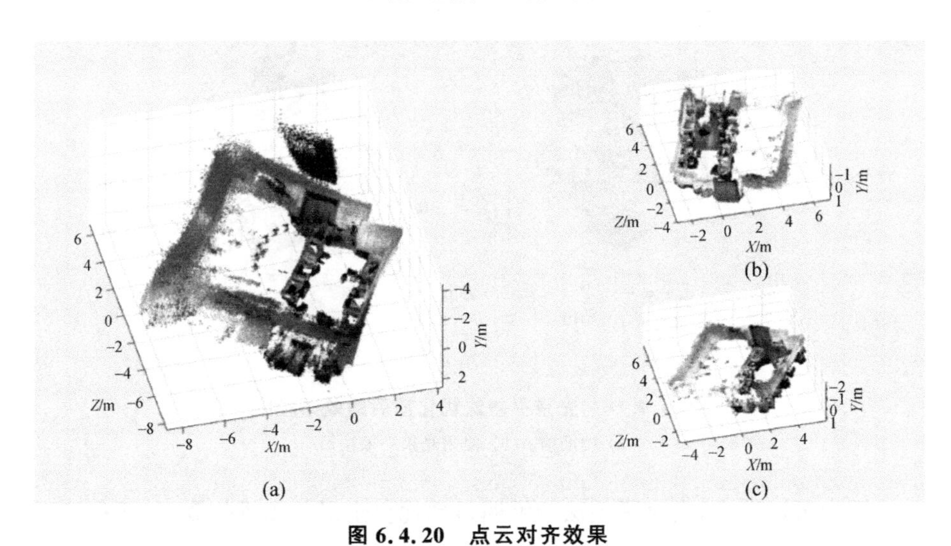

图 6.4.20 点云对齐效果

(a) 点云 1(参照点云)；(b) 点云 2(当前点云)对齐前；(c) 点云 2(当前点云)对齐后

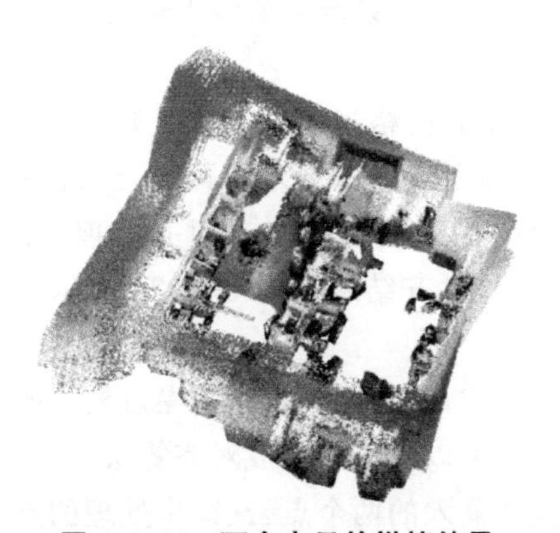

图 6.4.21 两个点云的拼接结果

6.4.3　基于 RGB-D 序列的场景标记技术方法

传统的场景标记技术分为人工标记和自动标记两大部分，人工标记的可靠性很高，但是对大范围场景标记来说，其效率往往很低；自动标记虽然在效率上有所提高，但是其准确率和可靠性较低，这给实现对场景信息的利用增加了许多困难；并且，传统的场景标记技术往往和采集、重建过程在一台电脑上进行，这对计算机的存储、计算速度提出了很高的要求。

为此，提出了基于 RGB-D 序列的场景云标记技术，并开发出了基于 Web 的云标记工具。首先利用标记工具对某些场景进行人工标记；其次使用帧传递算法并利用部分重建信息将已做好的标记传递到其他帧，以减少重复标记、提高标记效率；最后利用标记信息来提高场景重建的质量以及二维到三维的语义映射。

1. 研究方案

如图 6.4.22 所示，首先，为了采集深度视频帧，将一台华硕 Xtion Pro Live 深度传感器连接到一台下位机上。利用 OpenNI 以 640×480 的质量和 30 fps 的采样频率进行视频采集。同时使用深度相机默认的工厂刻度进行深度图和彩色图的配准。只需要扫描室内场景，因为华硕 Xtion Pro Live 深度相机不能在直射的阳光下工作。要求每一个操作者都完整地走过整个空间的每一个地方，详尽地扫描每一个房间，包括地板、墙以及所有的物体。

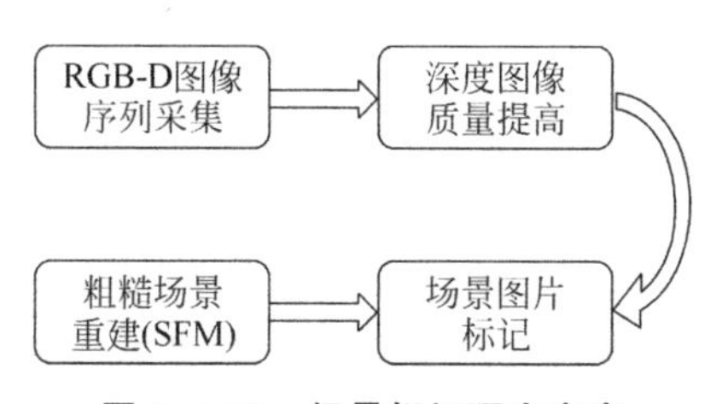

图 6.4.22　场景标记研究方案

采集到的原始深度图通常带有很多噪声和孔洞，这些噪声和孔洞会影响物体标记时多边形包围边界的形成，进而影响帧传递算法的准确率。为了填充孔洞，提高深度图质量，当前主流的方法是自交叉双滤波方法，这种方法会生成视觉上感觉良好的深度图，但是会引入许多人工痕迹。相反，使用截短符号距离函数(truncated signed distance function，TSDF)来体素化空间，利用上面获得的摄像机的位置信息从临近帧(可以取 40 个最近的帧)中对深度图进行累加。通过只使用时间上临近的帧，通常可以很容易地得到本地相机位置的可靠信息。最终，使用光线投射得到每一个帧的可靠的深度图。

然后利用 SFM 算法和采集到的 RGB-D 深度序列进行初步的场景重建，重建过程中会生成很多错误，然而，这里面的很多错误在本质上都是长间隔的，随着时间增长小的错误会累积，对一些子序列的重建效果往往更加精确。利用这一点开发了基于 Web 的标记工具，该标记工具可利用该模型以及 RGB-D 深度序列对三维模型进行人工标注，这些标记在随后的过程中会被用来提高重建质量。

1）深度图质量提高算法

采集后得到的原始的深度图经常会存在一些噪声和孔洞，这些噪声和孔洞在对物体进行人工标记的时候会产生很多干扰，为了排除这一干扰，需要提高深度图的质量以减少噪声和孔洞的出现次数。通过查找相关文献，当前用于提高深度图质量的较好的算法大体有两种：一种是交叉双边滤波方法，这种方法的优点在于它能够得到更加平滑的深度图，缺点在于它会引入许多明显的错误成分；另一种是普林斯顿计算机视觉小组采用的 TSDF 方法，这种方法的好处在于它不会引入人工的错误，而且处理得到的深度图的效果也不错。

TSDF 方法的基本思想：噪声和孔洞的产生是随机的，某一帧的深度图中的某个物体上可能会有一些噪声和孔洞，但是在该帧附近其他帧上的该物体有可能不包含噪声和孔洞，利用附近帧上的信息便可以消除该帧上的噪声和孔洞，从而使深度图的质量得到提高。提高深度图质量的大体过程如图 6.4.23 所示。

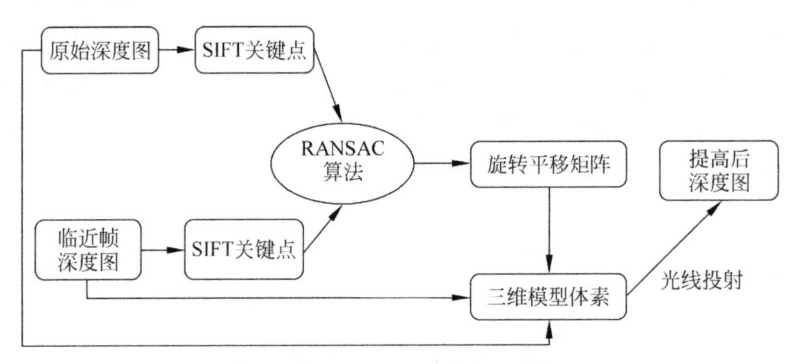

图 6.4.23 深度图质量提高过程

对任意一帧深度图 A 质量提高的算法如下：

步骤 1：获取深度图 A 的时间戳信息。

步骤 2：利用深度图 A 的时间戳信息获取时间上的 N(取 20)个临近帧的深度图。

步骤 3：使用 SIFT 算法对深度图 A 和临近帧的深度图进行处理，得到各自的 SIFT 关键点。

步骤 4：利用重建后得到的旋转和平移矩阵得到各个 SIFT 关键点在重建后模型中的三维坐标。

步骤 5：将三维模型划分为小的立方体(最小长度不小于 0.4 mm)。

步骤 6：将每一个深度图中的深度信息累加到小立方体上。

步骤 7：采用光线投射算法，利用深度图 A 的相机位置信息得到提高质量后的深度图。

2）场景标记及帧传递算法研究

经过质量提高后得到高质量的深度图，可以利用这些深度图和三维重建得到粗糙的三维模型进行人工标记。

如果所有的深度图均没有进行过人工标注，那么就需要手动对任意一帧进行人工标注。首先，对于该帧中的某一物体 B，需要手动使用鼠标点击绘制出其大致的封闭轮廓线，绘制轮廓线的过程其实就是在物体边界上选择关键点的过程。这些被选择的关键点的坐标是二维的，它们需要被进一步处理后才能利用。对于每一个二维关键点，通过相机位置以及转换矩阵的计算，映射到三维场景数据中。

如果已经有进行过标注的深度图，那么，当标记新的一帧深度图时，首先获取在时间上与它间隔最近的两个关键帧，每一个关键帧均进行过标注，并且在三维模型中有其对应的三维多边形区域。将每一个关键帧上标注过的物体的三维多边形区域，按照重建过程中计算好的相机位置信息投影到没有标记过的这一帧深度图上，并形成二维多边形边界。对于另一个关键帧，采取同样的策略。这样，就可以把已经人工标记过的关键帧的深度图上的标记自动传递到未曾标记过的深度图上，使得人工标注的效率大大提高。

但是，由于三维模型重建过程中生成的相机位置信息会有很多误差或错误，因此传递算法有时候会出现偏差。比如，形成的二维多边形边界会远远偏离待标记的深度图上的物体边界。为了解决这个问题，需要设置一个冲突列表，该冲突列表的初始状态为空。当因为对一个帧传递算法生成的结果不满意而对其进行调整的时候，首先需要找到这个标注结果最开始是从哪一帧传递过来的，然后将这一帧加入到冲突列表中，这样在运行帧传递算法的时候，就不再将冲突列表中的帧作为关键帧了。

它是一个典型的帧传递算法的实验结果如图 6.4.24 所示。图 6.4.24(a)中对一把椅子进行了标记是一个关键帧，图 6.4.24(b)中对一个垃圾筐进行了标注也是一个关键帧。图 6.4.24(c)的帧位于这两帧之间，没有对图 6.4.24(c)进行标注，图 6.4.24(c)中对椅子和垃圾筐的标注是从前后这两个关键帧中传递过来的。可以看出，帧传递算法虽然存在一些偏差，但是其标注的效果是满足需求的。

2. 实验结果

图 6.4.25 演示的是对帧传递算法的校正，如图 6.4.25(a)所示是对一个枕头进行的人工标注图，图 6.4.25(b)显示的是经过若干帧后利用帧传递算法标记的结果。可以明显地看到其出现了很大的偏差。图 6.4.25(c)是人工进行校正后的结果。图 6.4.25(d)是经过校正后，帧传递算法对新的一帧进行标记后的结果，可以看出因为将图 6.4.25(a)中的标记加入了冲突列表中，图 6.4.25(c)不再使用它作为帧传递的源，而是使用图 6.4.25(d)中的标记，效果也得到了加强。综上所述，图 6.4.26 为基本的标记流程。

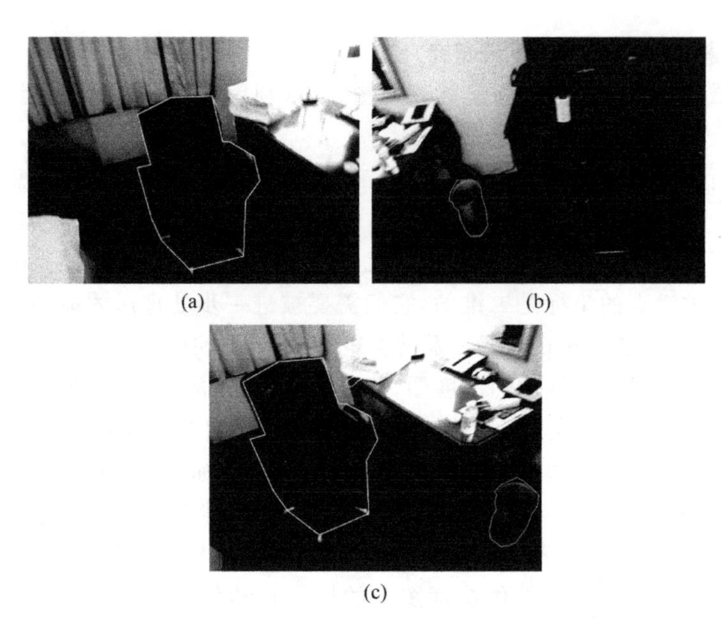

图 6.4.24 典型的帧传递算法的实验结果

(a) 对椅子进行的标记；(b) 对垃圾筐的标记；(c) 帧传递算法效果

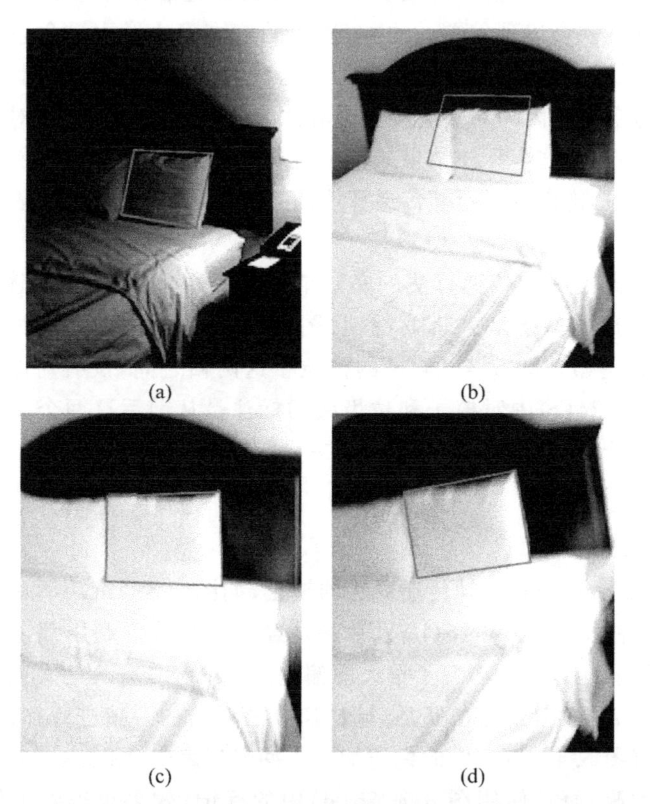

图 6.4.25 对帧传递算法的校正

(a) 对目标对象的第一次标记；(b) 若干帧传递后的结果；(c) 校正后的结果；(d)校正后的帧传递结果

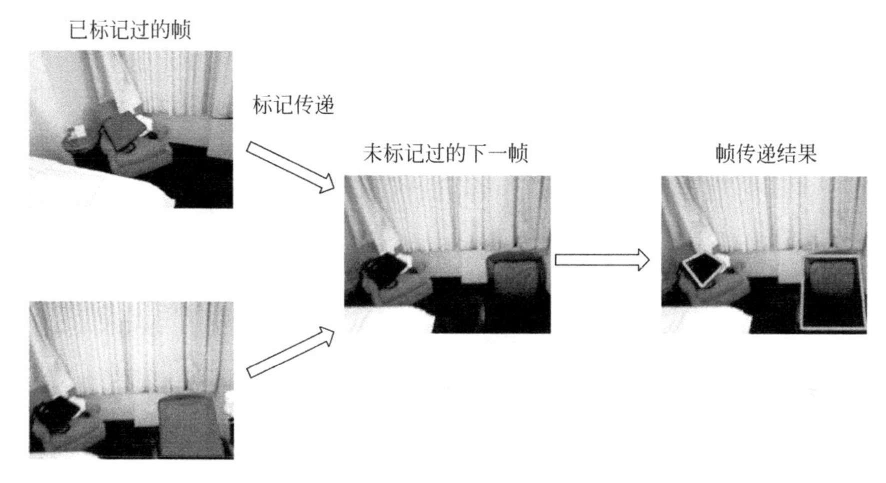

图 6.4.26　标记流程

对于每一个二维关键点，通过相机位置以及转换矩阵的计算，映射到三维场景数据中。生成三维语义标注场景，如图 6.4.27 所示。

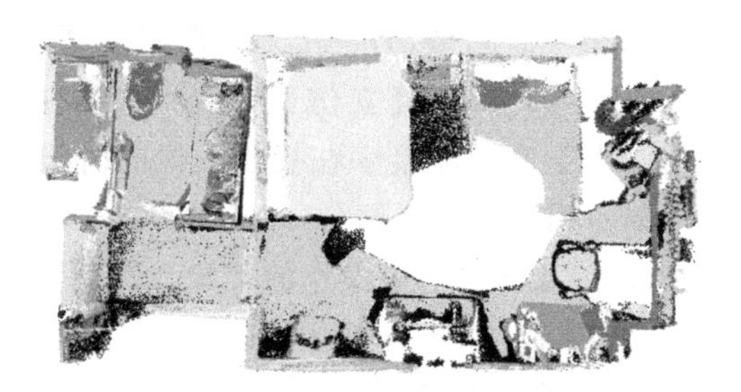

图 6.4.27　语义标注结果

6.4.4　平台设计

1. 仿真平台整体架构

为了能够得到 RGB-D 序列，需要将使用深度相机 Xtion Pro Live 进行信息采集，采集得到的数据需要通过网络发送到远端的机器上。在采集的过程中，需要控制携带有深度摄像机的机器人按照路线行走，需要有控制机器人的模块。数据传输完成后，需要运行三维重建程序，利用采集到的 RGB-D 序列重建三维模型，并生成相机位置等信息。然后需要利用生成的粗糙的三维模型、位置信息和 RGB-D 序列对扫描的场景进行人工标注，由于已经开发了基于 Web 的云标注工具，因此只需要搭建一个 Web 服务器，在浏览器端请求的时候返回相应的数据即可。每一个仿真平台需要有设置模块，用来设置功能相关的各种参数。

基于以上想法，仿真平台包括信息采集、三维场景重建、场景云标注和设置模块，其中信息采集模块中包含实时显示保存和实时路径显示子模块。大体架构如

图 6.4.28 所示。

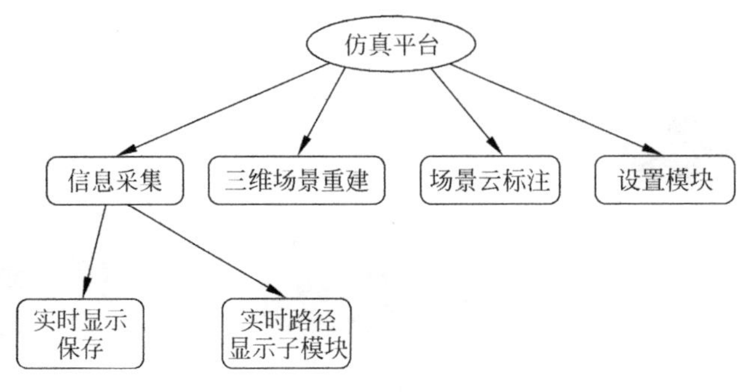

图 6.4.28 仿真平台总体架构

2. 仿真平台模块划分

仿真平台主要由信息采集、三维场景重建、场景云标注和设置模块 4 部分组成。

1）三维采集

三维采集部分需要完成的功能主要有两个，一个是需要接收 4 个深度相机采集到的信息并把它们显示和存储起来，另一个是实现对机器人的控制功能。为了实现这两个功能，使用套接字(socket)建立仿真平台和采集程序之间的连接，套接字的端口从设置中获得。由于使用套接字在接收图像的时候会造成阻塞，如果全部图片显示均在主线程显示用户图形界面(graphical user interface，GUI)中进行，那么就会因为阻塞而造成 GUI 无法响应操作的现象。因此，采用多线程技术。一共开 7 个线程，其中 1 个为用来响应操作的主线程(GUI 线程)，其余的 6 个子线程中均建立 1 个套接字连接，用来接收信息。

为了实现对机器人的控制，使用套接字直接发送控制命令的字符串，字符串有“start”“forward”“turn”3 种，分别表示开始采集、向前走 1 次和顺时针旋转 1 次。向前走 1 次的距离为 0.3 m，顺时针旋转 1 次的角度为 5°，这个在采集程序端已提前设置好，通过这两种运动方式的组合可以实现让机器人按照任意路径行走。这样，采集程序端在接收到命令后便会执行相应的命令，使机器人按照预定路线行走并采集。

实现深度相机接收、显示和存储就要复杂得多，首先接收的信息应该包括每张图片的名称和图片本身，其次图片的大小是不固定的，无法通过读取固定长度的字节来读取它。为了解决这个问题，设置了一个发送结构体，结构体中包含 3 个元素：图片名称、图片大小和图片本身。其中图片名称由 7 位编号、字符“-”和 12 位时间戳组成，因此每次发送的都是固定长度为 21 字节的字符串，接收端也只需要接收 21 字节的字符串即可。图片大小是一个 4 字节的整型数据，每次发送端在计算好图片大小后即发送到仿真平台，仿真平台读取 4 个字节的数据便获得了图片的大小。然后，仿真平台利用图片的大小信息，从接收缓冲区中再读取出图片。因此，仿真平台接收1张完整图片的过程为：读取1字节长度的字符串作为图片名称、读取4字节长度的整型作为图片大小、利用图片大小读取整张图片的信息。

接收到的图片只是一串字节而没有任何意义，其中彩图的转换参数为640×480×3，深度图的转化参数为640×480×1。随后需要将图片显示到窗口中的指定位置，接收图片的是子线程，负责刷新显示图片的也是子线程，由于安全机制的原因不允许子线程进行显示的相关操作。为了解决这个问题，使用了线程之间的"信号-槽"机制。首先在主线程中定义槽函数，用来接收子线程的信号并执行相应操作。其次子线程在接收到一张完整的图片后便将其存储到固定路径的文件夹下，并将字符串形式的图片路径作为参数发送给主线程，主线程接收到信号后提取出图片路径参数。最后到该路径下加载图片并显示到窗口的固定位置。

通过上述方法就可以解决图片的存储和显示问题，由于机器人的实时路径信息也是图片形式，因而其实现方法相同，在此不再赘述。

2）场景重建

场景重建的核心代码采用MATLAB软件实现。因此，只需要在仿真平台中调用MATLAB程序，并显示处理结果即可。解决这个问题的方法是，开启一个新的子线程，该线程将调用MATLAB引擎来执行相应的程序，其中MATLAB脚本路径和重建过程中使用的彩图和深度图所在的文件夹路径以参数的形式传递给子线程。

在调用MATLAB引擎执行程序的过程中，如果出现重建错误，将捕获这个错误并显示出来，否则，待程序执行完毕后会将重建得到的三维点云模型显示到指定位置。

3）场景标记

场景标记部分需要运行一个Web服务器，当前的Web服务器主要有Apache和nginx两种，Apache服务器采用了同步多进程模型，一个连接对应一个进程，而nginx服务器采用了异步进程，多个连接可以对应一个进程。相对于Apache服务器，nginx服务器有轻量、简洁、配置方便、稳定的优势，而且其擅长处理静态页面，因此采用nginx服务器作为Web服务器。前面生成的所有资源（包括RGB-D序列以及重建过程生成的三维模型）在nginx服务器下均是以统一资源定位符（uniform resource locator，URL）的形式存在的，在浏览器端的url请求发送过来时，nginx服务器将响应请求并返回资源。在浏览器端标记完成后，其将向服务器端发送标记完成后的结果，从而完成标记任务。

4）设置模块

设置模块是每一个仿真平台都不可缺少的部分，仿真平台的设置部分主要用来设置建立套接字连接时的各个端口。如果设置的端口格式错误或者端口被占用，仿真平台将给出提示，然后重新设置端口。

3. 仿真平台操作流程

图6.4.29展示了一个在技术实现上更加具体的架构图，利用这张图讲解仿真

平台的运行流程。其中 Rob 为机器人,其上面安装有 4 个华硕 Xtion Pro Live 深度摄像机,并且载有 1 台下位机,下位机运行 ROS 并负责给 4 个深度摄像机和机器人供电。4 个深度相机和机器人均通过 USB 接口同下位机相连,下位机用来控制机器人的运动并利用深度相机采集和发送深度图。远端的上位机运行设计好的仿真平台,仿真平台负责接收传来的深度图、发送对机器人的操控命令、运行 Web 服务器并对远端浏览器的请求进行响应。下位机和上位机之间通过无线网络进行通信,双方共建立了 6 个套接字连接,其中 4 个套接字分别负责传输和接收 4 个深度相机采集到的深度图,1 个套接字负责发送和接收对机器人的控制命令,1 个套接字负责传输和接收显示机器人的实时行走路径的图像。

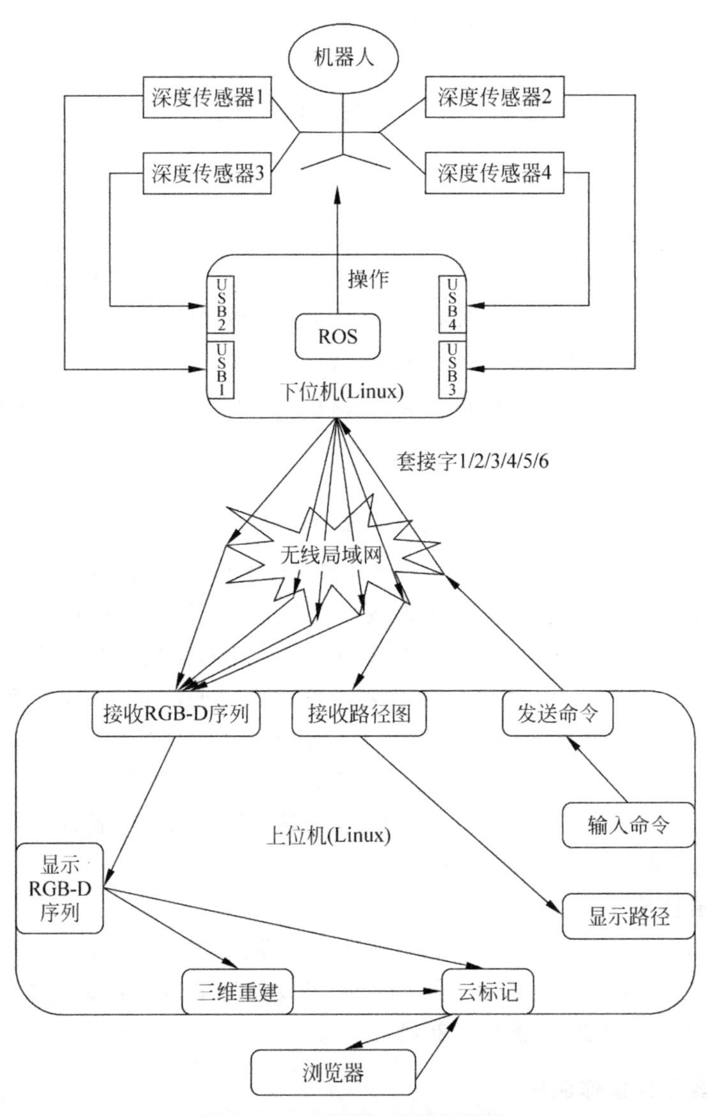

图 6.4.29 仿真平台详细架构

上位机上运行着仿真平台，左边部分为功能选项，由三维采集、场景重建、仿真平台和设置模块等 4 个功能模块组成，右边部分为效果展示窗口。

(1) 第一步：对仿真进行设置。如图 6.4.30 所示，设置的主要内容是 6 个套接字的端口。首先，点击运行三维采集模块，此时，会开启 6 个子线程，每一个子线程中分别开启 1 个套接字。然后进入监听状态，每一个套接字的端口从上一步的设置中得到，默认情况下为 0000。最后，上位机会在某一时刻向 6 个套接字发起连接请求，连接成功后，仿真平台和采集程序之间的通信就通过无线网络成功建立了。

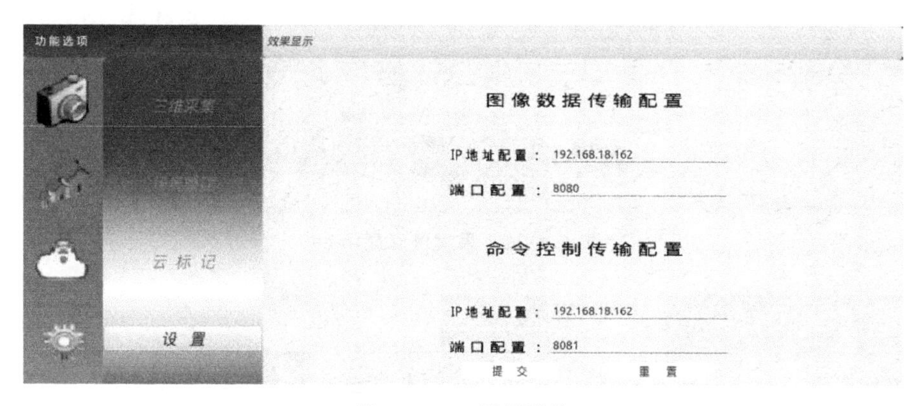

图 6.4.30　设置模块

(2) 第二步：利用与机器人进行交互的子模块对机器人进行控制。如图 6.4.31 所示，点击“开始”命令，这时仿真平台就向采集程序发送开始采集的命令。采集程序开启 4 个深度摄像机采集数据，并将这些采集到的数据利用 4 个套接字发送给仿真平台，仿真平台接收到这些采集到的信息后，首先会将这些信息分别显示在 8 个窗口上，如图 6.4.32～6.4.35 所示，其中总场景窗口中的 4 个小窗口分别显示 4 个深度相机采集到的 RGB 图(彩图)，用来对扫描到的场景总体有一个了解；另外 4 个窗口分别显示采集到的 Depth 图(深度图)，显示彩图或者深度图可通过点击

图 6.4.31　机器人控制模块

右上角的按钮进行切换。在显示采集到的信息的同时，程序会将它们按照不同的深度相机区分并分别存储到不同的文件夹下。这时，可以通过与机器人交互的子模块控制机器人的运行轨迹，使得机器人按照事先设计好的路径进行行走和扫描，这样采集到的信息更有利于后续的处理。

图 6.4.32 采集信息显示 a

图 6.4.33 采集信息显示 a(深度图像)

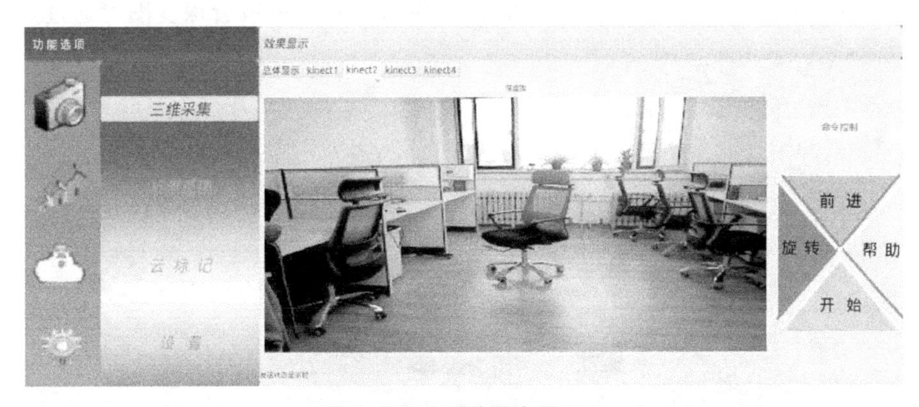

图 6.4.34 采集信息显示 b

图 6.4.35　采集信息显示 c(深度图像)

如图 6.4.36 所示，对机器人行走的控制主要有以下两种：顺时针旋转和直线行走，每点击一次旋转的按钮，机器人按顺时针方向旋转 5°，每点击一次直线行走按钮，机器人直线行走 0.3 m，通过这两种方式的组合控制，可以控制机器人按照任意轨迹进行行走。同时，采集程序会根据机器人的运动参数绘制出机器人的行走路径，并利用 1 个套接字将它发送回系统，仿真平台将其显示在机器人实时路径窗口中，通过观察机器人实时路径图像，可以精确了解机器人行走的路径，便于对机器人进行控制。

图 6.4.36　三维重建结果显示

(3) 第三步：采集完成后再次点击信息采集按钮。这时仿真平台将向另一端的采集程序发送结束命令，使得采集程序停止工作；同时，仿真平台将关闭所有的套接字连接，这样整个采集信息的任务就完成了。

(4) 第四步：点击场景重建按钮，运行三维场景重建模块。该模块会利用信息采集后得到的彩图和深度图，以及相机的固有矩阵来生成一个粗糙的三维模型以及每张图片的相机位置信息，相机位置信息存储在一个 JS 对象简谱(javascript object notation，JSON)类型的文件中。该过程由于运算量巨大，将放在云端处理。如图 6.4.36 所示，完成之后仿真平台会在窗口中显示生成的三维模型，三维模型是以 ply 格式存储的点云模型。

(5) 第五步：运行场景标记模块，利用采集到的深度图对重建后的三维模型进行人工标记。由于采用了云标记的理念，希望将标记的任务分散到其他端上以减轻机器的运算压力，所以只需要在上位机上开启一个 Web 服务器，如图 6.4.37 所示，Web 服务器开启后便可以响应其他端的浏览器的请求，并给其分配相应的待标记资源，例如 RGB-D 序列、相机位置信息等。另一端的浏览器得到响应和待标记资源后，便对其进行人工标注，如图 6.4.38 所示，然后把经过标注和处理后得到的信息返回给 Web 服务器。

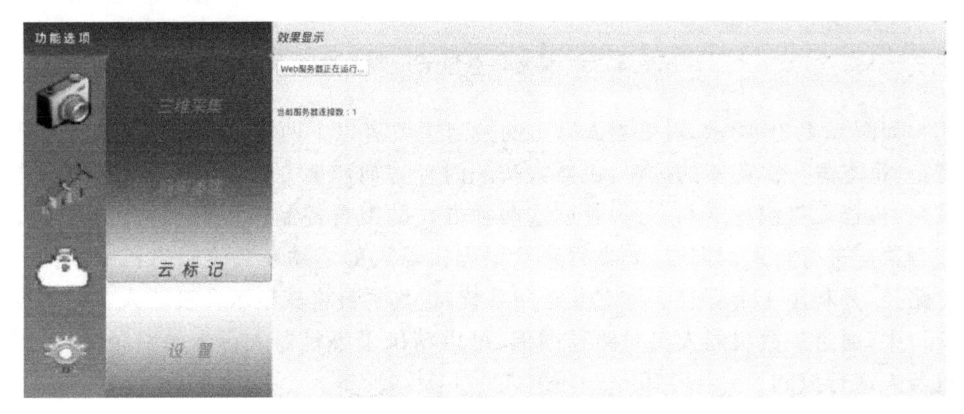

图 6.4.37　Web 服务器开启

图 6.4.38　云端标注工具

6.5 本章小结

进行本项目实践的目的是对机器人视觉理解计算方法进行拓展应用，面向可能存在的信息不完整的重建场景，建立机器人进行场景视觉理解的主体框架。通过本项目的实施，使机器人实现对场景更加准确的自主理解，最终实现使机器人能够根据所处环境的视觉理解程度完成移动和识别任务。

6.6 思考题

在本项目实践中实现了机器人三维场景建模与理解，但是可以看出，在前期数据采集中，需要借助人为控制使机器人移动或者使用设置特定路径的方法来采集数据，这导致了系统的自主性不够，且数据采集和场景建模与理解是分开的任务，需要先采集，后重建，这也导致了系统灵活性和效率较低。因此，请大家思考：如何能够让机器人在进行数据采集的同时，实时地进行场景建模和场景理解，并能够以此为依据，进一步完成机器人的数据采集工作，将数据采集和场景建模与理解进行耦合，实现场景的自主建模与理解。

参考文献

[1] NILSSON N J, AUTOMATON A M. An application of artificial intelligence techniques [C]//Proc of IJCAI, 1969.

[2] TURK M A, MORGENTHALER D G, GREMBAN K D, et al. Video road-following for the autonomous land vehicle[C]. Proceedings of the 1987 IEEE international conference on robotics and automation, 1987, 4: 273-280.

[3] TURK M A, MORGENTHALER D G, GREMBAN K D, et al. Vits-a vision system for autonomous land vehicle navigation[J]. IEEE transactions on pattern analysis and machine intelligence, 1988, 10(3): 342-361.

[4] THORPE C, HEBERT M, KANADE T, et al. Toward autonomous driving-the cmu navlab. 1. Perception[J]. IEEE Expert-Intelligent Systems & Their Applications, 1991, 6(4): 31-42.

[5] THORPE C, HEBERT M, KANADE T, et al. Toward autonomous driving-the cmu navlab. 2. Architecture and systems[J]. IEEE Expert-Intelligent Systems & Their Applications, 1991, 6(4): 44-52.

[6] KALOGERAKIS E, HERTZMANN A, SINGH K. Learning 3D mesh segmentation and labeling[J]. Acm Transactions on Graphics, 2010, 29(4): 1-12.

[7] SIDI O, VAN KAICK O, KLEIMAN Y, et al. Unsupervised co-segmentation of a set of shapes via descriptor-space spectral clustering[J]. Acm Transactions on Graphics, 2011, 30(6): 1-9.

[8] SUNKEL M, JANSEN S, WAND M, et al. Learning line features in 3D geometry[J].

Computer Graphics Forum,2011,30(2): 267-276.

[9] XU K,HUANG H,SHI Y F,et al. Autoscanning for coupled scene reconstruction and proactive object analysis[J]. Acm Transactions on Graphics,2015,34(6): 1-14.

[10] LAI K,BO L F,FOX D,et al. Unsupervised feature learning for 3D scene labeling[C]//IEEE international conference on robotics and automation. New York: IEEE,2014: 3050-3057.

[11] AYDEMIR A,HENELL D,SHILKROT R,et al. Kinect@ home: crowdsourcing a large 3D dataset of real environments[C]//2012 AAAI spring symposium series. Palo Alto, CA,2012.

[12] GEIGER A,LENZ P,URTASUN R,et al. Are we ready for autonomous driving? The kitti vision benchmark suite[C]//IEEE conference on computer vision and pattern recognition. New York: IEEE,2012: 3354-3361.

[13] KOPPULA H,ANAND A,JOACHIMS T,et al. Semantic labeling of 3D point clouds for indoor scenes[J]. Advances in neural information processing systems,2011,24: 244-252.

[14] SILBERMAN N,HOIEM D,KOHLI P,et al. Indoor segmentation and support inference from rgbd images[C]//12th european conference on computer vision. Berlin: Springer-Verlag Berlin,2012: 746-760.

[15] SONG S R,XIAO J X,IEEE. Tracking revisited using rgbd camera: unified benchmark and baselines[C]//IEEE International conference on computer vision. New York: IEEE, 2013: 233-240.

[16] PARK S,CHUN M M. Different roles of the parahippocampal place area (ppa) and retrosplenial cortex (rsc) in panoramic scene perception[J]. Neuroimage,2009,47(4): 1747-1756.

[17] HARRIS M,SENGUPTA S,OWENS J D. Parallel prefix sum (scan) with cuda[J]. GPU gems,2007,3(39): 851-876.

[18] IZADI S,KIM D, HILLIGES O,et al. KinectFusion: real-time 3D reconstruction and interaction using a moving depth camera[C]//Proceedings of the 24th annual ACM symposium on user interface software and technology. Santa Barbara,California,USA: 2011: 559-568.

[19] ZHANG Y Z,XU W W,TONG Y Y,et al. Online structure analysis for real-time indoor scene reconstruction[J]. Acm Transactions on Graphics,2015,34(5): 1-13.